Carl-Auer

Die Reihe Management/Organisationsberatung

Die heutige Gesellschaft ist eine organisierte Gesellschaft. Man muss schon lange suchen, um überhaupt noch Bereiche zu finden, die nicht von Organisationen geprägt sind. Unternehmen jedweder Größe und Eigentumsform, Verwaltungen, Schulen, Gerichte, Krankenhäuser, Universitäten, Kirchen, Verbände, Parteien, Vereine etc. – allesamt übernehmen sie gesellschaftliche Funktionen und bestimmen unser Leben. Die Fülle an Aufgaben, die unter den Bedingungen zunehmender Globalisierung und Digitalisierung gleichzeitig zu erfüllen sind, wie auch die Bandbreite an Organisationskonzepten und Führungsansätzen, mit denen der komplexe Alltag bewältigt werden soll, stecken das Feld ab, in dem Management und Beratung mehr oder weniger wirksam werden.

Die Zeiten, in denen es einfache Antworten auf die vielfältigen Fragen zur Überlebenssicherung einer Organisation und auch zur Steuerung tagtäglicher Entscheidungsprozesse gab, sind seit Langem vorüber. Der Komplexität, mit der heute alle konfrontiert sind, die in verantwortlichen Funktionen in und mit Organisationen arbeiten – Führungskräfte, Manager und Organisationsberater etc. –, wird man mit Rezeptwissen nicht mehr gerecht. Hier setzen die neuere Systemtheorie und mit ihr die Reihe Management/Organisationsberatung im Carl-Auer Verlag an. Beide liefern Konzepte und »Landkarten«, die auch im unübersichtlichen Terrain von Wirtschaft und Organisation Orientierung ermöglichen und Handlungsfähigkeit sicherstellen.

Das Ziel der Reihe ist es, empirisch gehaltvolle Forschungen über die Prozesse des Organisierens wie auch theoretisch angemessene Führungs- und Beratungsansätze zu präsentieren. Zugleich sollen bewährte Methoden einer system- und lösungsorientierten Praxis im Kontext von Organisationen überprüft und neue Ansätze entwickelt werden.

Torsten Groth
Herausgeber der Reihe
Management/Organisationsberatung

Julia Andersch
Oliver Martin

Landkarten der Transformation

Syntaktisch-hypnosystemische Entwicklungsberatung

Mit Vorworten von Friedrich Glasl,
Gunther Schmidt und Matthias Varga von Kibéd

Zweite Auflage, 2024

Themenreihe »Management/Organisationsberatung«
hrsg. von Torsten Groth
Reihengestaltung: Uwe Göbel
Umschlaggestaltung: B. Charlotte Ulrich
Umschlagmotiv und Illustrationen: © Florian Caspers | Michael Zentner
Redaktion: Markus Pohlmann
Satz: Verlagsservice Hegele, Heiligkreuzsteinach
Printed in Germany
Druck und Bindung: TZ-Verlag & Print GmbH, Roßdorf b. Darmstadt

Druck:
TZ - VERLAG & PRINT GMBH
TZ-PRINT.DE | TZ-VERLAG.DE
Klimaneutrales Unternehmen
natureOffice.com | JMYBSC-423071
FSC MIX Papier FSC® C106855

Zweite Auflage, 2024
ISBN 978-3-8497-0505-3 (Printausgabe)
ISBN 978-3-8497-8465-2 (ePUB)

Bibliografische Information der Deutschen Nationalbibliothek:
Die Deutsche Nationalbibliothek verzeichnet diese Publikation in der Deutschen Nationalbibliografie; detaillierte bibliografische Daten sind im Internet über http://dnb.d-nb.de abrufbar.

Informationen zu unserem gesamten Programm, unseren Autoren und zum Verlag finden Sie unter: **https://www.carl-auer.de/**.
Dort können Sie auch unseren Newsletter abonnieren.

Carl-Auer Verlag GmbH
Vangerowstraße 14 • 69115 Heidelberg
Tel. +49 6221 6438-0 • Fax +49 6221 6438-22
info@carl-auer.de

Inhalt

Vorwort von Friedrich Glasl

In dem integrativen Beratungsansatz von Julia Andersch und Oliver Martin sprechen mich besonders folgende Schlüsselbegriffe, Prinzipien und Werte immer wieder an:

- Entwicklung
- Beachtung des Zusammenspiels von Körper-Seele-Geist
- Selbstbestimmung und Selbstgestaltung durch
- Entfaltung der originären Potenziale eines Menschen
- Intuitive und rationale Zugänge zu Lösungsmöglichkeiten.

Diese Werte und Prinzipien gelten sowohl für die Begleitung eines individuellen Menschen als auch für eine Arbeit mit einer Organisation – selbstverständlich immer in der jeweils passenden Form. Es hat mich bei der Lektüre des Buches natürlich gefreut zu sehen, dass mein Entwicklungsverständnis – das sie in Kapitel 2.1.4 zitieren – eine wichtige Grundlage für das Werk bildet und wie stimmig es mit den anderen zentralen Inspirationsquellen ist, die wir in unserem Fachbereich Matthias Varga von Kibéd mit Insa Sparrer und Gunther Schmidt zu verdanken haben.

Dieser Stimmigkeit will ich in den nächsten Absätzen nachgehen und beginne mit meinem Entwicklungsverständnis, das ich in »Krisen, Konflikte, Sternstunden« (S. 22 f.) wie folgt formuliert habe:

Ich verstehe unter Entwicklung:

- den Wandel eines Wesens und seiner Gleichgewichtszustände in einer zeitlichen unumkehrbar fortschreitenden Folge, in der sich die Gestalt des Wesens und seine gestaltbildenden Prinzipien so verändern, dass es seine Potenziale entfaltet und dadurch mehr und mehr fähig wird zur eigenständigen Bewältigung höherer endogener und extrogener Komplexität.

Nach meinem Verständnis ist das Subjekt, das sich entwickeln kann, ein »Wesen«, das mit einem Ich bzw. einem Selbst begabt ist und das ein Mensch oder ein von Menschen-Ichen gebildetes Kollektiv sein kann. Erst dadurch ist *Selbst*steuerung bzw. *Selbst*bestimmung begrifflich denkbar und real möglich. Beim Menschen verweist sein Selbst bzw. sein Ich auf die geistige Dimension in der Trias von Körper-Seele-Geist; und bei einer Organisation haben wir mit der Identität einer Gemeinschaft zu tun, also der Essenz des kulturellen Subsystems, als Geistpol der dreigliedrigen Organisation, die mit dem kulturellen, sozialen und technisch-instrumentellen Subsystem eine Wesens-Ganzheit bildet. Im hier vorgestellten Beratungsansatz verwirklicht sich dies auf stimmige Weise in einem ganzheitlichen Vorgehen, für das sowohl rationale wie auch intuitive Methoden erforderlich sind.

Entwicklung als eine besondere Form des Wandels bedeutet, dass nicht nur der eine oder andere äußerliche Wandel erfolgt – wie quantitatives Wachstum, Formveränderung, Austausch und Perfektionierung bestimmter Elemente –, sondern dass sich mit der Änderung der gestaltbildenden Paradigmen die Gesamtgestalt und die Gesamtkomposition der Elemente wandeln. Der Wandel der Gestalt bzw. der Gesamtkonfiguration ist die Folge veränderter endogener Gestaltungskräfte, kommt also von innen heraus, aus der Beschaffenheit des Wesens. Als 1974 mein damaliger Chef am Institut für Organisationsentwicklung, der Mediziner und Psychiater Prof. Bernard Lievegoed, das auf ähnliche Art in seinem Buch *Organisationen im Wandel* beschrieb, wurde ihm von deutschen Organisationswissenschaftlern »Biologismus« vorgeworfen – heute wird in der Systemtheorie eine Gestaltung aus eigenen Kräften anerkannt und »Autopoiese« genannt. Und das Besondere daran ist: Sie kann nicht kausal emergierend, also nicht durch materielle Gegebenheiten bedingt erklärt werden, sondern nur, indem ich davon ausgehe, dass der Wandel auf ein Ziel ausgerichtet ist – und das ist etwas Geistiges! Ziel und Sinn des Wandels wirken als Zugkraft, als Attraktor, der die Dynamik des Wandlungsprozesses gestaltet. Deshalb bin ich vor Jahren gegen Führungskräfte aufgetreten, die verkündeten, dass ihre Mitarbeiterinnen und Mitarbeiter nur durch einen erhöhten Leidensdruck zum Akzeptieren von Veränderungen bewegt werden können. Ich habe dabei dem oft bemühten »Leidensdruck« meine Wortschöpfung »Lustsog« gegenübergestellt, denn statt Leid motiviert Lust, und statt Druck bewegt uns Sog.

Die Fähigkeit zu einem möglichen Gestaltwandel ist demnach ein Potenzial, das ein Wesen von vornherein mitbringt, auch wenn wir nicht erklären können, woher es genau kommt. In diesem Denken hat mich Viktor Frankls Leben und Werk schon zu Beginn meiner Forschungs- und Beratungsarbeit Ende der Sechzigerjahre bestätigt und ermutigt. Prof. Frankl hat für mich überzeugend dargelegt und vorgelebt, dass die konsequente Beachtung des Zusammenklangs von Körper, Seele und Geist die Grundlage jeden agogischen oder therapeutischen Arbeitens mit Menschen ist. Wobei ich betonen muss, dass mit dem Geist eines Menschen nicht – wie das oft geschieht – seine mentalen Fähigkeiten gemeint sind, sondern sein Bedürfnis, seinem Leben selbstwirksam eine eigene Richtung und einen Sinn zu geben. In dem Film »Die Kinder des Monsieur Mathieu« wird das auf eine berührende Weise sichtbar. Der neue Musiklehrer Mathieu gewinnt die Herzen der »schwierigen Knaben« des Erziehungsheims damit, dass er alle Kinder einen Aufsatz zum Thema »Was ich einmal werden will« schreiben lässt. Und wirklich, jedes Kind hat irgendeine Vorstellung davon, was es später aus sich machen will, und sei es auch ein Meisterdieb! Die Sinnorientierung weist bei einem Menschen eigentlich immer über sich hinaus und ist »selbsttranszendierend«. Es bedeutet, dass jemand sein erworbenes Wissen und Können anderen Menschen bzw. kleineren oder größeren Gemeinschaft (bzw. der Gesellschaft) zur Verfügung stellt. Dabei geht es nicht um großartige, heroische

Lebensziele, sondern es kann schon Sinn machen, für einen anderen Menschen einfach nur da zu sein und ihn so aus seiner Einsamkeit zu holen. Auch das ist Selbstentwicklung zur Selbsttranszendenz. Wenn ich dafür die eigenen Potenziale erkenne und bewusst entfalte, dient das nicht dem Egotrip.

Damit bin ich bei den Schlüsselbegriffen »Selbstbestimmung«, »Autonomie«, wie sie in meinem Entwicklungsverständnis enthalten ist in der Formulierung »… fähig wird zur eigenständigen Bewältigung höherer endogener und extrogener Komplexität«.

Es ist daher völlig stimmig, wenn der hier vorgestellte Beratungsansatz gemäß den hypnosystemischen Prinzipien davon ausgeht, dass die Klienten oft mehr unwillkürlich ihrer eigenen Sinnorientierung folgen und ihre eigenen Problemlösungen finden können, weil sie dafür Potenziale mitbringen, die sie aktivieren und entfalten können.

Das eingeborene geistige Bedürfnis nach Sinn gibt uns letztlich die psychische Kraft, auch in erlittenen Enttäuschungen, Krisen, Konflikten, Krankheiten und Schicksalsschlägen für uns noch einen Sinn zu erkennen, wie schmerzlich die Erkenntnis auch sein mag, sodass wir nicht verzweifeln und aus dem Leben fliehen wollen.

Für Entwicklungsberatung ergibt sich aus meinen Betrachtungen, dass niemand einen anderen Menschen entwickeln kann – denn das kann jeder nur selbst. Alles andere wäre fremdbestimmte Formung. Als Mediator, Coach oder Berater kann ich die Entwicklungsbemühungen eines Menschen unterstützen – aber auch behindern oder sogar blockieren; oder ich kann durch mein Verhalten einen Menschen in eine Regression treiben. Dies geschieht ja in jedem Eskalationsprozess, wenn die Konfliktparteien durch ihre Interaktion einander zu einem Denken, Fühlen, Wollen und Handeln einladen oder provozieren, wodurch sie in eine von ihnen bereits zurückgelegte Entwicklungsstufe zurückfallen, sodass sich Erwachsene wie Pubertierende oder wie im Kindergarten benehmen. Diese betrübliche Erfahrung muss ich immer wieder machen, wenn ich als Mediator bei Paarkonflikten, in Organisationen oder als Berater bei Friedensprozessen mit den Konfliktparteien bemüht bin, die noch immer irgendwie vorhandenen Selbstheilungskräfte in ihnen aufzuspüren und ihre Selbststeuerung zu reaktivieren, sodass sie ihre Potenziale wirklich konstruktiv einsetzen.

Die hier vorgelegte Verbindung meiner Organisationsentwicklungs-Konzepte mit den systemischen Ansätzen von Insa Sparrer und Matthias Varga von Kibéd wie auch mit den hypnosystemischen Theorien und Praktiken von Gunther Schmidt ist keine bloß additive Verknüpfung intelligenter und nützlicher Konzepte, sondern eine konsistente Integrationsleistung.

Seekirchen bei Salzburg, im Februar 2023
Friedrich Glasl

Vorwort von Gunther Schmidt

Organisationen und die Interaktion mit ihnen sind, auch wenn man ihnen nicht selbst angehört, in der heutigen Welt für uns alle sehr relevante Umwelten. Dabei werden sie oft erlebt, als seien sie »feststehende Wesenheiten«, als ob sie quasi über ein autonomes Eigenleben in sich und aus sich selbst heraus verfügen würden. Den Beteiligten innerhalb einer Organisation ebenso wie denen außerhalb von ihr erscheint es dann häufig so, als seien diese vermeintlich ganz eigenständigen »Organisationswesen« sehr machtvoll, womöglich so mächtig, dass man sich von ihnen massiv fremdbestimmt, ja manchmal sogar als ausgeliefertes Opfer unterworfen erlebt.

Gleichzeitig wissen wir, dass jede Organisation erst ins Leben kommt durch ein spezielles Zusammenwirken von autonomen Menschen in dem, was man »die Organisation« nennt, und auch durch deren interaktionelles Wechselspiel mit »Kräften« von außerhalb der Organisation (z. B. Menschen und sonstigen Umwelten). In diesem Wechselspiel wirken sehr unterschiedliche, in vieler Hinsicht auch sehr widersprüchliche Kräfte. Man kann sogar sagen, dass Organisationen die Ansammlung und die gezielte Synergie von Widersprüchen (z. B. hinsichtlich Aufgabenverteilungen, Rollen, Zielen, Interessen usw.) darstellen, wobei gerade dieses Zusammenwirken von Widersprüchen ihre Überlegenheit im Vergleich z. B. zu Einzelaktionen von Individuen erbringt, je nachdem wie es geregelt ist.

Dabei übersteigt die erlebte massive Komplexität eines solchen Gebildes bei Weitem die Verarbeitungskapazität jedes Menschen; wir sind also alle genötigt zur Komplexitätsreduktion, um überhaupt handlungsfähig zu sein. Je nachdem, auf welche Art dies geschieht, ergeben sich dadurch ganz unterschiedliche Wirkungen sowohl auf die betreffenden Individuen als auch auf die Organisationen, mit denen sie in Wechselwirkung treten.

Nach meiner Erfahrung greifen dabei viele Mitwirkende in Organisationen, manchmal auch Berater:innen, intuitiv oft auf Beschreibungs- und Erklärungsmodelle zurück, die sie aus vertrauten Kontexten sozialer Systeme kennen, besonders oft auf solche, die ihren Erfahrungen in Familien und anderen sozialen Systemen ähneln. Dies kann schnell zu Verwirrung und zu unpassenden Lösungsstrategien führen, denn in Familien kann man z. B. nicht so einfach gekündigt werden oder selbst kündigen, selbst wenn das jemand gerne täte.

Andere neigen eher dazu, Organisationen auf hohem Abstraktionsniveau zu beschreiben, abgeleitet aus soziologischen Perspektiven. Dabei werden meist polare

Definitionskonstrukte genutzt, zum einen solche, die Organisationen als Systeme begreifen, die aus Organismen, z. B. Individuen, aufgebaut werden, zum anderen solche (z. B. bei Luhmann), die davon ausgehen, dass die entscheidenden Komponenten von Organisationen aus Kommunikation bestehen. Die letzteren Konzepte haben entscheidende Vorteile dahingehend, die Komplexität zu reduzieren; erstere, allein genutzt, könnten die ohnehin große Komplexität noch enorm erhöhen und so behindernd und überfordernd wirken.

Die Perspektive, dass Organisationen aus Komponenten der Kommunikation bestehen, hat neben der wissenschaftlichen Sinnhaftigkeit noch weiteren Charme, denn sie bewirkt aus hypnosystemischer Sicht im Erleben derer, die so vorgehen, eine entlastende Form der Dissoziation, also des Abstandschaffens von der betrachteten Organisationsdynamik. Die beschriebene polare Diskussion führt aus meiner Sicht leider aber oft zu einer Entweder-oder-Haltung, sodass auch in Organisationsberatungsprozessen vor allem auf die Ebene der Organisationsstrukturen, der Kommunikations- und Regelungsprozesse allein fokussiert wird.

Wenn man einen Prozess der Organisationsentwicklung gestalten will, wird dieser durch individuelle Menschen verwirklicht, natürlich in Wechselwirkung mit den relevanten Kontexten. Veränderungen bedeuten immer auch Lernprozesse. Organisationen aber können nicht lernen. Organisationen können z. B. auch keinen Burn-out entwickeln (auch wenn man manchmal von »Organisationen im Burn-out« liest), denn dafür braucht man einen Körper, den Organisationen eben nicht aufweisen. Lernen von Motivation, von optimaler Kompetenzaktivierung für erfolgreiche, zieldienliche Kommunikation und von entsprechenden Kooperationsprozessen können nur Menschen (jedenfalls sieht es bisher – siehe KI – so aus); Organisationen können aber Umwelten bieten, die solches Lernen fördern oder behindern. Das gilt gleichermaßen für die Entwicklung gesunden Verhaltens.

Wie Niklas Luhmann eindrücklich beschrieb, indem er die Ergebnisse der Autopoieseforschung im Bereich der Neurobiologie auf soziale Systeme übertrug, stellen die Individuen in einer Organisation in ihren jeweiligen Rollen jeweils relevante Umwelten füreinander und für die Organisation dar, die Organisation wiederum eine sehr relevante Umwelt für die Individuen. Dann stellt gerade auch die Kopplung dieser sich wechselseitig beeinflussenden Umwelten eine zentrale Thematik und Aufgabe dar. Je nachdem, wie diese Kopplung gestaltet werden kann, wird bei gleichen individuellen Beteiligten daraus ein völlig anderes Organisationssystem. Jede Organisation, genauso wie jedes Individuum, erweist sich also als potenziell multiples System.

So wird neben der Betrachtung der interaktionellen Kommunikationsprozesse eben auch wieder die gezielte Beschäftigung mit den Erlebnisprozessen von Individuen in sozialen Systemen sehr relevant, denn je nachdem, wie sie diese Erlebnisprozesse gestalten, wird die Organisationsdynamik jeweils anders, auch bei formal gleich bleibenden Regelungsprozessen.

Bei jedem Organisationsentwicklungsprozess kann man davon ausgehen, dass er bei den beteiligten Individuen – und damit auch in deren interaktionellem Wechselspiel, welches die Organisation erst ausmacht – zu intensiver Dynamik mit vielen Ambivalenzen (deshalb eigentlich »Multivalenzen«) und auch Konflikten führt. Das ist allein schon wegen der Grundbedürfnisse von Menschen in sozialen Systemen zu erwarten (z. B. Sicherheit, auch Zugehörigkeitssicherheit; Einbezogensein in alles, was einem betrifft; Transparenz dafür; Autonomie mit Gestaltungsmöglichkeiten im eigenen Bereich; Selbstwirksamkeit und gleichzeitig Verbundenheit, Fairness, Status usw.). Jeder Veränderungsprozess kann diese wichtigen Bedürfnisbereiche betreffen und eventuell auch bedrohen.

Mit hypnosystemischen Konzepten (auch basierend auf den Erkenntnissen der Hirn-, Priming- und Embodiment- sowie der Gedächtnisforschung) kann systematisch gezeigt werden, dass jedes Erleben immer wieder neu erzeugt wird durch bewusste und vor allem unwillkürliche und oft auch unbewusste Prozesse der Aufmerksamkeitsfokussierung – immer kontextbezogen.

Dabei verfügt, wie die autobiografische Gedächtnisforschung zeigt (Episodengedächtnis), jeder Mensch in seinem unbewussten Erfahrungsrepertoire über sehr viele verschiedene Erlebnispotenziale – solche mit vielen konstruktiv wirkenden Kompetenznetzwerken, aber auch solche, die aus Erfahrungen mit Verwirrung, Angst, Wut und mit destruktiv wirkenden Reaktionsmustern assoziiert sind (Affektlogik nach Ciompi). Je nach erlebtem Kontext werden solche Erlebnisnetzwerke in unterschiedlicher Weise getriggert (Hebb'sches »Gesetz«: »Cells that fire together wire together«). Werden z. B. Organisationsprozesse von Beteiligten als unklar, verwirrend, widersprüchlich, abwertend, als Druck machend erlebt, werden dadurch auf unwillkürlicher Ebene meist altersregressive, undifferenzierte und häufig destruktiv wirkende Erlebnisprozesse gebahnt, die dann wieder in suboptimale Kommunikations- und Verhaltensprozesse in der Organisation münden. Hypnosystemisch nennt man das einen »Problemtranceprozess«.

Da Erleben eben immer durch Prozesse der Aufmerksamkeitsfokussierung erzeugt wird, müssen diese so gebildet und gesteuert werden, dass die optimal zieldienlichen »schlummernden« Kompetenzpotenziale aller Beteiligten im Dienste der Ziele der Organisation aktiviert und zusammengeführt werden können. Jeder Regelungsprozess, jede Entscheidung, jede Maßnahme generell wirkt als Maßnahme der Fokussierung mit entsprechenden Effekten in der Organisation und für die Menschen in ihr. Jeder Beratungsprozess, auch Team- und Organisationsentwicklungsprozesse sollten deshalb verstanden werden quasi als »Ritual der Aufmerksamkeitsfokussierung«, und zwar sowohl für die Individuen in der Organisation als auch dafür, alle Regelungsprozesse der Organisation so aufzubauen, dass sie – interaktionell zirkulär – zu einer systematischen Aufmerksamkeitsfokussierung werden.

In jeder Beratung werden dafür Modelle benötigt, die es ermöglichen, dass systematisch die zieldienlichen Fokussierungsprozesse für die verschiedenen Ebenen und Phasen geplant, aufgebaut und wirksam kommuniziert werden können. Damit es zu entsprechenden Handlungen kommen kann, muss die riesige Komplexität aller dieser Prozesse auf genau solche zieldienliche Weise reduziert werden.

Die Ebene der inhaltlichen Narrative der Beteiligten ist dabei zwar wichtig, aber letztlich deutlich zweitrangig. Beim hypnosystemischen Vorgehen geht es in erster Linie darum, die Struktur und Dynamik der Organisation des unwillkürlichen und willentlichen Erlebens der Beteiligten und deren interaktionelle Wechselwirkungen (internale und interaktionelle Muster oder Netzwerke) systematisch zu beschreiben und zu nutzen. Für die Beschreibung solcher Netzwerke habe ich detaillierte Strukturmodelle entwickelt. Alle Veränderungsinterventionen zielen darauf ab, dass durch das Einführen von Unterschieden in die gerade dominierenden Netzwerke diese Kompetenzpotenziale (im Sinne des Hebb'schen »Gesetzes«) reaktiviert werden und zu dominierenden Netzwerken gemacht werden können. Das geschieht dadurch, dass Unterschiede eingeführt werden, die wiederum vernetzt sind mit den optimalen, zuvor »schlummernden« Kompetenznetzwerken der Beteiligten. Eine wichtige parallel laufende Aufgabe besteht darin, sehr wohl auch auf die inhaltlichen Narrative achtungsvoll einzugehen, sie zu würdigen und kontinuierlich zu beachten, weil nur so die Bereitschaft und Befähigung zur Kooperation kraftvoll genug unterstützt wird (Pacing).

Die *Landkarten der Transformation*, die Julia Andersch und Oliver Martin hier vorlegen, bieten mit integrierender Meisterschaft für eine Synergie verschiedener Grundkonzepte hervorragende Systematisierungen und Handlungshilfen für alle diese Aufgaben. Die Autor:innen erfassen sehr differenziert und in äußerst hilfreicher Art auch klar die unterschiedlichen, alle gleichermaßen wichtigen Ebenen von Organisationsprozessen. Damit helfen sie nicht nur allen Menschen, die Beratungsprozesse durchführen, zu optimalen Metabeobachterpositionen und sehr wirksamen Interventionsbildungen zu kommen. In ähnlicher Weise profitieren alle Beteiligten in Organisationen, z. B. durch optimales Pacing und lösungsgestaltendes Utilisieren der erwähnten Problemtranceprozesse. Das ermöglicht sehr konstruktiv wirkende Ankopplungsprozesse an die Welterfahrungen der jeweiligen Kooperationspartner:innen sowie schnell und nachhaltig wirkende Bahnungsmöglichkeiten dafür, dass zieldienliche Kompetenzen in der Organisation reaktiviert werden können. Die Autor:innen zeigen, wie dies Schritt für Schritt systematisch umgesetzt werden kann, sodass die stimmigsten Zeitpunkte (Kairos) für die jeweiligen Maßnahmen mit den jeweils relevanten Beteiligten der einzelnen Prozesse ausgewählt werden können.

Metaphorisch gesprochen, stellen diese Landkarten für mich ein herausragendes »GPS-System« zum optimalen Navigieren in oft zunächst völlig verwirrenden, unübersichtlich zerklüfteten »Landschaften« dar, in denen dazu noch häufig schlechte und überraschend schnell wechselnde »Wetterbedingungen« herrschen. Mit den hier vorgelegten Konzepten kann man sogar dann relativ gemütlich, mit klarem Blick und sehr selbstwirksam handlungsfähig steuern, nicht nur in der beratenden Rolle, sondern auch indem man andere in der Organisation so anregt, dass sie in für sie stimmiger Weise besser selbstwirksam werden können. Dafür danke ich Julia Andersch und Oliver Martin sehr, und ich bin sicher, dass sehr viele Leser:innen zu ähnlich deutlichem Dank für diese hervorragenden Hilfen kommen werden. Viel Vergnügen dabei wünsche ich allen Interessierten!

Heidelberg, im Juli 2023

Dr. med. Dipl. rer. pol. Gunther Schmidt
Leiter des Milton-Erickson-Instituts Heidelberg
Ärztlicher Direktor der sysTelios-Klinik für psychosomatische Gesundheitsentwicklung, Siedelsbrunn

Vorwort von Matthias Varga von Kibéd

In diesem Buch ist etwas Erstaunliches gelungen. Julia Andersch und Oliver Martin haben einen Ansatz vorgelegt, der in der Form seines Entstehens, seiner Struktur, Darstellung, Anwendung und Vermittlung die Grundsätze widerspiegelt, auf denen ihre Arbeit beruht.

Sie arbeiten mit der Idee eines komparativen Ansatzes und betonen das Syntaktische, also die Form der Grammatik der Prozesse und Interventionen. Und sie vermeiden zugleich bei ihrer Art der Darlegung eine fundamentalistische Haltung, indem sie dabei das Syntaktischerwerden des Vorgehens betonen, also das ständige Fortschreiten in einer syntaktischen Haltung und in Methodik – und nicht um ein für alle Mal vorgegebene angeblich letzte Standpunkte.

Dieses »syntaktischere« Vorgehen ist in voller Übereinstimmung mit der Idee einer komparativen Systemik im transverbalen Ansatz der Systemischen Strukturaufstellungen, bei dem die Fortschritte im systemischen Vorgehen, Wahrnehmen, Beschreiben, Vermitteln und Anwenden durch ein immer stärkeres Ablösen von fixen Eigenschaftszuschreibungen erfolgt.

Dabei geht es, wenn die Autoren von »syntaktischerer Beratung« sprechen, nicht um Bewertung und Vergleich verschiedener Methoden, sondern vielmehr darum, dem Komparativ einer Qualität grundlegendere Bedeutung zuzusprechen als der Qualität für sich genommen. Diese Sichtweise liegt indirekt dem lösungsfokussierten Ansatz der Schule von Milwaukee zugrunde im Sinne von Steve de Shazers wichtigem Grundsatz, dass wir die Bedeutung von »besser« verstehen können, ohne die Bedeutung von »gut« zu kennen. Syntaktischeres Beraten, insbesondere wie in diesem Buch bei Transformationsprozessen, ist eine fruchtbare neue Ausprägung solcher komparativer Sicht- und Vorgehensweisen.

Darüber hinaus und kongruent zum syntaktischeren Vorgehen ist der Ansatz von Julia Andersch und Oliver Martin ressourcenorientiert und unterschiedsbasiert und bietet eine differenzierte und zugleich gut handhabbare Grammatik der Interventionen für die Organisationsentwicklung und andere Arten von Transformationsprozessen.

Die Autoren zitieren oft Virginia Satirs bekannte Aussage »Wir finden zusammen auf der Grundlage von Gemeinsamkeiten und wachsen auf der Grundlage von Unterschieden». Es ist also ein höchst stimmiges und sinnvolles Vorgehen, wenn sie in diesem Buch drei Ansätze miteinander verbinden, die einerseits alle den Wert von Strukturen und syntaktischen Aspekten hochschätzen und in vieler Hinsicht ein verwandtes Menschenbild haben, und wenn sie andererseits zugleich in den

Unterschieden und Zwischenräumen dieser Ansätze ihre eigene Form gesucht und gefunden haben. In die Grundlagen ihrer Arbeit gehen dabei also als Basisquellen insbesondere das Werk von Friedrich Glasl und der Trigon-Ansatz ein, der hypnosystemische Ansatz von Gunther Schmidt sowie der transverbale Ansatz der SySt-Arbeit von Insa Sparrer und mir. (Von der Vielzahl anderer Quellen, die in diesem Buch und in der Arbeit der Autoren zur Geltung kommen, seien nur erwähnt die Einflüsse von Milton H. Erickson, Viktor Frankl, Virginia Satir, der Schule von Milwaukee und Stephen Gilligan.)

Julia Andersch und Oliver Martin verwenden zentrale Ideen dieser drei Basisquellen als Landkarten im Sinne von Korzybski. Mir ist durch ihr Buch ein Zug der Idee der Landkarte (bei Korzybski) klarer geworden, die ich bisher vorwiegend als Modelle im Sinn der Modelltheorie sah, mit vielen besonders wertvollen Bezügen zur Selbstreferenzialität von Landkarten und einer pragmatisch und semiotisch erweiterten Auffassung von Sprache. Aber die Autoren betrachten ihre Landkarten der Transformation eher als Instrumente der Orientierung und daher näher an der Anwendung in der Praxis, als dies mit dem Modellbegriff im Allgemeinen verbunden wird. So können sie die Landkarten wirklich im alltäglichen Sinne als Orientierungsmittel für die Praxis verwenden, indem sie einerseits Pfade der Interventionen bei Organisationsentwicklungsprozessen in einer Ebene nehmen, in der sie Grundmuster aus den drei Basisrichtungen aufgreifen, im eigenen Stil einsetzen und mit vielen eigenen Ideen verbunden vermitteln. Doch ist ihr Vorgehen nicht auf diese Ebene beschränkt, sondern sie betrachten auch Landkarten für die so entstehenden spezifischen Landkarten und Landkarten dieser Landkartenbildung. Sie arbeiten also zugleich mit einer horizontalen und einer vertikalen Art von Bewegungen, in einer multidimensionalen Landkarte.

Zwischen den Grundideen der Landkarte ihrer Basisebene und den Landkarten höherer Ordnung bewegen sich Julia Andersch und Oliver Martin mit großer Kreativität, Fachkundigkeit, Klarheit und einer entschiedenen Ausrichtung auf die Anliegen der Menschen, für die sie arbeiten.

Landkarten der Transformation ist also ein sehr geeignetes Motto für dieses Buch, denn Landkarten unterscheiden sich schon in der intuitiven Assoziation von Modellen, da wir bei Modellen im Allgemeinen die Darstellung davon, wie etwas *ist*, im Vordergrund erleben, während Landkarten für uns mit der Frage verbunden sind, wie eine Bewegung im Raum *vollzogen* werden kann – und daher haben Landkarten auch damit zu tun, wo wir uns gerade befinden.

Der einzelne Mensch und seine Werte (im Wittgenstein'schen Sinne als Einstellungen zur Welt als Ganzem), »Ich« und »Du«, kommen aus meiner Sicht in einer *Landkarte* eher vor als in einem *Modell*. Und damit findet, meine ich, auch das Buber'sche Grundwortpaar Ich – Du der Begegnung in einer Landkarte eher Raum als in einem Modell, das wohl eher zum Grundwortpaar *Ich – Es* der Erfahrung gehört.

Da für so verstandene Landkarten also eher als für Modelle wesentlich ist, wo wir uns befinden, haben Landkarten in meinem Sinne also einen natürlichen

Selbstbezug und sind daher für die Darstellung von Organisationen und sozialen Systemen angemessener als von uns (als handelnden, subjektiven intentionalen Perspektivenwesen) mindestens scheinbar unabhängige Modelle.

Während bei Wittgenstein im *Tractatus logico-philosophicus* die *Form der Darstellung* der Punkt außerhalb des Bildes ist, von dem aus das Bild das Abgebildete darstellt, so würde ich für die Betrachtung der Art und Weise, wie die Autoren Landkarten der Transformation auf mehreren Ebenen anwenden, einen neuen Aspekt hinzunehmen, der für meine Auffassung vom Begriff der Landkarte wesentlich ist. Denn hier geht es nicht nur um eine Abbildung und die subjektive Perspektive auf ein Modell, sondern um Bewegungen, die mit Intentionen, Handlungen und Entwicklungsmöglichkeiten im Allgemeinen zu tun haben. Die Idee der Form der Darstellung sollte daher aus meiner Sicht für Landkarten modifiziert (und erweitert) werden zum Begriff der *Form der Entwicklung*, den ich definiere als den Ort, von dem aus unterschiedliche Vorgehensweisen und Bewegungen intendiert und gewollt werden können.

So gesehen kann das Werk von Julia Andersch und Oliver Martin als Explikation der Praxis einer komplexen Grammatik von Interventionen und Prozessgestaltungen in der Entwicklungsberatung gesehen werden, durch die die Form der Entwicklung zugänglicher gemacht wird. Landkarten der Transformation sind also aus meiner Sicht ein kunstfertiges Mittel, die Form der Entwicklung in der Entwicklungsberatung verstehbarer, sichtbarer, erkennbarer und nachvollziehbarer werden zu lassen.

Die ausführlich dargelegten Fallbeispiele zeigen auch die hohen Freiheitsgrade, die der Ansatz der Autoren im Sinne von Heinz von Foersters kybernetischem Imperativ bietet. In den verschiedenen Fällen wird auf die Teillandkarten in höchst unterschiedlicher Weise zurückgegriffen und so gezeigt, wie durch die Verwendung von in vieler Hinsicht miteinander kompatiblen und doch ausreichend verschiedenen Basisquellen für die Anwendenden der Raum der Möglichkeiten entscheidend vergrößert wird.

Die Freiheit der Pfadwahl wird ermöglicht und gesteigert durch die Verwendung von Landkarten höherer Ordnung. Und hier, bei der Betrachtung der vier Beratungsprinzipien (ganzheitlich, potenzialentfaltend, evolutionär, systemischer), die aus Sicht der Autoren alle Schichten und zentralen Modelle der Transformationslandkarten durchdringen, ist auch der Wohnort der Werte und des Ethischen in diesem Ansatz. Werte sind in diesem Ansatz etwas, das sich aus der Vorgehensweise organisch ergibt und implizit schon vorhanden ist – und hier besteht auch eine starke Verbindung zwischen der Arbeit von Julia Andersch und Oliver Martin und der Sicht und Haltung bei Friedrich Glasl, Gunther Schmidt, Insa Sparrer und mir. Werte sind hier nicht ein Zusatz oder eine nachträgliche Rahmengebung, auch kein gegen andere Ansätze abgrenzender fundamentalistischer Ausgangspunkt, sondern natürliche Ergebnisse und zugleich implizite Vorbedingungen einer angemessenen Praxis.

Gemeinsam mit Insa Sparrer wünsche ich Julia Andersch und Oliver Martin mit ihrem Buch und ihrer klaren, respektvollen, differenzierten, hingabevollen, wertschätzenden und menschenfreundlichen Arbeit Erfolg und Erfüllung in ihrem weiteren Wirken.

Wer dieses Buch liest, hat eine anregende, lehrreiche, lohnende und inspirierende Reise vor sich!

Lido di Venezia, im August 2023
Matthias Varga von Kibéd

Einleitung

»Bernhard von Chartres sagte, wir seien gleichsam Zwerge,
die auf den Schultern von Riesen sitzen,
um mehr und Entfernteres als diese sehen zu können –
freilich nicht dank eigener scharfer Sehkraft oder Körpergröße,
sondern weil die Größe der Riesen uns emporhebt.«

Johannes von Salisbury: *Metalogicon* 3, 4, 46-50

Wie es zu diesem Buch gekommen ist und was wir damit beabsichtigen

Menschen, Teams und Organisationen darin zu unterstützen, sich wesensgemäß zu entwickeln, ist unser Herzensanliegen.

Seit vielen Jahren sind wir in Organisationsentwicklung, Mediation und Coaching tätig und beschäftigen uns intensiv mit den Trigon-Konzepten der Organisationsentwicklung und des Konfliktmanagements (deren maßgeblicher Entwickler Friedrich Glasl ist), mit den grammatischen Ideen und syntaktischen Formaten des SySt[1]-Instituts (Insa Sparrer und Matthias Varga von Kibéd) und dem hypnosystemischen Ansatz von Gunther Schmidt.

Vor mehr als zehn Jahren haben wir gemeinsam begonnen, diese Ansätze miteinander zu verweben, sowohl in unseren Lehrtätigkeiten als auch in unserer Beratungspraxis.

Oliver Martin war damals schon länger bei Trigon Entwicklungsberatung, war seit vielen Jahren mit den Ansätzen von Glasl zur Theorie und Praxis der Organisationsentwicklung und der Mediation vertraut und hatte begonnen, diese mit den Inspirationen aus dem SySt-Institut zu verbinden. Julia Andersch hatte sich zu jener Zeit bereits intensiv mit SySt auseinandergesetzt und daraus eigene Anwendungen für ihre Beratungspraxis im Kontext von Kultur- und Identitätsentwicklung sowie Employer Branding entwickelt. Wir beide waren gleichzeitig von der Hypnosystemik Gunther Schmidts fasziniert und suchten zunächst unabhängig voneinander nach Ideen, dieses Metakonzept organisch in unsere praktische Beratungsarbeit zu integrieren.

1 Insa Sparrer und Matthias Varga von Kibéd haben die Systemischen Strukturaufstellungen – abgekürzt SySt – begründet und auch ihr Institut in München so benannt.

Seither haben wir in allen unseren Projekten und Seminaren systematisch begonnen, Modelle von Trigon unter SySt-Perspektiven und hypnosystemischen Gesichtspunkten zu betrachten und umgekehrt. Dabei war es uns von Anfang an wichtig, diese drei Ansätze nicht einfach nebeneinanderzustellen und instrumentell zu betrachten, sondern die sehr ähnlichen Grundhaltungen und konkreten Modelle und Instrumente miteinander zu verbinden und daraus entstehende Synergien zu nutzen.

Wir hatten und haben das Glück, dass wir von unseren drei Hauptquellen nicht nur lernen, sondern auch mit ihnen in verschiedenen Kontexten immer mehr zusammenzuarbeiten. In vielen Gesprächen, Seminaren und Kundenprojekten, auf Symposien und Kongressen sowie durch vielfältige gemeinsame Erlebnisse haben wir nicht nur deren Ideen, Inspirationen und Impulse besser und tiefer verstehen gelernt, sondern sie mit unseren eigenen Sichtweisen und Erfahrungen verbunden, uns auch mal an und mit ihnen gerieben und sie so immer mehr in unserem eigenen Ansatz integriert.

Aus anfänglich eher losen Verknüpfungen ist es uns gelungen, die Kernideen und -prinzipien dieser drei Schulen so miteinander zu verweben, dass ein originärer, integraler Beratungsansatz daraus geworden ist, den wir in Dutzenden von Beratungsprozessen erprobt und verfeinert haben und den wir in öffentlichen und firmeninternen Lehrgängen im ganzen deutschsprachigen Raum und darüber hinaus jährlich über 250 Beraterinnen und Beratern[2] und Führungskräften vermitteln. Auch haben wir unsere Ideen in zahlreichen Fach- und Buchartikeln und in Vorträgen auf Kongressen vorgestellt.

So war es nun an der Zeit, mit diesem Buch unseren eigenen Ansatz, den wir *syntaktisch-hypnosystemische Entwicklungsberatung* nennen, zu beschreiben. Damit wollen wir den Nutzen für die Praxis der Organisationsentwicklung deutlich machen und die konzeptionellen Hintergründe nachvollziehbar darstellen.

Mit dem vorliegenden praxisorientierten Handbuch wollen wir unsere über viele Jahre zusammengetragene Erfahrung und unser Wissen teilen und so dazu beitragen, Menschen, Teams und Organisationen darin zu unterstützen, sich wesensgemäß zu entwickeln.

Tiefer geblickt

In unserer Entwicklungsarbeit zu diesem Ansatz sind uns von Anfang an große Gemeinsamkeiten der genannten Beratungsschulen aufgefallen:

2 Weil uns eine gendergerechte Sprache wichtig ist, verwenden wir bei Begriffen wie »Mitarbeiterinnen«, »Teilnehmer«, »Beraterin« die Partizipialform »Mitarbeitende«, »Teilnehmende« bzw. »Beratende«. Wenn es sich vom Lesefluss her anbietet, schreiben wir von Kundinnen und Kunden; ansonsten verwenden wir den Genderdoppelpunkt: »Kund:innen«. Bei zusammengesetzten Begriffen, wie z. B. Klientensystem, verzichten wir auf den Genderdoppelpunkt.

Grundsätzliche strukturelle Ebenen geben Orientierung und Ausrichtung

- Die auf den Arbeiten des NPI (Niederländisches Pädagogisches Institut für Volkswirtschaftslehre,[3] 1954 gegründet von Bernard Lievegoed) basierenden *Konzepte von Friedrich Glasl* haben den Anspruch, ganzheitlich auf Organisationen, deren Entwicklung und die Gestaltung von Entwicklungsprozessen zu blicken und dafür grundsätzliche Strukturen, Gesetzmäßigkeiten bzw. Prinzipien zu beschreiben, sodass diese für alle Organisationen gleichermaßen anwendbar sind. Dafür bedienen sich diese Konzepte archetypischer Strukturen, die intuitiv verständlich sind und ein Stimmigkeitsgefühl erzeugen.
- *Insa Sparrer* und *Matthias Varga von Kibéd* betrachten ihre Entwicklungsarbeit der *Systemischen Strukturaufstellungen* als eine transverbale Sprache, für die sie eine Grammatik entwickelt haben. Diese soll es ermöglichen, die transverbale Sprache zu erlernen. Sie bedienen sich dabei logischer Grundstrukturen, die bestimmte Frage- bzw. Themenstellungen auf einer allgemeinen Ebene erfassbar machen, wodurch neue Lösungsräume eröffnet werden.
- *Gunther Schmidt* betont in seinem hypnosystemischen Ansatz den Aspekt der möglichst allgemeinen Strukturen auf seine Weise, indem er Modelle und Interventionssysteme entwickelt hat, die sich ebenso wie die beiden vorher genannten Ansätze auf einer grundsätzlichen Ebene damit auseinandersetzen, wie therapeutische bzw. Beratungsprozesse gestaltet werden können.

Verbindung von Kognition und Intuition

- Die *Trigon-Konzepte* betonen seit jeher die Wichtigkeit, Menschen und Organisationen nicht nur »in ihrer Kognition abzuholen«, sondern die intuitiven Potenziale anzusprechen, indem über sozialkünstlerische Methoden[4] und den Körper unwillkürliche Prozesse und Ressourcen bzw. inneres Wissen gleichberechtigt einbezogen werden.
- Die *Systemischen Strukturaufstellungen* als Interventionssystem beziehen sich schon grundsätzlich auf Körperreaktionen bzw. -wahrnehmungen und nutzen diese, um innere Bilder zu externalisieren und damit der Kognition zugänglich zu machen. Dabei werden explizit unter anderem Ideen aus der Hypnotherapie bzw. der Hypnosystemik genutzt. Dafür wurden vielfältige logische Formate und Methoden entwickelt, um unwillkürlichen Prozessen Raum zu geben und sie mit willentlich-kognitiven Zielen zu verbinden.
- Die *hypnosystemische Arbeit von Gunther Schmidt* hat die hypnotherapeutischen Konzepte Milton Ericksons mit der systemischen Heidelberger Schule verbunden und weiterentwickelt. Die konsequente Würdigung und Nutzung unwillkürlicher Prozesse unter Einbezug aller Sinne und des ganzen Orga-

3 Später umbenannt in »NPI: Institut für Organisationsentwicklung«.

4 Der Begriff »sozialkünstlerisch« steht für Methoden bzw. Vorgehensweisen, die sich künstlerischer Ausdrucksformen bedienen, um soziale und psychische Prozesse bewusst und für die Beratungsarbeit nutzbar zu machen (Andersch u. Martin 2022).

nismus sowie ein Höchstmaß an Transparenz, um die Autonomie und Verantwortung – und somit das willentlich-kognitive Ich – des Individuums zu achten und zu stärken, kennzeichnet grundlegend die Hypnosystemik.

Potenzialorientierung und wertschätzende Grundhaltung

- Der Respekt vor dem Gewordenen, die Würdigung und Nutzung bestehender Prozesse und Energien sowie die Überzeugung, dass Menschen und Organisationen sich wesensgemäß entwickeln können und im Sinne eines höchsten Potenzials ein höheres Selbst haben, an dem Orientierung möglich ist, zeichnen die *Arbeit Friedrich Glasls und von Trigon* aus – und die Begleitung entsprechender Entwicklungsprozesse von Menschen, Organisationen und gesellschaftlichen Systemen ist die zentrale Motivationsquelle dieses Ansatzes.
- Die konsequente Orientierung an Lösungen und Ressourcen, ausgeprägte Wertschätzung in Sprache und Beschreibungen sowie die Überzeugung, dass sich im Möglichkeitsbaum von Menschen unzählige und oft überraschende Verästelungen zeigen können, prägt unter anderem *die Arbeit von Insa Sparrer und Matthias Varga von Kibéd und ihre Systemischen Strukturaufstellungen.* Der SySt-Ansatz basiert auf der Annahme, dass leidvolle Prozesse unter anderem durch Mitgefühl, Unterscheidungsfähigkeit, verantwortungsvolles Handeln und weisheitsvollen Humor unterbrochen und ressourcenreich in Lösungen umgestaltet werden können.
- Die Hypnosystemik wiederum betrachtet jedes Problem und Symptom als Lösungsversuche und findet in noch so anspruchsvollen Situationen schlummernde Kompetenzen, die sich für nachhaltige Lösungen utilisieren lassen. Die Überzeugung, dass Menschen die für die Lösung ihrer Probleme notwendigen Kompetenzen in sich tragen und ihre Potenziale entfalten können, prägt entscheidend *die Arbeit von Gunther Schmidt.*

Selbstverständlich gibt es zwischen den Ansätzen auch Unterschiede. So betonen der hypnosystemische bzw. SySt-Ansatz die Wirkung von Sprache stärker, als dies in den Trigon-Konzepten der Fall ist, während dort der Aspekt der expliziten Auseinandersetzung mit Entwicklungsprinzipien stärker gewichtet wird als in der Hypnosystemik oder bei SySt. Auch die erkenntnistheoretischen Grundlagen sind verschieden: Während Gunther Schmidt und der SySt-Ansatz sich deutlich systemisch-konstruktivistisch verstehen, spricht Friedrich Glasl von einem systemtheoretischen Verständnis seiner Konzepte und betont eher eine konstruktbewusste Haltung statt eine streng konstruktivistische.

Die drei Ansätze sind nicht nur miteinander kompatibel, sondern können sich gegenseitig enorm befruchten und ergänzen.

Mit unserem Ansatz der syntaktisch-hypnosystemischen Entwicklungsberatung verbinden wir die drei genannten Ansätze konsequent in ihren Gemeinsamkeiten und nutzen die komplementären Unterschiede zugunsten einer möglichst ganzheitlichen und systemischeren Betrachtungsweise, die Entwicklung als Potenzialentfaltungsprozess versteht und unterstützt.

Um dies für die Praxis der Organisationsentwicklung nutzbar zu machen, haben wir eine *mehrschichtige Landkarte*[5] *der Transformation* entwickelt, die

- das ganzheitliche Organisationsbild und seine prototypischen Entwicklungsphasen sowie das Modell der ganzheitlichen Gestaltung von Entwicklungsprozessen von Trigon kombiniert mit
- dem grammatischen Verständnis, den syntaktischen Formaten und Schemata sowie der kurativen Verwendung von Modellen aus der Schule von SySt und
- der hypnosystemischen Betrachtung von Problemen als Lösungsversuchen, der konsequenten Orientierung an Kompetenzen und der Utilisation unwillkürlicher Prozesse für willentlich erwünschte Lösungen.

Die daraus entstandene Landkarte der Transformation von Organisationen hat drei Schichten (Abb. 1):

- Die **Basisschicht** enthält die Grundanschauungen, die der Landkarte zugrunde liegen und lässt sich mit den Prinzipien *ganzheitlich, systemischer, evolutionär und potenzialentfaltend* zusammenfassen.
- Die **Legende** bringt zum Ausdruck, wie wir die Landkarte mit ihren zentralen Modellen verwenden, nämlich *syntaktisch, hypnosystemisch und kurativ.*
- Die eigentliche **Karte** enthält vier zentrale Modelle – das ganzheitliche Systemkonzept der sieben Wesenselemente, die Entwicklungsphasen von Organisationen, die Systemprinzipien und die Basisprozesse der Organisationsentwicklung –, mit deren Hilfe wir Orientierung in jeglicher Organisationslandschaft erhalten.

Dieses Buch stellt die einzelnen Schichten dieser Landkarte mit den daraus abgeleiteten Beratungsprinzipien[6] vor und zeigt anhand vieler Praxisbeispiele auf, wie wir im Sinne der syntaktisch-hypnosystemischen Entwicklungsberatung mit ihnen arbeiten.

---

5 Die Idee der Landkarte als Metapher verdanken wir F. Glasl, T. Kalcher u. H. Piber von Trigon Entwicklungsberatung, die im Zusammenhang ihres Buches *Professionelle Prozessberatung* (Glasl, Kalcher u. Piber 2020a) erstmals von der »Trigon-OE-Landkarte« gesprochen hatten. Diese Metapher haben wir aufgegriffen, in unserer Praxis der Organisationsentwicklung erweitert und nun mit diesem Buch als eine mehrschichtige Landkarte der Transformation für syntaktisch-hypnosystemische Entwicklungsberatung entwickelt.

6 Die Idee für diese Beratungsprinzipien und deren erste Formulierungen stammen von uns beiden. Wir haben dann gemeinsam mit den Trigon-Kolleg:innen E. Bergner, I. Bieringer, E. Ghidelli, F. Glasl, T. Kalcher, A. Moldenhauer, J. Narbeshuber, H. Piber, H. Salzmann, A. Spieth angefangen, sie als grundlegende Prinzipien unserer Arbeit auszuformulieren.
Seither haben wir diese Beratungsprinzipien weiter geschärft, im Kontext der Landkarte systematisiert und für die Darstellung unseres Ansatzes der syntaktisch-hypnosystemischen Entwicklungsberatung in diesem Buch weiterentwickelt und teilweise anders formuliert und benannt.

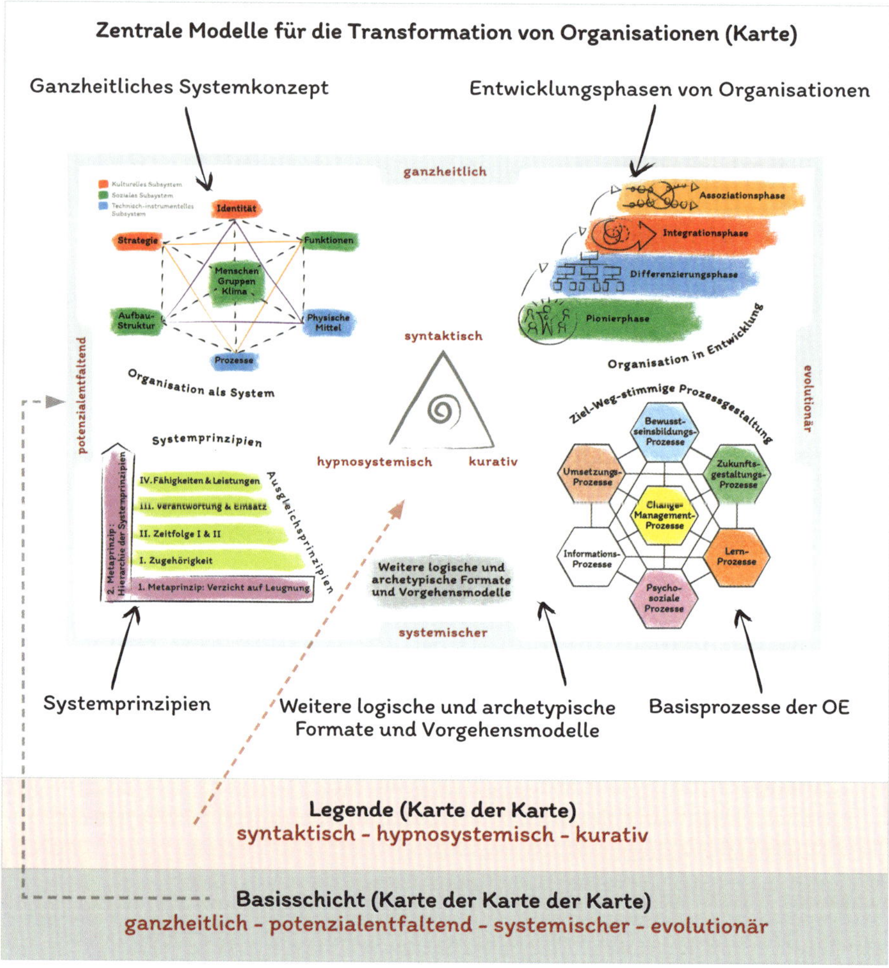

Abb. 1: Mehrdimensionale Landkarte der Transformation für syntaktisch-hypnosystemische Entwicklungsberatung

Wie dieses Buch genutzt werden kann und an wen es sich richtet

Unser Buch richtet sich an Berater:innen, Coachs, Mediator:innen, Supervisor:innen und Trainer:innen, die im Kontext von Organisationen und deren Entwicklung tätig sind, sowie an Führungskräfte, die sich mit der ganzheitlichen Gestaltung und Weiterentwicklung ihrer Organisation auseinandersetzen wollen. Es dürfte zusätzlich für alle Menschen interessant sein, die sich für Organisationsentwicklung aus anderen Perspektiven interessieren, weil sie als Mitarbeitende ihren Kontext besser verstehen oder als Therapeut:innen die Situation von Klient:innen systemischer betrachten und deren organisationalen Kontext stärker fokussieren wollen.

Wir beschreiben im *ersten Kapitel,* was wir mit Landkarten meinen und wie sie sich in ihren Dimensionen und Schichten aufbauen.

Im *zweiten Kapitel* stellen wir konkreter die drei Schichten der Landkarte der Transformation von Organisationen dar und erläutern die daraus abgeleiteten Beratungsprinzipien.

An Theorie und Modellbildung interessierte Lesende werden darin Hinweise finden, auf welchen erkenntnistheoretischen Überlegungen unser Ansatz basiert.

Im *dritten Kapitel* beschreiben wir die vier zentralen Modelle der Landkarte der Transformation von Organisationen zuerst im Einzelnen und zeigen auf, wie sie in der Praxis angewandt werden können, bevor wir im *vierten Kapitel* die ganze Landkarte im Zusammenspiel der Modelle erläutern und praktisch illustrieren.

Lesende, die die einzelnen Modelle und deren Zusammenwirken kennenlernen oder neue Aspekte entdecken wollen, können sich darin vertiefen. Auch für Lesende, die die Modelle schon länger in der Anwendung kennen, ergeben sich durch die ausführliche Darstellung der archetypischen Qualitäten vermutlich neue Anregungen für die Praxis.

Im *fünften Kapitel* stellen wir mehrere Kundenanliegen aus Organisationen dar und geben Hinweise, wie mit der zuvor vorgestellten Landkarte Prozessziele formuliert und konkrete Vorgehensweisen entworfen werden können.

Dieses Kapitel gibt den Lesenden die Gelegenheit, die im Buch enthaltenen Konzepte anzuwenden, eigene Lösungsideen zu generieren und mit unseren Vorschlägen zu vergleichen.

Im *sechsten Kapitel* verweisen wir darauf, welche weiteren auf logischen oder archetypischen Strukturen basierenden Formate und Vorgehensmodelle in der Praxis in Verbindung mit der Landkarte für die Transformation von Organisationen hilfreich eingesetzt werden können. Und wir stellen ein für uns grundlegendes Modell für die Moderation von Transformationsprozessen und Workshops theoretisch und mit einem praktischen Anwendungsbeispiel vor.

Alle Lesenden, die sich dafür interessieren, wie selbst spannungsgeladene Workshops und Entwicklungsprozesse kooperativ und die Bedürfnisse aller Beteiligten einbeziehend moderiert werden können, dürften dieses Kapitel als hilfreich empfinden.

Eine Übersicht über alle Praxisbeispiele mit Angaben zur Themenstellung, Branche und Verortung auf der Landkarte der Transformation findet sich schließlich im Anhang des Buchs.

Landkarten für das Erkunden vieler und auch entfernter Landschaften

Wir haben dieses Buch auf Lanzarote zu schreiben begonnen und beenden unsere Prozessarbeit an diesem Buch wieder hier auf Lanzarote. Dazwischen haben zahlreiche Sequenzen in Luzern, Abano Terme, München, Kreta und am Hallwilersee stattgefunden. Die unterschiedlichen Kontexte dieser Orte senden jeweils verschiedene Einladungen aus, sich mit ihnen zu verbinden. So ist Lanzarote z. B. ein Ort, an dem die vier Elemente sinnlich überall erfahrbar sind. Ein sich Bewegen zwischen Feuer, Luft bzw. Licht, Wasser und Erde. Diese qualitativen Phasen des Wandels spielen auch für uns und unser Herzensanliegen – die Entwicklung und Transformation von Menschen, Teams, Organisationen und Gesellschaft – eine große Rolle (vgl. unseren Hinweis auf die qualitativen Phasen des Wandels in Kap. 6.1.2).

An allen Orten ist es möglich, mit einer Landkarte zu navigieren. So gibt uns die Grundstruktur von Landkarten durch das Abbilden von Gebieten, unabhängig von Sprache und Kultur an unterschiedlichen Orten eine Möglichkeit, die jeweilige spezifische Landschaft zu erkunden. Wir müssen nicht malaysisch lesen können, um die Abbildung eines Parks in der Stadt Kuala Lumpur zu entdecken. Damit wir uns aber überhaupt auf den Weg machen können, hilft uns eine Landkarte beispielsweise zu erfahren, wo wir einen Fußweg finden, was in einer Millionenstadt wie Dubai nicht unbedingt selbstverständlich ist.

Landkarten können uns Orientierung und Ausrichtung geben, damit wir ein Ziel erreichen können, auch wenn wir noch nie vorher am jeweiligen Ort waren. Gleichzeitig können wir beim Reisen alle Details der jeweiligen Landschaft erfahren und in sie eintauchen, weil uns die Struktur der Landkarte immer wieder hilft, unseren Standort und das Reiseziel neu zu bestimmen.

Die Wärmezelle[7] für unser Buch sind Landkarten der Transformation für Organisationen, um Räume zu schaffen und Entwicklungswege anzubieten, etwas in Bewegung zu bringen oder dort zu stabilisieren, wo bereits Neues entstanden ist.

Wir freuen uns auf alle Erfahrungen, die mit unseren Landkarten der Transformation gemacht werden und danken an dieser Stelle allen Riesen, auf deren Schultern wir stehen dürfen. Dazu gehören sowohl alle unsere Lehrer und Lehrerinnen als auch unsere Kolleginnen und Kollegen von Trigon sowie aus anderen Kontexten, die Teilnehmenden unserer Lehrgänge und Seminare und unsere Kundinnen und Kunden, mit denen wir gemeinsam an ihren Anliegen wachsen durften.

7 Diesen Begriff verwenden wir in Anlehnung an Überlegungen von Friedrich Glasl (2020d, S. 463–468) zu qualitativen Phasen des Wandels. Seine Forschungsrichtung hierfür basiert auf der Schöpfungsgeschichte der Genesis. Die vier Qualitäten Feuer, Licht/Luft, Wasser, Erde sind die urchristlichen Elemente (Genesis) des Lebens und der Erde. Auch für jeden Organisationsentwicklungsprozess ist die Versorgung dieser Qualitäten elementar. So sollte z. B. zu Beginn eines jedes (Veränderungs-)Vorhabens die Qualität des Feuers stehen. In Analogie zur Schöpfungsgeschichte sollte ein Wärmeprozess stattfinden bzw. eine Wärmezelle entstehen, die dem Vorhaben oder dem Veränderungsprozess geistige Wärme gibt, sodass Menschen sich begeistern oder für Sinn und Ausrichtung erwärmen können.

1 Wofür Landkarten in der Organisationsentwicklung?

Was haben ein weltweit tätiger Konzern mit 50.000 Mitarbeitenden mit einer regional tätigen NGO mit nur 30 Mitarbeitenden zu tun?

Worin sind sich eine Steuerbehörde und ein mittelständisches Produktionsunternehmen ähnlich?

Was verbindet ein Krankenhaus mit einem IT-Start-up?

Klar – es handelt sich immer um Organisationen, um lebendige und selbst-bewusste[8] Systeme, das liegt auf der Hand.

Im Rahmen unserer Arbeit haben wir aus den Organisationsentwicklungs-Konzepten von Trigon, den Ansätzen nach SySt und der Hypnosystemik eine Landkarte entwickelt, die z. B. sowohl auf ein Krankenhaus als auch auf ein IT-Start-up angewendet werden kann.

Unser Anspruch war es, eine *mehrschichtige Entwicklungslandkarte* zu entwickeln, die in der Praxis einerseits Klarheit, Orientierung und Präzision ermöglicht, während sie andererseits schöpferische Prozesse einlädt, um die Transformation lebendiger, selbst-bewusster Systeme zu unterstützen.

Landkarten, mit denen wir komplexe Transformationsprozesse begleiten können, und die so grundsätzlich sind, dass sie unabhängig von Branchen oder der Größe von Organisationen ermöglichen, tiefer zu tauchen und Potenziale zu heben.

Das heißt, dass eine solche Landkarte die Anforderung von Organisationen erfüllen muss, unabhängig von sich verändernden Kontexten die von Kundensystemen eingebrachten Fragestellungen und Themen aufzunehmen und dafür Orientierung zu bieten.

Im Folgenden werden wir zunächst unser Verständnis »tauglicher Landkarten« für diese Ansprüche ausführen, um dann aufzuzeigen, wie solche Landkarten der Transformation grundsätzlich einen Unterschied machen und welchen Mehrwert sie in der Praxis bringen.

---

8 Eine Idee von Friedrich Glasl (2021, S. 40) aufgreifend, nennen wir in diesem Buch von Menschen gebildete Systeme »selbst-bewusste Systeme«, seien es Familien, Teams, Organisationen oder noch größere Gebilde. Glasl lehnt sich dabei an Kenneth Bouldings (1956) »System of Systems« an. Wir wollen mit dieser Bezeichnung verhindern, von sozialen Systemen zu sprechen, wie sie in der Literatur meist genannt werden. Der Begriff »soziale Systeme« lenkt die Aufmerksamkeit aus unserer Sicht in der Regel zu sehr auf die soziale bzw. psychosoziale Dimension und vernachlässigt, dass von Menschen gebildete Systeme das Potenzial besitzen, sich ihrer selbst bewusst zu sein, was nebst den sozialen weitere Dimensionen einschließt. Dies hat auf eine ganzheitliche Betrachtung und Begleitung solcher Systeme wesentliche Auswirkungen.

1.1 Eine Landkarte für viele Organisationslandschaften

Blickt man ohne Landkarte auf die beschriebenen »Organisationslandschaften« und versucht sie *inhaltlich detailliert* zu beschreiben, so könnte man zu dem Schluss kommen, dass sich diese Organisationen in etwa so ähnlich sind wie eine Landschaft im brasilianischen Regenwald mit einem Alpendorf in Bayern oder einer Metropole wie London.

Gleichzeitig wäre von uns gefordert, eine Menge an spezifischen Details im jeweiligen Kontext der Organisation einzusammeln mit dem Ergebnis, dass es sowohl herausfordernd wäre, Gemeinsamkeiten zu finden als auch hilfreiche Unterschiede zu benennen.

Eher *strukturell und weniger inhaltlich* betrachtet, könnte man hingegen feststellen, dass über bestimmte Kriterien oder Kategorien sehr wohl eine Vergleich- und Unterscheidbarkeit hergestellt werden kann.

So bildet beispielsweise eine Straßenkarte oder Google Maps ab, wie ein Gebiet erschlossen ist: Es sind verschiedene Straßen mit verschiedenen Kategorien dargestellt (für Autos, Fußgänger, Bus oder Fahrrad) die es ermöglichen, einen Weg durch ein Gebiet zu finden. Die Unterscheidung verschiedener Straßen ist unabhängig vom jeweiligen Gebiet. Die Kategorie »Straße« ermöglicht, die Erschließung unterschiedlicher Landschaften über alle Landkarten hinweg abzubilden.

So kann ich mit einer Landkarte von Lanzarote neben einer Landkarte von Hongkong auf einen Blick erkennen, dass sich Hongkong von Lanzarote unter anderem darin unterscheidet, dass es in Lanzarote wesentlich weniger Straßen gibt.

Landkarten ermöglichen demnach, einen *strukturellen und weniger inhaltlichen Blick in der Arbeit mit Organisationen zu fokussieren*, der – je nach den definierten Kriterien – Übersicht, Vergleichbarkeit und Unterschiedsbildung bietet.

In diesem Zusammenhang stellt sich nun die Frage: Welche strukturellen Ebenen ermöglichen eine Betrachtung aller Organisationen, unabhängig von den jeweiligen Ausprägungen und spezifischen Eigenschaften und dennoch ihrem individuellen Kontext Raum gebend?

Unseren Ausgangspunkt für die Entwicklung solcher Landkarten bildet die Überlegung von Alfred Korzybski, der auf Folgendes hinweist:

> »Eine Landkarte ist nicht das Gebiet, das sie repräsentiert, aber wenn sie korrekt ist, ist sie in ihrer Struktur der Struktur des Gebietes gleich (oder ähnlich), worin ihre Brauchbarkeit begründet ist« (Korzybski 1994, S. 58; Übers. d. Verf.).

Wenn wir als Organisationsentwicklungsberater:innen, Coachs oder Mediator:innen tätig sind, haben wir es mit verschiedenen selbst-bewussten Systemen zu tun. Dafür ist es aus unserer Sicht enorm wertvoll, wenn uns Landkarten im von Korzybski formulierten Sinne zur Verfügung stehen, die völlig unabhängig davon, ob wir mit einem kleinen Team in einer NGO oder mit einem Großkonzern arbeiten, Übersicht, Orientierung und Ausrichtung ermöglichen.

So könnten wir beispielsweise feststellen, dass das mittelständische Produktionsunternehmen und die regional tätige NGO ein bestimmtes Werteverständnis verbindet, von dem sich das Werteverständnis des Konzerns deutlich unterscheidet.

Oder wir könnten unseren Blick auf die Ausrichtung der Organisationen wenden und feststellen, dass das Krankenhaus und das IT-Start-up ein nachhaltiges Wirtschaften als strategische Ausrichtung verbindet.

Ein anderer Aspekt, der betrachtet werden könnte, wäre die Art und Weise der Kooperation der Mitarbeitenden intern und nach außen? Was wird hier beim Betrachten der einzelnen Unternehmen sichtbar?

Die skizzierten Beispiele sollen verdeutlichen: Wenn es im Sinne von Korzybski (1994, S. 58) gelingt, mit Landkarten zu navigieren, deren Struktur der Struktur von unterschiedlichen Organisationslandschaften (Gebieten) gleicht, dann ist es möglich, Orientierung und Übersicht über die spezifische Organisationslandschaft auf struktureller Ebene zu erhalten, ohne jedes Detail der Organisation erfassen zu müssen.

Dies ist besonders aus dem Blickwinkel der Komplexität der Fragestellungen, die uns in Organisation begegnen, sehr relevant. Bei der Arbeit mit Landkarten ist es unser Anliegen, dieser Komplexität Raum zu geben und zieldienliche Fokussierungen anzubieten. Gelingt dies, können wir der komplexen Vielzahl an Inhalten, Konstruktionen und Bedeutungsgebungen des Klientensystems mit Freude begegnen und dessen Fragestellungen mit ihm gemeinsam erfassen und zieldienlich sortieren, wodurch diese Fragestellungen bearbeitbar werden.

> Landkarten ermöglichen das *Erfassen und Erkunden vieler unterschiedlicher Organisationslandschaften,* bieten Fokussierung und Orientierung, sodass der Komplexität mit Freude begegnet werden kann und individuelle Konstruktionen und Bedeutungsgebungen eingeladen werden können.

1.2 Landkarten ermöglichen uns, Muster zu ergründen, zu verflüssigen und zieldienliche Muster zu festigen

Jede Organisation hat ihre systemeigene Art, die Wirklichkeit zu beschreiben, zu erklären und zu bewerten. Das zeigt sich z. B. im Erleben der Organisationskultur:

So kann es sein, dass wir in ein Restaurant, Hotel oder Geschäft gehen und uns von Anfang an wohl oder unwohl fühlen – als Resonanz auf die der Organisation ganz eigenen Kultur, die aus Kundensicht erlebbar ist.

Je häufiger in der Organisation nach systemeigenen Wirklichkeitsbeschreibungen gehandelt wird, umso mehr verfestigen sich systemspezifische Muster.

Die Arbeit mit Landkarten, so wie wir sie verstehen, und der damit verbundene Blick auf den Wald anstatt auf ein paar gerade im Sichtfeld stehende Bäume, ermöglicht es uns gemeinsam mit dem Klientensystem, den Dingen systematisch auf den Grund zu gehen und die Erkenntnis zu fördern, was im Gesamtsystem in der Tiefe wirksam ist.

Mit den Landkarten kann es uns gelingen, die Organisationen darin zu unterstützen, dass sie für sich das Wesentliche erfassen und Organisationsmuster, die sich gebildet haben, nachzuvollziehen, sodass sie eventuell respektvoll verändert werden können, um Transformation zu ermöglichen.

So ist es über die Struktur der Landkarte möglich, sich mehr im »Dazwischen« und in Wechselwirkungen zu bewegen und immer wieder dazu einzuladen, eine Metaposition einzunehmen.

Entstandene Muster, die nicht mehr zieldienlich sind, können erkannt, aufgegriffen und »verflüssigt« werden. Genauso wie neue Gewohnheiten gebildet werden können.

Aus hypnosystemischer Sicht könnte man es so zusammenfassen: Die Arbeit mit der Landkarte und den darauf enthaltenen zentralen Modellen führt im Sinne des Grundprinzips der Unterschiedsbildung (Bateson 1981, S. 582) »einen Unterschied ein (…), der einen Unterschied macht« und kann so im Sinne von Gunther Schmidt (2022, S. 76) eine zieldienliche Veränderung im Erleben bewirken, ohne dass man alle relevanten Faktoren verstehen muss, die zu einem bisherigen Muster beitragen.

> Landkarten helfen uns, Muster *sichtbar, aufgreifbar und veränderbar* zu machen.

1.3 Entwicklungslandkarten stärken Selbsterneuerungsfähigkeiten und Potenzialentfaltung

Es ist unser wichtigstes Ziel in der Beratung, die begleiteten selbst-bewussten Systeme bestmöglich darin zu unterstützen, *ihr Potenzial zu entfalten und ihre Selbsterneuerungsfähigkeiten* zu stärken.

Aus diesem Grund sind wir der Meinung, dass eine hilfreiche Landkarte die Kriterien einer Landkarte der Transformation dann erfüllt, wenn sie nicht nur in geeigneter Weise die Strukturen des betrachteten Gebiets abbildet, sondern auch Hinweise gibt, wie eine *stimmige Entwicklungsrichtung* aussehen und, damit verbunden, aufzeigen kann, welche Wege für eine zieldienliche Entwicklung eingeschlagen werden könnten. Wenn sie also Orientierungshilfen enthält, die bei der *Gestaltung des Entwicklungsprozesses* unterstützen.

Somit ist nicht jede Landkarte geeignet, um als mehrdimensionale Landkarte für Transformation genutzt werden. Stephen Gilligan (2011a) weist darauf hin, dass z. B. im Kontext der Psychotherapie viele Klient:innen gerade dadurch in Schwierigkeiten geraten, dass sie unbewusste innere Landkarten benutzen, die für aktuelle

Fragestellungen nicht (mehr) geeignet sind. Metaphorisch gesprochen: Mit einem Plan einer Kleinstadt tue ich mich im Dschungel Indonesiens schwer. Oder wenn ich für die Planung einer Expedition von Hamburg ins Rote Meer eine Seekarte verwende, die vor dem Bau des Suezkanals erstellt wurde, werde ich enorme Umwege machen müssen, die mit einer aktuelleren Landkarte unnötig wären.

Eine nützliche Landkarte der Transformation sollte aus unserer Sicht abbilden können:

- eine ganzheitliche Landkarte des betrachteten Systems
- eine Landkarte, die Orientierung für Entwicklung gibt
- eine Landkarte, die dabei unterstützt, ganzheitlich Prozesse zu gestalten
- eine Landkarte, die Systeme in ihrer Entwicklung und Innovationsfähigkeit fördert.

Unserer Erfahrung nach gelingt es auf der Basis dieser Überlegungen, Landkarten der Transformation anzubieten, die sowohl im Ist-Zustand Räume anbieten, um komplexe Fragestellungen und Themen zieldienlich zu sortieren und Orientierung zu geben, als auch (neue) Möglichkeitsräume für einen schöpferischen und emergenten Prozess eröffnen können.

Ganzheitliche Entwicklungslandkarten können stimmige Entwicklungspotenziale aufzeigen, eine Ausrichtung geben und den Entwicklungsprozess schöpferisch unterstützen.

1.4 Landkarten der Transformation machen den Unterschied

Zusammenfassend lässt sich feststellen, dass aus unserer Sicht Landkarten dann als nützliche Landkarten der Transformation für die syntaktisch-hypnosystemische Entwicklungsberatung verwendet werden können, wenn sie den oben aufgeführten Kriterien entsprechen und den damit verbundenen Mehrwert bringen.

Mehrwert von Landkarten der Transformation:

- Landkarten ermöglichen das Erfassen und Erkunden vieler unterschiedlicher Organisationslandschaften, bieten Fokussierung und geben Orientierung, sodass Komplexität mit Freude begegnet werden kann, und individuelle Konstruktionen und Bedeutungsgebungen eingeladen werden können.
- Landkarten helfen uns, Muster *sichtbar, aufgreifbar und veränderbar* zu machen.
- *Ganzheitliche Entwicklungslandkarten* können stimmige Entwicklungspotenziale aufzeigen, eine Ausrichtung geben und den Entwicklungsprozess schöpferisch unterstützen.

Nach Sparrer (2014, S. 15) wird ein Veränderungsprozess bereits dann in Gang gesetzt, wenn es uns gelingt, eine »doppelte Beschreibung der Welt« als zusätzliche Perspektive einzubeziehen.

Dieses Anbieten einer »doppelten Beschreibung« der bisher erlebten Welt gelingt über das gemeinsame Navigieren durch solche Landkarten besonders gut, da sie das Gegenüber immer wieder einladen, die eigenen Landschaften in einem schöpferischen Prozess zu erkunden und gleichzeitig eigene, neue mögliche Landschaften kennenzulernen oder dafür Raum zu geben, dass etwas Neues emergieren kann.

Wenn wir es also schaffen, in diesem Sinne geeignete Landkarten für selbst-bewusste Systeme zu bauen, sind diese in der Lage, jeglicher Organisation

- Strukturen (wir werden diese »Syntax« nennen) zur Verfügung zu stellen
- in denen die vorhandenen Fragestellungen (Inhalte) sortiert und
- bisher nicht beleuchtete Aspekte erhellt werden können
- und gleichzeitig Orientierung für gewünschte Entwicklung zu geben.

Landkarten der Transformation müssen also die Kriterien erfüllen, ganzheitlich und allgemein zu sein, gleichzeitig jedoch spezifisch genug, um für das gewählte Anwendungsgebiet nützlich sein zu können.

2 Aufbau der Landkarte der Transformation für Organisationen als mehrschichtige Entwicklungslandkarte

Wie kann es gelingen, eine praktisch universelle Landkarte für Organisationen zu bauen, die den in Kapitel 1 aufgezeigten Kriterien entsprechen und den beschriebenen Mehrwert für Landkarten der Transformation bringen kann?

Und wie gelingt es, gleichzeitig abzubilden, welche prinzipiellen Annahmen wir für die Arbeit mit Organisationen zugrunde legen, sodass Entwicklung bzw. Transformation bestmöglich gefördert werden kann?

Wie könnte es darüber hinaus gelingen, eine kreativ-kunstfertige Haltung bzw. Art und Weise der Nutzung der konkreten Modelle zu beschreiben?

In Kapitel 1 haben wir uns ausschließlich mit der eigentlichen Karte und den notwendigen Kriterien für eine taugliche Landkarte der Transformation beschäftigt.

Im Sinne der Idee Korzybskis (1994, S. 58) beinhalten nützliche Landkarten aber nicht nur die eigentliche *Karte* des abgebildeten Gebiets, sondern auch eine *Legende*,

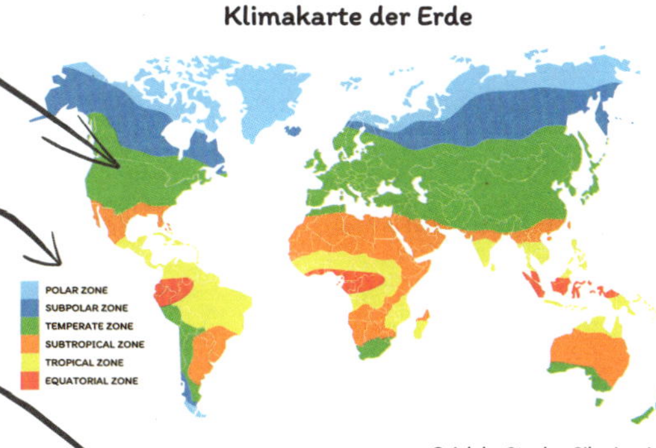

Abb. 2: Beispiel einer mehrschichtigen Landkarte aus der Geografie: Karte der Klimazonen

wie diese Karte zieldienlich anzuwenden ist (»Karte der Karte«) sowie grundlegende Prämissen der Landkarte, eine Art *Basisschicht,* die oft gar nicht mehr speziell ausgeführt werden, weil sie als allgemein bekannt gelten (»Karte der Karte der Karte«).

Beispielsweise zeigt Abbildung 2 zwei Schichten einer Klimakarte explizit, die eigentliche Karte der Klimazonen und die Legende (Karte der Karte), während die Basisschicht (Karte der Karte der Karte) nicht benannt, jedoch implizit enthalten ist:

Diese strukturellen Überlegungen haben wir für die Entwicklung einer mehrschichtigen Landkarte der Transformation aufgegriffen.

Die Landkarte der Transformation von Organisationen setzt sich aus drei Schichten zusammen (Abb. 3):

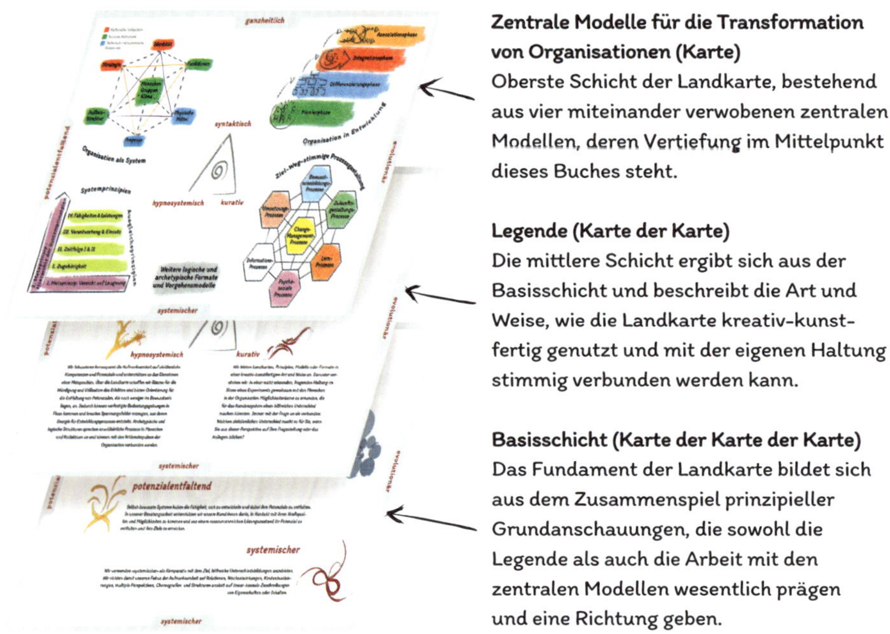

Abb. 3: Drei Schichten der Landkarte der Transformation von Organisationen

Um die konkrete Arbeit mit dieser Landkarte so zu verstehen, wie wir sie meinen und im Weiteren beschreiben, hilft die Visualisierung in Abbildung 4: Sie zeigt auf, dass die drei Schichten gedanklich übereinandergelegt werden und sich gegenseitig durchdringen.

Wenn wir also mit den zentralen Modellen in der Praxis der Organisationsentwicklung arbeiten, ist unsere Haltung und die Art und Weise, wie wir das tun, geprägt von der Basisschicht und der Legende.

Im Folgenden werden wir die Landkarte der Transformation vertieft darstellen: angefangen bei der Basisschicht (Karte der Karte der Karte; Kap. 2.1) über Grundüberlegungen zur Verwendung von logischen und archetypischen Formaten

(Kap. 2.2), die Legende (Karte der Karte; Kap. 2.3) und die zentralen Modelle der Karte (Karte; Kap. 2.4 und 3).

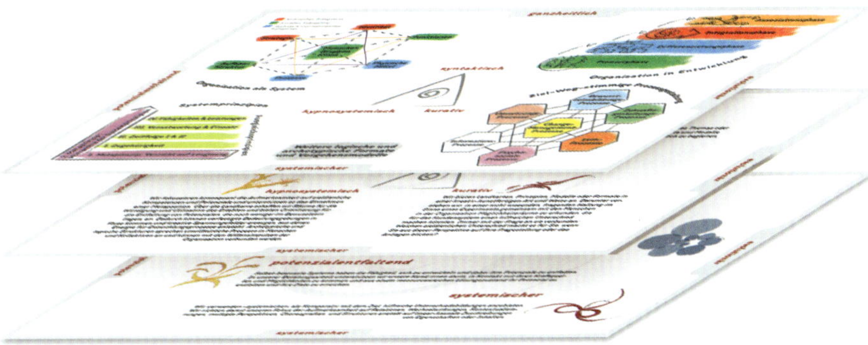

Abb. 4: Die drei Schichten der Landkarte der Transformation von Organisationen durchdringen sich gegenseitig.

2.1 Basisschicht (Karte der Karte der Karte)

Folgende Grundanschauungen bilden in ihrem Zusammenspiel das Fundament der von uns dargestellten Landkarte der Transformation. Sie liegen der gesamten Landkarte zugrunde und durchdringen alle anderen Schichten:

- ganzheitliches Menschenbild
- Organisationsbild: selbst-bewusste Systeme als sich entwickelnde Organismen
- komparative Systemik: systemischer im Sinne eines konsequenten Konstruktivismus
- Entwicklungsverständnis und -prinzipien – Entwicklung hat eine Richtung.

Im Folgenden werden wir die einzelnen Grundanschauungen vertiefen und dabei herausarbeiten, welche Prinzipien sich daraus ableiten. Prinzipien, die in der Verwendung der Landkarte den Kontext prägen und sich sowohl in der Art und Weise unserer Arbeit zeigen (Legende) als auch in jeder praktischen Arbeit mit der eigentlichen Landkarte und den darauf abgebildeten zentralen Modellen.

2.1.1 Ganzheitliches Menschenbild

Da wir grundsätzlich mit Menschen arbeiten, stellt sich uns zuerst die Frage nach einem ganzheitlichen Menschenbild. Zwei wesentliche Quellen und Betrachtungsweisen liegen allen Konzepten zugrunde:

- ein *dreifältiges Menschenbild*, das sich ableitet aus dem Urbild Geist–Seele–Leib (Glasl, Kalcher u. Piber 2020a, S. 15)
- ein *positives Menschenbild* mit der *Potenzialhypothese*, derzufolge jeder Mensch für die Lösung seiner psychischen, psychosomatischen und interaktionellen Probleme eigene Kompetenzen besitzt und es darum geht, die Bereiche, in denen die Kompetenzen abgespeichert sind, zu fokussieren und zu aktivieren (abgeleitet aus der hypnotherapeutischen bzw. hypnosystemischen Arbeit; Erickson u. Rossi 1981, S. 13; Gilligan 2008, S. 36; Schmidt 2007, S. 51).

2.1.1.1 Dreigliedriges Menschenbild: Körper – Seele – Geist

Wir verstehen den Menschen als eine sich entwickelnde Individualität mit einer physischen, einer seelischen und einer geistig-spirituellen Dimension. Diese Dimensionen stehen miteinander in Wechselwirkung und sprechen unterschiedliche Bedürfnisse an, die es bei Entwicklungsprozessen zu berücksichtigen gilt. Wir wollen an dieser Stelle dazu einige grundlegende Charakteristika beispielhaft aufführen und verweisen für ausführlichere Darstellungen auf Lievegoed (2012), Glasl (2022a) und Frankl (1985):

- Der Mensch mit seinem *physischen* Leib unterliegt naturwissenschaftlichen Gesetzen und biologischen Prozessen.
- Der Mensch mit seiner *seelischen* Dimension – seinem Denken, Fühlen und Wollen – ist in ständigem Austausch mit verschiedenen sozialen Umwelten und wirkt auf diese genauso ein, wie sie auf ihn einwirkt.
- Der Mensch als *geistiges* Wesen hat einen Willen zum Sinn (Frankl 1985), die Fähigkeit zur Selbsttranszendenz und zu freien Entscheidungen.

Diese Dimensionen werden als eine Ganzheit verstanden und wirken wechselseitig in vielfältiger Weise aufeinander ein. So kann beispielsweise körperlicher Schmerz, der durch eine Verletzung empfunden wird, durch geistige Tätigkeiten wie Meditation oder Selbsthypnose komplett in den Hintergrund treten, genauso wie seelische Ausgeglichenheit und ein stabiles soziales Umfeld sich positiv auf gesundheitliche Aspekte wie Blutdruck etc. auswirken können.

Für unseren Kontext der Beratung von Menschen und Organisationen und der Arbeit mit den transformativen Landkarten hat dieses dreigliedrige Menschenbild konkrete Auswirkungen auf unser Beratungsverständnis und die Gestaltung von Interventionsangeboten. Jedenfalls halten wir die Würde und Selbstbestimmungsfähigkeit des Menschen und von selbst-bewussten Systemen für hohe Werte, die wir jederzeit fördern und respektieren wollen.

2.1.1.2 Hypnotherapeutisches und hypnosystemisches Menschenbild

Für unser Verständnis von Arbeit mit Menschen wesentlich ist das Menschenbild von Milton H. Erickson bzw. dessen Weiterentwicklungen durch Gunther Schmidt,

Stephen Gilligan und andere. Erickson ging davon aus, dass jeder Mensch ein Individuum mit einzigartigen Bedürfnissen und enormen – zumeist unbewussten Ressourcen – ist und lern- bzw. entwicklungsfähig bis ins hohe Alter bleibt (Erickson 1981).

Dieses sehr positive Menschenbild und die daraus resultierende *Potenzialhypothese* sind für unsere Beratungshaltung und Arbeit ebenfalls grundlegend. Die Potenzialhypothese besagt: Jeder Mensch besitzt für die Lösung seiner psychischen, psychosomatischen und interaktionellen Probleme eigene Kompetenzen, und es geht darum, die Bereiche, in denen die Kompetenzen abgespeichert sind, zu fokussieren und zu aktivieren.

Weitere zentrale Aspekte des hypnotherapeutischen bzw. hypnosystemischen Ansatzes für unsere Arbeit sind die konsequente Fokussierung auf Kompetenzen und Lösungen, die Nutzung intuitiver Methoden und Vorgehensweisen (worauf wir in Kapitel 6.2 eingehen werden) sowie die zieldienliche Verbindung unwillkürlicher Prozesse mit dem kognitiv-willentlichen Ich. Dabei ist für unser Menschenbild die »Psychotherapie der Selbstbeziehungen« von Stephen Gilligan (2015) und insbesondere das Seitenmodell von Gunther Schmidt (Schmidt 1993) entscheidend. Wir werden das Seitenmodell in Verbindung mit Ideen aus der Gewaltfreien Kommunikation (Rosenberg 2001) in Kapitel 6.2.1 als wesentliche Landkarte für die Arbeit mit psychosozialen Prozessen ausführlich darstellen und für die Anwendung im Organisationsentwicklungs-Kontext erläutern.

2.1.2 Organisationsbild: Selbst-bewusste Systeme als sich entwickelnde Organismen

Wir verstehen Organisationen als sich entwickelnde wesenhafte Organismen mit harten und weichen Faktoren, die zueinander in Wechselwirkung stehen und ganzheitlich betrachtet werden.

In unserer Arbeit als Organisationsentwicklerin, Mediator oder Coach ist es uns wichtig, dass wir Menschen darin unterstützen, selbst-bewusste Systeme menschengemäß zu gestalten.

Abgeleitet aus dem Urbild von Körper, Seele, Geist betrachten wir auch Teams, Organisationen sowie gesellschaftliche Systeme dreigliedrig als lebendige Organismen mit einer physisch-instrumentellen, sozialen und kulturellen Dimension. Diese Dimensionen stehen zueinander in Wechselwirkung, beeinflussen einander und werden als Ganzheit gesehen.

Wenn wir selbst-bewusste Systeme in ihren drei Dimensionen betrachten, geht es dabei sowohl um bewusste und formalisierte als auch um unbewusste und informelle Ausprägungen:

- *kulturelle Dimension:* Werte, Menschen- und Weltbilder, Selbstverständnis, mentale Modelle, Ziele, Geschichten und Mythen, Tabus etc., bewusste und versteckte Spielregeln etc.
- *soziale Dimension:* formale und informale Strukturen, Gliederungen, Hierarchisierungen, sozialer Umgang, Klima, Art und Weise der Beziehungsgestaltung, Arbeitsteilung, Funktionen, Rollen etc.
- *physisch-instrumentelle Dimension:* Entscheidungs-, Informations-, Arbeitsprozesse, Ausstattung, materielle Ressourcen, Hilfsmittel, Arbeitsinstrumente etc.

Aufgrund dieser Betrachtung von selbst-bewussten Systemen als lebendige Ganzheit kann mit ihnen genauso wie mit Individuen nicht linear-kausal gearbeitet werden. Vielmehr geht es um Zirkularität, Kontextualisierung, Wechselwirkungen zwischen Systemelementen und um organische Prozesse.

Diese drei Dimensionen dennoch zu unterscheiden und zu beachten ist deshalb hilfreich, weil in den einzelnen Dimensionen unterschiedliche Prinzipien und Qualitäten wirksam sind, die genutzt werden können, um Interventionen anzubieten.

Um dies zu verdeutlichen, gehen wir nochmals kurz zum Menschenbild zurück und nennen ein Beispiel zu einer Coachingsituation, bevor wir auf andere selbst-bewusste Systeme zurückkommen:

> Wenn eine Managerin gestresst und angespannt ist, macht es durchaus einen Unterschied, ob ich eine Intervention auf der Ebene des Körpers anbiete (z. B. eine Massage) im Wissen darum, dass sie sich auch auf seelische und geistige Prozesse auswirken kann, oder ob ich sie z. B. gesprächstherapeutisch über ihre Emotionen und Bedürfnisse bei der Arbeit befrage oder mit ihr logotherapeutisch an Sinnfragen arbeite. Jedes dieser Angebote kann hilfreich sein und auf die jeweils anderen Dimensionen einwirken. Dennoch ist es kontext- und zielabhängig, welche Angebote ein Berater machen würde.

Im gleichen Sinne wirken die drei Dimensionen in Teams, Organisationen und anderen von mehreren Menschen gebildeten Systemen ineinander, sind jedoch in ihren Qualitäten unterschiedlich.

Wenn wir mit einem Team an seinen Werten arbeiten, ist die Vorgehensweise auf einer qualitativen Ebene eine andere, als wenn wir es bei einer Prozessoptimierung unterstützen, auch wenn es zwischen Werten und Prozessen Wechselwirkungen gibt.

So hat ein ganzheitlich-dreigliedriges Verständnis eines selbst-bewussten Organismus konkrete Auswirkungen auf die Beratungsarbeit. Das aus diesem Verständnis entstandene Systemkonzept als ganzheitliche Landkarte für die Betrachtung von Organisationen und Teams werden wir in Kapitel 3.1 ausführlich darstellen und in seiner Anwendung mit vielen Beispielen erläutern.

Ganzheitlich

Wir betrachten selbst-bewusste Systeme wie Teams, Organisationen und gesellschaftliche Systeme auf der Basis eines dreigliedrigen Menschenbildes als lebendige Organismen mit einer physischen, einer seelischen und einer geistigen Dimension. Diese Dimensionen stehen zueinander in Wechselwirkung und sprechen unterschiedliche Bedürfnisse an, die wir bei Entwicklungsprozessen berücksichtigen.

Potenzialentfaltend

Selbst-bewusste Systeme haben die Fähigkeit, sich zu entwickeln und dabei ihre Potenziale zu entfalten. In unserer Beratungsarbeit unterstützen wir unsere Kund:innen darin, in Kontakt mit ihren Kraftquellen und Möglichkeiten zu kommen und aus einem ressourcenreichen Lösungszustand ihr Potenzial zu entfalten und ihre Ziele zu erreichen.

2.1.3 Komparative Systemik: Systemischer

Alles Erleben entsteht durch Aufmerksamkeitsfokussierung, und nichts hat aus sich heraus eine Bedeutung, sondern erhält diese erst durch die Art und Weise, wie sich der erlebende Mensch zu einem Phänomen in Bezug setzt und ihm Bedeutung gibt (frei zit. nach Schmidt 2020 S. 137).

Die *systemisch-konstruktivistische Prämisse, Realität werde konstruiert,* ist ein wichtiger Teil der Basisschicht dieser Landkarte, der alles durchdringt. Damit verbunden ist auch die Ableitung, dass es keine Modelle geben kann, die beanspruchen, die Wahrheit abzubilden bzw. zu besitzen.

2.1.3.1 Unterscheidung radikaler versus konsequenter Konstruktivismus

In diesem Zusammenhang unterscheiden wir bezugnehmend auf Matthias Varga von Kibéd (2010) zwischen radikalem und konsequentem Konstruktivismus.

Varga von Kibéd geht dabei auf eine der ältesten bekannten Quellen einer konstruktivistischen Theorie ein, den Madhyamaka-Buddhismus (2.–8. Jahrhundert v. Chr.) von Nagarjuna. Eine der zentralen Ideen dort ist die sog. Prattiitya Samuthada, was übersetzt so viel heißt wie Interdependenz oder abhängiges Entstehen oder in einer anderen Übersetzung »Das-in-wechselseitiger-Abhängigkeit-voneinander-Entstehen-der-Erscheinungen«. Dies bedeutet, dass nichts betrachtet werden kann, ohne es auf die Bezogenheit mit anderem zu betrachten, und entspricht einer Art systemischer Grundbegriff, auf dem die ganze systemisch-konstruktivistische Theorie fußt.

Diese Idee in ihrer Absolutheit kritisiert Vasubandhu (ca. 350–400 n. Chr.). Er weist darauf hin, dass es drei sog. Selbstexistenzen gibt, die aus dem Konstruktivismus herausfallen. *Also etwas, das ich betrachten kann, ohne dass ich es schon in der Verwobenheit mit etwas anderem betrachten muss.* Es geht dabei um Dinge, die ein konsequenter Konstruktivist als gegeben annehmen muss:

- *Das,* was *erscheint – das Interdependente,* die Idee, dass unsere Wirklichkeit in wechselseitiger Abhängigkeit voneinander besteht. Die Einsicht, dass wir kein wirkliches Verständnis von Systemen haben ohne die Bezogenheit auf andere Systeme. Dies kann ich als gegeben betrachten, ohne es schon auf anderes beziehen zu müssen.
- *Das,* wie *es erscheint – das Konstruierte.* Die Konstruktion, die wir uns über die Welt machen, ist etwas anderes als die Erscheinung, auf die sich die Konstruktion bezieht.
- *Die Unauffindbarkeit des Interdependenten im Konstruierten.* (Wir bilden Modelle, und was wir zu erfassen versuchen, erfassen wir nicht vollständig. Das soll uns aber nicht davon abhalten, unsere Modellbildungen ständig zu verbessern im Wissen darum, dass wir damit die Wirklichkeit nie ganz erkennen können.)

Daraus können wir ableiten, dass konsequente Konstruktivist:innen folgende Nicht-Konstruktionen berücksichtigen sollten:

- die Gegebenheit von Interdependenz
- die Gegebenheit von Konstruktionen
- die Notwendigkeit des Versuchs der Verbesserung von Modellen im Wissen darum, dass diese die Wirklichkeit nicht letztlich erfassen.

Diese drei unabhängigen Selbstexistenzen machen aus unserer Sicht deutlich, dass es ein sinnvolles Unterfangen ist, nach dem Sinn (oder der Wahrheit) zu suchen, im Wissen, ihn (oder sie) nie ganz erfassen zu können, dass es aber auch unsinnig wäre, nur deshalb die Suche *nach fortgeschrittenen Konstruktionen* zu unterlassen.

Wenn wir im Folgenden beschreiben, welchen Gütekriterien nützliche Landkarten der Transformation entsprechen sollten, damit sie allgemein genug sind, um für jede Landschaft anwendbar zu sein, und spezifisch genug, um für das betrachtete Gebiet hilfreiche Orientierung zu geben, tun wir das im Bewusstsein eines konsequenten Konstruktivismus (Jochims 2010, S. 30):

> »Wissen, so Korzybski, ist niemals Wissen darüber, wie das Gebiet wirklich ist, sondern nur die Erkenntnis neuer, gut funktionierender Strukturen. Alles menschliche Wissen ist daher ein Wissen über Strukturen.«

So bieten wir über die logischen und archetypischen Modelle und Formate Strukturen an, in denen Fragestellungen und Inhalte sortiert sowie bisher nicht beleuchtete Aspekte erkannt werden können und gleichzeitig Orientierung für eine gewünschte zieldienliche Entwicklung konstruiert werden kann, ohne damit irgendeinen Wahrheitsanspruch zu verbinden.

Im Sinne eines konsequenten Konstruktivismus haben die Landkarten der Transformation keinen Wahrheitsanspruch, sondern bieten möglichst universell nutzbare Konstruktionen für ganzheitliche Entwicklungsprozesse an.

Wir verwenden jede Landkarte so, dass wir damit auf ein Anliegen mit dem Kundensystem in einer fragenden Haltung des Nichtwissens blicken und dabei betrachten, ob die Landkarte einen zieldienlichen Unterschied macht oder nicht. Diese Haltung werden wir in Kapitel 2.3.2 als *kurative* Vorgehensform noch genauer beschreiben. Eine normative oder deskriptive Verwendung von Landkarten betrachten wir als nicht hilfreich und raten davon ab.

2.1.3.2 Systemisch oder systemischer?

Das Verständnis von »systemisch«, das den Landkarten der Transformation zugrunde liegt, versucht nicht zu definieren, was systemisch oder nicht systemisch ist. Varga von Kibéd und Sparrer (2005) folgend, fokussieren wir unsere Aufmerksamkeit darauf, wodurch ein Fortschritt im systemischen Betrachten erzielt werden kann.

Varga von Kibéd und Sparrer machen mit der folgenden Definition deutlich, was für sie systemischeres Denken, Erklären, Intervenieren usw. bedeutet (Varga von Kibéd 2005, S. 229):

> »Eine Erklärung (Theorie, Methodologie, Vorgehensweise, Begriffsbildung, Hypothese, Denkweise, Idee, Therapieform, Intervention, …) A ist systemischer als eine Erklärung (Theorie, …) B per definitionem genau dann, wenn A in höherem Maße als B erlaubt, von der Zuschreibung von Eigenschaften an Systemelemente abzusehen (zugunsten der Betrachtung von Relationen, Strukturen, Kontexten, Dynamiken und Choreografien).«

Konkret bedeutet dies, dass wir in der Praxis unsere Aufmerksamkeitsfokussierung darauf richten, möglichst systemischer zu arbeiten.

Das zeigt sich anlehnend an Überlegungen von Vorhemus (2015, S. 97 ff.) darin, dass eine Denk- bzw. Arbeitsweise oder -form usw. umso systemischer ist,

- je wichtiger die *Bildung und Beschreibung von Unterschieden* ist – und *je weniger von Wahrheiten und Inhalten ausgegangen wird*
- je mehr *Perspektiven einbezogen und Kontexte beachtet werden* – und je weniger *absolute, aus dem Kontext gelöste Aussagen getroffen bzw. Zuschreibungen* gemacht werden
- je mehr von *zirkulär und rekursiv wirksamen Interaktions- bzw. Kommunikationsmustern* ausgegangen wird – und je weniger auf *linear-kausale Denkprozesse* zurückgegriffen wird
- je mehr es um die *Relationen zwischen den Elementen eines Systems geht* – und je weniger um *Eigenschaftszuschreibungen* (im Sinne von »XY ist so oder so«).

Die Idee der komparativen Systemik kommt auch in der folgenden Aussage von Steve de Shazer zum Ausdruck (zit. nach Varga von Kibéd 2012, S. 7): »Wir können verstehen, was ›besser‹ heißt, ohne zu wissen, was ›gut‹ heißt.« Der Begriff »systemischer« hängt also nicht davon ab, dass wir den Begriff »systemisch« verstehen.

So haben die klassischen systemisch-lösungsfokussierten Fragen gerade nicht die Zielsetzung, inhaltliche Antworten zu generieren, sondern bei der befragten Person eine Unterschiedsbildung in der Bedeutungsgebung zu erzeugen.

Die Fokussierung liegt folglich in der Praxis auf unterschiedsbasierten Fragen anstatt auf der Frage nach absoluten Werten. Denn läge unser Fokus in Organisationsentwicklungsprozessen darauf, dass wir versuchen wollten, absolute Werte erfahren zu wollen, so würde jeder neue Kontext Wissen über Hintergründe, Sprachgebräuche und enorm viel Detailkenntnisse erfordern. Oder mit Worten von Matthias Varga von Kibéd (2022): »Wenn wir in absoluten Werten zu verstehen versuchen, brauchen wir endlose Wörterbücher.«

Durch unterschiedsbasierte Fragen haben wir dagegen die Möglichkeit, uns auf das Wesentliche so zu fokussieren, dass Fortschritte erreicht werden können und unterschiedliche Äußerungsgewohnheiten Einzelner (expressiv, introvertiert etc.) zunehmend eine untergeordnete Rolle spielen.

So können Workshopteilnehmende beispielsweise darin übereinstimmen, in eine bestimmte Richtung gehen zu wollen, auch wenn sie sich, im Ist bezogen, auf die Frage, wo sie sich zu diesem Veränderungsthema sehen, unterschiedlich auf einer Skala einordnen würden.

Mit der Metapher eines Thermometers ausgedrückt: Im Raum kann die Temperatur steigen – was auf Thermometern mit unterschiedlichen Maßeinheiten sichtbar wäre. So kann jedes Workshopmitglied seine eigene Temperaturmesseinheit nutzen (Celsius, Fahrenheit etc.) und gleichzeitig einen Unterschied »wärmer« oder »kühler« feststellen.

Teamworkshop »Vertrauenskultur«

Ein achtköpfiges Team will im Rahmen eines Veränderungsprozesses am Wert Vertrauen arbeiten.

Das Prinzip »systemischer« hilft dabei, sich hier nicht in absoluten Werten zu verfangen, beispielsweise durch die Annahme, dass die Teilnehmenden alle dasselbe Verständnis des Wertes »Vertrauen« haben, losgelöst von der Ausrichtung auf ein gemeinsames Ziel.

Eine systemischere Vorgehensweise, wie wir sie gewählt hatten, sieht folgendermaßen aus:

1. Auf einer Skala von 0–10 – wie stark, denkt ihr, wird Vertrauen in eurer Zusammenarbeit erlebt?

   0 = Überhaupt nicht, dieser Wert ist in unserem Team nicht spürbar.

   10 = Ich erlebe den Wert Vertrauen ständig in der täglichen Zusammenarbeit.

   Diese Skala spannt einen gemeinsamen Verständnisraum und eine erste Metazielebene auf, um auf der einen Seite alle Einschätzungen in einer zieldienlichen Struktur abzuholen und aussprechen zu lassen und auf der anderen Seite die Grundlage dafür zu schaffen, ein gemeinsames Ziel zu bestimmen, in dem Sinne, dass mit dessen Erreichung ein Fortschritt in der Fragestellung erzielt werden kann.

   Diese Skalenbenennung kann bereits als ein erster Schritt mit dem Team definiert werden bezogen auf sein Anliegen hin zu mehr Vertrauen.

2. Alle Teilnehmenden geben eine individuelle Einschätzung ab und teilen mit, an was sie dies konkret festmachen und erkennen.

   Natürlich haben die Zahlen an sich keine Bedeutung, sondern dienen dazu, dass die Beteiligten ihre individuelle Einschätzung abgegeben können. So kann es sein, dass eine Teilnehmerin die Vertrautheit der Zusammenarbeit bei 5 sieht, während ein anderer Teilnehmer sie bei 3 sieht und beide eine ähnliche Einschätzung äußern. Das Aussprechen, wieso sie sich an dieser Stelle eingeordnet haben, fördert demnach bei den Befragten eine Unterschiedsbildung in der Bedeutungsgebung.

   Wir nützen folglich alle Äußerungen so, als ob man Zahlenaussagen aus verschiedenen Thermometermaßeinheiten hätte.
3. Oft ändern sich in dieser ersten Runde bereits verschiedene Einordnungen.
4. Woran erkennen wir konkret, dass wir unser Ziel bezogen auf »mehr Vertrauen in der Zusammenarbeit« erreicht haben? Und woran noch?

Damit wird automatisch der Wert »Vertrauen« definiert und wie er sich in der Zusammenarbeit in diesem Team zeigen soll. So kann in der Unterschiedsbildung weiter daran gearbeitet werden, was nötig ist, um das gemeinsame Ziel zu erreichen. Eventuell auch mit der Frage: Was wäre ein nächster guter Schritt in diese Richtung – falls das direkte Anvisieren des Zieles mit nur einem Schritt zu schnell wäre.

So bedeutet die Verankerung der komparativen Systemik, dass es uns ein zentrales Anliegen ist, möglichst nicht das Denken in absoluten Werten zu fördern, da dies eher problematischere Unterschiede, Missverständnisse oder »Recht-haben-Wollen« verstärken kann.

Stattdessen streben wir an, intersubjektiver zu arbeiten und unserem Gegenüber einen bestmöglichen Potenzialentfaltungs- und Entwicklungsraum anzubieten, indem wir auf Unterschiedsbildung fokussieren.

Dabei leitet uns auch die Aussage von Matthias Varga von Kibéd (2022), dass »absolute Werte trennen und Unterschiede verbinden«.

Konkret kann dies z. B. bereits in jeder Einstiegsrunde genutzt werden, wenn es darum geht, eine möglichst zieldienliche bahnende Frage zu stellen.

Anstatt zu fragen, *Wie geht es Ihnen?, Wie fühlen Sie sich?,* orientieren wir uns an unterschiedsbasierten Fragen, wie z. B.:

- Was hat sich für Sie geändert, seit … (Zeitpunkt, auf den die Änderung bezogen ist)?
- Was ist jetzt anders?
- Wie geht es Ihnen jetzt (im Gegensatz zu gerade vorher)? »Jetzt« betont eine Unterschiedsbildung.

Systemischer

Wir verwenden »systemischer« als Komparativ mit dem Ziel, hilfreiche Unterschiedsbildungen anzubieten. Wir richten damit unseren Fokus der Aufmerksamkeit auf Relationen, Wechselwirkungen, Kontextualisierungen, multiple Perspektiven, Choreografien[9] und Strukturen anstatt auf linear-kausale Zuschreibungen von Eigenschaften oder Inhalten.

2.1.4 Entwicklungsverständnis

Eine profunde und vertiefte Auseinandersetzung mit Entwicklung ist für unser Beratungsverständnis zentral. Die intensive Arbeit mit den ursprünglich vom NPI[10] stammenden und insbesondere durch Friedrich Glasl und andere weiterentwickelten Konzepten in Organisationsentwicklung, Mediation und Coaching haben uns geprägt. Diese Konzepte sind nach unserer Erfahrung in der Praxis auch für unsere Klientensysteme enorm hilfreich.

Erst ab Anfang des Jahres 2000 sind Entwicklungstheorien und -modelle in der systemischen Beratungswelt wieder breiter diskutiert und vielfach publiziert worden und nehmen mittlerweile einen prominenten Platz in Beratungsangeboten jeglicher Art ein. Entsprechend ist die Kritik an diesen Modellen ebenfalls gut hörbar und aufgrund nicht immer besonders sorgfältiger Verwendung solcher Ansätze auch nachvollziehbar. In diesem Abschnitt stellen wir in aller Kürze die relevanten Aspekte unseres Entwicklungsverständnisses dar, das den Landkarten der Transformation zugrunde liegt.

2.1.4.1 Veränderung/Change versus Entwicklung/Transformation

Wenn wir in diesem Buch von Transformation bzw. Entwicklung sprechen, meinen wir damit nicht einfach Veränderung, Wandel oder Change, wie die verschiedenen Begriffe im systemischen Beratungskontext häufig synonym verwendet werden.

Hans von Sassen (Glasl u. von Sassen 1983) folgend, unterscheiden wir, ob es sich bei Veränderung bzw. Wandel um eine *Anpassung* handelt oder um eine *qualitative Veränderung*, die wir dann Entwicklung nennen.

Wenn wir in diesem Buch von Transformation oder Entwicklung sprechen, meinen wir damit grundsätzlich ein *vertikales Geschehen* – Entwicklung hat eine Richtung.

9 Unter Choreografie verstehen wir mögliche innere und äußere Bewegungsabläufe innerhalb einer vorgegebenen Struktur (beispielsweise durch die Modelle der Landkarte oder logische Formate nach SySt). Die durch verschiedene Wege entstandenen Choreografien und das damit verbundene Erfahren soll im Sinne des ethischen Imperativs von Heinz von Foerster (1993, S. 49) »die Anzahl der Wahlmöglichkeiten zu der gewählten Fragestellung erhöhen«.
10 Vergleiche Fußnote 3.

Die *Paradigmen, Bedeutungsgebungsmuster* und *Handlungslogiken* des sich in Entwicklung bzw. Transformation befindlichen selbst-bewussten Systems sind vor einer Transformation andere als danach – es vollzieht sich ein *qualitativer Wandel,* durch den die *Fähigkeit zunimmt, Komplexität zu bewältigen.*

Das bedeutet nicht, dass sog. *horizontale Entwicklungen* nicht ebenfalls sinnvoll und notwendig sind. Dabei kann es sich um *qualitative Verbesserungen und notwendige Anpassungen* handeln, die *innerhalb eines Paradigmas* bzw. einer Handlungslogik stattfinden. So werden wir in Kapitel 3.2.3.2.3 aufzeigen, dass innerhalb einer Entwicklungsstufe in der Regel verschiedene Stadien durchlaufen werden, die mit horizontaler Entwicklung zu tun haben. Wenn wir hier von Entwicklung ohne den Zusatz »horizontal« oder von Transformation sprechen, meinen wir jedoch die vertikale Entwicklung.

2.1.4.2 Drei Entwicklungsprinzipien

Unser Verständnis von Entwicklung orientiert sich maßgeblich an zwei Quellen:

- Bernard Lievegoed und Friedrich Glasl haben aus ihrer empirischen Forschung zehn Grundaussagen zu Entwicklung formuliert (Glasl u. Lievegoed 2021, S. 45).
- Ken Wilber (2006a, S. 57) hat in seiner Auseinandersetzung mit über hundert Entwicklungstheorien rund zwanzig Grundaussagen zur Evolution erarbeitet.

Glasl, Kalcher u. Piber (2020b, S. 21) folgend, fassen wir diese Grundaussagen zu drei für uns maßgeblichen Prinzipien über Entwicklung zusammen, die wir der Landkarte der Transformation für syntaktisch-hypnosystemische Entwicklungsberatung zugrunde legen:

- *1. Prinzip:* Entwicklung entsteht durch Polaritäten.
- *2. Prinzip:* Entwicklung ist ein diskontinuierlicher Prozess.
- *3. Prinzip:* Entwicklung hat eine Richtung.

2.1.4.2.1 *Entwicklungsprinzip 1:* Entwicklung entsteht durch Polaritäten

Jedes selbst-bewusste System ist permanenten Spannungsfeldern ausgesetzt. Wilber (2006a, S. 55) beschreibt, dass die Wirklichkeit aus sog. Holons bestehe. Holons, wie er sie definiert, sind gleichzeitig Ganzes und Teil eines größeren Ganzen. Beispielsweise ist ein Organ im menschlichen Körper ein Ganzes und gleichzeitig Teil des Körpers als Ganzem. Oder ein Team ist ein Ganzes und gleichzeitig Teil einer Abteilung. Dadurch haben Holons grundsätzlich die Tendenz, einerseits ihre Autonomie zu erhöhen, während sie andererseits als Teil des größeren Ganzen ihre Verbundenheit mit diesem stärken bzw. pflegen müssen. Dadurch entsteht das Spannungsfeld zwischen Autonomie und Verbundenheit.

Glasl und Lievegoed (2021, S. 130) beschreiben die Dynamik von Organisationen resultierend aus polaren Qualitäten, die von den Betroffenen als Spannungsfeld erlebt werden können, z. B. aus der

- Polarität von Individuum und Gemeinschaft
- Polarität von Stabilität und Veränderung
- Polarität von Innen- und Außenorientierung
- Polarität von Beziehungs- und Sachorientierung.

Aus einer konstruktiven und kreativen Auseinandersetzung mit Spannungsfeldern kann die Energie für Transformationssprünge entstehen, genauso wie eine weniger konstruktive Auseinandersetzung eher zu Rückentwicklung führen kann.

2.1.4.2.2 *Entwicklungsprinzip 2:* Entwicklung ist ein diskontinuierlicher Prozess

Entwicklung erfolgt in Sprüngen und ist in der Zeit nicht umkehrbar. Sie durchläuft typische Stufen (Globalisierung – Differenzierung – Integration und neue Globalisierung), wobei jede Stufe die vorhergehende einschließt und darüber hinaus neue Qualitäten entwickelt. Dabei verläuft Entwicklung in selbst-bewussten Systemen oft in einem Prozess unvollständiger Transformation (Glasl, Kalcher u. Piber 2020, S. 24). Dadurch finden sich in späteren Entwicklungsstufen meistens nicht integrierte Anteile aus früheren Entwicklungsstufen, was gleichzeitig Chance (für bewusste Reaktivierung früherer Fähigkeiten) und Risiko (für unbewusste Rückfälle) sein kann.

Um dies differenziert betrachten zu können, ist es erforderlich, Entwicklungslinien zu definieren, sodass die jeweiligen Entwicklungsstufen mit ihren Qualitäten genauer spezifiziert werden können.

2.1.4.2.3 *Entwicklungsprinzip 3:* Entwicklung hat eine Richtung

Eine spätere Entwicklungsstufe ist gegenüber der früheren keinesfalls besser oder schlechter im Sinne einer grundsätzlichen Bewertung. Vielmehr ist sie *für den gegenwärtigen Kontext und seine Komplexitätsanforderungen besser in der Lage, diese zu bewältigen.*

Die Aussage »Entwicklung hat eine Richtung« meint vor allem, dass gelingende Entwicklungsprozesse in ihrem Charakter bereits den zukünftigen Qualitäten entsprechen sollten, dass also die spätere Funktion den Prozess der Entwicklung »zieht«.

Am Beispiel der Entwicklung des Tagpfauenauges von der Raupe über die Puppe bis zum Schmetterling zeigt Glasl (2022b) eindrucksvoll auf, wie der gesamte Prozess der Metamorphose in der Puppe präzise so verläuft, dass sich dadurch Gestalt und künftige Fähigkeiten des Schmetterlings entwickeln. Dies geschieht auf eine Art und Weise, auf die man niemals käme, würde man vom Ist-Zustand der Raupe aus die Metamorphose konstruieren wollen. Sondern eben so, dass, von der Funktion des künftigen fliegenden und Nektar trinkenden Insekts ausgehend, der ganze Prozess gezogen wird. So löst sich die organische Struktur der Raupe in der Puppe komplett auf und wird zu einer amorphen Masse, aus der sich der Schmetterling in einem komplexen Prozess zu bilden beginnt, und zwar von außen nach innen! Das heißt, in der Puppe beginnt der Schmetterling von der Hülle her

Gestalt anzunehmen, und dabei bilden sich die Flügel des künftigen Schmetterlings in gefaltetem Zustand!

Dies betont den geistigen Ursprung jeder Entwicklung (Glasl, Kalcher u. Piber 2020, S. 25):

> »Damit ist gemeint, dass die eigentliche (spätere) Funktion eines Organismus den Prozess des Werdens und Wachsens, der Metamorphose und Entwicklung steuert – und nicht der Zufall.«

Oder mit Rupert Riedl (1975, S. 337), der Heisenberg wie folgt zitiert:

> »Für die moderne Naturwissenschaft steht also am Anfang nicht das materielle Ding, sondern die Form, die mathematische Symmetrie. Und da die mathematische Struktur letztlich ein geistiger Inhalt ist, könnte man auch mit den Worten Goethes Faust sagen: ›wenn ich vom Geiste recht erleuchtet bin. Geschrieben steht: im Anfang war der Sinn‹.«

In seinem 2022 erschienen Buch *Krisen, Konflikte, Sternstunden* definiert Glasl (S. 22) Entwicklung zusammenfassend wie folgt:

> »Ich verstehe unter Entwicklung
> - den Wandel eines Wesens
> - und seiner Gleichgewichtszustände
> - in einer zeitlichen unumkehrbar fortschreitenden Folge,
> - in der sich die Gestalt des Wesens und
> - seine gestaltbildenden Prinzipien so verändern,
> - dass es seine Potenziale entfaltet
> - und dadurch mehr und mehr fähig wird
> - zur eigenständigen Bewältigung
> - höherer endogener und exogener Komplexität.«

2.1.4.3 Systemischer arbeiten mit Entwicklungstheorien

Im systemisch-konstruktivistischen Diskurs werden Entwicklungstheorien in der Regel als problematisch empfunden.

Aus unserer Sicht sind Kritiken an Entwicklungstheorien sehr berechtigt, wenn diese normativ oder deskriptiv verstanden und primär semantisch verwendet werden. Ganz im Sinne des in Kapitel 2.1.3.1 definierten konsequenten Konstruktivismus ist es natürlich nicht sinnvoll zu glauben, man fände über empirische Forschung die exakte Wahrheit über Entwicklungsstufen selbst-bewusster Systeme. Auch sollten Entwicklungsstufen nie in einem absoluten oder bewertenden Sinne als schlechter oder besser genutzt werden. Vor allen Dingen sind Fremddiagnosen von Entwicklungsstufen nicht vereinbar mit einer den Menschen als einzigartiges Individuum bzw. selbst-bewusste Systeme als autopoietische Unikate betrachtenden Sicht- und Vorgehensweise.

Gleichzeitig finden wir es jedoch nicht sinnvoll, darauf zu verzichten, auf einer möglichst *grundsätzlich-qualitativen* Ebene Entwicklungstheorien zu nutzen, weil sie auf einer Ebene bestimmter Prinzipien durchaus hilfreiche Hinweise für gewünschte Entwicklungsschritte geben können. Dies tun wir in der systemischen Prozessberatung, wie wir sie verstehen, jedoch so, dass wir selbst-bewusste Organismen darin unterstützen, für ihre gewünschten Entwicklungsschritte zieldienlich Bedeutung zu geben. Und wir verwenden – wie unter Kapitel 2.3.2 dargestellt – jede Landkarte, jedes Modell grundsätzlich *kurativ*. Das heißt in der Praxis: Wir stellen Landkarten zur Verfügung, um mit dem Klientensystem darauf zu blicken, ob dies einen relevanten und zieldienlichen Unterschied macht, und nicht, um irgendeine Wahrheit oder Festschreibung zu finden.

2.1.4.4 Entwicklungstheorien als Bestandteile von Landkarten der Transformation

Wofür sind denn nun in unserem Sinne Entwicklungstheorien hilfreich als Bestandteile von Transformationslandkarten?

Klientensysteme erleben sich gerade in anspruchsvollen Situationen oft als in der Komplexität verloren und um Übersicht ringend. Auch haben sie zwar oft inhaltliche Ziele für eine ganze Reihe von Themen, es fehlt ihnen jedoch das grundsätzliche »big picture«, das ihnen wirklich Orientierung gibt.

Gute Entwicklungsmodelle können beides leisten:

- Sie helfen, das große Ganze der Ist-Situation besser zu verstehen und Muster zu erkennen, was oft nützlich ist, um aus Problemhypnosen auszusteigen oder gegenseitige Abwertungsspiralen und Schuldzuweisungen weiter zu bedienen.
- Sie können auf einer strukturellen und allgemeinen Ebene Hinweise für wesensgemäße Entwicklungsschritte in die gewünschte Richtung geben, in dem sie ein prototypisches »big picture« vermitteln, das die Klient:innen jedoch selbst spezifisch auf den jeweiligen einmaligen selbst-bewussten Organismus übersetzen müssen.

Wenn wir Entwicklungsmodelle in der beschriebenen kurativen Haltung und dabei möglichst auf qualitative, strukturelle Ebenen und nicht auf primär inhaltliche Details fokussierend verwenden, unterstützen wir Klientensysteme dabei, ihrer Situation zieldienlich Bedeutung zu geben und Orientierung für die Entwicklung zu bekommen.

Wir führen hier einige aus unserer Sicht empirisch gut erforschte Entwicklungsmodelle auf, die sehr nützlich sein können, wenn sie kurativ, möglichst syntaktisch und nicht als Fremddiagnose verwendet werden.

Für individuelle Entwicklung:

- Ich-Entwicklungsmodell nach Susanne Cook-Greuter (2008) bzw. Thomas Binder (2016)
- Lebensphasen des Menschen nach Bernard Lievegoed (2012) bzw. Glasl (2022a).

Für organisationale Entwicklung:

- Entwicklungsstufen von Führungskultur nach McGuire und Rhodes (2009)
- Entwicklungsstufen im Sinne von »Reinventing Organizations« nach Fréderic Laloux (2015).[11]

Integraler Bestandteil unserer Landkarte der Transformation für Organisationen sind die Entwicklungsphasen von Organisationen nach Glasl und Lievegoed (2021), die sich für eine möglichst syntaktische Anwendung besonders gut eignen. Dieses Modell werden wir in Kapitel 3.2 ausführlich darstellen und in seiner Anwendung erläutern.

> *Evolutionär*
>
> Entwicklung von selbst-bewussten Systemen hat eine Richtung und vollzieht sich in Phasen bzw. Stufen, wobei die Fähigkeit zunimmt, Komplexität zu bewältigen. Diese Entwicklung braucht Erkenntnisprozesse als Grundlage bewusster Entscheidungen und Gestaltung. Entwicklungsmodelle können hilfreiche Orientierungsstrukturen bieten, um zieldienliche eigene Choreografien für wesensgemäße Entwicklungsschritte zu (er)finden.

2.1.5 Vier Beratungsprinzipien aus der Basisschicht: ganzheitlich, potenzialentfaltend, systemischer und evolutionär

Aus der zusammenfassenden Beschreibung der Basisschicht ist das geistige Fundament hervorgegangen, dessen Prinzipien alle im Weiteren vorgestellten Schichten und zentralen Modelle durchdringen, und woraus sich folgende vier Beratungsprinzipien ableiten (Abb. 5):

- ganzheitliches Menschenbild und Organisationsbild – selbst-bewusste Systeme als sich entwickelnde Organismen:
  - ganzheitlich
  - potenzialentfaltend
- komparative Systemik:
  - systemischer
- Entwicklungsverständnis und -prinzipien – Entwicklung hat eine Richtung:
  - evolutionär

11 Wer sich für den Zusammenhang der Entwicklungsphasen von Organisationen mit den integralen Entwicklungsmodellen von Laloux sowie von McGuire und Rhodes interessiert, findet bei Martin (2018) ausführlichere Hinweise.

Abb. 5: Vier Beratungsprinzipien bilden die Basisschicht (Karte der Karte der Karte)[12]

Wie Abbildung 5 zeigt, bilden diese vier Beratungsprinzipien die Basis und den Kontext der Landkarte der Transformation für Organisationen. Durch ihre Rahmengebung durchdringen sie auch die nachfolgenden Schichten (Karte der Karte = Legende und Karte mit den zentralen Modellen) und fokussieren die Aufmerksamkeit entsprechend (ausführlicher dazu in Kap. 4).

Damit diese Prinzipien in der eigentlichen Landkarte wirksam werden, braucht die Landkarte ganzheitliche Modelle, die eine systemischere und evolutionäre Potenzialentfaltung ermöglichen. Im folgenden Abschnitt stellen wir dar, dass dies mit Modellen und Schemata gelingt, die auf logischen Grundstrukturen oder Archetypen basieren.

2.2 Logische Grundstrukturen und Archetypen als Basis für ganzheitliche Entwicklungslandkarten

Um möglichst ganzheitlich vorgehen zu können, nutzen wir für die Landkarte der Transformation von Organisationen Modelle und Schemata, die auf logischen Grundstrukturen oder Archetypen basieren. Diese ermöglichen, Wesentliches zu entfalten, indem sie den Menschen

12 Die Basisschicht der Landkarte finden Sie auch vergrößert im vorderen Umschlag.

- ihre Fragestellungen und Themen so zu sortieren helfen, dass sie dadurch ganzheitliche und zusätzliche Perspektiven einnehmen können und
- ihnen gleichzeitig auf einer strukturellen Ebene Orientierung oder eine hilfreiche Ausrichtung für nächste gute Schritte bieten.

Logische Grundstrukturen haben den Vorteil, dass sie kulturübergreifend sind. So ist beispielsweise das ursprünglich der indischen Logik entstammende *negierte Tetralemma* nach Varga von Kibéd und Sparrer (2020) eine solche logische Struktur oder auch das *Wertequadrat* (nach Hartmann 1926, Schulz von Thun 2010 bzw. Varga von Kibéd 2015). Ein kurzes Beispiel zum Tetralemma findet sich weiter unten im Fallbeispiel (vgl. Kap. 3.2.3.2.2).

Wenngleich nicht gänzlich, doch weitgehend kulturübergreifend sind *spirituelle Archetypen* (siehe u. a. Gilligan 2004, S. 192; Glasl 2019, S. 5; Campbell 1999, Jung 1948), wie z. B. die Ganzheit von Körper, Seele, Geist, die in fast jeder Kultur eine Entsprechung findet, oder die archetypischen Bedeutungen, die den klassischen Planeten in vielen Kulturen der Welt gleichermaßen zugeschrieben wurden.

Der Vorteil von Modellen oder Formaten, die auf logischen Grundstrukturen oder Archetypen beruhen, liegt darin, dass sie

- sehr allgemeine Qualitäten zum Ausdruck bringen
- Entwicklungsräume anbieten, um etwas besprechbar und bearbeitbar zu machen, ohne dass damit Festschreibungen und Bewertungen verbunden sind
- für Menschen in der Regel intuitiv verständlich und nachvollziehbar sind, während sie gleichzeitig tief reichen.

Im Sinne des konsequenten Konstruktivismus könnten wir hier von fortgeschrittenen Konstruktionen sprechen, die keinesfalls für sich beanspruchen können, eine normative oder deskriptive Wahrheit zu beschreiben, die jedoch aufgrund ihrer (weitgehend) kulturübergreifenden Basis als Annäherung an die Strukturen des menschlichen Bewusstseins bezeichnet werden können.

Am Beispiel des eingangs erwähnten Tetralemmas wollen wir das in aller Kürze aufzeigen, und zwar anhand des Kontexts einer Entscheidungsfindung zwischen zwei Alternativen und der Einfachheit halber nur in Form des einfachen – nicht negierten – Tetralemmas.

Das Tetralemma als Denkmodell ermöglicht, Entscheidungssituationen zwischen zwei Alternativen folgendermaßen zu betrachten:

- Das Eine (z. B. Alternative A)
- Das Andere (z. B. Alternative B)
- Beides (wobei es Dutzende Formen von Beidem gibt)
- Keines von Beidem (was auch heißen kann, dass ein bestimmter Kontext oder ein Thema bisher übersehen wurde).

Diese vier Positionen können nun auf die jeweils zu betrachtende Entscheidungsfrage angewendet werden, unabhängig davon, ob es um die Wahl zwischen zwei Jobangeboten, um die Frage, ob man in München oder Zürich wohnen will, oder darum geht, ob im Restaurant Menü 1 oder 2 gewählt werden soll.

Das Tetralemma kann als logische Grundstruktur für jeden denkbaren Entscheidungsprozess eine geeignete Landkarte sein, unabhängig von den Inhalten, um die es geht.

Mit diesem kurzen Beispiel wollen wir deutlich machen, dass in unserem Verständnis gute Landkarten der Transformation für eine bestimmte Art von Fragestellung (hier: Entscheidungssituation) grundsätzliche Strukturen zur Verfügung stellen, um Sortier- und Orientierungshilfen zu bekommen, unabhängig vom jeweiligen Inhalt. Dies ermöglicht es dann auch, *syntaktischer* – inhaltsfreier – zu arbeiten. Darauf werden wir gleich in Kapitel 2.3.1 näher eingehen, weil es auch eine noch systemischere Vorgehensweise erlaubt.

Die in diesem Buch dargestellten Landkarten der Transformation basieren grundsätzlich auf logischen Grundstrukturen und Archetypen.

Sie ermöglichen damit ein Reisen durch Möglichkeits- und Entwicklungsräume auf einer möglichst strukturellen Ebene, sodass sie für jegliche Landschaft (z. B. Organisationen, Abteilungen, Entscheidungsfragen etc.) nützlich sind.

Logische Grundstrukturen und Archetypen als Basis für die Landkarten der Transformation

Modelle und Schemata, die auf logischen Grundstrukturen oder Archetypen basieren, ermöglichen, Wesentliches zu erfassen, den Dingen auf den Grund zu gehen und zu erkennen, was im System in der Tiefe wirksam ist. Und gleichzeitig können sie Kräfte heben, mit denen sich neue individuelle Möglichkeitsräume eröffnen lassen. Sie sind deshalb eine ideale Basis für Modelle und Formate, die als universelle Landkarten zur Sortierung und Orientierungsfindung für bestimmte Fragestellungen bzw. Anwendungskontexte genutzt werden können.

2.3 Die Legende zur Verwendung der Karte (Karte der Karte): syntaktisch – hypnosystemisch – kurativ

Die in Abbildung 6 dargestellte Legende fokussiert darauf, wie wir die Verwendung der Landkarten der Transformation im Sinne der syntaktisch-hypnosystemischen Entwicklungsberatung meinen. Das heißt, wir geben eine Empfehlung für deren Gebrauch – eine Legende. Dafür haben wir drei Beratungsprinzipien für die Verwendung der Karte formuliert, die wir in der Folge ausführlicher erläutern.

2.3.1 Syntaktisch

Einen besonderen Nutzen unserer Landkarten der Transformation sehen wir darin, in Beratungs- oder Führungsprozessen *weniger auf Inhalte angewiesen zu sein.*

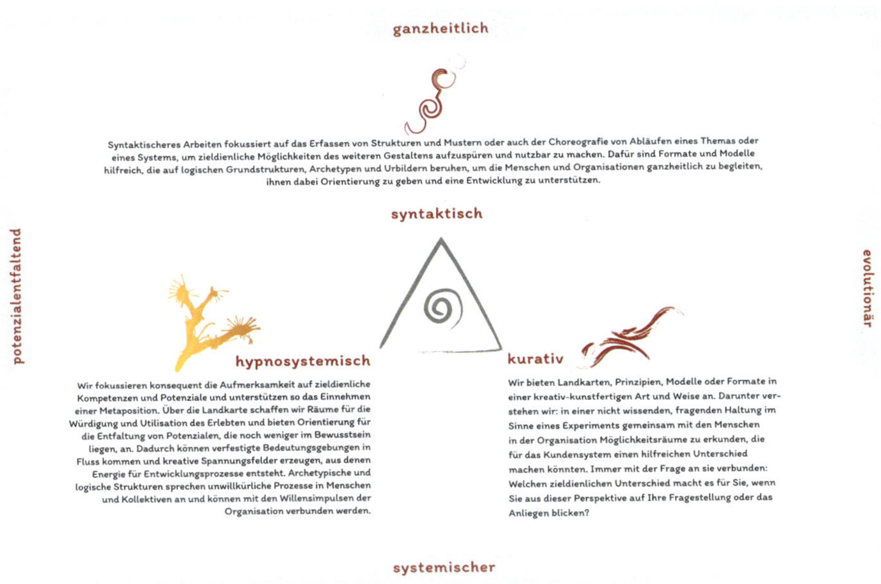

Abb. 6: Legende zur Verwendung der Karte (Karte der Karte)[13]

Menschen und selbst-bewusste Systeme in anspruchsvollen Situationen haben enorm komplexe Fragestellungen mit unzähligen Wechselwirkungen und sind verständlicherweise oft komplett in inhaltlichen Details verfangen. Bildlich gesprochen, könnte man sagen, dass sie den Wald vor lauter Bäumen nicht mehr sehen.

Syntaktisch-hypnosystemische Entwicklungsberatung, wie wir sie verstehen, will dazu beitragen, dass der Wald als Ganzes, dass die Muster und Wechselwirkungen in einem System betrachtet und zieldienlich verändert werden können.

Zentrale Interventionsideen bestehen darin, unter anderem über zirkuläre Fragen und vielfältige Reframings bisherige Bedeutungsgebungen zu inhaltlichen Phänomenen umzudeuten und neue Möglichkeitsräume zu öffnen.

Dies gelingt aus unserer Sicht noch besser, wenn wir über das Verfügbarmachen von ganzheitlichen Landkarten Sortier- und Orientierungsräume anbieten, die für jeglichen Inhalt geeignet sind, bei denen wir jedoch nicht auf die Inhalte angewiesen sind, um Fragen zu stellen, ja, bei denen wir die konkreten Inhalte nicht einmal verstehen oder kennen müssen.

Am Beispiel des Tetralemmas (Kap. 2.2 und 3.2.3.2.2) braucht eine fragende Person nur zu wissen, dass es um eine Entscheidungsfrage geht, um hilfreiche Fragen stellen zu können. Um welche Frage es inhaltlich geht, ist für die fragende Person jedoch völlig unerheblich. Das heißt, es kann z. B. in einem Coaching komplett »verdeckt« gearbeitet werden, indem die Klientin zwar selbst weiß, was sie inhaltlich

13 Die Legende der Landkarte finden Sie auch vergrößert im vorderen Umschlag.

beschäftigt, während der Coach alle aus dem Tetralemma sich ergebenden Fragen stellen und Interventionen anbieten kann, ohne das Thema zu kennen.

- Diese Arbeitsweise nennen wir, bezugnehmend auf Varga von Kibéd (2019), Andersch (2019) und Martin (2019), »syntaktisch«.
- Damit wir syntaktisch arbeiten können, brauchen wir Modelle und Schemata, die auf logischen und archetypischen Strukturen beruhen (Kap. 2.2) und damit geeignete Strukturen bieten, um den individuellen inhaltlichen Konstruktionen der Klient:innen Raum zu geben oder eigene Choreografien entdecken zu lassen bzw. zieldienliche Hinweise für eine gewünschte Richtung anzubieten.
- So ermöglicht uns eine Fokussierung auf die Strukturen oder Muster, Dinge zu erkennen, die uns durch das Erfassen »zu vieler Inhalte« kaum möglich wären.

Wenn wir zum Beispiel in einem Meeting den Raum verlassen und nach einer kurzen Zeit zurückkommen, kann es sein, dass in Ermangelung der Kenntnis der besprochenen Inhalte *unsere Aufmerksamkeit sich automatisch mehr auf die Muster* richtet, und wir sofort wahrnehmen, wenn sich beispielsweise Koalitionen gebildet haben oder sich eine Person in sich zurückzieht. *Wir können Teile des Prozesses sehen, von denen wir zuvor aufgrund des Inhalts abgelenkt waren.*

Ein syntaktischeres Arbeiten hat nebst den schon erwähnten Vorteilen den Vorzug, dass die Arbeit dadurch systemischer wird (Kap. 2.1.3):

Wir achten weniger auf Inhalte und Bedeutungsgebungen und fokussieren mehr auf Wechselwirkungen, Choreografien und Kontexte.

Genau dies ermöglicht die Idee der syntaktischeren bzw. strukturelleren Betrachtung von Fragen und Anliegen.

Wenn wir Schemata und Modelle zur Verfügung haben, die Fragen ermöglichen, ohne dass wir die Inhalte des Anliegens kennen oder verstehen müssen, arbeiten wir systemischer, als wenn wir Inhalte brauchen, um ein Anliegen bearbeiten zu können. Man könnte sagen: Kennen wir nur die Struktur eines Themas oder einer Frage, nicht aber den Inhalt, und können diese mit einem syntaktisch anwendbaren Schema oder Modell hilfreich bearbeiten, ist das eine Landkarte, die nützlicher ist, als wenn wir dafür viele Inhalte kennen müssten. Dies ermöglicht auch ein wertungsfreieres Arbeiten, da es schwierig ist, Vorurteile zu entwickeln oder sich in eine Hypothese zu verlieben, wenn ich wenig oder kaum Inhalte zur Verfügung habe.

> *Syntaktisch*
>
> Syntaktischeres Arbeiten fokussiert auf das Erfassen von Strukturen und Mustern oder auch der Choreografie von Abläufen eines Themas oder eines Systems, um zieldienliche Möglichkeiten des weiteren Gestaltens aufzuspüren und nutzbar zu machen. Dafür sind Formate und Modelle hilfreich, die auf logischen Grundstrukturen, Archetypen und Urbildern beruhen, um die Menschen und Organisationen ganzheitlich zu begleiten, ihnen dabei Orientierung zu geben und eine Entwicklung zu unterstützen.

2.3.2 Kurativ

Wie schon erwähnt, verwenden wir Landkarten bzw. Modelle und Schemata grundsätzlich kurativ im Gegensatz zu normativ oder deskriptiv. Damit ist die Auffassung gemeint, wie Prinzipien, Modelle, Schemata etc. verstanden werden:

- *Normativ:* So muss es sein!
- *Deskriptiv:* So ist es!
- *Kurativ:* Angenommen, wir betrachten es so, macht es einen hilfreichen Unterschied?

Diese Idee einer kurativen Verwendung von Modellen und Prinzipien stammt von Matthias Varga von Kibéd und Insa Sparrer (2009, S. 241) und ermöglicht es, Klientensystemen in der Haltung eines Gastgebers oder einer Gastgeberin Angebote zu machen, gemeinsam herauszufinden, ob diese einen zieldienlichen Unterschied im Sinne einer Verbesserung für das Klientensystem machen oder nicht.

Mit einer kurativen Haltung erkunden wir mit dem Klientensystem auf kreativ-kunstfertige Weise Möglichkeitsräume, in denen Bedeutungsgebungen verändert, neue Aspekte beleuchtet und mögliche Orientierungspunkte erforscht werden können, ohne dass dadurch etwas festgeschrieben oder als Wahrheit definiert werden muss.

Vielmehr ermöglichen wir innerliches und äußerliches systemisches Probehandeln und begleiten dies in einer Haltung des Nichtwissens für die Inhalte und Lösungen des Klientensystems. Dieses allein entscheidet darüber, ob die Angebote nützlich sind.

Um Entwicklung und Transformationen in diesem Sinne als Beratende oder Führungskräfte zu unterstützen, erachten wir es als wertvoll, sich die *drei kraftvollen und kostbaren Helfer* nach Varga von Kibéd und Sparrer (2009, S. 171) zu vergegenwärtigen: *Nichtwissen, Hilflosigkeit und Verwirrung.*

Diese drei kostbaren Helfer können Weiterentwicklung oder ein Lernen höherer Ordnung (Kap. 3.4.3.5) unterstützen. Nach Ferrari (2011a, S. 53) kann das Einbeziehen dieser Helfer die Fähigkeit verbessern, auch schwierige Veränderungen zuzulassen oder als Führungskraft zu gestalten.

Die drei kostbaren Helfer für Veränderungsprozesse:

- *Nichtwissen als eine Schwelle zur Erkenntnis:*
  Überall da, wo wir uns weiter von Interpretationen oder Hypothesen wegbewegen, sind wir freier, etwas neu zu erkunden und zu entdecken. Nichtwissen gelegentlich zuzulassen kann uns dazu verhelfen, Neues zu lernen, genauso wie ein Bild auf einer leeren Leinwand neu entstehen kann. Auch hilft das Nichtwissen dabei, den Dingen immer wieder offen und neu mit einer fragenden Haltung zu begegnen.
- *Hilflosigkeit als Schwelle zur Handlung:*
  Nicht zu wissen, was eine nächste gute Handlung sein könnte. Ratlos und ohne Idee, was zu tun sein könnte. Diese Momente beschreiben Varga von Kibéd und Sparrer (2009, S. 171) so, dass Hilflosigkeit als Freundin auf eine Lücke oder Leere hinweist. Und dass sich daraus neue aufsteigende Einsichten zeigen können, wenn es uns gelingt, diese Leere willkommen zu heißen. Die Hilflosigkeit willkommen zu heißen kann eine Schwelle dafür sein, die Bereitschaft bisher genutzter Ordnungen und Strukturen grundlegend zu überdenken und neue Handlungsmöglichkeiten zu entdecken.
- *Verwirrung als Schwelle zum Vertrauen:*

»Aus der Knospe der Verwirrung hebt sich die Blüte der Verwunderung.«
(Tassawuf, zit. nach Varga von Kibéd u. Sparrer 2009, S. 172)

In vertrauten Beziehungen Ungewohntem Raum zu geben, offen zu sein oder auf »alte Maßstäbe« zu verzichten kann alles Ausdruck der Fähigkeit sein, Verwirrung zuzulassen. Die Schwelle zum Vertrauen kann sich dann z.B. dadurch zeigen, dass sich bisher Vertrautes in einem neuen Gewand oder in neuen Zusammenhängen offenbart.

Kurativ

Wir bieten Landkarten, Prinzipien, Modelle oder Formate in einer kreativ-kunstfertigen Art und Weise an. Darunter verstehen wir: in einer nicht wissenden, fragenden Haltung im Sinne eines Experiments gemeinsam mit den Menschen in der Organisation Möglichkeitsräume zu erkunden, die für das Kundensystem einen hilfreichen Unterschied machen könnten. Immer mit der Frage an sie verbunden: Welchen zieldienlichen Unterschied macht es für Sie, wenn Sie aus dieser Perspektive auf Ihre Fragestellung oder das Anliegen blicken?

2.3.3 Hypnosystemisch

Wir haben schon beim Abschnitt über das Menschenbild ausgeführt, dass für unsere Arbeit der hypnosystemische Ansatz von Gunther Schmidt (2004, 2005) eine wesentliche Quelle ist.

Daraus abgeleitet, hat dieses zugrunde gelegte Menschenbild und die damit verbundene Potenzialhypothese eine große Auswirkung auf die Art und Weise, wie wir mit der Landkarte und den damit verbundenen Basiskonzepten, Modellen und Schemata in der Entwicklungsberatung mit den Organisationen und deren Menschen arbeiten.

So bildet »hypnosystemisch« ein weiteres wichtiges Beratungsprinzip für die Arbeit mit der Landkarte der Transformation.

Für eine möglichst wirkungsvolle und potenzialentfaltende Entwicklungsberatung mit der vorliegenden Landkarte werden wir im Folgenden einige hypnosystemische Prinzipien vertiefen:

- *Erleben entsteht durch Aufmerksamkeitsfokussierung:*
  Phänomene haben an sich nie eine Bedeutung. Diese entsteht, indem sich Menschen oder Kollektive durch zumeist unwillkürliche Prozesse der Aufmerksamkeitsfokussierung zu den Phänomenen in Bezug setzen und ihnen Bedeutung geben. Gunter Schmidt (1987b, 1992a) und Stephen Gilligan (1991) haben den Begriff der »Problemhypnose« geprägt. Dieser bringt zum Ausdruck, dass die Fokussierung von Aufmerksamkeit auf Phänomene, die mit Angst, Defiziten, Problemen, Schmerzen etc. vernetzt sind, zu tranceartigen Zuständen mit selbstverstärkendem Charakter führen kann. Aus ihrer Sicht ist es deswegen zentral, aus diesen unwillkürlich selbstinduzierten unerwünschten Trancen herauszufinden und in eine Übersichts- bzw. Metaposition zu kommen, bevor ressourcen- und lösungsfokussiert gearbeitet werden kann und erwünschte Lösungstrancen erzeugt werden können. Diese Idee betrifft aus unserer Sicht nicht nur Individuen, sondern genauso oder vielleicht sogar mehr Kollektive, in denen zirkulär sich selbstverstärkende Problemhypnotisierungsrituale durchaus oft zu beobachten sind.

Mit *Landkarten der Transformation* können Klientensysteme dazu *eingeladen werden,* ihre *bisherige Bedeutungsgebung zieldienlich zu erweitern* und mit mehr innerer Distanz aus einer *Metaposition* auf ihre Situation zu blicken, um aus unbewussten Ritualen der Problemhypnose aussteigen zu können. Und diese Landkarten bieten *Orientierung für die Entwicklung* kräftiger und erwünschter *Lösungstrancen.*

- *Pacing, Kompetenzfokussierung und Utilisationsprinzip:*
  Probleme und Symptome werden in der Hypnosystemik als Lösungsversuche betrachtet, die in früheren Kontexten adäquat und kompetent waren, im veränderten Kontext jedoch nicht mehr zieldienlich wirken. Diesen Schilderungen bzw. Bedeutungsgebungen ist mit Achtsamkeit und Empathie zu begegnen, und die damit verbundenen Gefühle sind zu würdigen, um die Klientensysteme abzuholen und ernst zu nehmen (Pacing). Schon im Prozess des Pacings wird in der hypnosystemischen Arbeit damit begonnen, über Paraphrasierungen und Nachfragen die Problemschilderungen als Ausdruck achtenswerter Bedürfnisse und in noch nicht als solche erkannte Kompeten-

zen umzudeuten. Dadurch wird nicht nur dem Defizit- oder Problemerleben eine zieldienlichere Bedeutung gegeben, sondern es werden Ressourcen und Fähigkeiten fokussiert, die für die erwünschten Lösungen genutzt (= utilisiert) werden können. So wandeln sich im Laufe der Begleitung einseitig negativ bewertete Aspekte in Bausteine für die angestrebte Zukunft.

Die *Landkarten der Transformation* können das *Pacing unterstützen,* indem sie Raum bieten, um das bisherige Erleben besser zu sortieren und umzudeuten. Gleichzeitig können übersehene *Kompetenzen,* Muster des Gelingens und Zusammenhänge *fokussiert* und für neu entdeckte Lösungsoptionen *utilisiert* werden.

- *Potenzialhypothese:*
  Schon in der Schilderung des Menschenbildes der Hypnotherapie und Hypnosystemik haben wir auf die wichtige Annahme hingewiesen, derzufolge Menschen die Potenziale haben, ihre Herausforderungen aus eigener Kraft zu bewältigen (Kap. 2.1.1.2).

Die *Landkarten der Transformation* können die Entwicklungspotenziale sichtbar machen und aufzeigen, wie sich diese in einem Transformationsprozess entfalten können.

- *Ambivalenzen als Lösung:*
  Die Erzeugung und Begleitung von Ambivalenzen als Öffnung eines Lösungs- und Entwicklungsraumes ist eine zentrale Idee hypnosystemischer Arbeit. Entgegen der weitverbreiteten Annahme von Menschen und selbst-bewussten Systemen ist Eindeutigkeit eher der potenzielle Anfang einer Problemhypnose, weil durch sie wichtige innere Stimmen und Bedürfnisse (in Individuen Seiten, in Kollektiven unterschiedliche Sichtweisen von Menschen bzw. Aspekte des Systems) zwangsläufig in den Untergrund gedrängt werden. So betrachtete Erickson die Versteifung auf ein bestimmtes Symptom, auf ein bestimmtes Erleben bzw. auf eine eindeutige Bewertung davon als Hauptgrund für seelische Probleme.[14]

Über die *Landkarten der Transformation* können wir *Möglichkeitsräume* anbieten, die *kreative Spannungsfelder* erzeugen und verfestigte Sichtweisen *verflüssigen.* Diese Spannungsfelder können *Entwicklungsenergien* erzeugen und neue *Handlungsoptionen* hervorbringen.

- *Unwillkürliche Prozesse würdigen und einbeziehen:*
  Der hypnosystemische Ansatz bezieht systematisch unwillkürliche Prozesse in den Beratungsprozess ein mit der Absicht, das kreative Potenzial des Unwillkürlichen zu nutzen und mit dem willentlichen Ich so zu verbinden, dass ganzheitliche Lösungen entstehen.

14 Gilligan (2011b) erzählte in einem Vortrag in Wien, er habe Erickson gefragt, was denn der Grund sei, weshalb Menschen zur Psychotherapie kämen. Ericksons Antwort darauf hätte schlicht gelautet: »People come to therapy cause they got rigid.«

Da die *Landkarten der Transformation* auf *logischen* und *archetypischen Strukturen* beruhen, sprechen sie *Menschen auf einer intuitiven Ebene* ihres Bewusstseins an und wecken *schlummernde Potenziale*. Durch eine Vielfalt intuitiver und sozial-künstlerischer Methoden, die ebenfalls syntaktisch verwendet werden können, können wir diesen Aspekt der Landkarten der Transformation wirksam verstärken. Wir werden in Kapitel 6.2 auf diesen Aspekt näher eingehen.

> *Hypnosystemisch*
>
> Wir fokussieren konsequent die Aufmerksamkeit auf zieldienliche Kompetenzen und Potenziale und unterstützen so das Einnehmen einer Metaposition. Über die Landkarte schaffen wir Räume für die Würdigung und Utilisation des Erlebten und bieten Orientierung für die Entfaltung von Potenzialen, die noch weniger im Bewusstsein liegen, an. Dadurch können verfestigte Bedeutungsgebungen in Fluss kommen und kreative Spannungsfelder erzeugen, aus denen Energie für Entwicklungsprozesse entsteht. Archetypische und logische Strukturen sprechen unwillkürliche Prozesse in Menschen und Kollektiven an und können mit den Willensimpulsen der Organisation verbunden werden.

2.3.4 Syntaktisch-hypnosystemische und kurative Vorgehens- und Verwendungsweise der Landkarte der Transformation

Eine syntaktisch-hypnosystemische und kurative Nutzung der Landkarte der Transformation ermöglicht uns in unserer täglichen Arbeit:

- auf Strukturen und ihre Wechselwirkungen sowie auf Ressourcen und Potenziale zu fokussieren
- Menschen ganzheitlich in ihrer Kognition und Intuition anzusprechen
- Räume anzubieten, um bisherige Blickwinkel zu erweitern und komplexe Situationen zieldienlich zu sortieren und Orientierung für Entwicklungsschritte zu finden.

Dabei laden wir die Menschen im Kundensystem mit der Landkarte ein, Möglichkeitsräume zu erkunden, in denen sie in einer Haltung des Als-ob prüfen können, was für sie davon nützlich und wirksam sein könnte.

2.4 Zentrale Modelle für die Transformation von Organisationen (Karte)

Wie bisher aufgezeigt wurde, setzt sich die Landkarte der Transformation von Organisationen aus diesen drei Schichten und den daraus abgeleiteten Beratungsprinzipien zusammen (Abb. 7).

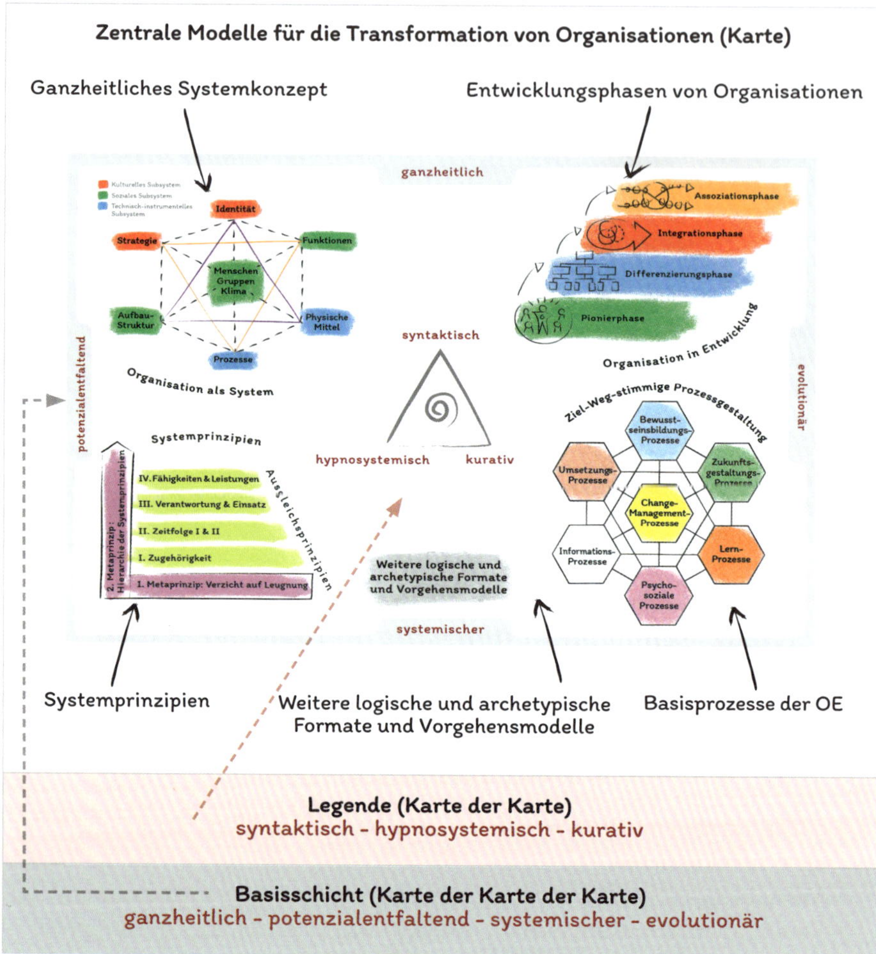

Abb. 7: Die drei Schichten der Landkarte der Transformation von Organisationen

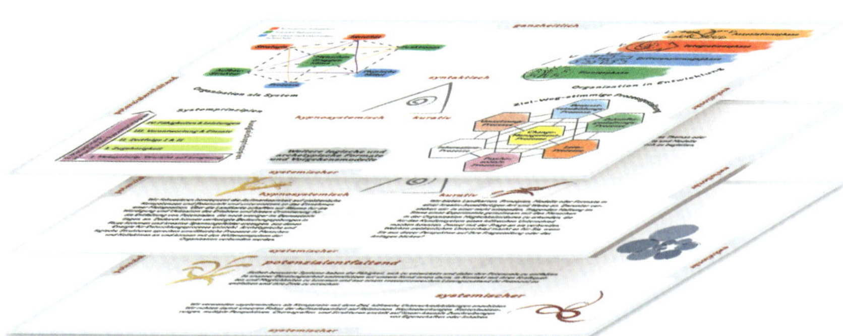

Abb. 8: Die drei Schichten der Landkarte der Transformation von Organisationen durchdringen sich gegenseitig.

Um die konkrete Arbeit mit den zentralen Modellen der Landkarte zu verstehen, ist es wichtig, sich in Erinnerung zu rufen, dass die drei Schichten sich gegenseitig durchdringen (Abb. 8).

Wenn wir also in der obersten Schicht der Landkarte (Abb. 9) – mit den zentralen Modellen – in der Praxis der Organisationsentwicklung arbeiten, ist unsere Haltung und die Art und Weise, wie wir das tun, geprägt von der Basisschicht und der Legende.[15]

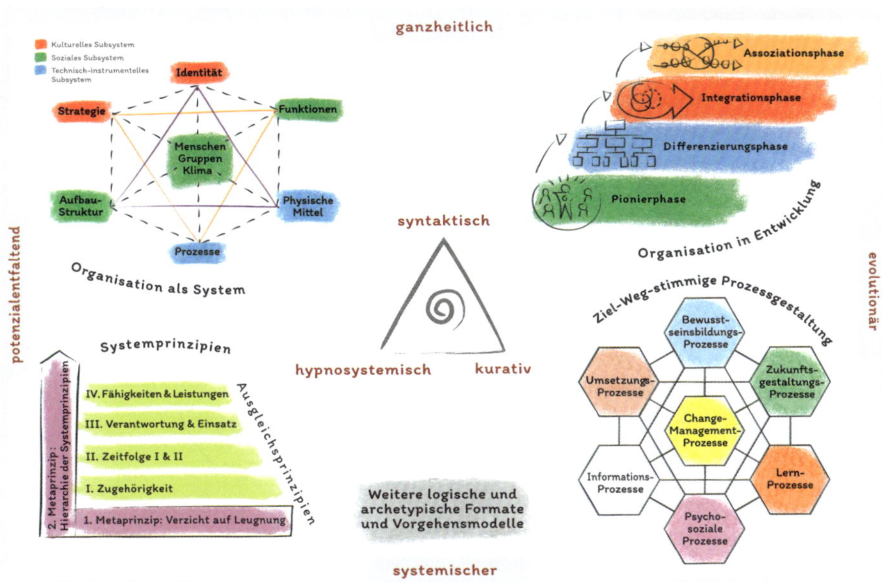

Abb. 9: Zentrale Modelle als oberste Schicht der Landkarte der Transformation von Organisationen (Karte)

In Kapitel 3 beschreiben wir nun die einzelnen zentralen Modelle der obersten Schicht der Landkarte und geben für deren Anwendung auch schon einige konkrete Beispiele, die auf das Zusammenspiel der einzelnen Schichten Bezug nehmen. Deshalb haben wir bereits an dieser Stelle aufgezeigt, wie das Zusammenspiel der Schichten der Landkarte gedacht ist.

15 Die drei Schichten der Landkarte der Transformation von Organisationen finden sich in vergrößerter Form im vorderen bzw. hinteren Umschlag abgedruckt. Die Karte mit den zentralen Modellen kann so zum »Mitnavigieren« ausgeklappt werden.

3 Vier zentrale Modelle der Landkarte der Transformation von Organisationen

Wir erläutern in diesem Kapitel ausführlich die vier zentralen Basiskonzepte der Landkarte der Transformation von Organisationen für die syntaktisch-hypnosystemische Entwicklungsberatung. Jedes dieser Basiskonzepte stellt an sich eine eigene Landkarte der Transformation dar, die in ihrem Zusammenspiel als Landkarte der Transformation für Organisationen jedoch besonders wirkungsvoll werden, weil sie miteinander verbunden sind und sich gegenseitig ergänzen.

3.1 Organisation als System: Ganzheitliches Systemkonzept der sieben Wesenselemente

3.1.1 Lebendiges und ganzheitliches Erfassen von Organisationen

In unserem Verständnis sind Organisationen sich entwickelnde, wesenhafte Organismen mit harten und weichen Faktoren, die zueinander in Wechselwirkung stehen.

In ihrer Einführung in das ganzheitliche Systemkonzept der sieben Wesenselemente, das wir hier ausführlich darstellen, schreibt Trude Kalcher (2012):

> »Ein ganzheitliches Organisationsverständnis und das Systemdenken sind wichtige Grundlagen der Organisationsentwicklung. Verstehen wir Organisationen als offene und dynamische Systeme, so bedeutet dies,
>
> - es gibt Teile oder Elemente,
> - die miteinander in Beziehung stehen, sich wechselseitig beeinflussen und
> - insgesamt eine ›Ganzheit‹ darstellen und somit Grenzen bilden,
> - sie sind im kontinuierlichen Austausch mit der Umwelt (daher offen) und verändern sich laufend, sind also dynamisch.«

Der Anspruch, Organisationen ganzheitlich zu erfassen, wirft die Fragen auf, wie wir das bewerkstelligen können, ohne die Komplexität so stark zu reduzieren, dass wir dabei simplifizieren, oder Konstruktionen zu bilden, die zu problematischen Festschreibungen führen und Lösungsräume verengen.

Hinzu kommt, dass eine lebendige Ganzheit nur erfahren, erspürt, jedoch nicht definiert werden kann, weil dadurch die Lebendigkeit und Dynamik verloren ginge.

So ist uns klar, dass das Ganze nicht die Summe seiner Teile ist. Wenn wir über ein Musikstück sprechen und es in seiner Gesamtgestalt erfassen wollen, ist das Ablesen der Noten der einzelnen Instrumente nicht die Ganzheit des Stückes. Folglich ist eine Aneinanderreihung von Zahlen, Daten und Fakten sowie von qualitativen Beschreibungen weicher Faktoren nicht die ganze Charakterisierung einer Organisation.

Wenn wir von einem ganzheitlichen Organisationsbild sprechen, meinen wir damit auch nicht, dass man die »Organisation an sich« ganzheitlich beschreiben können müsste im Sinne von Eigenschaftszuschreibungen. Wir halten dies weder für möglich oder sinnvoll noch für sonderlich systemisch.

Vielmehr geht es darum, eine Organisation in lebendiger Weise hinsichtlich einer Fragestellung bzw. eines Wofür ganzheitlich und zieldienlich zu betrachten.

Damit dies gelingen kann, brauchen wir ein Organisationsbild, das in der Lage ist, die konstituierenden Elemente einer Organisation ohne festschreibende Eigenschaftszuschreibungen zu benennen und als Brille zur Verfügung zu stellen. Durch diese Brille können die Menschen der Organisation in einer Haltung des lebendigen Erkundens und Erforschens blicken, um hinsichtlich ihrer Fragen gemeinsam Bedeutung zu geben und Lösungsräume zu öffnen.

So unterstützen wir die Beteiligten, systematisch den Wirkkräften und Mustern im System auf den Grund zu gehen, Ressourcen zu heben und Potenziale für Entwicklungen zu erkennen.

Im Folgenden geben wir zunächst einen Überblick über das Systemkonzept der sieben Wesenselemente (Kap. 3.1.2), bevor wir dessen archetypische Struktur als Basis für ein syntaktischeres und lebendiges Arbeiten betrachten (Kap. 3.1.3) und dann tiefer in verschiedene praxisrelevante Schichten des Konzepts eintauchen, was wir schon mit verschiedenen Praxisbeispielen illustrieren. Am Ende des Kapitels folgt dann ein ausführlicherer Praxisfall, der eine Dimension der Anwendung des ganzheitlichen Systemkonzepts verdeutlicht (Kap. 3.1.7).

3.1.2 Systemkonzept im Überblick

3.1.2.1 Sieben Wesenselemente konstituieren die Organisation und ermöglichen das Arbeiten in Wechselwirkungen

Basierend auf dem in Kapitel 2.1.1.1 beschriebenen dreigliedrigen Menschenbild haben Friedrich Glasl und Hans von Sassen (1983) das ganzheitliche Systemkonzept mit einem kulturellen, einem sozialen und einem technisch-instrumentellen Subsystem und insgesamt sieben Wesenselementen entwickelt, die eine Organisation konstituieren.

Das sich daraus ergebende Organisationsbild umfasst sieben Wesenselemente; sie lassen sich, wie Tabelle 1 zeigt, zu drei Subsystemen zusammenfassen.

Wesenselement	Subsystem
1. Identität 2. Strategie, Policy, Programme	Kulturelles Subsystem
3. Struktur 4. Menschen, Gruppen, Klima 5. Funktionen, Organe	Soziales Subsystem
6. Prozesse, Abläufe 7. Mittel, Ausstattung	Technisch-instrumentelles Subsystem

Tab. 1: Drei Subsysteme und sieben Wesenselemente

Zwischen dem kulturellen Subsystem – dem geistigen Pol einer Organisation – und dem technisch-instrumentellen Subsystem, dem physisch-materiellen Pol, wirkt das soziale Subsystem – gleichsam die seelische Dimension einer Organisation. Hier verhandeln die Menschen ihre Rollen, Beziehungen, Einzelfunktionen und Gesamtstrukturen miteinander. Und sie gestalten in einem Wechselspiel von bewusst-intendiertem und spontan-unbewusstem Handeln auch das kulturelle und technisch-instrumentelle Subsystem.

Bei der Betrachtung der einzelnen Wesenselemente schauen wir immer auf Explizites, Formales, Organisiertes und genauso auf die impliziten, informellen, nicht willentlich emergierten Qualitäten, die zum Expliziten nicht selten im Widerspruch stehen bzw. für das erlebte Leben in der Organisation die dominantere Rolle spielen.

Die Wesenselemente durchdringen und beeinflussen sich in vielfältiger Weise, wie Abbildung 10 zeigt.

Bei einer Veränderung eines Wesenselements kommt demnach das ganze System in Bewegung. Das bringt mit sich, dass es stets wichtig ist, auswirkungsbewusst die jeweiligen Wechselwirkungen für eine ganzheitliche Prozessgestaltung im Blick zu haben.

Einführung eines neuen IT-Tools

Eine große Verwaltungseinheit hatte beschlossen, ein neues Dokumentenmanagementsystem für alle Mitarbeitenden einzuführen, das transparentes und vernetztes Arbeiten sowie ein vereinfachtes Wissensmanagement ermöglichen soll. Vordergründig gesehen, handelt es sich dabei nur um ein Tool (physisches Mittel), und natürlich war sich die Verwaltung bewusst, dass dabei einzelne Prozesse angepasst und die Mitarbeitenden dafür geschult werden müssten. Letztlich fokussierte die Verwaltung vor allem das technisch-instrumentelle Subsystem. Im Projekt zur Anpassung des gewählten Tools auf die Bedürfnisse der Verwaltung und ihrer Abteilungen wurde jedoch schnell deutlich, dass es weniger um technische als vielmehr um soziale und kulturelle Herausforderungen ging.

So wurde deutlich, dass das stark ausgeprägte Abteilungsdenken (Wesenselement Aufbaustruktur) dem Projekt ebenso im Wege stand wie implizite Wertehaltungen (Wissen ist Macht – Wesenselement Identität) und ungeschriebene Spielregeln (Verstecke deine Konzepte, und betreibe im Geheimen Lobbying dafür – Wesenselement Strategie, Policy, Programme), ganz zu schweigen von der Angst der Mitarbeitenden (Wesenselement Menschen, Gruppen, Klima), sie könnten durch ihre Vorgesetzten nun noch exzessiver kontrolliert werden.

Als wir wegen des stockenden Projekts hinzugeholt und um Begleitung angefragt wurden, konnten wir gemeinsam mit der Projektleitung und einigen Führungskräften die Dynamiken zwischen den Wesenselementen in Hinblick auf das IT-Projekt ganzheitlicher betrachten. Daraus wurde schließlich der Leitung der Verwaltungseinheit deutlich, dass es eigentlich um ein für die Organisation weitreichendes Transformationsprojekt ging, was natürlich ein anderes Vorgehen erforderte.

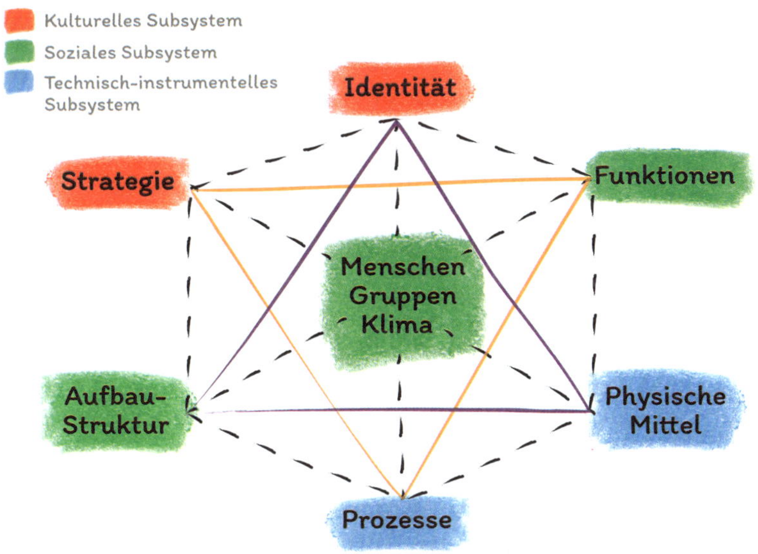

Abb. 10: Die vernetzten sieben Wesenselemente

Schauen wir mithilfe des Systemkonzepts auf die Wechselwirkungen zwischen den Wesenselementen, kann dies schon in der Auftragsklärung schnell Zusammenhänge deutlich machen und das Vorgehen im Prozess zieldienlich begünstigen.

3.1.2.2 Sieben Wesenselemente im Innensystem und ihr Verhältnis zum Umfeld

Nebst dem Blick auf die Wechselwirkungen zwischen den Wesenselementen ist es sehr lohnend, deren einzelne Aspekte zu betrachten, wie sie sich in der Ausprägung der jeweiligen Organisation ganz spezifisch zeigen, und zwar natürlich jeweils im Hinblick auf das System nach innen und ebenso zum Umfeld hin, wie Tabelle 2 zeigt.

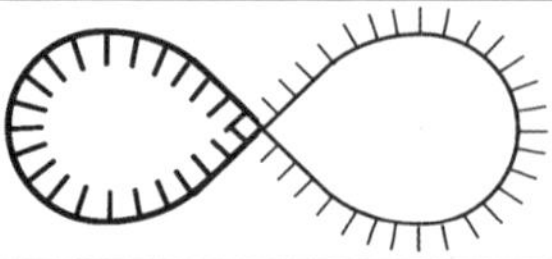

	Im Innensystem	
Kulturelles Subsystem	**1. Identität** Gesellschaftliche Aufgabe der Organisation, Mission, Sinn und Zweck? Leitbild, Fernziel, Philosophie, Grundwerte, Image nach innen, historisches Selbstverständnis der Organisation	
	2. Strategie, Policy, Programme Langfristige Programme der Organisation, Unternehmenspolitik, Leitsätze für Produkt-, Finanz-, Kosten-, Personalpolitik etc.	
Soziales Subsystem	**3. Struktur** Statuten, Gesellschaftervertrag, Aufbauprinzipien der Organisation, Führungshierarchie, Linien- und Stabstellen, zentrale und dezentrale Stellen, formales Layout	
	4. Menschen, Gruppen, Klima Wissen und Können der Mitarbeitenden, Haltungen und Einstellungen, Beziehungen, Führungsstile, informelle Zusammenhänge und Gruppierungen, Rollen, Macht und Konflikte, Betriebsklima	
	5. Funktionen, Organe Aufgaben, Kompetenzen und Verantwortung, Aufgabeninhalte der einzelnen Funktionen, Gremien, Kommissionen, Projektgruppen, Spezialisten, Koordination	
Technisch-instrumentelles Subsystem	**6. Prozesse, Abläufe** Primäre Arbeitsprozesse, sekundäre und tertiäre Prozesse: Informationsprozesse, Entscheidungsprozesse, interne Logistik, Planungs- und Steuerungsprozesse	
	7. Physische Mittel Instrumente, Maschinen, Geräte, Material, Möbel, Gebäude, Räume, finanzielle Mittel	

Tab. 2: Sieben Wesenselemente nach innen und außen [verändert nach Glasl, F. u. B. Lievegoed (2021): Dynamische Unternehmensentwicklung. Grundlagen für nachhaltiges Change Management. Bern/Stuttgart (Haupt/Freies Geistesleben), 6. Aufl., S. 166]

Bei dieser Darstellung betrachten wir beispielhaft, was den einzelnen Wesenselementen zugeordnet werden kann. Die aufgeführten Aspekte sind jedoch nicht abschließend gemeint. In der konkreten Arbeit mit dem Systemkonzept in Organisationen arbeiten wir mit dem Klientensystem die für die jeweilige Themenstellung relevanten Aspekte heraus, sodass sich für den Kontext des Anliegens ein möglichst ganzheitliches Gesamtbild des Zusammenspiels aller Wesenselemente ergibt. In Kapitel 3.1.4 werden wir anhand einiger Beispiele aufzeigen, wie für spezifische Fragestellungen von Klientensystemen solche relevanten Aspekte erarbeitet werden können.

Wir betrachten jedoch nicht nur ganze Organisationen mithilfe der sieben Wesenselemente. Auch Teilsysteme wie Bereiche, Abteilungen und Teams wer-

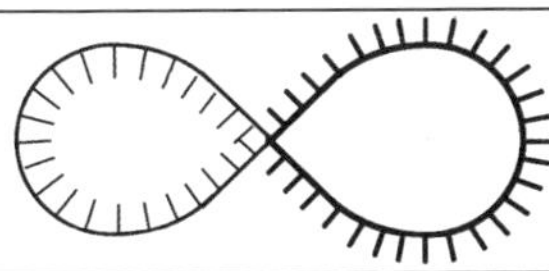

Zum Umfeld
Image bei Kund:innen, Lieferant:innen, Banken, Politik, Gewerkschaft etc., Konkurrenzprofil, Position in Märkten und Gesellschaft; Selbstständigkeit bzw. Abhängigkeit
Leitsätze für Umgang mit Lieferant:innen, Kund:innen etc., PR-Konzepte, Marktpolitik, Marktstrategien; Übereinstimmung mit Spielregeln der Branche
Strukturelle Beziehung zu externen Gruppierungen, Präsenz in Verbänden. etc.; strategische Allianzen, Verträge, Vereinbarungen
Pflege der informellen Beziehungen zu externen Stellen, Beziehungsklima in der Branche, Stil des Umgangs mit Macht gegenüber dem Umfeld
Verhältnis zum üblichen Branchenverständnis über Arbeitsteilung, Funktionen zur Pflege der externen Schnittstellen, Berufsbilder, Kollektivverträge
Beschaffungsprozesse für Ressourcen, Lieferprozesse (JIT), Speditionslogistik, Aktivitäten zur Beschaffung externer Informationen
Physisches Umfeld, Platz im Umfeld – Verkehrssystem, Verhältnis Eigenmittel – Fremdmittel

den durch die sieben Wesenselemente konstituiert. So könnte man den Vergleich zu den russischen Puppen ziehen und sagen, dass jede größere Organisation aus kleineren Teilorganisationen besteht. (Vergleiche Wilbers Definition von Holons in Kapitel 2.1.4.2.) Natürlich würde man bei Teams nicht unbedingt von Strategie sprechen, sondern eher von »Zielen, (geheimen) Spielregeln, Programmen«, und auch dort gibt es formelle und informelle Strukturen usw.[16]

Gerade im Kontext sog. Teamentwicklungsprozesse ist es aus unserer Sicht besonders hilfreich, alle Wesenselemente in den Blick zu nehmen. Häufig werden Teamentwicklungen aus unserer Sicht eher unsystemisch angegangen, indem in erster Linie auf das Wesenselement Menschen/Gruppen/Klima und vielleicht noch auf Funktionen geschaut wird, relativ oft jedoch die weiteren Wesenselemente außer Acht gelassen werden.

16 Eine ausführliche Beschreibung des ganzheitlichen Systemkonzepts im Teamkontext findet sich bei von Passavant (1992).

So werden Narrative wie »Es gibt Beziehungsprobleme zwischen A und B« oder »Das Arbeitsklima ist konflikthaft« durch die alleinige Fokussierung auf zwischenmenschliche Aspekte noch verstärkt, während schon wenige Nachfragen zu anderen Wesenselementen oft schnell verdeutlichen, dass es gar nicht so sehr darum geht, wie sympathisch Hans für Berta ist, sondern dass eventuell unklare Zielvorstellungen vorhanden sind oder Prozesse nicht sauber definiert oder Verantwortlichkeiten missverständlich festgelegt sind. Indem wir über alle Wesenselemente auf ein selbst-bewusstes System blicken, entsteht ein ganzheitlicheres Bild, und der Lösungsraum wird erweitert.

So gesehen gibt es für uns keinen Unterschied zwischen Team- und Organisationsentwicklung, auch wenn selbstverständlich das Bezugssystem in der Regel komplexer wird, je größer es ist.

3.1.2.3 Jedes Wesenselement lässt die Qualitäten der ganzen Organisation erfahren

Wieso werden die einzelnen Elemente des Systemkonzepts als Wesenselemente bezeichnet?

Wie schon geschildert, werden die Wesenselemente so betrachtet, dass sie eine Organisation urbildhaft konstituieren. Daraus leitet sich das Verständnis ab, dass sich in jedem Wesenselement das Wesen der Organisation in seinen Qualitäten zeigt. So spiegelt sich das Ganze in seinen wesentlichen Teilen und lässt uns bereits mehr von dem Ganzen erspüren, das eben mehr ist als die Summe seiner Teile, was Piber (2020, S. 66) als »aktiv Abwesendes« bezeichnet.

An einem einfachen Gedankenexperiment zum Wesenselement »physische Mittel« soll dies illustriert werden:

Gedankenexperiment zum Wesenselement »physische Mittel«

Stellen Sie sich vor, dass Sie zum ersten Mal eine Organisation besuchen, weil Sie ein Auftragsklärungsgespräch haben. Sie kommen mit Ihrem Wagen vor Ort an, parken ihn auf dem Besucherparkplatz und gehen dann über den Parkplatz zum Verwaltungsgebäude. Sie stellen fest, dass die Parkplätze aufgrund ihrer Beschriftung offenbar spezifisch so angeordnet sind, dass die Parkplätze direkt am Eingang für jene Menschen reserviert sind, die in der Hierarchie besonders weit oben stehen. Sie werden dann von der Personalentwicklungsleiterin am Empfang abgeholt und in ihr Büro im 7. Stockwerk begleitet, das ca. 20 Quadratmeter groß ist und für Ihre Begriffe durchschnittlich teuer eingerichtet ist. Nach einer Stunde Gespräch gehen Sie gemeinsam ins 10. Stockwerk, wo Sie zu dritt ein Gespräch mit dem Leiter HR führen, und stellen fest, dass dessen Büro mindestens doppelt so groß ist wie jenes der Personalentwicklungsleiterin und dass die Möbel und Einrichtung einer deutlich höheren Preiskategorie angehören. Schließlich werden Sie zum CEO gebeten und begleiten den Leiter HR ins 14. Stockwerk, wo Sie sich in einer Halle mit teurer Kunst an den Wänden, dicken Teppichen und Designermöbeln wiederfinden.

Beim Lesen haben Sie bisher nur einige kurze Beschreibungen von wenigen Aspekten des Wesenselements »physische Mittel« dieser spezifischen Organisation erhalten. Dennoch haben Sie wohl schon einige Qualitäten des Wesens dieser Organisation erspürt.

Dieses kurze Gedankenexperiment soll verdeutlichen, dass wesentliche Qualitäten von Organisationen beim Erkunden der einzelnen Wesenselemente schon sehr klar (bildhaft) spürbar und besprechbar werden, und sich jede Organisation in der Ausgestaltung ihrer einzelnen Wesenselemente völlig unterschiedlich und einzigartig zeigen kann.

Selbstverständlich zeigen sich beim Betrachten der einzelnen Wesenselemente oft auch Unterschiede und Widersprüchlichkeiten, die in ihrem Wechselspiel zueinander letztlich den spezifischen Charakter einer Organisation bilden, der sich eben aus unterschiedlichen Qualitäten zusammensetzt.

3.1.3 Archetypische Struktur und archetypische Qualitäten

Basierend auf dem Urbild von Körper, Seele, Geist betrachten wir Organisationen als lebendige, sich entwickelnde wesenhafte Organismen.

So stehen hinter jedem Wesenselement auf das dahinter liegende Menschenbild zurückgehende Qualitäten, die wir im Folgenden weiter vertiefen.

Diese qualitative Vertiefung der sieben Wesenselemente beabsichtigt drei Wirkungen, die für unser Verständnis der syntaktisch-hypnosystemischen Entwicklungsberatung relevant sind:

- Je besser wir die archetypischen Qualitäten der Wesenselemente verstehen, desto leichter wird ein syntaktischeres Arbeiten mit diesen und damit verbunden die Möglichkeit, gemeinsam mit dem Klientensystem zu erkennen, was im Gesamtsystem in der Tiefe wirksam ist und sich in Mustern und Beziehungsgestaltungen zeigt.
- Dadurch vermögen wir das Klientensystem leichter darin zu unterstützen, bisherige Lösungsversuche zu würdigen und Kräfte zu heben, die sich in neuen Fähigkeiten und sich entfaltenden Potenzialen der Organisation zeigen können.
- Das ganzheitliche Verständnis selbstbewusster Systeme (Kap. 2.1.2) als dreigliedrige Organismen beinhaltet eine Unterscheidung von physischen, seelischen und geistigen Qualitäten (in dem Bewusstsein, dass diese in Wechselwirkungen einer Ganzheit zusammenwirken). Das bedeutet für Führung und Beratung, dass die Prinzipien zur Gestaltung dieser Dimensionen bzw. Subsysteme unterschiedliche Herangehensweisen erfordern oder, wie es Glasl (2021, S. 32) ausdrückt, »eine entsprechende Geisteshaltung«.

Im Folgenden erkunden wir zunächst innerlich jedes Wesenselement metaphorisch. Daran anschließend zeigen wir auf, welche konkreten archetypischen Qualitäten und damit zusammenhängenden organisationalen Fähigkeiten bzw. Potenziale den einzelnen Wesenselementen inhärent sind. Denn diese organisationalen Fähigkeiten bzw. Potenziale sind es, die sich von Entwicklungsphase zu Entwicklungsphase der Organisation weiterentwickeln und entfalten können.

3.1.3.1 Metaphorische Reise zur Erkundung der archetypischen Qualitäten

Um die archetypischen Qualitäten der sieben Wesenselemente zu erspüren, laden wir Sie ein, mit uns gemeinsam metaphorisch in die Tiefe jedes Wesenselements zu reisen, um dessen archetypische Qualitäten zu erkunden und zu erspüren. Wir werden dazu unterschiedliche, dem Charakter des jeweiligen Wesenselements entsprechende Metaphern anbieten, wie sie von Glasl (2008, S. 98ff.) entwickelt worden sind.

Abbildung 11 zeigt die sieben Wesenselemente als Schalenmodell, von außen nach innen gehend. So ist auch die metaphorische Annäherung an die Wesenselemente in der folgenden Reiseanleitung aufgebaut.

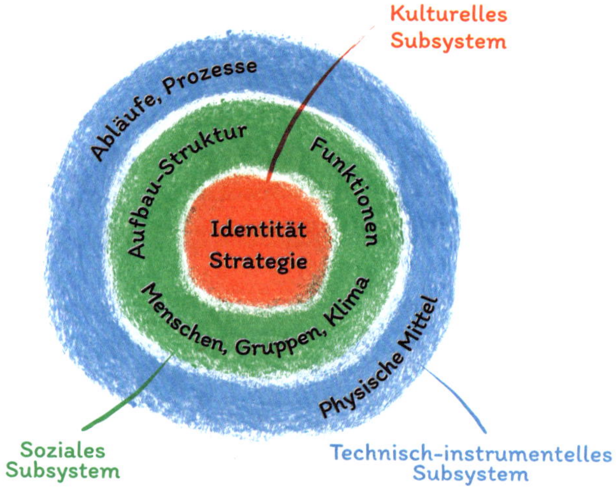

Abb. 11: Die sieben Wesenselemente als Schalenmodell

Metaphorische Reise zu den einzelnen Wesenselementen

Machen Sie es sich bequem, und begeben Sie sich auf eine bunte Reise mit uns.

Vergegenwärtigen Sie sich eine Organisation, die sie gut kennen, und versuchen Sie die einzelnen Stationen durchzugehen – ganz in Ihrer eigenen Zeitlichkeit.

Halten Sie zusätzlich zu den Fragen der Stationen bitte auch jeweils fest, welche Hauptqualitäten pro Station für Sie spürbar oder erlebbar wurden.

Unsere Reise beginnt im Erkunden des *technisch-instrumentellen Subsystems* mit den Wesenselementen »*Physische Mittel*« und »*Prozesse und Abläufe*«.

1) »Physische Mittel«: Metaphorische Fragestellungen

Stellen Sie sich die betrachtete Organisation als Person vor. Suchen Sie passende Bilder für die Art und Weise, wie diese personifizierte Organisation (nicht deren Mitarbeitende) Ihnen erscheint:

- Wie kleidet sie sich konkret (Material, Stil, Qualität, Preis usw.)?
- Mit welchen Hilfsmitteln bzw. Utensilien ist sie für das tägliche Leben ausgestattet?
- Mit welchen Transportmitteln bewegt sie sich?
- Wie sieht die Vorratskammer aus?
- Und Ähnliches.

Oder als Variante – z.B. mit einer ganzen Gruppe von Menschen aus einer Organisation:

In einem geeigneten Raum wird eine Installation mit typischen Gegenständen erstellt, die dann wie bei einer Museumsführung mit Erläuterungen und Hinweisen vorgestellt wird.

2) »Prozesse und Abläufe«: Metaphorische Fragestellungen

Übersetzen Sie Ihre Eindrücke von der Qualität der Prozesse der betrachteten Organisation in Bilder einer Flusslandschaft:

- Wie ist die Gesamtgestalt des Flusses?
- Wie ist die Fließgeschwindigkeit an verschiedenen Streckenabschnitten?
- Gibt es Stau, Verzweigungen, Versickerungen usw.?
- Gibt es Strudel, Wasserfälle oder Seen?
- Wie ist die Uferlandschaft?
- Usw.

Sie können diese Flusslandschaft verbal beschreiben und mit anderen besprechen, wenn Sie Teil einer Gruppe sind. Noch eindrucksvoller ist es, zusammen mit anderen schweigend ein gemeinsames Bild dieser Flusslandschaft zu malen und erst danach zu besprechen.

Wir reisen weiter nach innen und erkunden nun das *soziale Subsystem* mit den Wesenselementen »*Funktionen, Organe*«, »*Menschen, Gruppen, Klima*« und »*Aufbau-Struktur*«.

3) »Funktionen, Organe«: Metaphorische Fragestellungen

Stellen Sie sich die ganze Organisation so vor, dass es sich um eine ganz andere Gemeinschaft handelt, und wählen Sie vorzugsweise aus einer der genannten Metaphern:

- Mitglieder einer Zirkustruppe
- Menschen auf einem Schiff (Crew und Passagier:innen)
- Menschen auf einem Bauernhof oder Landgut

- Ensemble und Personal eines Theaters
- Alle Beteiligten eines Symphonieorchesters.

Bei der Auswahl der Art einer Gemeinschaft achten Sie bitte darauf, dass darin Männer und Frauen gleichermaßen eine Rolle spielen können.

Suchen Sie jetzt für die Kernpersonen die passende Rolle: Wer tut was? In welcher Art und Weise? Wie ist er/sie gekleidet? Mit welchen Werkzeugen arbeitet diese Person? Usw.

Das dabei Erarbeitete kann beispielsweise von verschiedenen Gruppen szenisch aufgeführt werden mit Requisiten oder als Erzählung vorgetragen werden etc.

4) »Menschen, Gruppen, Klima«: Metaphorische Fragestellungen

Tipps für Stellenbewerber:innen: Stellen Sie sich vor, dass eine gute Freundin bzw. ein guter Freund in diese Organisation eintreten will. Welche Tipps geben Sie den Stellenbewerbenden, sodass sie die besten Chancen haben, Teil dieser Gemeinschaft zu werden:

- Wie sollten sich Bewerber:innen den Vorgesetzten gegenüber verhalten?
- Wie sollten sich Bewerber:innen gegenüber Gleichgestellten verhalten?
- Wie sollten sich Bewerber:innen gegenüber Unterstellten verhalten?
- Wie sollten sich Bewerber:innen kleiden? Welche Accessoires wären hilfreich?

Formulieren Sie alles in Form von Ratschlägen: »Tue so …«

Variante 1: Beschreiben Sie das Klima mit Ausdrücken aus der Meteorologie (Mikroklima, Großwetterlage, Wetterprognose): dichter Nebel, heftige Stürme, Ruhe vor dem Sturm, Schwüle mit Neigung zu heftigen Gewittern etc.

Variante 2: Finden Sie Sketches aus dem Alltagsleben der Menschen in der Organisation, in denen sie die typischen Handlungs- und Beziehungsmuster in solchen kleinen Theaterszenen präsentieren. Diese Szenen können mit Text versehen oder in Nonsensesprache (»Gromolo-Sprache«) gespielt werden, wobei es nicht auf die Worte ankommt, sondern auf Mimik, Gestik und Tonfall.

5) »Aufbaustruktur«: Metaphorische Fragestellungen

Beschreiben Sie die Höhe, Breite, Differenziertheit, Rigidität oder Flexibilität usw. der Aufbauorganisation in Bildern der Architektur:

- In welchem Haus wohnt die personifizierte Organisation?
- In welchem Viertel, in welcher Umgebung befindet sich das Haus?
- Wie gut ist es von außen zugänglich, sichtbar?
- Wie ist die Architektur? Welche Stilelemente sind bestimmend?
- Aus wie vielen Stockwerken, Flügeln oder eigenen Gebäudeteilen besteht es?
- Wie sind Anzahl und Beschaffenheit der Räume?

Beschreiben Sie alles sehr konkret und anschaulich.

Wir reisen noch weiter nach innen und erkunden mit dem *kulturellen Subsystem* die Wesenselemente »*Strategie, Policy, Programme*« und »*Identität*«.

6) »Strategie, Policy, Programme«: Metaphorische Fragestellungen

Wenn Sie darauf blicken, wie die betrachtete Organisation mit Zukunftsfragen, Strategien etc. umgeht – vergleichen Sie die Art und Weise, wie sich diese Organisation in die Zukunft bewegen will und wie sie es tatsächlich tut, mit der Art und Weise, wie sie eine große Reise vorbereitet und durchführt:

- War es eine Vergnügungsreise? Expedition? Abenteuerreise? Studienreise? Ein Raubzug?
- Wie systematisch oder unsystematisch war die Planung? Wie weit im Voraus wurde geplant?
- Wurde die Reiseplanung eingehalten?
- Was hatten Sie an Reiseerlebnissen?
- Wie ist es Ihnen auf der Reise ergangen?

Nutzen Sie für die Beschreibung alles, was es im Zusammenhang mit Reisen gibt – Transportmittel, Gepäck, Mitreisende, Attraktionen, Landschaft, Abenteuer, Leute, denen man unterwegs begegnet usw.

Beschreiben Sie dies alles so, als hätten Sie es konkret beobachtet, und bringen Sie diese Assoziationen dann in eine Form, die Sie aufführen können, sei es sprachlich, szenisch oder bildlich dargestellt.

7) »Identität«: Metaphorische Fragestellungen

Formulieren Sie für die personifizierte Organisation einen metaphorischen Steckbrief (so als wäre sie eine Persönlichkeit):

- Ist es eine Frau? Ein Mann? Oder androgyn?
- In welchem Alter befindet sie sich?
- Wie kleidet sie sich?
- Wie ist der Familienstand?
- Wie ist die Herkunft dieser Person zu beschreiben?
- Welchen Beruf übt dieser Mensch aus?
- Wie sind die Essgewohnheiten dieser Person?
- Wie sieht der Freundeskreis der Person aus?
- Was sind die Hobbys der Person?
- Welche Lebensmottos hat die Person?
- Was tut sie, wenn sie sich völlig unbeobachtet fühlt?

In einem Brainstorming beschreiben Sie dies alles so konkret wie nur möglich, also ohne abstrakte Begriffe wie »modern«, »veraltet« und Ähnliches. Wenn dabei von verschiedenen Personen widersprüchliche Beschreibungen auftauchen, kann es sein, dass sich dies in einem neuen Bild auflöst. Wenn die Personen, die so unterschiedliche Bilder bringen, überzeugt sind, dass sie für diese fiktive Person charakteristisch sind, dann bleiben gerade auch die Widersprüche als Charakteristika der Persönlichkeit bestehen.

Abrundung: Ende der Reise – wieder zurück im Hier und Jetzt. Wenn Sie die erarbeiteten metaphorischen Qualitäten im Gesamten betrachten:

- Welche Hauptqualitäten haben Sie sich notiert?
- Welche Muster oder neuen Zusammenhänge wurden sichtbar(er) bzw. spürbar(er)?
- Welche Lösungsversuche gibt es schon?
- Wie könnten die bisherigen Lösungsversuche zieldienlich aufgegriffen werden, um das Potenzial in der Organisation weiter zu entfalten?
- Sind Ideen für wesensgemäße weitere Entwicklungen entstanden?

Diese Form des Erkundens einer Organisation spricht intuitives, unwillkürliches Wissen an und hat viel mit der oben beschriebenen lebendigen Haltung des Erkundens und Erforschens zu tun, die zu einem ganzheitlicheren Durchdringen der Qualitäten einer Organisation führt.

Urbild	Wesenselemente	Archetypische Qualität	Aspekte der archetypischen Qualität	
Geist	Identität	Selbsterkenntnis	Selbstverständnis, schöpferischer Zweck, Werte, Menschenbild	
	Strategie, Policy, Programme	Willenskraft	Planung, Ziele, Weitblick, Übersicht, Grundsätze, Spielregeln	
Seele	Aufbaustruktur	Anatomie	Architektur, Brücken, Verbindungen, übergeordneter Zusammenhang	
	Menschen, Gruppen, Klima	Selbst-Bewusstsein	Soziale Beziehungen, Klima, psychosoziale Potenziale	
	Funktionen	Organe	Rollen, Status, Einfluss, Abhängigkeit, Zuständigkeiten	
Körper	Prozesse, Abläufe	Energieflüsse	Strömungsqualität, Gewohnheiten, Formgestaltung	
	Physische Mittel	Manifestiertes	Form, Erde, Kristallisiertes	

Tab. 3: Archetypische Qualitäten der Wesenselemente

3.1.3.2 Archetypische Qualitäten erleichtern syntaktisch-hypnosystemisches Arbeiten

Im metaphorischen Erkunden haben Sie gerade eine spezifische Organisation betrachtet. In der Übersicht weiter unten zeigen wir auf der Basis des Urbildes und unserer Erfahrung in der Arbeit mit Organisationen, welches die allgemeinen archetypischen Qualitäten der einzelnen Wesenselemente sind und ordnen diesen wesentliche Aspekte zu. Daraus ergeben sich organisationale Fähigkeiten je Wesenselement, die sich im Laufe der Entwicklung in Richtung organisationale Potenziale entfalten können.

Tabelle 3 zeigt eine Übersicht der archetypischen Qualitäten der einzelnen Wesenselemente und die damit verbundenen organisationalen Fähigkeiten und Potenziale.

	Metaphorische Ansatzmöglichkeiten	Organisationale Fähigkeit	Organisationales Potenzial
	Steckbrief der personifizierten Organisation	Sinngebung	Gemeinsame Orientierung an höherem Zweck, Werten und permanente Weiterentwicklung von Sinnangeboten
	Reiseplanung, Expeditionsplanung	Ausrichtung	Zukunftsentwürfe und Spielregeln bewusst gestalten; Entwickeln von Neuem und Bündeln der Kräfte
	Architektonisches Gefüge	Gestaltbildung	Soziales Zusammenspiel der Menschen in ihren Funktionen und Prozessen nach übergeordneten Prinzipien weisheitsvoll, tragend und beweglich gestalten
	Soziokulturelle Passung bzw. Wetterbericht	Kooperation	Zieldienliche zwischenmenschliche Kooperation gemeinsam gestalten und Unterschiede zwischen Individuen als Potenzial nutzen
	Rollenbilder in sozialen Gemeinschaften	Organbildung	Mit Blick auf das große Ganze in Kollektiven und als Individuen eigenverantwortlich und arbeitsteilig zieldienlich tätig sein
	Flusslandschaft	Prozessgestaltung	Prozesse und Abläufe mit Blick auf die vorhandenen Energieflüsse innerhalb und außerhalb der Organisation dynamisch und stabil gestalten
	Erscheinungsbild der personifizierten Organisation bzw. Kunstinstallation	Mitteleinsatz	Finanzielle, materielle Ressourcen und Outputs aus den Notwendigkeiten des übergeordneten Zwecks heraus und auf die Kontextbedingungen achtend bewusst gestalten

Diese archetypischen Bilder und Qualitäten ermöglichen es, in der Organisationsentwicklung *syntaktischer* und *hypnosystemischer* zu arbeiten:

- Sie geben uns Hinweise darauf, in welcher Geisteshaltung, mit welcher inneren Gestimmtheit, wir den einzelnen Wesenselementen begegnen. So macht es einen Unterschied, ob es um die Arbeit mit Fließqualitäten geht oder um das Gestalten einer tragfähigen Brücke, die flexibel genug sein muss, um leichte Erschütterungen auszugleichen.
- Wir können mit Kundensystemen syntaktischer arbeiten, weil wir nicht primär auf konkrete organisationale Inhalte blicken müssen und dennoch auf der qualitativen Ebene verstehen und uns orientieren können. So werden Muster und Wechselwirkungen deutlicher und leichter besprechbar.
- Das metaphorische Arbeiten und archetypische Bilder beziehen die Intuition, unwillkürliche Prozesse und den Körper mit ein. Die erarbeiteten Metaphern können leichthändig in kompetente Lösungsversuche übersetzt und mit Blick auf die archetypischen Fähigkeiten und organisationalen Potenziale für deren Weiterentwicklung bzw. Entfaltung utilisiert werden.
- Indem wir die grundsätzlichen Qualitäten der Wesenselemente in ihren Wechselwirkungen betrachten, kann nach unserer Meinung zieldienlicher – mit Blick auf die organisationalen Fähigkeiten und Potenziale – Bedeutung gegeben werden.

Selbstverständlich verstehen wir, wie in Kapitel 2.3.2 betont, auch diese Überlegungen im kurativen Sinn: Macht es einen hilfreichen Unterschied für das Klientensystem, es so zu betrachten?

3.1.4 Das Systemkonzept als Struktur für syntaktischeres und ganzheitlicheres Arbeiten

Nebst den dargestellten qualitativen und inhaltlichen Möglichkeiten, mit dem Systemkonzept zu arbeiten, dient es vor allem als eine Art Metastruktur für eine ganzheitliche Betrachtung und Gestaltung verschiedenster Anliegen und Fragestellungen.

Im Folgenden zeigen wir anhand typischer Themenstellungen aus der Praxis der Organisationsentwicklung auf, wie sich jegliche Fragestellung über die sieben Wesenselemente hinweg betrachten und dazu Fragen generieren lassen.

3.1.4.1 Führung ganzheitlich betrachtet

Wenn wir ganzheitlich auf das Thema Führung blicken, so wird dies nicht einem Wesenselement zugeordnet, sondern wir erkunden, wie sich Führung bei den einzelnen Wesenselementen zeigt. Dazu seien hier beispielhaft mögliche Fragen aufgeführt, die sich aus der Struktur der Wesenselemente ableiten:

Identität: Welche impliziten und expliziten Werte prägen Führung in der Organisation? Welche Mythen und Heldengeschichten zur Führung gibt es?

Strategie, Policy, Programme: Wie zeigt sich Führung in informellen Spielregeln und/oder formellen Grundsätzen? Welche Führungsentwicklungsstrategien gibt es?

Aufbaustruktur: Wie zeigt sich das Führungsverständnis in der Gliederung der Organisation? Wie ist die formelle Hierarchisierung, wie die Führungsspanne?

Menschen, Gruppen, Klima: Wie erleben die Menschen Führung im Alltag? Wie ist der Umgang von Führungskräften mit Mitarbeitenden? Wie werden Konflikte gelöst?

Funktionen, Organe: Welche Befugnisse haben Führungskräfte, selbstständig Entscheidungen zu treffen? Wie zeigt sich das Führungsverständnis in der Gestaltung der Funktionen und im Rollenverständnis?

Prozesse, Abläufe: Welche Führungsprozesse – formeller und informeller Natur – gibt es in der Organisation? Wie werden Entscheidungen getroffen?

Physische Mittel: Welche Führungsinstrumente stehen zur Verfügung, und wie werden Führungskräfte mit Ressourcen ausgestattet?

In diesem Zusammenhang sind zirkuläre Fragen zu den Wechselwirkungen zwischen den Wesenselementen im Kontext Führung besonders interessant und aufschlussreich. Dazu werden wir später im Buch noch einige konkrete Praxisanwendungen illustrieren.

3.1.4.2 Ganzheitliche Führungsentwicklung als Thema der Organisationsentwicklung

Genauso, wie auf Führung geblickt werden kann, kann über die sieben Wesenselemente hinweg auf ganzheitliches Führen als Funktion geblickt werden:

Identität: Wie vermittle ich Werte, Haltungen und Visionen?

Strategie, Programme: Wie gelingt es mir, Strategien zu erarbeiten und zu vermitteln, motivierende Ziele zu setzen und in nachvollziehbare Programme und Arbeitsschritte zu bringen?

Aufbaustruktur: Wie kann ich bestehende formelle und informelle Strukturen pflegen und weiterentwickeln bzw. neue, zieldienliche (Aufbau-)Strukturen erarbeiten und einführen?

Menschen, Gruppen, Klima: Wie gut bin ich der Lage, auf die einzelnen Menschen und ihre Stärken einzugehen und ein konstruktives Arbeitsklima mit dem Gesamtteam zu gestalten?

Funktionen, Organe: Gelingt es mir, Verantwortungen, Befugnisse, Tätigkeiten und Rollenverständnisse in meinem Führungsbereich so zu gestalten, dass Klarheit und unternehmerisches Denken und Handeln ermöglicht werden?

Prozesse, Abläufe: Wie gestalte ich Führungs- und Leistungsprozesse gemeinsam mit meinen Mitarbeitenden, um die strategischen Ziele zu erreichen?

Physische Mittel: Welche Führungsinstrumente setze ich wie ein, um ressourcenschonend und effektiv mit Arbeits- und finanziellen Mitteln umzugehen?

3.1.4.3 Einführung von Agilität und Förderung von Innovation

Viele Organisationen wollen agiler und innovativer werden. In der Praxis ist allerdings oft nicht klar, was darunter verstanden wird, woran man Agilität und Innovation erkennen würde und ob damit einfach Tools oder auch Haltungen und Kooperationsformen gemeint sind. Ebenfalls unklar ist häufig, wie stimmig die Ideen von Agilität und Innovationsfreudigkeit in der Wechselwirkung mit der Gesamtdynamik einer Organisation sind.

Wenn wir diese Aspekte aus den Wesenselementen heraus erkunden, ergeben sich spezifische Antworten bzw. neue Fragen und Zusammenhänge für die jeweilige Organisation. Auch hier sind es nur einige beispielhafte Fragen, die beliebig erweitert werden können:

Identität: Wie unterstützen die expliziten und impliziten Werte Innovation und Agilität?

Strategie, Policy, Programme: Werden die strategischen Ziele durch andere – eventuell implizite – Ziel- bzw. Strategieebenen unterstützt?

Aufbaustruktur: Unterstützt die bestehende Aufbaustruktur innovative und agile Vorgehensweisen?

Menschen, Gruppen, Klima: Ist das Klima in der Organisation innovationsfreundlich, und fördert die Art und Weise, wie kommuniziert wird, Agilität?

Funktionen, Organe: Sind die Verantwortlichkeiten/Befugnisse/Aufgaben so formuliert, dass die Mitarbeitenden innovativ sein und agil agieren können? Wie leicht gelingen Rollenveränderungen?

Prozesse, Abläufe: Erlauben die Kern- und Supportprozesse agile und situative Lösungen und innovative Problembehandlung?

Physische Mittel: Sind die Arbeitsplätze und Arbeitsinstrumente dafür geeignet, Innovation und Agilität zu unterstützen?

Völlig unabhängig vom Thema einer Organisationsentwicklung betrachten wir immer, wie sich das jeweilige Anliegen in den einzelnen Wesenselementen und in deren Wechselspiel zeigt.

So entsteht für das Klientensystem ein ganzheitlicheres Bild, und die vielfältigen Spannungsfelder in der Organisation werden leichter versteh- und gestaltbar. Vor allem können wir dieses Konzept als ganzheitliche Landkarte nutzen, syntaktischer Fragen und Umdeutungsangebote zu generieren, ohne dass wir uns als Beratende in ein tiefes Durchdringen der Inhalte begeben müssen.

Ähnlich wie bei der Wunderfrage aus der Lösungsfokussierung interessiert uns weniger die Antwort auf unsere Fragen als vielmehr die durch die Fragen impulsierten Such- bzw. Erkenntnisprozesse im Klientensystem.

Und natürlich können dann solche Vorhaben ganzheitlicher und systemischer angegangen werden, als wenn nur einzelne Aspekte isoliert betrachtet werden.

3.1.5 Stabilisierende und dynamisierende Wesenselemente

Ein weiterer hilfreicher Aspekt der sieben Wesenselemente und für eine syntaktische Arbeit mit ihnen besteht darin, dass es drei stabilisierende und drei dynamisierende Wesenselemente gibt, und das Wesenselement Menschen, Gruppen, Klima diese Polaritäten balancieren, wie Abbildung 12 zeigt.

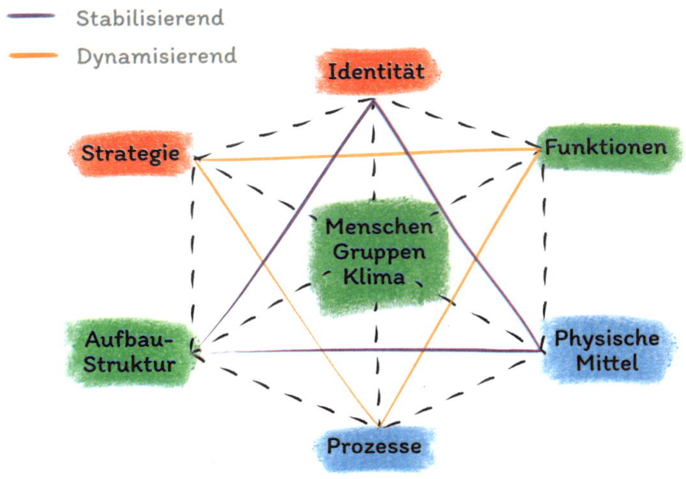

Abb. 12: Dynamisierende und stabilisierende Wesenselemente

3.1.5.1 Stabilisierende Wesenselemente

Die Wesenselemente »*Identität*«, »*Aufbaustruktur*« und »physische *Mittel*« werden als stabilisierend bezeichnet, weil sie aufgrund ihrer Qualitäten dem selbst-bewussten System Halt vermitteln sollen. Dies machen wir an einigen Beispielen deutlich:

- *Identität:* Die Identität ist das Wesenselement, das in der Regel am meisten Zeit braucht, bis es sich verändert bzw. entwickelt hat. Die informellen Werte, das Selbstverständnis, die Mythen aus der Geschichte der Organisation, die Tabus usw. stiften Zusammengehörigkeit und bilden einen meist unsichtbaren Kitt zwischen den Menschen. Das heißt nicht, dass dies immer positiv erlebt werden muss – gerade auch als eher leidend oder klagend empfundene Identitätsaspekte können erfahrungsgemäß sehr stabil und zusammenschweißend wirken.

- *Aufbaustruktur:* Die Rechtsform einer Organisation, deren Aufbaustruktur und Gesellschafterverträge etc. sind ebenfalls Aspekte, die in der Regel nicht alle paar Wochen verändert werden bzw. werden sollten. Denn dieses bewusste Design einer Organisation bietet Sicherheit und Zugehörigkeit. So ist es erfahrungsgemäß für Menschen anstrengend, wenn die Aufbaustruktur verändert wird, da sie ihnen einen Platz bietet, wo sie sich heimisch fühlen können (auch hier gilt: selbst dann, wenn sie teilweise unzufrieden damit sind). Unüberlegte und ungenaue Veränderungen von Aufbaustrukturen oder Gesellschafterverträgen können eine Organisation im Tiefsten erschüttern und im schlimmsten Fall in Krisen stürzen.
- *Physische Mittel:* Der Umbau von Bürogebäuden oder Produktionshallen, der Wechsel von kleinen zu Großraumbüros, die Verlagerung von Standorten – all das hat destabilisierende Wirkung (die durchaus gewollt und langfristig hilfreich sein kann). Auch die Ablösung von Arbeitsinstrumenten (IT-Systeme, Produktionsmaschinen etc.) kann viel Unruhe und Unsicherheit mit sich bringen, von einer finanziellen Notlage eines Unternehmens ganz abgesehen. Im positiven Fall geben die physischen Mittel eine stabile Grundlage für die Tätigkeiten und Leistungen einer Organisation und ihrer Menschen.

Der stabilisierende Charakter dieser Wesenselemente bedeutet nicht, dass sie nicht verändert bzw. weiterentwickelt werden sollten. Vielmehr ist es in der Planung von Entwicklungsprozessen hilfreich zu berücksichtigen, dass deren Veränderung achtsam und auswirkungsbewusst geschehen sollte, sodass nicht zu viele unerwünschte Destabilisierungen auftreten.

3.1.5.2 Dynamisierende Wesenselemente

Die Wesenselemente »*Strategie, Policy, Programme*«, »*Funktionen, Organe*« und »*Prozesse, Abläufe*« wirken aufgrund ihres Charakters auf die Organisation eher dynamisierend:

- *Strategie, Policy, Programme:* Strategien und Spielregeln, konkrete Programme und Aktionspläne müssen regelmäßig überprüft und veränderten Kontexten angepasst werden. Neue Ideen und innovative Ansätze brauchen Raum und sind belebend für die Organisation. Deren Veränderung in Entwicklungsprozessen kann ebenfalls weitreichende Auswirkungen haben – vor allem, wenn dadurch die Identität stark berührt wird. Dennoch ist es in der Regel leichter und für die Menschen gewohnter, sich mit angepassten Zielen und Programmen auseinanderzusetzen. Die dynamisierende Kraft dieses Wesenselements kann für Organisationsentwicklungsprozesse jedenfalls zieldienlich genutzt werden.
- *Funktionen, Organe:* Dass Funktionen sich immer mal wieder verändern (z. B. »job enrichment«, »job enlargement« etc.), Rollen übernommen und wieder abgegeben werden, Projektorgane sich vorübergehend bilden oder gänzlich

neue Funktionen wegen neuer Strategien, Technologien etc. gebildet werden, ist für den Alltag in Organisationen wichtig und relativ gewohnt – nicht erst, seit es die Idee der Agilität gibt. Diese dynamisierenden Eigenschaften von Funktionen sind auch für die Menschen in Organisationen oft wichtig, um sich weiterentwickeln und dazulernen zu können. So können in Organisationsentwicklungsprozessen Funktionsgestaltungen oft sehr wirkungsvolle und schnell wirksame Ansatzpunkte sein, um das Neue in die Welt zu bringen.
- *Prozesse, Abläufe:* Diese schnelle Wirksamkeit für das Neue gilt auch für das Wesenselement der Prozesse. Denn schon von ihrer Natur her sind Prozesse etwas Fließendes und damit dynamisch. Auch ist es normal, dass sie immer mal wieder angepasst, optimiert werden, um bessere Resultate zu erzielen oder die Effizienz zu erhöhen. Natürlich sind komplett auf den Kopf gestellte Produktionsprozesse weder besonders schnell machbar (auch aufgrund ihrer starken Verbindung mit den damit zusammenhängenden physischen Mitteln) noch besonders risikoarm. Und da die Prozesse in Organisationen viel mit Gewohnheiten zu tun haben, fällt es den Menschen nicht immer leicht, neue Prozesse umzusetzen. Wenn es aber gelingt, wichtige Prozesse (z. B. auch Entscheidungsprozesse, Abläufe von Meetings u. v. m.) ganzheitlich und schnell zu verändern, dynamisiert das Organisationsentwicklungen und führt rasch zu Resultaten.

Das Wesenselement »*Menschen, Gruppen, Klima*« hat die Herausforderung, die hier beschriebenen polaren Qualitäten »*stabilisierend*« und »*dynamisierend*« zieldienlich zu balancieren (Abb. 12). Es sind die Menschen und ihr Zusammenwirken, die Organisationen gründen, aufbauen und weiterentwickeln und dabei die sieben Wesenselemente bewusst oder weniger bewusst gestalten.

Die Art und Weise, der soziale Umgang miteinander, das Klima der Zusammenarbeit und das Nutzen der gegenseitigen Fähigkeiten etc. sind entscheidend dafür, wie Organisationsentwicklungsprozesse gelingen.

3.1.6 Drei Subsysteme als Ausgangspunkt für drei Typen von Organisationen

Die drei Subsysteme des Systemkonzepts bilden aufgrund ihrer archetypischen Prägung auch den Ausgangspunkt für drei Typen von Organisationen. Weitgehend zitiert nach von Sassen und Scheinecker (1997) charakterisieren wir diese idealtypisch, wie Tabelle 4 zeigt.

	Produktorganisation – physisches Produkt im Vordergrund
Kernleistung	Herstellung von Produkten
Beispiele	Produktions-, Bauunternehmen, Land- und Forstwirtschaft
Qualität der Leistung zeigt sich …	… in der Produktqualität
Möglichkeit der Qualitätsüberprüfung	Vor dem Kauf des Produkts bzw. direkt danach in der Anwendung
Primäre Abhängigkeit des Erfolgs der Leistung	Qualität des Produktionsprozesses
Art der Tätigkeit im Kernprozess	Gegenstand (materielles Produkt) für andere herstellen, fertigen, bauen, einrichten etc.
Charakter des Kernprozesses	Technisch-organisatorisch bedingte Abläufe
Planbarkeit des Kernprozesses	Hoch, klar definierte Ablaufpläne möglich und notwendig
Primäre Fähigkeiten im Kernprozess	Technische
Spielräume für autonome Gestaltung der Arbeit	Geringe Autonomie, weitgehend von technisch-organisatorischen Bedingungen abhängig, bestimmte Arbeit
Maßstäbe für (Selbst-)Kontrolle	Vergleich mit Standards der geforderten Produktqualität
Kernleistung geht hervor …	… aus dem technisch-instrumentellen Subsystem
Wesentliche Leistung des Subsystems für den Kernprozess	Sicherung der effizienten Produktion qualitativ hochwertiger Produkte
Potenzielle Einseitigkeiten bei der Organisationsgestaltung	Dominanz der technisch-instrumentellen Logik im Gesamtsystem (z. B. zu weitgehende Arbeitsteilung, zu wenig Freiraum für dezentrale Selbststeuerung und soziale Entwicklungsprozesse, zu wenig Raum für Fragen der Kultur, Identität, etc.)
Zentrale Aufgabe der Führung	Prozessführung

Tab. 4: Übersicht der Organisationstypen
(Die Bezeichnung »professionelle Organisation« könnte suggerieren, die anderen Organisationstypen seien weniger professionell. Das ist keinesfalls gemeint. Vielmehr geht es um »organization of professionals« bzw. Expertenorganisation. Dass in den anderen Organisationstypen genauso viel Professionalität steckt, ist für uns selbstverständlich.)

Dienstleistungsorganisation – soziale Interaktion im Vordergrund	Professionelle Organisation – Entwicklung von Fähigkeiten als geistige Leistung im Vordergrund
Verrichtung von Tätigkeiten für Kund:innen	Entwicklung von Fähigkeiten der Kund:innen unter deren Mitwirkung
Hotels, Restaurants, Banken, Versicherungen, Transportunternehmen	Schulen, Universitäten, Beratungsunternehmen, medizinische Leistungen in Kliniken, Forschungsinstitute, kulturelle Institutionen wie Theater, Opernhäuser etc.
… im Arbeitsvorgang und in der Begegnungsqualität mit den Kund:innen	… in der Wirksamkeit für künftige Tätigkeiten und Ergebnissen für die Kund:innen
Im Prozess der Dienstleistung	An späteren Ergebnissen
Qualität der Interaktion zwischen Dienstleistern und Kund:innen	Fähigkeit der Professionals und Eigenaktivität der Kund:innen
Arbeitsleistung für andere im Kontakt mit diesen verrichten, erledigen bzw. andere bedienen, versorgen, pflegen etc.	Spezifische Problemlösung bzw. Fähigkeit mit anderen entwickeln, erforschen, entwerfen, gestalten etc.
Mehr oder weniger vorgegebener Verlauf, angepasst an Situation und Wünsche der Kund:innen	Offene Prozesse suchen, probieren, entwickeln, kreativ gestalten
Mittel, Spielräume zum Reagieren auf Kundenbedürfnisse im Rahmen vorgegebener Standards	Gering, Prozess ist offen und situativ auf Kund:innen zugeschnitten zu gestalten
Soziale	Konzeptive
In definiertem Ausmaß selbstständig gestaltbare Arbeit	Eigenverantwortliche, kreative Arbeit
Erlebte oder geäußerte Kundenzufriedenheit	Gemeinsame Auswertung des Entwicklungsfortschritts
… aus dem sozialen Subsystem	… aus dem kulturellen Subsystem
Sicherung der Fähigkeit der Mitarbeitenden, Kundenbedürfnisse optimal zu befriedigen	Sicherung der Fähigkeit der Professionals, mit den Kund:innen nachhaltige Befähigungs-, Entwicklungs- oder Veränderungsprozesse zu bewirken
Dominanz der sozialen Logik im Gesamtsystem (z. B. zu wenig Beachtung langfristiger, strategischer Planung und/oder von Fragen der Kultur und Identität; zu wenig Verständnis für die Erfordernisse des technisch-instrumentellen Supports)	Dominanz der kreativ-konzeptiven Logik im Gesamtsystem (zu wenig Raum für soziale und menschliche Begegnung, zu wenig Kapazität und Ressource für Entwicklung des technisch-instrumentellen Subsystems)
Menschenführung	Konzeptive Führung

Selbstverständlich weisen die meisten Organisationen in der Praxis Merkmale von mehr als einem Typus auf – vor allem in größeren und diversifizierten Organisationen ist das der Fall. So ist beispielsweise eine Bank in vielerlei Hinsicht eine Dienstleistungsorganisation, während sie z. B. im Bereich Vermögensverwaltung durchaus Merkmale der professionellen Organisation aufweist. Oder ein Pharmaunternehmen hat nebst der Produktionslogik natürlich Bereiche im Sinne der professionellen Organisation (Forschung und Entwicklung), genauso wie es große Dienstleistungsbereiche gibt.

Um Wirkungen und Nebenwirkungen von Organisationstypen gemäßer oder eben nicht gemäßer Gestaltung von Organisationen zu verdeutlichen, betrachten wir unter diesen Aspekten ein Krankenhaus.

Vertiefende Betrachtung der Organisationstypen: Fallbeispiel Krankenhaus

In einem Krankenhaus finden sich wesentliche Bereiche aller drei Typen (Produkteorganisation: Wäscherei, Küche, Labor …; Dienstleistungsorganisation: Verwaltung, Administration, Körperpflege …; professionelle Organisation: ärztliche Tätigkeiten, Fachpflege, Therapien …).

Eine zentrale Frage, die uns in Organisationsentwicklungsprozessen im Gesundheitswesen oft begegnet, lautet: Welches Selbstverständnis haben die Pflegeberufe? Wie werden diese in der heutigen Zeit behandelt? Und wie ist das bei der Ärzteschaft?

Unserer Erfahrung nach haben viele Pflegende aufgrund ihrer Ausbildung und Motivation durchaus den Anspruch einer Tätigkeit im Sinne der professionellen Organisation und leiden darunter, dass die Rahmenbedingungen ihrer Arbeit dies kaum erlauben.

Ähnlich geht das vielen Ärztinnen und Ärzten, von denen die meisten durchaus im Sinne der professionellen Organisation tätig sein wollen, im Alltag dazu jedoch kaum noch in der Lage sind.

Das Gesundheitswesen wird aufgrund der politischen Rahmenbedingungen eher behandelt wie eine Produkteorganisation und erhält zunehmend ein instrumentelles Korsett, das für Produktionsunternehmen sinnvoll sein kann, jedoch sicherlich nicht für Spitäler. Dass dennoch im Sinne einer professionellen und einer Dienstleistungsorganisation wertvolle Arbeit geleistet werden kann, ist weitgehend dem Einsatz der Mitarbeitenden zu verdanken, die, oft über ihre Kräfte gehend, die einem Krankenhaus nicht wesensgemäßen Rahmenbedingungen auszugleichen versuchen.

In unserer Organisationsentwicklungsarbeit mit Krankenhäusern war es schon oft hilfreich, die Organisationstypen als Brille aufzusetzen und mit Management und Mitarbeitenden zu erarbeiten, wie mit den beschriebenen Restriktionen dennoch möglichst viel im Sinne einer Professionellen Organisation gestaltet werden kann.

Die Organisationstypen sind eng mit der Identität einer Organisation verbunden, weil sie sich auf den Zweck – die Kernleistung(en) der Organisation – beziehen.

In der Organisationsentwicklungspraxis gibt es immer wieder Situationen, für die aus der Organisationstypologie hilfreiche Hinweise für Umdeutungen, Erklärungsansätze und Orientierung für Lösungsideen entstehen können. Dies soll an folgenden Praxisbeispielen verdeutlicht werden.

**Anwendungsbeispiel Organisationstypen 1:
Konflikt in einer großen Beratungsstelle**

In einer öffentlichen psychologischen Beratungsstelle für Kinder, Jugendliche und Familien mit über 200 Beschäftigten schwelten seit Längerem Konflikte zwischen Psycholog:innen und Sozialarbeiter:innen einerseits und administrativen Mitarbeitenden andererseits. Auch die Führungskräfte der beratenden Funktionen lagen mit den kaufmännischen Führungskräften im Streit, was die Geschäftsleitung der Beratungsstelle zusehends lähmte.

Die Organisation war stark nach den Prinzipien der professionellen Organisation gestaltet mit hoher Autonomie für die beratenden Mitarbeitenden, sehr flacher Hierarchie und wenig festgelegten Prozessen für Dokumentation, Abrechnung etc. Dies machte die Arbeit für die rund 30 administrativen Mitarbeitenden sehr mühsam und unangenehm, da sich fast jedes Team eigene Abläufe und teilweise auch Arbeitsinstrumente gab, was zu vielfältigen Schwierigkeiten für die Administration führte. Erschwerend hinzu kam, dass die politischen Rahmenbedingungen immer stärkere Controllingmechanismen verlangten, was die Administration als willkommene Schützenhilfe für deren Position betrachtete, während die beratenden Mitarbeitenden sich zusehends gegängelt und in ihrer eigentlichen Arbeit behindert sahen.

Im Organisationsentwicklungsprozess mit dieser Beratungsstelle war es für die Querschnittsgruppe an Führungskräften und Mitarbeitenden ein entscheidender Erkenntnismoment, als wir ihnen in einem kurzen Impuls die Organisationstypen vorstellten und sie darum baten, auf der Basis dieses Modells auf ihre Situation zu blicken.

Es machte für sie sehr schnell einen relevanten Unterschied zu erkennen, dass sowohl die Logik der professionellen Organisation als auch jene der Dienstleistungsorganisation ihre jeweilige Berechtigung haben und dass es sinnvoll sein könnte, die Support- und Managementprozesse anders zu behandeln als den Kernprozess der Beratung.

**Anwendungsbeispiel Organisationstypen 2:
Vom Scheitern einer neuen Strategie eines Technologieunternehmens**

Ein weltweit tätiges mittelständisches Technologieunternehmen mit rund 2.000 Mitarbeitenden lebte über 40 Jahre davon, für Kund:innen und in Zusammenarbeit mit diesen maßgeschneiderte technische Lösungen zu entwickeln, zu fertigen, vor Ort zusammenzubauen und über längere Zeiträume zu warten. Mehr als die Hälfte der Mitarbeitenden waren Ingenieurinnen und Ingenieure aus Maschinenbau, Informatik, Elektrotechnik und ähnlichen Gebieten. Zwar entwickelte das Unternehmen ein paar eigene kleinere technische Lösungen im Sinne von Produkten, die es für die Kundenanforderungen öfter brauchte. In erster Linie wurden jedoch die Produkte verschiedener Hard- und Software- bzw. Maschinenanbietern eingekauft und in die technischen Gesamtlösungen integriert. Dabei wurde stark Rücksicht genommen auf die Kund:innen und deren Vorlieben für einzelne Produkte. Das Unternehmen machte einen Jahresumsatz von ca. 400 Mio. Euro und einen EBIT von ca. 3–4 %.

Dieses Unternehmen wurde dann von einem größeren Technologiekonzern übernommen und erhielt von diesem eine neue Strategie (während der Unternehmensname als etablierte Marke beibehalten wurde): Es sollte weiterhin maßgeschneiderte Lösungen für Kunden erfolgreich anbieten, nun aber mit eigenen Produkten und mit jenen des neuen Mutterunternehmens. Darüber hinaus sollte es innerhalb von fünf Jahren um 100 % wachsen und einen EBIT von 15 % erreichen.

Dazu wurde vom Konzern durchaus Geld, Know-how und Technologie zur Verfügung gestellt, man gründete Technologiezentren, die eigene Produkte entwickeln und jene vom Konzern integrieren sollten, und rekrutierte entsprechende Fachleute. Die Konzernverantwortlichen, die nun die oberste Führungsspitze des ehemals mittelständischen Unternehmens bildeten, waren davon überzeugt, dass dies keine große Sache wäre, da das Unternehmen »ja immer noch dasselbe tat wie bisher«, und dass sich alle technologischen Schwierigkeiten lösen lassen.

Im Laufe der Zeit wurde jedoch deutlich, dass die Strategie nicht umgesetzt werden konnte. Die Mitarbeitenden und Führungskräfte des Technologieunternehmens argumentierten primär technisch und bezweifelten die Funktionsfähigkeit der neuen Produkte und die Akzeptanz bei den Kunden. Die Führungskräfte des Konzerns trachteten danach zu beweisen, dass die eigenen Produkte tauglich und innovativ seien. Was dabei übersehen wurde: Die Identität des Technologieunternehmens war von der professionellen Organisation stark geprägt, und die neue Strategie kam von einem Unternehmen, das an die Prinzipien eines Produkteunternehmens angepasst war und diese auf die neue Tochter übertragen wollte. Damit so ein Wandel gelingen kann, braucht es eine bewusste Fokussierung auf die Identität und, daraus abgeleitet, eine starke Umgestaltung aller Wesenselemente nach der neuen Logik bzw. zumindest eine deutliche Ergänzung der bisherigen kulturellen Prägung.

Im Organisationsentwicklungsprozess mit dem Technologieunternehmen konnten wir unter anderem über die Idee der Organisationstypen dazu beitragen, dass im Management ein Bewusstseinsbildungsprozess stattfand, dass es eben nicht vor allem um technische Hindernisse geht, sondern vielmehr um eine kulturelle Herausforderung. Obwohl im Laufe der Zeit einige Fortschritte im Sinne der Konzernstrategie entwickelt werden konnten, muss aus heutiger Sicht – mehrere Jahre nach Festlegung der neuen Strategie – konstatiert werden, dass diese gescheitert ist. Die Konzernmutter hat dem ganzen Unterfangen nicht die notwendige Zeit gelassen und trotz der Fortschritte begonnen, im Management der Tochter einen Kopf nach dem anderen auszutauschen (was schließlich zum Abbruch des Organisationsentwicklungsprozesses geführt hat). Das Ergebnis ist wenig erfreulich: Es fand ein Braindrain statt, die Auftragsvolumina sind zwar gestiegen, das EBIT ist jedoch negativ geworden, und die Reputation des Unternehmens hat gelitten.

Selbstverständlich wollen wir mit diesem Beispiel keine linear-kausale Erklärung mit Blick auf die Organisationtypen liefern – die Faktoren für das Scheitern der Strategie sind vielfältig. Dennoch ist es aus unserer Sicht ein gutes Beispiel dafür, dass es hilfreich sein kann, im kurativen Sinne auf die Organisationstypologie zu blicken.

3.1.7 Das Systemkonzept in der Praxisanwendung: Wie können wir unsere organisationale Resilienz stärken?

Mit dem folgenden Praxisbeispiel wollen wir einige der zuvor ausgeführten Aspekte der Arbeit mit dem Systemkonzept der sieben Wesenselemente verdeutlichen:

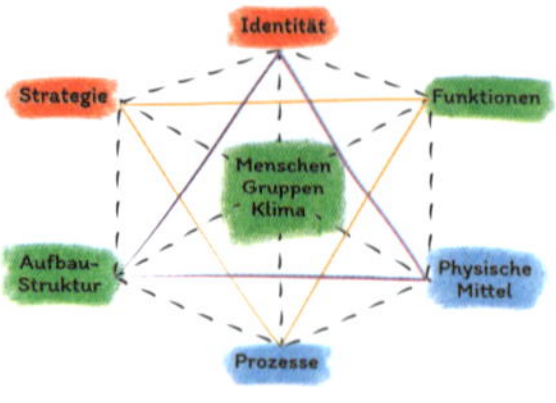

- Das Systemkonzept der sieben Wesenselemente gibt einen ganzheitlichen Blick auf Aspekte eines Themas und deren Wechselspiel.
- Es braucht für die Arbeit mit dem Thema aus Sicht der Berater:innen kein Expertenwissen, da die zentralen Fragen aus der Syntax der Wesenselemente generiert werden können.
- Das Wissen sowie die Ressourcen für die Antworten auf die Fragen sind in der Organisation vorhanden und können von dieser so beantwortet werden, dass deren Einzigartigkeit als selbst-bewusstes System nicht nur respektiert, sondern noch gefördert wird.

Ganzheitliche Stärkung der organisationalen Resilienz einer sozialen Institution

Eine große soziale Institution ist mit der Frage an uns herangetreten, wie sie ihre organisationale Resilienz stärken kann. Die Institution hatte schon vor der Coronapandemie viele Herausforderungen zu bewältigen, weil sich die Finanzierungsbedingungen der öffentlichen Hand stark gewandelt hatten und sich dadurch die Strategie verändern musste, aber auch aufgrund der Tatsache, dass die Aufbaustruktur, viele Leistungsprozesse und vor allem die Führungsfunktionen innerhalb von kurzer Zeit weiterentwickelt wurden.

Durch die enormen Herausforderungen der Pandemie im Jahr 2020 und zu Beginn von 2021 wollte die Geschäftsleitung gemeinsam mit allen Führungskräften an der organisationalen Resilienz praxisnah arbeiten, um Führungskräfte und Mitarbeitende in ihren weiterhin sehr anspruchsvollen Tätigkeiten zu unterstützen.

Eine solche Anfrage (Wie kann die organisationale Resilienz gestärkt werden?) kann Organisationsentwicklungsberatende dazu verleiten, selbst inhaltliche Antworten geben zu wollen. Unser Ansatz der syntaktisch-hypnosystemischen Entwicklungsberatung geht einen solchen Prozess auf andere Weise an. Wir haben in der Vorbereitung auf den Workshop mit einer kleinen Gruppe aus Führungskräften und Geschäftsleitung zunächst erarbeitet, welche Begriffe und Bedeutungsgebungen sie mit dem Thema »Resilienz« verbinden.

Dabei wurde deutlich, dass Resilienz als permanenter Prozess betrachtet werden kann und viel damit zu tun hat, wie Phänomenen kollektiv und individuell Bedeutung gegeben wird. Da es um organisationale Resilienz ging, haben wir dann mit dem ganzheitlichen Systemkonzept als Syntax gemeinsam mit der Vorbereitungsgruppe Fragen entwickelt, die im Workshop mit allen Führungskräften bearbeitet werden sollten. Folgende Leitfragen wurden aus den Subsystemen des Systemkonzepts entwickelt:

Kulturelles Subsystem (Identität und Strategie):

- Ist ein verlässlicher kongruenter Sinn- und Werterahmen für die Mitarbeitenden spürbar?
- Welches Selbstverständnis leitet uns im Umgang mit Spannungsfeldern und Stresssituationen?
- Werden (un)geschriebene Spielregeln erlebt, die Resilienz fördern oder behindern?
- Welche Werte werden hierzu implizit vorgelebt? Welche Identitätsaspekte geben uns Orientierung beim Balancieren von zielstrebigem Einsatz und entspanntem Innehalten?
- Wie sichern wir als Organisation, dass sich Mitarbeitende gestaltend einbringen können?

- Werden die Rahmenbedingungen und strategischen Ausrichtungen so gewählt, dass die Selbststeuerung und Selbstwirksamkeit der Mitarbeitenden gestärkt wird und ihre Gestaltungsräume vergrößert werden?
- Was stärkt die Organisation als Ganzes?

Soziales Subsystem (Aufbaustruktur, Menschen/Gruppen/Klima, Funktionen/Organe):

- Fördern der soziale Umgang und die gelebte Führung Wertschätzung?
- Wie schaffen wir es, gesund zu führen? Wird die Führungskraft hinsichtlich gesundheitsbezogener Führung als Vorbild erlebt?
- Ist unsere Aufbaustruktur so gestaltet, dass sie Heimat schafft und zugleich den Umgang mit Spannungsfeldern unterstützt?
- Erleben die Mitarbeitenden ihre Funktion und Verantwortung als Beitrag zum großen Ganzen?
- Ermöglicht die Funktion den Mitarbeitenden eine sinnstiftende Zielausrichtung?
- Sind Handeln und Arbeitsalltag so ausgerichtet, dass die Menschen sich auf ihre Verantwortungsziele fokussieren können?
- Gibt es individuelle Möglichkeiten, den eigenen Umgang mit spannungsgeladenen Situationen zu reflektieren und/oder sich darin begleiten zu lassen?
- Was sind Kraftquellen für Einzelne und Teams?
- Ist das soziale Zusammenwirken so ausgestaltet, dass Zugehörigkeit erfahren wird bei gleichzeitigem respektvollem Umgang und Förderung der Autonomie der Einzelnen?

Technisch-instrumentelles Subsystem (Prozesse und Abläufe, physische Mittel):

- Erlauben die Abläufe und Prozesse eine gesunde Balance von Entspannung und Anspannung im Arbeitsalltag?
- Sind Abläufe und Prozesse so gestaltet, dass sie einen hilfreichen Umgang mit spannungsgeladenen Situationen unterstützen?
- Gibt es Zeiträume für Innehalten und Entspannen? Sowohl während der Arbeitszeit als auch über den Arbeitstag hinaus (Sabbatical etc.)?
- Gibt es Freiräume für spielerisches Experimentieren?
- Können die Mitarbeitenden ihre Arbeitsabläufe und -umgebung mitgestalten?
- Sind gesundheitsfördernde Büroeinrichtungen und Arbeitsmittel vorhanden, und wird für eine gesunde Ernährung gesorgt?
- Gibt es Räume, die das bewusste Auftanken der Ressourcen ermöglichen?

Aufgrund dieser Leitfragen wurden im von uns moderierten Workshop dann als Erfolgsfaktoren für die organisationale Resilienz dieser Organisation konkrete Aspekte herausgearbeitet:

Identität:

- Sinnhaftigkeit und Sinnangebote unseres Kernauftrags
- Klarheit und Sinnstiftung unserer Vision
- Image unserer Organisation nach innen und außen
- Anpassungsfähigkeit und Veränderungsbereitschaft unserer Organisation
- Stimmigkeit unserer erlebten Werte und Menschenbilder zum Kernauftrag.

Strategie:

- Nachvollziehbarkeit und Stimmigkeit unserer Strategie
- Transparenz unserer Ziele und der notwendigen Informationen

- Stimmigkeit unserer formellen und informellen Spielregeln
- Gestaltungsmöglichkeiten/Einfluss der Führungskräfte und Mitarbeitenden auf die konkreten Ziele und Angebote
- Flexibilität unserer Dienstleistungen/Angebote, um auf veränderte Marktsituationen reagieren zu können.

Aufbaustruktur:

- Klarheit und Übersichtlichkeit unserer Gliederung in organisationale Einheiten
- Zugehörigkeits- und Heimatgefühl durch unsere Aufbaustruktur
- Einfachheit der Gliederung zur Erledigung der täglichen Arbeit mit Klient:innen und Auftraggebenden
- Möglichkeit der Vernetzung nach innen und außen
- Balancieren der Fokussierung auf die eigene Einheit mit dem Blick für die Organisation als Ganzes.

Menschen, Gruppen, Klima:

- Qualität der Beziehungsgestaltung im Team und in der gesamten Organisation
- Möglichkeit zu gegenseitigem Feedback und Austausch
- Förderung der Fähigkeiten und Potenziale der Mitarbeitenden
- konstruktiver Umgang mit Unterschieden und Spannungen
- Wertschätzung von Einsatz und Leistungen.

Funktionen, Organe:

- Klarheit meiner Verantwortung und sinnstiftende Ausrichtung auf die Ziele der Organisation
- Stimmigkeit meiner Befugnisse und Tätigkeiten mit meiner Verantwortung
- Erleben von Selbstwirksamkeit in meiner Funktion
- Freiheits- und Entscheidungsspielräume zur Erledigung meiner Aufgaben
- Übereinstimmung meiner Fähigkeiten und Qualifikationen mit meiner Funktion.

Abläufe, Prozesse:

- Klarheit und Übersichtlichkeit der Kernprozesse
- Stimmigkeit der Prozesse der Leistungserbringung nach innen und außen mit den Zielen der Organisation
- Flexibilität der Prozesse, um situativ handeln zu können
- Klientenfreundlichkeit der Prozesse
- Qualität der Nahtstellen zur übergreifenden Zusammenarbeit.

Physische Mittel:

- Qualität der Arbeitsmittel in Hinblick auf die Leistungserbringung
- Ergonomie und Gesundheitsförderlichkeit der Arbeitsplätze
- Stimmigkeit der Entlohnung und Arbeitsbedingungen im Binnenverhältnis der Organisation und gegenüber anderen vergleichbaren Organisationen
- Stimmigkeit der Gebäudearchitektur und -einrichtung mit den Werten und Zielen der Organisation
- Zieldienlichkeit der IT für die Leistungserbringung.

Diese Aspekte von organisationaler Resilienz stellen seither ein zentrales Werkzeug für die Führungskräfte der sozialen Institution dar, um miteinander und mit ihren Mitarbeitenden immer wieder darauf zu blicken, wie es aus Sicht der jeweiligen Gruppe um die

Zufriedenheit mit diesen Erfolgsfaktoren – z. B. auf einer Skala von 1 bis 10 – steht und woran im Sinne von Maßnahmen gearbeitet werden soll.

Im weiteren Verlauf des Buches zeigen wir anhand weiterer Beispiele auf, wie die Landkarte des ganzheitlichen Systemkonzepts der sieben Wesenselemente im Zusammenspiel mit den anderen Basiskonzepten der Landkarte der Transformation von Organisationen wirksam genutzt werden kann.

3.2 Organisation in Entwicklung: Entwicklungsphasen von Organisationen

Wir stellen im Folgenden die Entwicklungsphasen von Organisationen in einer kurzen Übersicht dar, bevor wir sie im Kontext der archetypischen Entwicklungsprinzipien beleuchten und deutlich machen, dass diese einer logischen Grundstruktur folgen (Kap. 3.2.3).

Anschließend stellen wir die Entwicklungsphasen inhaltlich ausführlicher vor (Kap. 3.2.4), bevor wir darauf eingehen, wie das Konzept im Sinne der syntaktisch-hypnosystemischen Entwicklungsberatung auf einer sehr grundlegenden Ebene Orientierung für Organisationsentwicklungsprozesse geben kann (Kap. 3.2.5 und 3.2.6).

3.2.1 Kurzüberblick

Das Konzept der Entwicklungsphasen von Organisationen hat Bernard Lievegoed aufgrund empirischer Untersuchungen entwickelt und 1974 erstmals auf Deutsch publiziert. Er hat zunächst drei Entwicklungsphasen beschrieben: die Pionier-, die Differenzierungs- und die Integrationsphase. Friedrich Glasl hat aufgrund neuer empirischer Erkenntnisse in den späten 1980er- und frühen 1990er-Jahren eine vierte Phase, die Assoziationsphase, ergänzt und im Buch *Dynamische Unternehmensentwicklung* 1992 gemeinsam mit Bernard Lievegoed dargestellt. Seither aktualisiert Glasl das Buch regelmäßig. Und da die Entwicklung weitergeht, wird es wohl irgendwann eine Beschreibung einer fünften Entwicklungsphase geben. Diese einleitenden Bemerkungen verdeutlichen, dass sich die konkrete Konzeption der Entwicklungsphasen von Organisationen nicht als abgeschlossen, sondern als ebenfalls in der Entwicklung begriffen versteht.

Die Entwicklungsphasen von Organisationen spezifizieren die allgemeinen Entwicklungsprinzipien für den Anwendungskontext der Organisationsentwicklung. Das bedeutet, dass wir hier von organisationaler Entwicklung sprechen und von der Entwicklung organisationaler Qualitäten, die sich auf das ganzheitliche

Systemkonzept der sieben Wesenselemente beziehen. Letztere nennen wir im Kontext der Entwicklungsphasen die *Entwicklungslinien der Organisation* (Kap. 3.2.2).

Insofern unterscheidet sich das Konzept der Entwicklungsphasen von Organisationen von anderen organisationalen Entwicklungskonzepten wie z. B. jenem von Frédéric Laloux (2015) oder von »Spiral Dynamics« (Beck u. Cowan 2007). Wie Martin (2018) zeigt, definieren diese anderen Konzepte keine organisationalen Entwicklungslinien, anhand derer sie Entwicklung beschreiben. Vielmehr übertragen sie Konzepte der individuellen Bewusstseinsentwicklung aus der integralen Theorie nach Wilber (2007) bzw. Graves (1970) auf Organisationen. Das bringt aus unserer Sicht verschiedene Ungenauigkeiten mit sich und lädt zu Missverständnissen ein.

Folgende vier Entwicklungsphasen von Organisationen sind bisher untersucht und beschrieben worden, die wir hier vorerst nur ganz kurz charakterisieren (Abb. 13):

1) *Pionierphase – die Organisation als begeisterte Gemeinschaft:*
Kernaufgabe: Impulsieren einer lebensfähigen Organisation im Hintergrund: Systemtransparenz und Übersicht
2) *Differenzierungsphase – die Organisation als überschaubares System:*
Kernaufgabe: Transparenz, Übersicht schaffen, die Organisation organisieren im Hintergrund: Sinnerleben und Bewusstheit für das große Ganze
3) *Integrationsphase – die Organisation als lebendiger Organismus:*
Kernaufgabe: Die Organisation subsidiär und geordnet auf das große Ganze ausgerichtet gestalten im Hintergrund: Umweltprobleme und Selbstgenügsamkeit
4) *Assoziationsphase – die Organisation als verantwortungsvolles Glied im Soziotop:*
Kernaufgabe: Vernetzung der Organisation mit ihren Umwelten im Hintergrund: Machtblöcke, Staat im Staat.

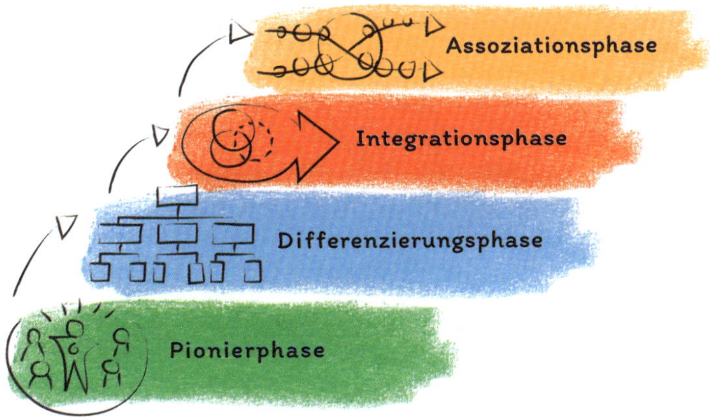

Abb. 13: Entwicklungsphasen von Organisationen

3.2.2 Sieben Wesenselemente als Entwicklungslinien für die Betrachtung der Entwicklungsphasen

Wir stellen in Kapitel 3.2.4 die Entwicklungsphasen idealtypisch dar, um deren Qualitäten deutlich zu machen. In der Praxis befinden sich die meisten Organisationen nicht einfach global in einer Entwicklungsphase, sondern weisen Merkmale mehrerer Entwicklungsphasen auf, wobei oft ein Schwerpunkt einer bestimmten Entwicklungsphase die Organisationskultur dominiert.

Bei der Betrachtung der Entwicklungsphasen einer spezifischen Organisation ist deswegen darauf zu achten, dass Bereiche oder Abteilungen in unterschiedlichen Entwicklungsphasen sein können.

Insbesondere wollen wir verdeutlichen, dass wir die sieben Wesenselemente der Organisation in ihrer jeweiligen Ausprägungsform als Entwicklungslinien für die Entwicklungsphasen betrachten.

Beispielsweise kann es sein, dass das Wesenselement »Strategie/Policy/Programme« sich in den Paradigmen einer bestimmten Entwicklungsphase zeigt, während das Wesenselement »Prozesse und Abläufe« bereits nach den Prinzipien einer nächsten Entwicklungsphase gestaltet ist. So kann durch gemeinschaftliche Betrachtung mit einem Klientensystem ein intersubjektives Bild (keine objektive Wahrheit!) entstehen (Abb. 14).

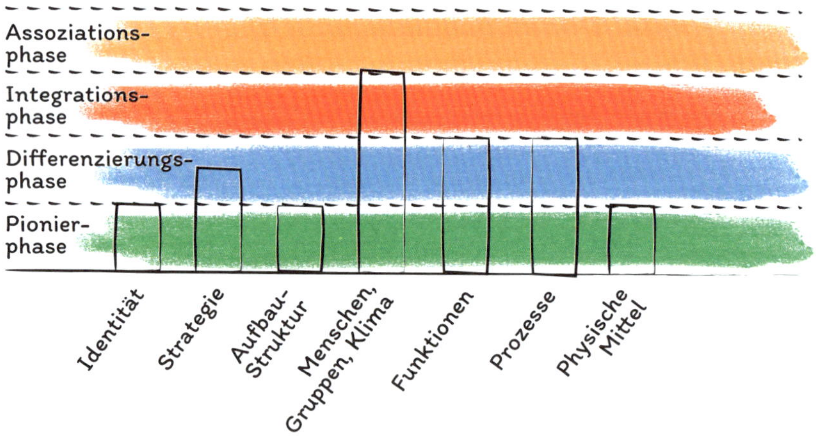

Abb. 14: Die sieben Wesenselemente als Entwicklungslinien von Organisationen

Der Vorteil dieser Betrachtung liegt nicht nur darin, dass ein differenzierteres Bild entsteht. So bieten sich aufgrund der Betrachtung der Wesenselemente als Entwicklungslinien konkrete Ansatzpunkte für die erwünschte Weiterentwicklung der Organisation, worauf wir in den Kapiteln 3.2.3.2.4 und 3.2.3.3 konkreter eingehen werden.

3.2.3 Archetypische Entwicklungsprinzipien, auf die Entwicklungsphasen von Organisationen angewandt

Die Entwicklungsphasen von Organisationen können als Konzept syntaktischer oder semantischer angewendet werden. Da uns für die syntaktisch-hypnosystemische Entwicklungsberatung eine möglichst strukturelle Anwendung wichtig ist, fokussieren wir stärker auf die grundsätzlichen Qualitäten und Prinzipien, werden jedoch immer wieder semantischere Beschreibungen im Sinne von Beispielen geben, um deren Syntax für den Kontext der Organisationsentwicklung verständlicher und einprägsamer zu machen.

Wir verstehen das Modell der Entwicklungsphasen von Organisationen als *Spezifizierung für den Kontext der Organisationsentwicklung* einerseits der in Kapitel 2.1.4 beschriebenen Definition von Entwicklung als Veränderung plus Richtung – das heißt als vertikales Geschehen (»Transformation«) – und andererseits der ebenfalls dort beschriebenen drei Entwicklungsprinzipien:

1) Entwicklung entsteht durch Polaritäten.
2) Entwicklung ist ein diskontinuierlicher Prozess.
3) Entwicklung hat eine Richtung.

3.2.3.1 Entwicklung entsteht durch Polaritäten

Glasl und Lievegoed (2021, S. 183 ff.) setzt sich ausführlich mit den typischen Polaritäten im Kontext der Entwicklungsphasen von Organisationen auseinander. Dabei unterscheidet er zwischen phasenimmanenten und phasentransversalen Polaritäten:

- *Phasenimmanente Polaritäten* stellen sich in jeder Entwicklungsphase, mit ihnen wird in jeder Phase ein anderer, spezifischer Umgang und Ausgleich gefunden:
  - Ziel-/Zweckorientierung vs. Effizienz-/Mittelorientierung
  - Risikobereitschaft vs. Sicherheitsstreben
  - Standardregelungen vs. situatives Handeln
  - Kundenorientierung vs. Potenzialorientierung
  - Macht-/Kontrollinteresse vs. Gemeinwohlinteressen
  - Vergangenheitsorientierung vs. Zukunftsorientierung.

Das Management dieser Spannungsfelder ist in jeder Entwicklungsphase eine permanente Aufgabe, mit der entwicklungsphasenspezifische Umgänge gefunden werden.

- *Phasentransversale Polaritäten* zeigen sich als Spannungsfelder beim Übergang der Transformation von einer Phase zur nächsten und verleihen der Veränderungsdynamik Energie:
  - mikroskopisch vs. makroskopisch
  - machbar vs. erwünscht

- abstoßend vs. anziehend
- problem- vs. ressourcenorientiert
- vorausschauend vs. rückblickend
- bewahrend vs. erneuernd
- deduktiv vs. induktiv.

Aus der Dynamik dieser Spannungsfelder entsteht laut Glasl die Energie für die Transformation von Phase zu Phase.

3.2.3.1.1 Phasenspezifische Spannungsfelder

Für unseren Kontext der syntaktisch-hypnosystemischen Entwicklungsberatung und die syntaktische Charakterisierung der einzelnen Entwicklungsphasen führen wir hier phasenspezifische Spannungsfelder auf, die zu Beginn der jeweiligen Phase und in Übergängen zwischen den Entwicklungsphasen besonders relevant sind (nach Piber 2015):

Pionierphase:

- Ideal – Machbarkeit
- Vision – Opportunität
- Innen – Außen
- Individuum – Gemeinschaft.

Differenzierungsphase:

- Flexibilität – Ordnung
- Innovation – Kontinuität
- Improvisation – Planung
- Emotionalität – Sachlichkeit
- Informelles – Formelles
- Personenorientierung – Sachorientierung
- etc.

Integrationsphase: Dynamische Balancierung der polaren Qualitäten zu immer wieder neuen Formen von beidem, die wir hier mit prototypischen Wortkombinationen umschreiben:

- flexible Ordnung bzw. Spielräume innerhalb eines Rahmens
- bewegliche Stabilität
- Rahmenplanung mit Raum für Improvisation
- Systematik ermöglicht Spontaneität
- rational gesicherte Intuition
- situativ temperiertes Klima
- emotionale Sachlichkeit
- selbstbestimmte Nähe/Distanz
- Sachlichkeit berücksichtigt menschliche Bedürfnisse.

Assoziationsphase: Hier zeigen sich nun wiederum ähnliche Spannungsfelder wie zu Beginn der Pionierphase, allerdings in einem erweiterten Kontext:

- Ideal der übergreifenden Kooperation – Machbarkeit der Kompatibilität
- Vision der Assoziation – Opportunitäten im Wertschöpfungsstrom
- Innen – Außen
- Organisation – Assoziation
- Organisationswohl – Wohl des gesamten Wertschöpfungsstroms
- etc.

3.2.3.2 Entwicklung ist ein diskontinuierlicher Prozess

Im Folgenden vertiefen wir das Konzept der Entwicklungsphasen von Organisationen in der syntaktisch-hypnosystemischen Entwicklungsberatung unter dem Blickwinkel der Prämissen zur Diskontinuität von Entwicklung:

- Entwicklung erfolgt in Sprüngen
  - und durchläuft typische Stufen (Globalisierung – Differenzierung – Integration und neue Globalisierung),
  - wobei jede Stufe die vorhergehende einschließt und darüber hinaus neue Qualitäten entwickelt. Dabei verläuft Entwicklung in selbst-bewussten Systemen oft in einem Prozess unvollständiger Transformation, wodurch sich in späteren in der Regel Anteile aus früheren Entwicklungsphasen finden. Das kann gleichzeitig Chance (für bewusste Reaktivierung früherer Fähigkeiten) und Risiko (für unbewusste Rückfälle) sein.
  - Dies macht es notwendig, Entwicklung nicht global, sondern differenziert zu betrachten und Entwicklungslinien für die jeweiligen Entwicklungsstufen zu definieren, anhand derer die jeweiligen Qualitäten genauer spezifiziert werden können.

3.2.3.2.1 Entwicklung erfolgt in Sprüngen und ist kein Automatismus – die Notwendigkeit dafür ist kontextabhängig

Die Entwicklungsphasen von Organisationen beschreiben prototypische Stufen, wie sich Organisationen entwickeln können. Entwicklung im von uns gemeinten Sinn ist kein Automatismus und nicht zwingend notwendig. (Das gilt nicht nur für Organisationen, sondern auch für Individuen und andere selbst-bewusste Systeme.)

Wenn Organisationen im Inneren über lange Zeit stabil bleiben und sich die äußeren Einflussfaktoren nicht maßgeblich verändern, kann eine Entwicklungsphase mit ihren Qualitäten und Paradigmen für lange Zeit adäquat sein. Dazu ein einfaches Beispiel:

Gartenbauunternehmen in ewiger Pionierphase

Ein Gartenbaumeister gründet 1980 eine kleine Firma, die für Privatpersonen und Unternehmen Gartenbaudienstleistungen anbietet. Der Gründer ist Fachmann, Ansprechperson für die Kund:innen und hat drei Angestellte, denen er jeden Tag morgens um 7.00 Uhr mitteilt, welche Aufgaben für den Tag anstehen und wer was erledigen soll. Das Unternehmen ist flexibel, und die Qualität der Dienstleistungen wird von den Kund:innen geschätzt. Im Laufe der Zeit werden modernere Arbeitsgeräte angeschafft, ab und zu verlassen einzelne Mitarbeitende das Unternehmen und neue ersetzen sie. Neue Dienstleistungen im Gartenbaubereich kommen hinzu, weil sich Trends und Kundenwünsche verändern.

Wenn man aufzählt, was sich an Details im Laufe der Jahrzehnte verändert hat, stellt man fest, dass viel passiert ist, viele Anpassungen und Verbesserungen vorgenommen wurden.

Die grundsätzlichen Paradigmen jedoch sind über 40 Jahre die gleichen geblieben, und das Unternehmen ist auch im Jahr 2022 noch beliebt und erfolgreich.

Diese Beschreibung verdeutlicht, dass es weder eine Notwendigkeit für vertikale Entwicklung gegeben hat noch dass dies ein Problem darstellt. Ganz im Gegenteil wurden viele Veränderungen im Sinne einer horizontalen Entwicklung erfolgreich vorgenommen, was eine enorme Leistung ist.

Weiter stellen wir klar, dass es keine Bewertung im Sinne von besser oder schlechter gibt, wenn wir in der Folge von Entwicklungsphasen sprechen.

Vielmehr geht es um die Frage, ob die Paradigmen bzw. die grundsätzlichen Qualitäten, nach denen eine Organisation gestaltet ist, adäquat für den Kontext sind, in dem sie sich befindet.

3.2.3.2.2 Entwicklung durchläuft typische Stufen – die auf einer logischen Grundstruktur basieren

Um dieses Entwicklungsprinzip im Kontext der Entwicklungsphasen von Organisationen auf einer syntaktischen Ebene besser verstehen und nutzen zu können, betrachten wir die typischen Entwicklungsstufen – Globalisierung, Differenzierung, Integration – anhand der logischen Grundstruktur des negierten Tetralemmas (Kap. 2.2).

Das negierte Tetralemma nach SySt weist folgende Struktur auf (Abb. 15):

- Position A – *das Eine*
- Position B – *das Andere*
- *Beides* als dritte Position (für Beides gibt es mittlerweile über 60 mögliche Varianten, wie z. B. Kompromiss, Iteration, Scheingegensatz, paradoxe Verbindung, Prämissenverschiebung, Vagheit etc.)
- *Keines von Beidem* als vierte Position (das bedeutet: einen anderen, eventuell übersehenen Kontext oder etwas für die Zukunft Wichtiges)
- die Negation des Tetralemmas mit der fünften Position (*all dies nicht und selbst das nicht*).

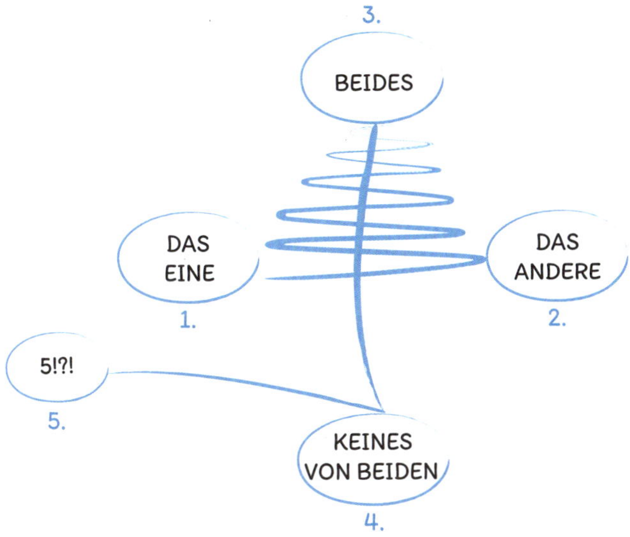

Abb. 15: Logische Grundstruktur für Entwicklung: negiertes Tetralemma nach SySt

Betrachten wir nun mit dem negierten Tetralemma die genannten Entwicklungsprinzipien und deren Spezifizierung in den Entwicklungsphasen von Organisationen:

- Globalisierung (Pionierphase) – *Position A*
- Differenzierung (Differenzierungsphase) – *Position B*
- Integration (Integrationsphase) – *Beides.*

Die vierte Position im Tetralemma, *Keines von Beidem,* bedeutet in etwa: Es wurde bei der bisherigen Betrachtung ein Kontext übersehen oder zu wenig betont. Oder: Es braucht erweiterte Fähigkeiten für die Anforderungen der Zukunft, die noch entwickelt werden müssen.

Bezogen auf die Entwicklungsphasen von Organisationen: Im Laufe der Integrationsphase kann die Erkenntnis reifen, dass das Bewusstsein der Organisation stärker auf die gesamten Umwelten ausgeweitet werden muss, während der bisherige Fokus der Entwicklung vor allem der Kontext der eigenen Organisation lag.

Durch diese neue Fokussierung auf einen erweiterten Kontext, das Soziotop der Organisation, wird das bisherige Tetralemma negiert (*fünfte Position*), was zum Ausgangspunkt für ein neues Tetralemma führt, zu einer *neuen Position A:*

- Assoziationsphase.

So kann die Integrationsphase als Form von Beidem zum Ausgangspunkt für die Erkenntnis werden, dass für eine erfolgreiche Zukunft der Kontext der Umwelten der Organisation stärker fokussiert werden sollte. Dadurch wird ein nächster Entwicklungsschritt eingeleitet, der zu einer nächsten Globalisierung im Sinne der geschilderten typischen Entwicklungsstufen (Globalisierung – Differenzierung – Integration) führt.

So gesehen ist die Assoziationsphase eine neue Form der Pionierphase in einem erweiterten Kontext (Abb. 16).

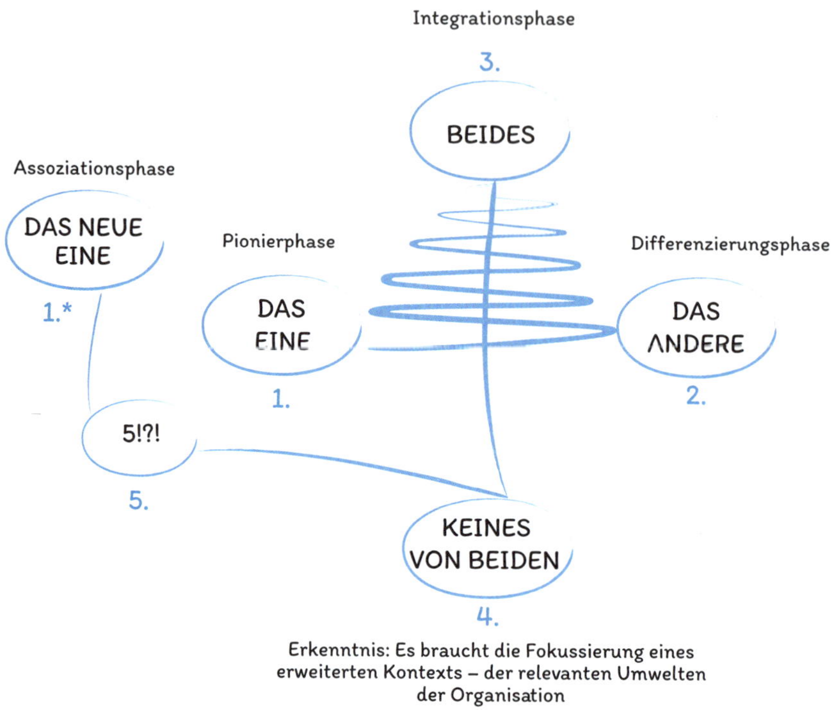

Abb. 16: *Entwicklungsphasen von Organisationen entsprechen in ihrer Struktur dem negierten Tetralemma.*

3.2.3.2.3 Stadien innerhalb der Stufen – beginnend, blühend, überreif

In den einzelnen Entwicklungsphasen können häufig qualitativ unterschiedliche Phasen innerhalb der Phasen beobachtet werden. Hier unterscheiden wir:

- *beginnende Phase:* Die Paradigmen und Qualitäten der jeweiligen Phase sind noch zarte Pflänzchen, jedoch schon spürbar. Unsicherheit im Neuen und Ehrenrunden kommen noch oft vor.
- *blühende Phase:* Die Paradigmen und Qualitäten der jeweiligen Phase in ihren Stärken werden gelebt und sind zieldienlich wirkungsvoll und kräftig.
- *überreife Phase:* Die Paradigmen und Qualitäten der jeweiligen Phase werden übertrieben und/oder sind für den Kontext der Organisation nicht mehr funktional, weil die mittlerweile erforderliche Komplexität mit den bisherigen Paradigmen und einer Reaktion »mehr vom selben« nicht mehr zieldienlich bewältigt werden kann. Krisensignale und Probleme werden erkennbar.

Dabei muss es nicht immer zu einer überreifen Entwicklung kommen – sehr wohl kann bewusst und rechtzeitig eine *organische Weiterentwicklung* eingeleitet werden. Aus unserer Erfahrung ist jedoch in der Mehrzahl der Fälle die Neigung groß, die bisherigen Paradigmen und Qualitäten beim Auftreten von Schwierigkeiten im Sinne von »mehr vom selben« zu verstärken, als nach neuen Prinzipien Ausschau zu halten und diese auszuprobieren.

3.2.3.2.4 Jede Stufe schließt Qualitäten der vorangegangen mit ein und bildet neue aus – oft in einer unvollständigen Transformation

Wir haben die Wesenselemente als Entwicklungslinien für die Entwicklungsphasen von Organisationen beschrieben und dort ausgeführt, dass in der Praxis meist nicht alle Wesenselemente in der gleichen Entwicklungsphase befinden (Kap. 3.2.2). Vielmehr ist es so, dass sich Qualitäten einer kommenden Entwicklungsphase in einzelnen Wesenselementen schon entwickeln können, auch wenn der Schwerpunkt und damit die meisten Wesenselemente sich noch in der früheren Ausprägung zeigen. Genauso kann es umgekehrt sein, dass eine Organisation sich schon weitgehend in der nächsten Phase befindet, während noch einzelne Wesenselemente den Paradigmen der früheren Phase folgen.

So ist ein Prinzip in einer Phase dominant, während es in einer nächsten Phase in den Hintergrund tritt. Beispielsweise ist in der Pionierphase das Prinzip der informellen Organisation prägend, während in der Differenzierungsphase formelle Strukturen dominieren und die informellen vor allem bei Krisen wirksam werden können.

Abbildung 17 zeigt, wie verschiedene paradigmatische Qualitäten in den Entwicklungsphasen gleichzeitig wirksam sein können.

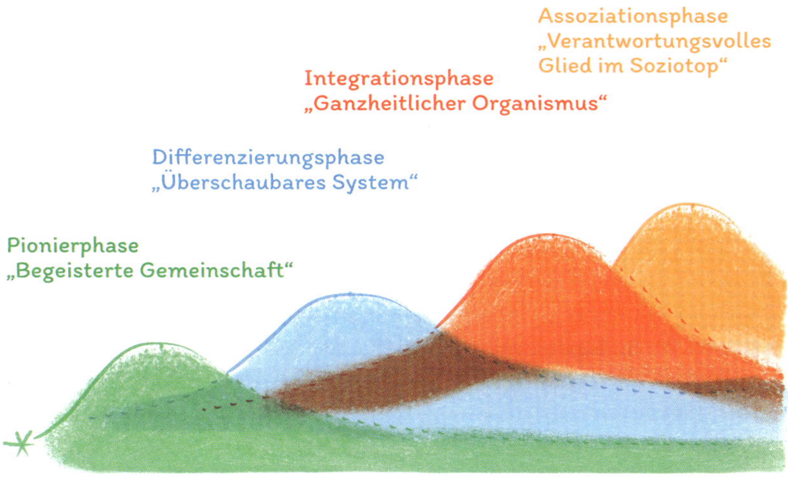

Abb. 17: Die nächste Phase umfasst die Qualitäten der vorherigen Entwicklungsphasen

Dies muss keineswegs als Problem betrachtet, sondern kann in der Regel zieldienlich utilisiert werden. Zu einer Herausforderung wird eine unvollständige Transformation nur dann, wenn eine zu große Spannung zwischen den Paradigmen einzelner Entwicklungsphasen entsteht, wie wir anhand eines kurzen Beispiels deutlich machen wollen.

Starke Entwicklungsspannung durch unvollständige Transformation

Eine innovative IT-Firma wurde vor 15 Jahren von zwei Informatikern gegründet, die seither als Geschäftsführer die Firma leiteten. In den ersten fünf Jahren wuchs das Unternehmen schnell auf über 70 Mitarbeitende an, es wurden zwei weitere Geschäftsführer hinzugeholt und am Unternehmen gleichberechtigt beteiligt.

Diese beiden neuen Geschäftsführer leiteten eine sanfte, stimmige und frühzeitige Differenzierung der Firma ein, bevor sich eine überreife Pionierphase überhaupt ausbilden konnte. Außer in den Wesenselementen Identität und Strategie befand man sich in einer blühenden Differenzierungsphase und begann ein paar Jahre später – es waren mittlerweile schon fast 200 Mitarbeitende –, sich hinsichtlich des sozialen und technischen Subsystems immer mehr in Richtung der Integrationsphase zu entwickeln.

Dadurch wuchsen jedoch die Ansprüche von Führungskräften und Mitarbeitenden, auch auf strategischer und vor allem auf der Ebene der Identität stärker mitwirken und diese partizipativer gestalten zu wollen. Dies bereitete insbesondere den beiden Gründern große Schwierigkeiten und führte zu immer stärkeren Konflikten innerhalb des Geschäftsführerkreises und darüber hinaus.

Es zeigte sich, dass es den beiden sehr schwerfiel, die Definitionshoheit von Werten, Zweck, Zielen sowie Strategien stärker zu vergesellschaften und damit ihrer gefühlten Verfügtheit zu entziehen. Die Paradigmen der Pionierphase wirkten im kulturellen Subsystem der Organisation noch sehr stark durch die Gründer, während die anderen Geschäftsführer und viele Mitarbeitende schon sehr gewohnt waren, nach den Paradigmen der Differenzierungs- und zumindest beginnend nach der Integrationsphase zu arbeiten.

Durch einen Organisationsentwicklungsprozess mit einer wertschätzenden und umsichtigen Nachdifferenzierung von Identität und Strategie gelang es nach und nach, die Spannung zu verringern und die Konflikte zu lösen, sodass weitere Entwicklungsschritte getan werden konnten.

3.2.3.3 Entwicklung hat eine Richtung

Wir haben schon darauf hingewiesen, dass eine spätere Entwicklungsphase gegenüber einer früheren nicht an sich besser ist, sondern dass es darum geht, ob die grundlegenden Gestaltungsprinzipien und Paradigmen der Organisation für deren aktuelle Kontexte im Innen und Außen adäquat sind.

Die Aussage, dass Entwicklung eine Richtung hat, bedeutet aus unserer Sicht im Kontext der Entwicklungsphasen einer Organisation die Zunahme übergeordneter organisationaler Fähigkeiten wie:

- Komplexität im Inneren und nach außen zu managen
- mit immer vielfältiger werdenden Polaritäten zieldienlich umzugehen

- Organisationen als selbst-bewusste Systeme in der Wechselwirkung aller Wesenselemente zu gestalten
- das zunehmende Bewusstsein, als Organisation ein Holon (eine Ganzheit und gleichzeitig Teil eines größeren Ganzen) zu sein, und die Fähigkeit, daraus entsprechende Handlungslogiken abzuleiten.

Bezogen auf die sieben Wesenselemente entfalten sich im Laufe der Entwicklung die in Kapitel 3.1.3.2 dargestellten organisationalen Potenziale immer mehr:

- *Identität:* gemeinsame Orientierung an höherem Zweck, an Werten und permanente Weiterentwicklung von Sinnangeboten
- *Strategie, Policy, Programme:* bewusste Gestaltung von Zukunftsentwürfen, Spielregeln, Entwicklungen von Neuem und Bündelung der Kräfte
- *Aufbaustruktur:* nach übergeordneten Gestaltungsprinzipien das soziale Zusammenspiel der Menschen in ihren Funktionen und Prozessen tragend und beweglich gestalten
- *Menschen, Gruppen, Klima:* zieldienliche zwischenmenschliche Kooperation gemeinsam gestalten und Unterschiede zwischen den Individuen produktiv nutzen
- *Funktionen/Organe:* mit Blick auf das große Ganze in Kollektiven und als Individuen eigenverantwortlich und arbeitsteilig tätig sein
- *Prozesse:* mit Blick auf die vorhandenen Energieflüsse innerhalb und außerhalb der Organisation die Prozesse und Abläufe dynamisch und stabil gestalten
- *physische Mittel:* finanzielle oder materielle Ressourcen und Outputs aus den Notwendigkeiten des übergeordneten Zwecks heraus und auf die Kontextbedingungen achtend bewusst gestalten.

So gesehen, liegt dem Entwicklungsprinzip »Entwicklung hat eine Richtung« das hypnosystemische Prinzip der Potenzialhypothese zugrunde:

> Organisationen können aus sich selbst heraus jene Potenziale entfalten, die es braucht, um sich internen und externen Anforderungen gemäß zu entwickeln.

Das Prinzip »Entwicklung hat eine Richtung« besagt weiter, dass die künftige Funktion den Prozess der Transformation steuert bzw. »zieht«. Um das deutlicher zu machen, verweisen wir hier auf eines der zentralen Prinzipien der Prozessberatung, die »Ziel-Weg-Stimmigkeit« (Glasl 2020a, S. 45 f.). Dieses Prinzip besagt, dass die Gestaltung des Weges – des Entwicklungsprozesses – qualitativ dem angestrebten Ziel entsprechen muss, damit die angestrebten Qualitäten verwirklicht werden können. So kann beispielsweise kooperative Führung nicht durch Verordnung eingeführt werden, sondern muss kooperativ mit den Menschen entwickelt werden.

In der systemischen Beratungsszene wird verschiedentlich angemerkt, dass Entwicklungsprozesse von komplexen Systemen nicht auf ein Ziel hin gestaltet werden könnten, da dies suggeriere, komplexe Systeme ließen sich wie eine Maschine steuern (Oesterreich u. Schröder 2019). Dieser Kritik stimmen wir zu, wenn mit Zielen sog. smarte Ziele (*s*pezifisch, *m*essbar, *a*ttraktiv, *r*ealistisch, *t*erminiert – Drucker 1977) gemeint sind.

Tatsächlich sind wir überzeugt davon, dass emergente Entwicklungsprozesse (Salzmann 2021; Weiss 2021; Andersch u. Martin 2021) oder Ansätze wie Effectuation (Faschingbauer 2017) bzw. das von Gunther Schmidt benannte polynesische Segeln (Schmidt 2017) mindestens so häufig relevant für die Gestaltung von Organisationsentwicklungsprozessen sind wie mehr auf konkretere Entwicklungsziele ausgerichtete Prozesse. Bei all diesen Ansätzen ist es aus unserer Sicht dennoch notwendig, auf einer übergeordneten Ebene qualitative Zielrichtungen zu formulieren. Diese können beispielsweise erarbeitet werden über sog. globale Richtungsaussagen (Glasl u. Weiss 2020, S. 193), wie folgendes Beispiel zeigt:

Ein Unternehmen will schneller und flexibler werden – Richtungsaussagen

In einer völlig volatilen Marktsituation mit sehr unsicheren Zukunftsprognosen will ein größeres Produktionsunternehmen flexibler, schneller und wendiger werden, das bisher gewohnt ist, über präzis erarbeitete Vierjahresstrategien die Zukunft zu planen und, darauf basierend, die Strategie etappenweise umzusetzen sowie die strategischen Ziele auf Jahresziele etc. herunterzubrechen.

In einem ersten Workshop mit dem Managementteam wird deutlich, dass aufwendige Strategieprozesse und ausgeklügelte Marktanalysen für die derzeitige Situation nicht mehr hilfreich sind und dass es viel mehr darum geht, die Organisation so aufzustellen, dass mit den Unsicherheiten der Zukunft im betreffenden Markt besser umgegangen werden kann. Gegen Ende des Workshops entstehen dann sog. globale Richtungsaussagen (Tab. 5).

Damit wir in der unsicheren Situation erfolgreicher reagieren und agieren können, wollen wir als Organisation …	
… weg von …	**… hin zu …**
langen Entscheidungswegen	unkomplizierten, direkten Kontakten zwischen Know-how-Träger:innen
hierarchiedominierten Meetings	ergebnisorientierten Meetings der relevanten Personen für die Umsetzung
Denken in Abteilungssilos	einer Perspektive auf das Unternehmen als Ganzes
doppelt und dreifach abgesicherten Prozessen in einem Dschungel von Prozesslandkarten	wenigen klar beschriebenen und gleichzeitig verbindlichen Prozessen, die Übersicht und Freiraum für situatives Handeln geben
dicken Regularien und Handbüchern	mehr Befugnissen für Mitarbeitende und Teams

Tab. 5: Globale Richtungsaussagen

Diese und viele weitere Richtungsaussagen ergeben ein klares Gefühl für das »Weg von« und die Hin-zu-Ausrichtung des Organisationsentwicklungsprozesses, ohne dass smarte oder einengende Ziele formuliert werden müssen. Sie bilden so etwas wie ein »big picture« für den Entwicklungsprozess, sodass im Sinne der Ziel-Weg-Stimmigkeit bzw. des Prinzips, dass die künftige Funktion den Prozess der Entwicklung prägen soll, auch der Organisationsentwicklungsprozess den angestrebten Richtungen entsprechend gestaltet werden kann.

Die Entwicklungsphasen von Organisationen bieten in unserem Verständnis eine Struktur für die Erarbeitung von »big pictures«, die Raum lassen für die Formulierung konkreterer Ziele und für Emergenz. Vor allem können sie in Transformationsprozessen Orientierung für eine wesensgemäße Potenzialentfaltung bieten und gleichzeitig Unterstützung im Reframing von Problembeschreibungen. (Im obigen Beispiel entsprechen die von den Mitgliedern des Managementteams formulierten Aussagen präzise dem Übergang von der Differenzierungs- in die Integrationsphase, ohne dass sie dieses Konzept damals gekannt hätten.)

3.2.4 Die Entwicklungsphasen von Organisationen im Einzelnen

In den folgenden Abschnitten charakterisieren wir nun die Entwicklungsphasen von Organisationen auf einer konkreteren inhaltlichen Ebene und verbinden dies mit den schon geschilderten prinzipiellen Überlegungen. Dabei betonen wir, dass die Beschreibungen *prototypischer* Natur sind und *kurativ* zu verstehen sind. Auch zeigt sich jede Organisation in der jeweiligen Entwicklungsphase in einzigartiger Form – jede Organisation findet *originäre Ausprägungen* in allen Wesenselementen. Mit diesen prototypischen Schilderungen wollen wir die zentralen *qualitativen Aspekte der Entwicklungsphasen* von Organisationen anschaulich machen; diese zentralen Qualitäten sind es letztlich, die für unseren Ansatz der syntaktisch-hypnosystemischen Entwicklungsberatung wesentlich sind.

3.2.4.1 Subsysteme der Organisation prägen die Entwicklungsphasen

In jeder Entwicklungsphase ist jeweils eines der drei Subsysteme besonders prägend:

- *Pionierphase*: Am Anfang einer Gründung steht etwas Geistiges – eine Idee. Somit bildet sich ein beginnendes kulturelles Subsystem mit einer noch eher gefühlten Identität als Hüllenbildung für die entstehende Organisation – auch als Abgrenzung zur Außenwelt – und ersten Willensimpulsen heraus, die mit der Zeit das Wesenselement Strategie formen werden. Diese geistige Kraft ist es auch, die Menschen begeistern kann, sich der Organisation anzuschließen, und dazu beizutragen, dass die Gründungsidee ins Leben kommt. Es ist das Bestreben der Menschen, die Organisation diesen Ideen und Impulsen gemäß zu gestalten. Dabei kommt jedoch dem *sozialen Subsystem* die prägende Rolle zu, weil die Gestaltung der Beziehungen zwischen den Menschen die dominierende Logik wird, sich rund um Personen herum zu organisieren. Das technisch-instrumentelle Subsystem spielt währenddessen eine noch untergeordnete Rolle und folgt in seiner Ausgestaltung den situativen Notwendigkeiten.

- *Differenzierungsphase*: Nun werden organisatorische und sachliche Notwendigkeiten deutlicher fokussiert und prägen dadurch die Gestaltung der Organisation. Das *technisch-instrumentelle Subsystem* wird dominant und das soziale Subsystem nach rationalen Prinzipien umgestaltet, während das kulturelle Subsystem formaler definiert wird und regulierend wirken soll.
- *Integrationsphase*: Die gemeinsame Ausrichtung auf das große Ganze, auf Ziele und Leitbilder wird zur zentralen Bezugsgröße für die Gestaltung der Organisation. Damit gewinnt das *kulturelle Subsystem* an Bedeutung, dessen gemeinsame (Weiter-)Entwicklung die Menschen der Organisation befähigen soll, abgestimmt und dezentral zu handeln. Damit das gelingen kann, braucht es eine starke Fokussierung auf das soziale Zusammenwirken der Menschen und eine entsprechende Gestaltung des sozialen Subsystems, während das technisch-instrumentelle Subsystem dies unterstützen soll.
- *Assoziationsphase*: Als erste Entwicklungsphase im erweiterten Kontext des Soziotops findet wiederum eine Pionierleistung statt, an deren Beginn eine Idee steht, die eine gemeinsame Klammer für die Assoziation bildet. So ist das kulturelle Subsystem wiederum leitend für den Impuls zur Assoziationsphase, während die Entwicklung und Ausgestaltung der Kooperation zwischen den Organisationen aus dem *sozialen Subsystem* heraus dafür besonders prägend ist. Gleichzeitig braucht es auch eine starke Fokussierung auf das technisch-instrumentelle Subsystem, da entlang des Wertschöpfungsprozesses viele Abstimmungs- und Gestaltungsaufgaben zu erledigen sind.

3.2.4.2 Pionierphase – die Organisation als begeisterte Gemeinschaft

Beginnendes und blühendes Stadium

Am Anfang jeder Organisation steht etwas Geistiges – eine Idee. Ein Individuum oder eine Gruppe von Menschen hat eine Idee für ein neues Produkt oder eine neue Dienstleistung und will diese Idee materialisieren, in die Welt bringen.

Die Kraft dieser Idee ist es, die zur Gründung einer Organisation führt und die der maßgebliche Antrieb für die Menschen in der Organisation ist.

Die Pionierpersonen sind in der Regel begeistert von dieser Idee und suchen sich Mitstreiter:innen für deren Realisierung. Dabei sind für die Bildung der Belegschaft die persönlichen Beziehungen prägend. Natürlich suchen sich die Pionierpersonen fachlich geeignete Mitarbeitende – zumindest für den Kernprozess der Organisation. Jedoch werden persönliche Einstellungen, Werte und Haltungen meist mindestens so stark gewichtet wie die fachlichen Qualifikationen.

Ein grundlegendes Prinzip der Pionierphase ist die *Orientierung an Personen und Beziehungen.*

Die Organisation wird nur insoweit ausgestaltet, wie es gerade notwendig ist, um die Idee, den Organisationszweck umzusetzen. Im Vordergrund der Bemühungen der Pionierorganisation steht notwendigerweise der Erfolg bei Kund:innen, weshalb oft das unbewusste Motto beobachtet werden kann, dass *alles getan werden muss,* um die *Kund:innen zufriedenzustellen.* Schließlich muss sich die Organisation auf dem Markt etablieren und Einnahmen generieren. Vor allem aber will die Pionierorganisation ihre Kund:innen vom Nutzen ihres Produkts oder ihrer Dienstleistung überzeugen, der ja Ausdruck der begeisternden Idee der Pionierpersonen sein soll.

Die gesamte Organisation ist sehr *flexibel, beweglich* und *schlank* gestaltet. Regelungen und Prozessdefinitionen gibt es nur, wo unbedingt notwendig (z. B. aufgrund von verlangten Zertifizierungen, um im Markt tätig sein zu können).

Die *Führung der Organisation* ist tendenziell *autokratisch:* Die Pionierpersonen genießen den Respekt der Mitarbeitenden, wissen, was wann wie zu tun ist, und haben den richtigen Riecher dafür, was die Kund:innen brauchen.

Dies gilt auch dann, wenn eine Organisation mit der Idee von Selbstorganisation und Augenhöhe gegründet wird. Denn in diesem Fall sind es die Pionierpersonen, die das so festlegen, und sie werden auch nach einigem Wachstum der Belegschaft noch als jene betrachtet, an denen man sich orientiert – selbst, wenn sie dies gar nicht wollen. (Ausführlicher dazu: Siehe das Fallbeispiel am Anfang von Kap. 5.2.)

Wenn die Pionierpersonen neue Einfälle oder Ideen haben, werden diese schnell und unkompliziert eingeführt, was die Organisation sehr *dynamisch* und *innovativ* macht. Dies auch deswegen, weil die *Wege* grundsätzlich sehr *kurz* sind, es keine Silos gibt und jede mit jedem direkt spricht und Probleme so ohne bürokratische Umwege gelöst werden können.

Das *Klima der Zusammenarbeit* ist aufgrund der starken Personenorientierung in der Regel geprägt von *Nähe, Wärme* und einer *ausgesprochenen Kollegialität.* Man kennt sich gegenseitig, zieht an einem Strang in die gleiche Richtung, und nicht selten sind die Mitarbeitenden bereit, sich deutlich *über das übliche Maß hinaus zu engagieren* und Überstunden zu leisten. Schließlich weiß man, wofür man arbeitet.

Die *Arbeitsteilung und Funktionsgestaltung ist stark auf Personen ausgerichtet* und weniger auf die professionellen Anforderungen. Dies ist vor allem bei jenen Funktionen der Fall, die nicht direkt mit dem Kerngeschäft zusammenhängen, wie beispielsweise Marketing, Personal, Finanzen/Controlling, IT und Administration. Es wird möglichst wenig in Support- und Managementprozesse investiert, um möglichst viele Ressourcen ins Kerngeschäft stecken zu können.

Intuition, Emotionalität im Sinne von *Herzblut* und *Feuer für die gemeinsame Sache* sowie *Improvisationsfähigkeit* sind weitere häufig zu beobachtende Qualitäten der Pionierphase.

Arbeitsinstrumente und Ausstattung passen sich den Kernleistungen der Organisation an und werden eher *improvisierend* gestaltet als aufgrund klarer Kriterien. Bezüglich Finanzen steht oft die Liquidität im Fokus und weniger der EBIT.

Grundlegende Qualitäten der Pionierphase sind:

- Flexibilität
- Beweglichkeit
- Dynamik
- Improvisationsfähigkeit
- Intuition
- Feuer
- Wärme
- Spontaneität
- Treue
- Nähe
- Emotionalitat
- Personenorientierung.

Diese positiven Qualitäten können sich, wenn sie zu einseitig betont werden, immer mehr in nicht mehr hilfreicher Form ausprägen und führen dann zu einer zunehmenden Chaotisierung der Organisation.

Überreifes Stadium

Wenn die Organisation wächst und/oder sich äußere Kontextfaktoren der Organisation deutlich verändern, kann es zu Krisensignalen kommen, die wir als überreife Pionierphase bezeichnen. Typische Signale dafür sind:

- Die Organisation wird unüberschaubar und immer intransparenter.
- Machtkämpfe um Definitionshoheiten und Befugnisse durch Undurchsichtigkeit bzw. Unklarheit von Funktionen und Aufbaustruktur.
- Emanzipation der Mitarbeitenden von den Pionierpersonen – immer deutlicher werdende Kritik an deren Rolle und Ideen.
- Mitarbeitende werden immer erschöpfter durch ständiges starkes Engagement und Ineffizienz, steigende Krankenstände und Fluktuation.
- An vielen Stellen wird das Rad immer wieder neu erfunden – Ineffizienz nimmt zu.
- Qualitätsmängel durch fehlende Prozesssicherheit nehmen zu.
- Besondere Rolle der Support- und Managementprozesse: Finanzielle/rechtliche Notlagen durch mangelnde Professionalität in den Funktionen, die nicht direkt den Kernprozess betreffen, können für die Organisation existenzbedrohend werden.

Oft reagieren Pionierorganisationen auf solche Krisensignale nach dem Motto »Mehr vom selben!« und verstärken die bisherigen Qualitäten, was die Krisensignale meistens noch verstärkt. Um die Krisensignale zu überwinden, wären jedoch neue

Paradigmen notwendig, die den bisherigen Paradigmen komplementäre Qualitäten hinzufügen.

3.2.4.3 Differenzierungsphase – die Organisation als überschaubares System

Beim Übergang von der Pionier- zur Differenzierungsphase sind die Pionierpersönlichkeiten und die Mitarbeitenden in der Regel sehr herausgefordert, sich mit neuen zieldienlichen Paradigmen so zu verbinden, dass diese handlungsleitend für die Arbeit werden.

Zwar leiden sie an den Krisensymptomen, gleichzeitig fällt es ihnen oft enorm schwer, die neuen Qualitäten ins Leben zu bringen und nach neuen Handlungslogiken zu entscheiden.

Es ist oft ein enormer Schmerz zu spüren, wenn deutlich wird, dass die verschworene Gemeinschaft einer sachlicheren Arbeitsbeziehung weichen wird, und das professionalisierte Arbeiten nach klaren Regeln, Funktionen und Prozessen wird anfangs meist als massive Einschränkung der individuellen Freiheit erlebt.

Dabei haben wir die Erfahrung gemacht, dass es vielen Pionierpersonen fast übermenschliche Kräfte abverlangt, den Weg in die Differenzierung zu gehen, weil viele es so erleben, als greife man ihnen in ihren eigenen Körper hinein und bedrohe ihr geistiges Erbe.

In diesem Prozess ist es aus unserer Sicht eine absolute Notwendigkeit, die Pionierpersönlichkeiten mit sehr viel Würdigung und Empathie zu begleiten, wenn der Prozess gelingen soll.

Es hat sich in vielen Organisationsentwicklungsprozessen bei der Begleitung dieses Übergangs gezeigt, dass auch dann die Herausforderungen enorm sind, wenn die Pionierpersonen die Schritte in Richtung Differenzierung wirklich und glaubhaft gehen können. Das hat aus unserer Sicht damit zu tun, dass die Mitarbeitenden in vielen überreifen Pionierorganisationen übergreifendes organisationales Arbeiten und Gestalten noch nicht gelernt und erfahren haben. Das bewirkt die schon erwähnte Angst, in der eigenen Freiheit und Kreativität eingeengt zu werden und den eigenen Gestaltungsbereich zu verlieren.

Umso wichtiger ist es, im Prozess der Organisationsentwicklung darauf zu achten, dass die bisherigen Qualitäten als enorm kompetente Leistungen und Lösungsversuche gewürdigt und für den anstehenden Entwicklungsschritt utilisiert werden. Dazu werden wir in Kapitel 3.2.5.3 ausführlichere Hinweise geben. Und im Sinne der Ziel-Weg-Stimmigkeit sollte der Organisationsentwicklungsprozess die künftigen Qualitäten der Differenzierungsphase schon erfahrbar machen in der Art, wie er gestaltet wird.

Blühendes Stadium

Um die Organisation aus der Krise der Pionierphase herauszuführen, muss sie *transparenter, übersichtlicher* und *steuerbarer* gestaltet werden, sodass eine zieldienliche *Ordnung* entsteht.

Die *Aufbaustruktur* der Organisation wird aufgrund von *nachvollziehbaren Prinzipien* möglichst *logisch gegliedert*, oft nach funktionalen Gesichtspunkten. Dies schafft *klarere Zugehörigkeiten und Stabilität.*

Die Orientierung an Personen weicht einer stärkeren *Orientierung an der Sache* bzw. *professionellen Erfordernissen.* So werden einerseits *Funktionen klarer definiert, Befugnisse deutlicher festgelegt* und verschriftlicht, und andererseits werden neue Funktionen geschaffen, die vor allem die *Support- und Managementprozesse professioneller und effizienter* machen.

Darüber hinaus werden *Qualitätsstandards* auch in den Kernprozessen eingeführt und Doppelspurigkeiten und Leerläufe durch *strukturierte* und *formalisierte* Prozesse abgelöst. Insgesamt führen *gute Standardprozesse* oft zu einem Aufatmen in der Organisation, weil viel Raum entsteht, wenn das Rad nicht ständig neu erfunden werden muss.

Auf der Ebene des kulturellen Subsystems werden häufig *Werte, Haltungen und Leitbilder formuliert* in der Absicht, die *gemeinsame Ausrichtung zu stärken,* sie weniger abhängig von Einzelpersonen zu machen und auf mehr Schultern zu verteilen. Auch werden in der Regel zumindest die wichtigsten *Spielregeln für Führung und Zusammenarbeit* ausgehandelt und festgehalten. Die Überlegungen für markt- und kundenstrategische Entscheidungen werden *systematischer* und mit *größerer innerer Distanz* zu einzelnen Kunden vorgenommen, was sich oft in stärkerer *Schwerpunktsetzung* und *Priorisierung* äußert.

Die Zusammenarbeit ist stärker von *sachlichen Gesichtspunkten* geprägt als von persönlichen, was meist zu einer als erfrischend und erholsam erlebten *Abkühlung* des überhitzten *Klimas* der überreifen Pionierphase führt. Typischerweise nimmt die Anzahl der Überstunden in der blühenden Differenzierungsphase ab, und der Krankenstand wird verringert.

Die Beziehungen zu den Kund:innen (und Lieferant:innen) werden ebenfalls *formalisierter;* es werden *transparentere Geschäftsbedingungen* erarbeitet, die dann auch *konsequenter* und *nachvollziehbar* umgesetzt werden, was sowohl der Organisation als auch den Kunden mehr *Sicherheit* und *Überprüfbarkeit* bringt.

Die technischen und materiellen Ausstattungen werden *stärker standardisiert* und nach *betriebswirtschaftlichen Kriterien* gestaltet, um die erwünschten Leistungen möglichst effizient erbringen zu können. Es werden aussagekräftige Finanzkennzahlen erarbeitet, und der EBIT wird deutlicher fokussiert als zuvor.

Je besser es gelingt, die Organisation nach den geschilderten Qualitäten zu gestalten, desto eher können bisherige, aus der Pionierphase stammende Werte geschützt werden, sodass es nicht ein Ersetzen von bisherigen durch neue Qualitäten ist, sondern eine Ergänzung, die allerdings notwendigerweise stark prägt.

Grundlegende hinzukommende Qualitäten in der Differenzierungsphase:

- Ordnung
- Stabilität

- Kontinuität
- Planung
- Rationalität
- Sachlichkeit
- Kühle
- Systematik
- Professionalität
- Distanz
- Sachorientierung.

In einer blühenden Differenzierungsphase werden diese Qualitäten als wohltuendes »Gegenmittel« zu den Übertreibungen der Pionierphase erlebt. Wenn allerdings die Logik der Differenzierungsphase zu einseitig betont wird, kommt es wiederum zu Übertreibungen, die wir als Bürokratie kennen und mit folgenden Krisensymptomen beschrieben werden können:

Überreifes Stadium

- Die *Organisation erstarrt* zunehmend durch die Überorganisation von Prozessen und Regelungen.
- *Silos und Königreiche* verstellen immer mehr den Blick auf das große Ganze der Organisation, Abteilungsegoismus, interne Verrechnungsexzesse und Abgrenzungsdenken nehmen überhand.
- Die *Macht der Management- und Supportprozesse dominiert* zusehends die Organisation – die Menschen in den Kernprozessen haben den Eindruck, vor allem mit der Befriedigung der internen Controllingsysteme beschäftigt zu sein, man hat den Eindruck, dass ein Papierkrieg herrscht, Verfahren werden wichtiger als Ziele.
- Die *Logik quantitativer Ziele und Zielsysteme führt zum Verlust der Perspektive auf die qualitativen Ziele* der Organisation, auf ihre Mission, ihren Zweck – es entsteht oft der Eindruck von Sinnlosigkeit.
- Immer häufiger leisten Menschen Dienst nach Vorschrift, fühlen sich eingeengt durch Handlungsanweisungen und scharf abgegrenzte Funktionsbeschreibungen und *erkennen immer weniger ihren Beitrag zum großen Ganzen.*
- *Kundenbeziehungen werden immer anonymer;* Kund:innen fühlen sich oft nicht mehr mit ihren Bedürfnissen wahrgenommen und der Willkür von Geschäftsbedingungen ausgeliefert.
- Die rationale Logik des Managements führt zu *tendenziell mechanistischem Denken* und bewirkt bei immer mehr Mitarbeitenden das Gefühl, als *Mensch nur Mittel zum Zweck* zu sein, was entsprechenden Einfluss auf die intrinsische Motivation hat.
- Leitbilder, »mission statements« und *Hochglanz-Strategiepapiere* (bzw. Hochglanzpapier-Strategien) sind im Überfluss vorhanden, genießen außerhalb des Topmanagements kaum Glaubwürdigkeit und haben eher den Ruf von Bullshit-Bingo.

- Innovationen, Schnelligkeit und Flexibilität im Markt gehen immer mehr verloren.

Das Management vieler Organisationen in der überreifen Differenzierungsphase ist sich der Krisensignale durchaus bewusst. Oft beobachten wir *zwei Varianten von Gegenreaktionen:*

- *Variante »Mehr vom selben«:* Es werden beispielsweise Handlungsanleitungen verfasst, wie sich die Mitarbeitenden flexibler und kundenorientierter verhalten sollen, die Mitarbeitenden erhalten Trainings in unternehmerischem Handeln, es werden neue Werte der Organisation ausgerufen und detailliert und »top-down« in Zielsysteme gegossen. Der Effekt solcher Maßnahmen ist in der Regel nicht sehr erfolgreich. Vielmehr verstärken sich so die Krisensymptome, weil diese Aktionen die bestehenden Muster eher verfestigen, statt sie zu verflüssigen. Vor allem wird dadurch das für viele Mitarbeitende verloren gegangene Wofür ihrer Arbeit nicht neu gegriffen.
- *Variante »innovative und agile Impulse«:* Diese Variante ist seit einigen Jahren sehr beliebt und kennt aus unserer Sicht zwei hauptsächliche Spielarten:
  a. *Innovation wird eingekauft:* Start-ups bzw. innovative Pionierunternehmen werden aufgekauft in der Hoffnung, ihre Pionierqualitäten und innovativen Leistungen könnten der eigenen Organisation neuen Schub geben. Hinsichtlich neuer Produkte und Dienstleistungen ist diese Strategie durchaus nicht selten erfolgreich – zumindest kurzfristig. Ein längerfristiger Effekt auf die Paradigmen und das gelebte Leben der Organisation ist jedoch kaum zu beobachten.
  b. *Agilität wird verordnet:* Hier werden Teams, ganze Abteilungen oder Unternehmenseinheiten in agilen Arbeitsweisen geschult und durch agile Coaches begleitet. Es wird in der Basis und im mittleren Management stärker auf Selbstorganisation gesetzt, und das Schlagwort »Purpose« macht die Runde. Dieser Ansatz kann kräftige Impulse geben für die Entwicklung der Organisation in Richtung der Integrationsphase und ihrer Paradigmen. Aus unserer Erfahrung allerdings nur dann, wenn die dominante Logik im Gesamtsystem in Bewegung kommt, und das mechanistische und einseitig quantitativ-rationale Verständnis des Topmanagements bzw. der Shareholder sich einem ganzheitlicheren Organisationsverständnis im Wechselspiel aller Wesenselemente annähert. Bleibt dies aus, werden die sinnvollen Bemühungen an der Basis und im mittleren Management aus unserer Erfahrung irgendwann als das entlarvt werden, was sie letztlich sind: ein Feigenblatt.

Wenn eine Organisation in der überreifen Differenzierungsphase eine ernst gemeinte Transformation erreichen will, müssen alle Wesenselemente gemäß den qualitativen Prinzipien der Integrationsphase bezüglich ihrer Wechselwirkungen entwickelt werden, sodass die Paradigmen, nach denen die Organisation gestaltet ist, sich von jenen der überreifen Differenzierung ganzheitlich unterscheiden.

3.2.4.4 Integrationsphase – die Organisation als lebendiger Organismus

Im Übergang von der Differenzierungs- zur Integrationsphase – vor allem aus einem überreifen Stadium – ist das Topmanagement am meisten herausgefordert. Wir erleben es oft so, dass die Unternehmensspitze der Meinung ist, mittleres Management bzw. Mitarbeitende sollten mehr Verantwortung übernehmen, selbstständiger und unternehmerischer denken und handeln.

Dies bedingt aber, dass die oberste Führung gleichzeitig lernen muss, Verantwortung breiter zu verteilen und dies vorzuleben, die (oft trügerische) Sicherheit von rein quantitativen Zielen und Zielkaskaden, von Handlungsanweisungen und mehrfach abgesicherten Entscheidungsschlaufen aufzugeben zugunsten von qualitativen Leitplanken und Subsidiarität, von stärkerer Selbstkontrolle und transparenten, einfachen Systemen.

Diese Herausforderungen sind angesichts der Verantwortung, die auf den Schultern des Topmanagements lastet, durchaus anspruchsvoll.

Natürlich brauchen auch die Mitarbeitenden Entwicklungs- und Experimentierräume, um sich in der eigenen Funktion bewusster auf das große Ganze auszurichten und Verantwortung zu übernehmen.

Wenn es dem Topmanagement jedoch gelingt, diese neuen Qualitäten vorzuleben, fällt es aus unserer Erfahrung den Führungskräften im mittleren Management und den Mitarbeitenden leichter, den Prozess mitzugehen und sich den neuen Paradigmen gemäß zu verhalten, als dies im Übergang von Pionier- zur Differenzierungsphase der Fall ist. Denn die Menschen in der Organisation sind es sehr gewohnt, nach klar gestalteten Regeln, Aufbaustrukturen, Prozessen etc. zu arbeiten; und diese sich in partizipativen Prozessen verschlanken und entwickeln, dabei jedoch weiterhin als handlungsleitende Planken zur Verfügung stehen, können die Menschen den Weg oft erstaunlich schnell mitgehen und mitgestalten. Die Voraussetzung dafür ist jedenfalls das glaubwürdige Vorangehen des Topmanagements.

Für die Gestaltung von Organisationsentwicklungsprozessen in diesem Übergang kann wiederum sehr hilfreich utilisiert werden, was an bisherigen Lösungsversuchen im System vorhanden ist (ausführlicher in Kap. 3.2.5.3). Auch hier ist es sehr hilfreich, wenn der Organisationsentwicklungsprozess im Sinne der Ziel-Weg-Stimmigkeit bereits nach den Prinzipien der Integrationsphase gestaltet wird.

Blühendes Stadium

Das übergeordnete Motto der Integrationsphase könnte so umschrieben werden:

Die Organisation wird so gestaltet, dass Menschen und Gruppen *selbstständig* und *zieldienlich* im *Sinne des größeren Ganzen* handeln können.

Um dies zu ermöglichen, ist es notwendig, die organisationalen Fähigkeiten der blühenden Differenzierungsphase zu bewahren und gleichzeitig Qualitäten der Pionierphase wieder stärker zu fokussieren, allerdings auf einer anderen Ebene der Entwicklungsspirale.

In Tabelle 6 stellen wir zunächst in einer Übersicht dar, wie die zentralen Qualitäten der ersten beiden Entwicklungsphasen in Formen von beidem als neue Qualitäten emergieren können, bevor wir dies inhaltlich ausführlicher schildern.

Qualitäten der Pionierphase	**Qualitäten der Differenzierungsphase**	**Emergierende Qualitäten der Integrationsphase**
Flexibilität	Ordnung	Flexible Ordnung – Spielräume innerhalb eines Rahmens
Beweglichkeit	Stabilität	Bewegliche Stabilität
Improvisationsfähigkeit	Planung	Rahmenplanung mit Raum für Improvisation
Spontaneität	Systematik	Systematik ermöglicht Spontaneität
Intuition	Rationalität	Rational gesicherte Intuition
Feuer, Wärme	Kühle	Situativ temperiertes Klima
Emotionalität	Sachlichkeit	Emotionale Sachlichkeit
Nähe	Distanz	Selbstbestimmte Nähe/Distanz
Personenorientierung	Sachorientierung	Sachorientierung berücksichtigt menschliche Bedürfnisse

Tab. 6: Zentrale Qualitäten der ersten drei Entwicklungsphasen

In den Fokus zur Gestaltung der Organisation rückt das kulturelle Subsystem:

Es wird bewusst und kontinuierlich an der *Identität*, an *Werten, Leitbildern* und dem *Selbstverständnis* der Organisation gearbeitet, weil das Bewusstsein wächst, dass *Sinnangebote* und *gelebte Werte* den Menschen die Möglichkeit geben, sich *eigenverantwortlich* und *gleichzeitig als Teil des Ganzen* einzubringen. Partizipativ erarbeitete *strategische Leitplanken* im Sinne von *Grundsätzen* für die Zusammenarbeit, die Gestaltung von Kundenbeziehungen und Führung ersetzen detaillierte Regelungen. Die Markt- und Produkte- bzw. Dienstleistungsstrategie wird als relevante *Ausrichtung* betrachtet, die jedoch *iterativ und situativ* angepasst werden soll, wozu gezielt *Handlungsspielräume* geschaffen werden. Die *Kernprozesse* orientieren sich konsequent am *Kundennutzen; Support-* und *Managementprozesse* verstehen sich als Dienstleistung für die Kernprozesse und haben den Kundennutzen vor Augen. Oft werden die Management- und Supportprozesse *verschlankt*. Sie bleiben jedoch weiterhin sehr *professionell*. Denn *Transparenz* und *Nachvollziehbarkeit* sind wichtige Voraussetzungen dafür, dass die einzelnen Abteilungen, Teams und Mitarbeitenden möglichst *selbstständig handeln* können – auf der Grundlage eines einfachen und klaren Systems, das ihnen die notwendigen Informationen für ihr Handeln liefert. Die *Aufbaustruktur richtet sich* oft stärker auf die *Kernprozesse* aus. Vor allem fördert sie ein *balanciertes Zusammenwirken* und *zentralen* und *dezentralen* Stellen und ermöglicht *Subsidiarität*: Dort soll möglichst viel entschieden werden, wo die Themen auftauchen und das zugehörige Wissen vorhanden ist. Entsprechend werden die *Funktionen und Organe* gestaltet: *klare Verantwortlichkeiten* und *möglichst große Entscheidungsspielräume*, jedoch auch die Förderung von Funktionserweiterungen oder -wechseln, um die *Rollenflexibilität* zu fördern und Funktionen nicht in Stein zu meißeln, sondern bei Bedarf aufzulösen und neue zu schaffen.

Die *Mitarbeitenden als Individuen* werden in ihren Kompetenzen und Eigenheiten gesehen und gefördert, auch werden *zwischenmenschliche Beziehungen* und Befindlichkeiten wieder stärker fokussiert, *wofür die professionellen Ziele und Tätigkeiten den Kontext* bilden. Die Arbeitsmittel entsprechen weiterhin professionellen Standards und Ansprüchen. Dabei ist häufig zu beobachten, dass *teamorientiertere* Soft- und Hardwarelösungen die *Kooperation* unterstützen sollen. Die Controllingsysteme sind transparent und übersichtlich gestaltet und dienen, wie schon vermerkt, als zentrale Grundlage für *möglichst große Selbststeuerung.*

Generell lässt sich beobachten, dass *Effektivität* stärker betont wird als Effizienz.

Die meisten überreifen Pionierorganisationen wünschen sich, direkt in die Integrationsphase überzugehen, weil die Qualitäten der Differenzierungsphase ihren Gewohnheiten widersprechen. Sowohl mit der Logik des Tetralemmas und dem Konzept der Entwicklungsphasen als auch aus unserer Erfahrung ist dies jedoch nicht möglich.

Wenn nicht zuerst auf organisationaler Ebene gelernt wird, nach klaren Ordnungsprinzipien, Strukturen und Regeln zu arbeiten, und wenn nicht erst transparente Systeme geschaffen werden, die es den Menschen ermöglichen, in einer komplexen Organisation eigenständig im Sinne des größeren Ganzen zu handeln, gelingt es eben nicht, integrierende Formen von Beidem zu gestalten. Nicht zwingend notwendig ist jedoch die überreife Differenzierungsphase. (Das gilt auch für die überreife Pionierphase.) Es gibt viele Beispiele von Organisationen, die schrittweise beginnen, aus der blühenden Differenzierungsphase heraus in einzelnen Wesenselementen immer mehr Aspekte der Integrationsphase einzuführen, bevor es überhaupt zu einer bürokratischen Organisation kommen muss.

Überreifes Stadium

Wie schon in Kapitel 3.2.3.2.1 dargestellt, ist Entwicklung kein Automatismus. Ob Entwicklung notwendig ist, hängt von den inneren und äußeren Kontextfaktoren ab. Dies gilt für jede Entwicklungsphase von Organisationen. Wenn eine Organisation in der blühenden Integrationsphase angekommen ist, hat sie enorme organisationale Fähigkeiten entwickelt, sich immer wieder selbst zu erneuern und flexibel auf veränderte Marktbedürfnisse und andere Kontextfaktoren einzugehen. Die Krisensymptome der Integrationsphase treten seltener so deutlich auf, wie das in der überreifen Pionier- (Chaotisierung) oder Differenzierungsphase (Bürokratisierung) der Fall ist.

Hinzu kommt: Der Übergang von der Integrations- in die Assoziationsphase bedeutet, dass die Organisation für sich erkennt, einen Kontext bisher zu wenig gewürdigt zu haben, nämlich den stärkeren Einbezug der Unternehmensumwelten bzw. eine für die Zukunft noch stärker zu entwickelnde Fähigkeit. Wie in Kapitel

3.2.3.2.2 dargestellt, entspricht diese Erkenntnis der vierten Position im Tetralemma: Keines von Beidem.

Daraufhin wird der bisherige Rahmen der Betrachtung grundsätzlich erweitert (was der Negation des Tetralemmas entspricht):

Es geht nicht um die Gestaltung der Organisation in der bisher betrachteten Weise, sondern um eine neue Fragestellung, die gleichsam ein neues Tetralemma eröffnet, indem die Organisation nun stärker als zuvor als Teil eines größeren Ganzen gesehen wird – als Glied im Soziotop, wie Glasl und Lievegoed (2021, S. 58) es nennen. Bevor wir uns der Schilderung der Assoziationsphase zuwenden, benennen wir hier deshalb zwei prototypische Beobachtungen von Symptomen der überreifen Integrationsphase aus unserer Praxis und zeigen auf, wie unterschiedlich auf diese reagiert werden kann.

Prototypische Krisensymptome der Integrationsphase:

- *Selbstgenügsamkeit* und *Überheblichkeit:*
  Die Organisation ist erfolgreich, die Mitarbeitenden haben ein angenehmes und entwicklungsförderliches Umfeld und bleiben häufig lange im Unternehmen, man ist stolz auf die Unternehmenskultur. Fachkräfte zu finden fällt relativ leicht, weil man ein attraktiver Arbeitgeber ist. Das Image am Markt ist positiv, die Kund:innen entscheiden sich für die Organisation, weil sie mit Produkten, Dienstleistungen und Preis-Leistungs-Verhältnis zufrieden sind, es werden dem Markt entsprechende oder sogar weit darüber hinausgehende Gewinne erzielt. Dieser vielleicht über längere Zeit anhaltende Zustand kann dazu führen, dass eine Organisation mit sich selbst so zufrieden ist, dass man beginnt, überheblich zu werden, sich zu wenig zu hinterfragen und weiterzuentwickeln bzw. genügend auf den Markt zu blicken. Wir haben mehrfach und in verschiedenen Branchen erlebt, dass solche Organisationen dazu neigen, es für potenzielle Mitarbeitende oder Kund:innen als Ehre zu betrachten, mit ihnen überhaupt arbeiten zu dürfen. Dass dies mit der Zeit zu Problemen führen kann, wird niemanden überraschen.
- *Marktdominanz* und *»corporate egotism«*[17]:
  Einige sehr große Organisationen, die sich schwerpunktmäßig in der Integrationsphase befinden, können so erfolgreich werden, dass sie Mitbewerber:innen aus dem Markt drängen, Lieferant:innen zunehmend von sich abhängig machen, ihnen ihre Policy diktieren und allgemein immer mächtiger und dominanter auftreten. Hinzu können umweltschädliche Verhaltensweisen kommen, indem die Organisation ihre Stellung missbraucht und der Allgemeinheit ökologische und/oder soziale Auswirkungen der eigenen Wirtschaftstätigkeit aufbürdet. Dadurch beginnt sich Widerstand gegen sie zu formieren, sei es seitens von Mitbewerbenden oder Lieferant:innen, von

17 Dieses Symptom kann durchaus auch auf große Organisationen der Differenzierungsphase zutreffen, ist jedoch für die Differenzierungsphase kein prototypisches Krisensignal.

staatlichen Stellen, Umweltverbänden, Gewerkschaften oder Konsumentenschutzorganisationen.

In beiden Fällen ist die Weiterentwicklung der Organisation in die Assoziationsphase nicht die einzige Möglichkeit, auf diese Symptome zu reagieren:

- So haben wir es schon öfter erlebt, dass sich bei *Selbstgenügsamkeit und Überheblichkeit* Organisationen neu aufstellen – durchaus im Sinne der Paradigmen der Integrationsphase – und dadurch wieder an Beweglichkeit und Dynamik gewinnen. Meist geht dies damit einher, wieder vermehrt über den Tellerrand zu blicken, indem bewusst Diversität innerhalb der Belegschaft gefördert wird, Lernreisen unternommen werden und versucht wird, die Organisation gegenüber der Umwelt stärker zu öffnen. So gesehen, erkennen diese Organisationen bereits, dass sie den Kontext der Umwelten stärker fokussieren sollten, auch wenn dies noch nicht zwingend den Übergang in die Assoziationsphase bedeutet.
- Bei *Marktdominanz und »corporate egotism«* ist die Wahrscheinlichkeit einer bewussten Entwicklung in Richtung Assoziationsphase aus unserer Sicht sogar kleiner. Wahrscheinlicher ist es, in Aushandlungsprozessen mit den Umwelten Lösungen zu suchen, um weiterhin nach den bisherigen Prinzipien zu funktionieren. Das heißt, es werden Zugeständnisse gemacht, um den Widerstand gegen die Organisation aufzuweichen, und sicherlich gibt es oft erste zarte Pflänzchen einer möglichen Assoziationsphase, indem auf der Ebene der Organisationsgovernance mit zentralen Stakeholdern strategische Vereinbarungen geschlossen werden. Auch hier schaut, bildlich gesprochen, der übersehene Kontext zum Fenster rein, noch aber bleibt es beim bisherigen Paradigma.

Ebenfalls ist zu beobachten, dass die Weiterentwicklung in die Assoziationsphase keine Krisensignale im Sinne einer überreifen Entwicklungsphase erfordert. Vielmehr kann ein Lustsog bzw. die Einsicht in die Notwendigkeit einer assoziativen Form der Verbindung mit anderen Organisationen Anreiz genug sein, die Organisation in die nächste Phase weiterzuentwickeln. Dabei muss man sich diese Entwicklung nicht als harten Schnitt vorstellen; vielmehr können in einigen Wesenselementen erste assoziative Aspekte entstehen, die dann für die gesamte Organisation paradigmatisch werden.

3.2.4.5 Assoziationsphase – die Organisation als verantwortungsvolles Glied im Soziotop

Vorbemerkung: Immer häufiger werden Organisationen mit der Absicht gegründet, sich mit ihren Umwelten zu vernetzen. Viele Start-ups verstehen sich von Anfang an als Teil einer Community, gehen Partnerschaften mit anderen Organisationen ein und wollen sich ökologisch und sozial verträglich verhalten bzw. sehen sich in ihrem Selbstverständnis als Teil der Gesellschaft und der Welt. Gleichzeitig bleibt es die Kernaufgabe der Pionierphase, dass das System erst mal eine Haut bildet (vgl. die Systemprinzipien in Kap. 3.3), Zugehörigkeit definiert und dadurch klare Organisationsgrenzen zieht, selbst wenn diese durchlässig und mit Blick auf Umwelten gestalten werden. Die Assoziationsphase, wie sie hier verstanden wird, setzt jedoch voraus, dass eine Organisation schon gelernt hat, im Sinne der Integrationsphase zu funktionieren. Denn die Anforderungen an die Komplexitätsbewältigungsfähigkeit einer Organisation in der Assoziationsphase sind nochmals deutlich höher als zuvor.

In der Praxis finden sich bereits sehr viele assoziationsphasenartige Gebilde, und nicht bei allen ist es auf den ersten Blick klar, ob es eher einfache strategische Allianzen bzw. Zusammenschlüsse von Organisationen sind, die Synergien nutzen wollen, oder ob es sich dabei um Assoziationen handelt, wie sie hier gemeint sind.

Entscheidend für die Klärung dieser Frage ist aus unserer Sicht, ob sich ein aus eigenständigen kleineren Organisationen bestehendes größeres System entlang eines Wertschöpfungsstroms gebildet hat, das gemeinsame übergeordnete Werte, Strategien, Aufbaustrukturen, Kooperationsbeziehungen, Organe, Wertschöpfungsprozesse und Ressourcen aufweist. So ist beispielsweise ein Zusammenschluss mehrerer Unternehmen einer bestimmten Branche zur Förderung des gemeinsamen Absatzes, für politische Lobbyarbeit oder Berufsbildung keine Assoziation im hier gemeinten Sinne.

Ein Beispiel für eine Assoziation ist der österreichische Greentech Valley Cluster in der Steiermark, der 2005 mit 80 Unternehmen gegründet wurde und heute aus über 250 Clusterunternehmen besteht. Diese stammen aus unterschiedlichsten Disziplinen der grünen Technologie, und bieten aufgrund vielfältiger Kooperationsbeziehungen und gemeinsamer Ausrichtung mittlerweile vielfältige Leistungen im Bereich der grünen Technologien an, die in unterschiedlichen Solution-Groups erarbeitet werden (Kalcher 2005).

Dabei müssen nicht alle Organisationen einer Assoziation schon in der Assoziationsphase angekommen sein, um darin mitwirken zu können. In der Regel geht die Assoziationsphase von einem oder mehreren Unternehmen aus, die aufgrund ihrer organisationalen Entwicklung in der Lage sind, sich mit anderen – meist kleineren – Organisationen assoziativ zu verbinden, was in der Regel für diese zur eigenen Organisationsentwicklung beiträgt.

Der *Übergang von der Integrations- zur Assoziationsphase* kann aufgrund des gerade Ausgeführten sehr unterschiedlich aussehen. So kann eine Organisation, die sich in der Integrationsphase befindet, beginnen, mit Lieferant:innen und Kund:innen entlang des Wertschöpfungsstroms immer mehr Charakteristika der Assoziationsphase zu verwirklichen, indem beispielsweise zuerst über die Wesenselemente »Strategie« und »Prozesse« erste intensivere Kooperationen etabliert und weiter ausgebaut werden. Oder erste gemeinsame Wertschöpfungsprozesse können, wie Varga (2022) anhand des Beispiels der seitens der geldgebenden Behörde initiierten Zusammenarbeit von Forstbetrieben in einem Schweizer Kanton aufzeigt, über intensivere Kooperationserfahrungen im sozialen Subsystem der Organisationen gebildet werden, bevor ggf. später auf kultureller Ebene eine übergeordnete Klammer gefunden wird.

Im Folgenden charakterisieren wir die Assoziationsphase anhand einer prototypischen Organisation, die sich von der Integrations- in die Assoziationsphase weiterentwickelt hat.

Blühendes Stadium

Organisationen in der Assoziationsphase nehmen den *ganzen Wertschöpfungsstrom* in den Blick, an dem sie beteiligt sind. Das bedeutet die *Ausweitung des Prozessbewusstseins* auf Lieferant:innen und auf deren Lieferant:innen sowie auf Kund:innen und deren Kund:innen. Es werden auf allen Ebenen der Organisation *langfristige und tragfähige Partnerschaften* angestrebt und gestaltet, wobei eine *übergeordnete kulturelle Klammer* besteht und der *gegenseitige Nutzen*, das *wechselseitige Voneinanderlernen* und das *gemeinsame Entwickeln und Gestalten* aus den Stärken der jeweiligen Organisation heraus im Fokus stehen.

Dies prägt die Gestaltung aller Subsysteme der Organisation, wobei die organisationale Fähigkeit, *Konflikte konstruktiv* zu lösen, *vertrauensvolle Beziehungen* zu gestalten und in der Natur der Partnerschaft liegende *ständige Interessenausgleiche* zu finden, eine besondere Leistung des sozialen Subsystems der Organisation erfordert. Dies wird auch dadurch deutlich, dass die Anforderungen an die *Flexibilität vieler Mitarbeitender* steigen, weil diese oft im gesamten Organisationsbiotop aushelfen oder in Projekten mitarbeiten. Das bringt für die Gestaltung von *Funktionen* ebenfalls neue Anforderungen mit sich, da einerseits weiterhin *klare Verantwortlichkeiten* notwendig sind, diese andererseits nach der Notwendigkeit der übergreifenden Kooperation immer wieder *erweitert* oder *verändert* werden müssen. Für die Gestaltung der *Aufbaustrukturen* bedeutet dies, dass organisationsintern wie -extern die *Durchlässigkeit erhöht* wird und *Vernetzungen innerhalb und außerhalb* der Organisation erleichtert werden. Dies hält seinerseits große Herausforderungen in Bezug auf Übersichtlichkeit und Zugehörigkeitsempfinden bereit.

Auf der Ebene des Wesenselements *Prozesse und Abläufe* wird die Gestaltung von *Nahtstellen* (statt Schnittstellen) zur zentralen Aufgabe, so wie die Gestaltung der *Arbeitsmittel und -plätze für Teamarbeit* mit wechselnden Zusammensetzungen ausgerichtet und *Kompatibilität technischer Systeme* ein wesentlicher Erfolgsfaktor wird. Zudem ist es keine Seltenheit, dass die wechselseitige Transparenz bis hin zu *offenen Büchern* geht, weil *Kosten- und Profitsharing* häufige Merkmale der Assoziationsphase sind.

Dies alles verlangt, dass die *Identität* der einzelnen Organisation *weiterhin eine Klammer* bilden muss, während gleichzeitig *gemeinsam mit den Partnerorganisationen übergreifende Werte, Haltungen und Leitbilder* erarbeitet werden und die *Strategien* unter Einbeziehung der ganzen *Wertschöpfungskette formuliert* und *stimmig* zu jenen der *einzelnen Organisation* sein sollten.

Schieflage eines Großprojekts
In einem von uns begleiteten Beispiel einer Assoziationsphase geriet ein Projekt mit einem Volumen von über 100 Mio. Euro in Schieflage, für das eine Partnerorganisation als Lieferantin verantwortlich war. Insbesondere konnte der Zeitplan nicht eingehalten werden. Dies hatte für die deutlich größere Kundenorganisation, um die herum die Assoziation entstanden ist, enorme finanzielle Konsequenzen. Anstatt – wie in solchen Fällen üblich – Druck aufzusetzen oder Strafzahlungen anzudrohen, wurde eine Taskforce aus Mitgliedern dreier beteiligter Organisationen gebildet, die gemeinsam nach Lösungen suchte und das Projekt wieder flottmachte. Mitarbeitende aus der Kundenorganisation und einer weiteren Lieferantin arbeiteten für drei Monate bei der Hauptlieferantin für das Projekt. Dabei wurde nicht primär darüber gesprochen, wer welche Kosten übernimmt. Dass dies einer fairen Lösung bedürfe, war allen Beteiligten klar. Im Vordergrund stand jedoch der langfristige Gesamterfolg.

Solche Formen der Problemlösung zwischen Projektpartner:innen setzen, wie oben erwähnt, eine gut entwickelte Konfliktfähigkeit und Ambiguitätstoleranz voraus sowie eine Kultur der Lösungsorientierung statt der Suche nach Schuldigen.

Grundlegende Qualitäten der Assoziationsphase:

- Durchlässigkeit
- Vernetzung
- Flexible Kooperation
- Konfliktfähigkeit
- Ambiguitätstoleranz
- Transkulturelle Kompetenzen
- Konstruktiver Umgang mit Unterschieden
- Selbststeuerungsfähigkeit
- Denken in Systemen und Wechselwirkungen.

Überreifes Stadium

Wie schon beim überreifen Stadium der Integrationsphase dargestellt, sind die potenziellen Krisensymptome weniger plakativ als in den ersten beiden Entwicklungsphasen. Folgende mit den Qualitäten der Assoziationsphase zusammenhängende Beispiele von Krisensignalen wurden bisher beobachtet:

- *Machtblöcke, Staat im Staat:* Sehr starke, erfolgreiche Assoziationen können dazu neigen, ihre Stärke gegenüber den Umwelten des eigenen Wertschöpfungssoziotops zu missbrauchen. Dies ähnelt der Beschreibung unter »Marktdominanz und ›corporate egotism‹« unter den Krisensymptomen der überreifen Integrationsphase, nur dass es hier eher »sociotopic egotism« heißen müsste.
- *Chaotisierung durch Komplexitätskomplex:* Je größer und komplexer die Assoziationen werden, desto mehr Spielregeln und Vereinbarungen werden notwendig sein, damit das Zusammenspiel zum Nutzen aller Beteiligten funktioniert. Wird dies verpasst, kommen ähnliche Krisensymptome zum Vorschein wie

bei der Pionierphase: Die Assoziation wird unübersichtlich, intransparent und ineffizient.

- *Auflösungstendenzen durch unklare Systemgrenzen:* Wird die Qualität der Durchlässigkeit überbetont, kann es passieren, dass die Assoziation als übergeordnetes System keine klaren Systemgrenzen mehr hat, was zu Erosionserscheinungen führen kann.
- *Konflikte nehmen zu:* Gelingt es nicht, innerhalb der beteiligten Organisationen eine identitätsstiftende Klammer zu finden und die natürlicherweise bestehenden Interessensgegensätze kooperativ zu regeln, können diese zu immer stärkeren Konflikten zwischen unterschiedlichen Unternehmen der Assoziation führen, was deren Existenz ebenfalls infrage stellen kann.

Was kommt nach der Assoziationsphase? Glasl (2021) weist darauf hin, dass die Entwicklung von Organisationen weitergehen wird. Auch wenn empirische Beobachtungen für eine systematisierte Darstellung einer nächsten Entwicklungsphase noch fehlen, kann aufgrund der gerade geschilderten Symptome der überreifen Assoziationsphase und im Sinne der Logik des Tetralemmas abgeleitet werden, dass es dabei um eine Differenzierung der Assoziationsphase gehen wird. Das heißt, dass wohl mehr Ordnung, Transparenz, Struktur etc. auf der Ebene der Organisationssoziotope und in deren Umfeld wird geschaffen werden müssen. Dies könnte durchaus unter anderem über staatliche Interventionen herbeigeführt werden, wie das vereinzelt schon zu beobachten ist.

Tabelle 7 zeigt die vier Entwicklungsphasen von Organisationen im Überblick, wie sie sich in den einzelnen Wesenselementen prototypisch äußern.

3.2.5 Syntaktisch-hypnosystemische Arbeit mit den Entwicklungsphasen von Organisationen

Nachdem wir die Entwicklungsphasen von Organisationen als Landkarte auf einer eher semantischen Ebene und eher deskriptiv dargestellt haben, fokussieren wir nun stärker auf die für unseren Kontext der syntaktisch-hypnosystemischen Entwicklungsberatung relevanten qualitativen Aspekte und auf die Prinzipien der Anwendung des Modells. In Kapitel 3.2.6 werden wir diese dann anhand eines Praxisbeispiels anschaulich machen.

3.2.5.1 Kurative Anwendung der Entwicklungsphasen

Wie wir es schon mehrfach betont haben, verstehen wir die Entwicklungsphasen von Organisationen als fortgeschrittene Konstruktion und nicht als Beschreibung der Wirklichkeit. Fortgeschritten deshalb, weil das Modell auf archetypischen Entwicklungsprinzipien und einer logischen Grundstruktur basiert und sowohl empirisch gut belegt als auch äußerst praxistauglich ist.

Subsystem	Wesens-elemente	1. Pionierphase	2. Differenzierungsphase
Kulturelles Subsystem	1. Identität	Persönliche Identität der Pionierpersonen, Kunde ist König! Kundentreue, »Wir machen alles, was Kund:innen wünschen!«	Klares und oft rationales Definieren von Unternehmenszweck, Positionierung, Werten und Vision, Markt als Orientierungspunkt – oft von innen nach außen denkend
	2. Strategie, Policy, Programme	Ziele und Leitsätze sind implizit und intuitiv: Treue, Nähe, Kreativität, Spontaneität	Prinzipien einer professionellen Unternehmensführung festgelegt: Transparenz, Planbarkeit, Steuerbarkeit, Arbeitsteilung, Koordination, Ordnung, Kontrolle etc.
Soziales Subsystem	3. Struktur	Weder Formalisierung noch Festlegung, Breite Kammstruktur um Pionier:innen und Subpionier:innen, flexibel	Formalisierung, funktionale Gliederungen, Stablinie, Führungsebenen spezialisiert in konstituierende / organisierende Führung
	4. Menschen, Gruppen, Klima	Charismatisch-autokratische Führung, direkte informale persönliche Kontakte, Nähe und Wärme	Sachorientiertere Führung, Kontakte und Austausch sind organisiert und formalisiert, mehr professionelle Distanz und Sachbezogenheit
	5. Funktionen, Organe	Psychologik der Aufgabenkonzentration um Personen, durch Allround-Funktionen Erfolgserlebnisse	Rationale Sachlogik der Aufgabenteilung und Spezialisierung, Professionalisierung der Querschnittsfunktionen, Festlegung in Stellenbeschreibungen und AKV[18]
Technisch-instrumentelles Subsystem	6. Prozesse, Abläufe	Beweglichkeit, Improvisation, nach handwerklichen Gesichtspunkten, Sonderanfertigungen statt Standards	Standardisierung und professionelle Routine, Verfahren genau geplant, formalisiert, transparent und klar, zentrale Koordinationsstellen
	7. Physische Mittel	Gebäude, Maschinen, Werkzeuge usw. als untergeordnet erlebt und improvisierend gebraucht	Technik mit hohem Stellenwert, Logik der Technik beeinflusst als sachliche Notwendigkeit auch das soziale Subsystem, IT hat zentrale Bedeutung

18 Aufgaben, Kompetenzen und Verantwortlichkeiten

	3. Integrationsphase	4. Assoziationsphase
	Bewusste Arbeit an Mission, Leitbild, Credo, konsequent orientiert auf Kundenbedürfnisse, Kundennutzen	Assoziiert zum Unternehmenssoziotop, Position in Wirtschaft und Gesellschaft durch Stakeholdernutzen kooperativ definiert
	Partizipativ überarbeitet und kommuniziert; Initiative, Verantwortung, Selbstorganisation	Leitsätze proaktiv formuliert mit Partnerunternehmen als Schicksalsgemeinschaft, langfristige gemeinsame Strategie und Rahmenverträge
	Mischung von formaler und informaler Struktur, föderative Vernetzung relativ autonomer Unternehmensbereich, auf Kund:innen, Produktgruppen, Geschäftsfelder bezogen	Durchlässige Grenzen der Organisation, interne und externe Vernetzung relativ selbststeuernder Bereiche, Nahtstellenorgane mit externen Partnerunternehmen
	Agogisch-situatives Führen, Lernen und Entwicklung wichtig, formale und informale Kontakte, mehr Teamarbeit, professionelle Nähe und sachliche Emotionalität	Hohe Durchlässigkeit der Führung, agogisch-situativ, Personalentwicklung und Aushilfe auch im Unternehmenssoziotop, Mitarbeiter:innen als Bürger:innen
	Sachliche und humane Kriterien für Funktionsinhalte: »job enrichment« = integrierte Funktionen, Flexibilität, (teil) autonome Teams	»Job enrichment« ausgebaut, erweiterter Aufgaben- und Prozesshorizont, Nahtstellenmanagement, externe Jobrotation
	Innerhalb von Rahmenvorgaben flexible Prozesssteuerung durch Betroffene, Mischung von Selbst- und Fremdplanung sowie Selbst- und Fremdsteuerung	Ausweitung von Prozessdenken und Selbststeuerung, Schnittstellen zu Nahtstellen gemacht, Verzicht auf Pufferzonen und Sicherheitsnetze, »just in time«
	Räume und Ausstattung nach soziotechnischen Kriterien, »soft technology« erlaubt Bedienung durch Teams, IT-Technologie dezentral genutzt	Anlagen auf Teamarbeit ausgerichtet, wesentliche Vereinfachung der Unterstützung durch Roboter, äußerst sparsamer Einsatz von Raum, Kapital

Tab. 7: Sieben Wesenselemente in den vier Entwicklungsphasen [verändert nach Glasl, F. u. B. Lievegoed (2021): Dynamische Unternehmensentwicklung. Grundlagen für nachhaltiges Change Management. Bern/Stuttgart (Haupt/Freies Geistesleben), 6. Aufl., S. 166]

Deshalb verwenden wir die Entwicklungsphasen in unserer Praxis strikt so, dass wir es im Sinne der Realitätenkellnerei nach Gunther Schmidt (Leeb, Trenkle u. Weckenmann 2017) als Bedeutungsgebungsmodell anbieten, wenn wir aufgrund von Situations- bzw. Problemschilderungen von Klientensystemen den Eindruck haben, dass der Blick durch die Brillen des Konzepts einen zieldienlichen Unterschied machen könnte.

Dies tun wir in einer Haltung des Nichtwissens bezüglich der Sichtweisen, Narrative und möglicher Lösungen für das Kundensystem. Ob dies für das Klientensystem hilfreich ist oder nicht, entscheidet allein dieses.

Uns ist bewusst, dass jedes Modell Aufmerksamkeit fokussiert und bahnt. Umso wichtiger ist es uns, dass wir aufgrund des Modells erst mal Fragen stellen und Paraphrasierungen bzw. Umdeutungen der Schilderungen des Klientensystems anbieten, bevor wir das Konzept an sich im Sinne einer transparenten Produktinformation zur Verfügung stellen.

3.2.5.2 Syntaktische Anwendung der Entwicklungsphasen

Die syntaktischere Arbeitsweise fokussiert, wie in Kapitel 2.3.1 ausgeführt, auf Strukturen und Muster statt auf detaillierte Inhalte. Für die konkrete Arbeit mit den Entwicklungsphasen von Organisationen bedeutet dies zunächst, dass wir bei der Schilderung des Klientensystems darauf achten, von welchen grundlegenden Qualitäten gesprochen wird, wenn es um »Weg von« bzw. »Hin zu« geht.

In Abbildung 18 zeigen wir diese in den Beschreibungen der einzelnen Entwicklungsphasen schon benannten zentralen Qualitäten im Überblick auf, die für eine syntaktischere Arbeitsweise genutzt werden können.

Dabei erweitert die Assoziationsphase – wie bereits dargestellt – den Kontext der Entwicklung der Organisation auf die Unternehmensumwelten.

Sie baut auf dem bisher entfalteten Potenzial der beteiligten Organisation(en) auf, wobei neue Qualitäten emergieren, für deren Entwicklung wieder stärker die typischen Stärken der Pionierphase wie Flexibilität, Dynamik, Improvisation etc. benötigt werden – jedoch auf höherer Komplexitätsebene.

Wenn wir die zentralen Qualitäten je Entwicklungsphase als Anhaltspunkte nehmen, brauchen wir in einem Auftragsklärungsgespräch gar nicht erst jeden Inhalt zu verstehen versuchen, und wir können es vermeiden, Hypothesen zu den Inhalten zu formulieren. Wir können bei einer Problemschilderung schlicht darauf hören bzw. danach fragen, von welchen Qualitäten bzw. ihren Übertreibungen gesprochen wird, und welche Qualitäten erwünschter wären.

Im Prinzip könnten wir mit den Entwicklungsphasen als Syntax gänzlich verdeckt arbeiten: Wir müssten weder Inhalte kennen noch wissen, um welche Organisation es sich handelt, um ein Gespräch mit einem Klientensystem zu führen. Es würde ausreichen zu fragen:

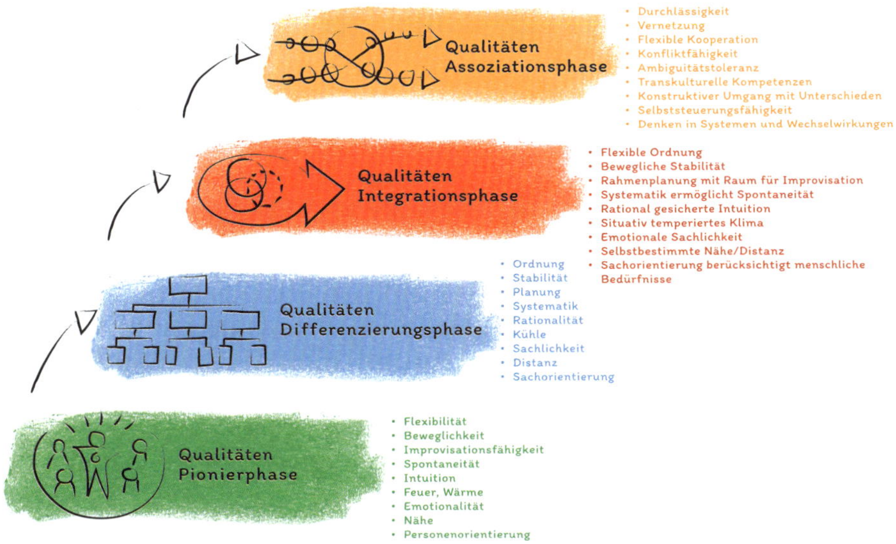

Abb. 18: Zentrale Qualitäten der Entwicklungsphasen

Denken Sie an die Situation im Unternehmen mit allen Kontextfaktoren, die Sie beschäftigen. Sinnieren Sie darüber, fühlen Sie sich in die Situation ein und forschen nach, ob Ihnen dabei Handlungsimpulse kommen. Wenn Sie nun auf einer ganz grundsätzlichen Ebene Aussagen bilden nach dem Muster: Wir wollen weg von etwas und hin zu etwas anderem – welche Qualitäten würden Sie jeweils benennen? Qualitäten im gemeinten Sinne können Adjektive oder Nomen sein wie: frei, offen, flexibel, starr oder Transparenz, Ordnung, Klarheit. Welche Aussagen kommen Ihnen in den Sinn?

Durch die Antworten würden wir wieder Material für Nachfragen und Paraphrasierungen erhalten, und natürlich wäre es möglich, die Wesenselemente als zusätzliche syntaktische Struktur zu nutzen, um differenzierter zu erfahren, welche Qualitäten bei welchen Wesenselementen erwünscht sind.

Jedenfalls ergeben sich über diese qualitativen Beschreibungen sowohl aufseiten des Kundensystems als auch aufseiten der Beratenden schnell ein »big picture«[19], das im späteren Verlauf dann durch das Kundensystem mit unserer Begleitung auf die einzelnen Wesenselemente hin so konkretisiert werden kann, dass es der Einzigartigkeit der jeweiligen Organisation und ihres Kontexts entspricht.

Ebenfalls können diesen syntaktischeren Beschreibungen schon im Sinne einer Ziel-Weg-Stimmigkeit sehr relevante Hinweise für die Gestaltung des Organisationsentwicklungsprozesses entnommen werden.

19 Damit meinen wir hier ein noch nicht detailliert beschriebenes Zielbild, das jedoch eine qualitative Ausrichtung ermöglicht und dadurch Orientierung für den Entwicklungsprozess bietet.

3.2.5.3 Hypnosystemische Anwendung der Entwicklungsphasen

Schon bei der Schilderung der Entwicklungsprinzipien und der einzelnen Übergänge zwischen den Entwicklungsphasen haben wir darauf hingewiesen, dass wir die Entwicklungsphasen im Sinne der Hypnosystemik verstehen und anwenden. Nach der Prämisse, dass alles Erleben durch Aufmerksamkeitsfokussierung entsteht, bietet uns das Konzept der Entwicklungsphasen eine syntaktische Struktur, um zieldienlich Aufmerksamkeit zu bahnen. Dabei sind uns folgende hypnosystemischen Prinzipien besonders hilfreich:

- *Pacing und Utilisation:* Wir betrachten jede Problemschilderung, beispielsweise von Krisensymptomen einer Entwicklungsphase, als Lösungsversuche, die für frühere Kontexte adäquat und kompetent waren und in denen immer noch hoch relevante Kompetenzen für die erwünschte Lösung versteckt sind. Diese können und sollten aus unserer Sicht für die erwünschten Lösungen des Klientensystems utilisiert werden.
- *Kompetenzfokussierung:* Nebst der Utilisation von Lösungsversuchen fokussieren wir immer wieder auf schon vorhandene Kompetenzen, die in Richtung der erwünschten Zukunft zeigen. Das tun wir unter anderem durch eine differenzierte Betrachtung der Entwicklungsphasen. In jeder Organisation gibt es in einzelnen Wesenselementen schon Qualitäten der erwünschten Entwicklungsphase. Diese betonen wir, suchen nach Mustern des Gelingens für das Erwünschte und bahnen so konsequent Lösungsmuster der Organisation.
- *Potenzialhypothese:* Die Entwicklungsphasen zeigen prototypisch auf, welche Potenziale in den einzelnen Wesenselementen der Organisation bzw. in deren organisationalem Wechselspiel liegen. Das Klientensystem kann seine Wünsche und Ziele über die qualitativen Beschreibungen der Entwicklungsphasen zu einem originären und vielfarbigen Zukunftsbild gestalten, sodass die organisationalen Potenziale für deren Entfaltung schon früh im Prozess Orientierung bieten können.
- *Ambivalenzen als Lösung:* Die Erzeugung von Ambivalenzen als Öffnung eines Lösungs- und Entwicklungsraumes ist eine zentrale Idee hypnosystemischer Arbeit. Dass Entwicklung aus Polaritäten entsteht und es in jeder Entwicklungsphase um das dynamische Ausbalancieren spezifischer Polaritäten geht, lädt geradezu dazu ein, im hypnosystemischen Sinne Ambivalenzenmanagement zu betreiben, um bestehende Sichtweisen zu erweitern und Rigiditäten überbetonter Qualitäten zu verflüssigen. Dieses sorgfältige und achtungsvolle Begleiten von Ambivalenzen ermöglicht ein schrittweises Vorangehen im Prozess, um die oft herrschende Logik zu verflüssigen, es ginge immer um Entweder/oder, und erlebbar zu machen, dass ein Entwickeln neuer Qualitäten nicht den kompletten Verlust der bisherigen bedeutet.

- *Unwillkürliche Prozesse würdigen und einbeziehen:* Die hypnosystemische Arbeit hat vielfältige Methoden hervorgebracht, unwillkürliche Prozesse kreativ-kunstfertig einzubeziehen und in Verbindung mit dem willentlichen Ich zu ganzheitlichen Lösungen zu kommen. Die Idee, mit archetypischen Qualitäten zu arbeiten, beinhaltet die Überzeugung, dass Menschen und Organisationen ein intuitives Wissen um Entwicklungspotenziale und -prinzipien besitzen. Gerade für die zentralen Momente von Transformationsprozessen spielen für unsere Arbeit sozialkünstlerische Methoden eine prägende Rolle. Diese Methoden (metaphorische, szenische, malerische, gestalterische etc.) können auch mit größeren Gruppen sehr ertragreich eingesetzt werden, sprechen Menschen auf einer unwillkürlichen Ebene an und funktionieren weitgehend syntaktisch, weil sie die unwillkürlichen Muster in Systemen fokussieren.

3.2.6 Entwicklungsphasen von Organisationen in der Praxisanwendung

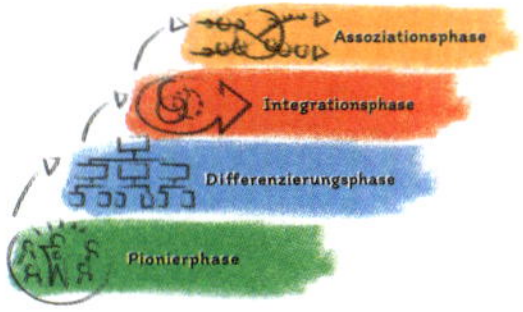

Wir zeigen anhand zweier kurzer Fallbeispiele aus unserer Praxis auf, wie die Entwicklungsphasen von Organisationen als Landkarte im gerade geschilderten Sinne in mehrfacher Hinsicht für Kundensysteme dabei hilfreich sind, die eigenen Themen zieldienlich zu sortieren und für die gewünschte Entwicklungsrichtung Orientierung zu bieten.

Logistikunternehmen auf der Suche nach Transparenz und Übersicht

Ein mittlerweile weltweit tätiges Logistikunternehmen mit rund 1.000 Mitarbeitenden ist in Schwierigkeiten geraten. Die einstmals kleine Transportfirma, die vor 40 Jahren mit ein paar Lastwagen und mit Spezialtransporten begonnen hat, verfügt nun über Niederlassungen in Afrika, Asien und mehreren EU-Ländern und macht ihren Umsatz mit rund 650 Mitarbeitenden mit vielseitigen Transport- und Lagerhaltungsdienstleistungen zu 70 % im Heimmarkt. Der 70-jährige Gründer ist immer noch Alleininhaber und CEO des Unternehmens. Sein ältester Sohn arbeitet seit 15 Jahren ebenfalls in der Firma mit der Aussicht, diese vom Vater zu übernehmen. Er ist zehn Jahre lang vor allem damit beschäftigt gewesen, in Asien und Afrika Niederlassungen aufzubauen, und ist nach der Gründung einer eigenen Familie vor fünf Jahren an den Hauptsitz zurückkehrt. In der Führungsetage des Unternehmens sind über lange Zeit fast ausschließlich langjährige und verdiente Mitarbeitende der Firma tätig gewesen, zu denen der Gründer großes Vertrauen hat. Die Organisation ist so gestaltet, dass jede Niederlassung von einem Vertrauten des Firmeninhabers oder dessen Sohnes geleitet worden ist. Das Credo des Gründers lautete von Anfang an: Der Kunde wird als König behandelt – wir machen es möglich! Das implizite Wissen der zentralen Führungspersonen ist enorm, ebenso das Netzwerk nach außen zu Kund:innen und Geschäftspartner:innen.

Seit einigen Jahren jedoch ist zwar der Umsatz weiterhin angestiegen, aber die Gewinne sind immer mehr zurückgegangen. Nach der Pensionierung des Finanzchefs, der fast seit der Gründung in der Firma war, stellt sich heraus, dass niemand eine wirkliche Übersicht über die Finanzflüsse hat, vor allem ist es schwierig, Transparenz darüber herzustellen, wo Geld versickert – es gibt nur eine rudimentäre Kostenrechnung. Auch mehren sich Unzufriedenheiten bei der Kundschaft, weil immer öfter Dinge schieflaufen und Fehler gemacht werden. Weiter ist es nicht mehr so leicht, qualifizierte Mitarbeitende aus der Basis zu halten, da diese die Führungsstile und Strategien des Unternehmens als unberechenbar und wenig Orientierung gebend empfinden.

Wir werden vom CEO und dessen Sohn eingeladen auf Empfehlung eines die Firma mittlerweile unterstützenden Wirtschaftsberatungsunternehmens, das versucht, mehr Ordnung in das Finanzsystem zu bringen. Während uns die oben dargestellten Aspekte geschildert werden, zeigt sich, dass der Gründer sehr besorgt und einigermaßen ratlos ist, während der Sohn seinen Vater für die desolate Lage verantwortlich macht und von unprofessionellen und katastrophalen Zuständen spricht. Der Gründer sagt gegen Ende der Schilderungen, er habe immer mehr den Eindruck, alles falsch gemacht zu haben, und verstehe nicht, wieso es plötzlich nicht mehr so funktioniert wie früher.

Die bisherigen Lösungsversuche der beiden und ihrer Führungskräfte gingen in zwei Richtungen: Gründer und langjährige GL-Mitglieder hängten sich noch mehr ins Tagesgeschäft rein und versuchten Fehler auszubügeln und die Leute zu motivieren. Der Sohn versuchte händeringend, das Finanzsystem mithilfe der externen Wirtschaftsberatung übersichtlicher zu machen.

Wir gehen zuerst auf den Gründer ein und formulieren, dass unternehmerisches Feuer, die Gestaltungskraft, Kundennähe, Flexibilität, Unkompliziertheit und der Fokus auf vertrauensvolle persönliche Beziehungen unglaubliche Stärken sind und eine Lebensleistung, auf die man wahrlich stolz sein kann. Auch den Sohn beziehen wir darin ein, indem wir darauf hinweisen, dass er genau diese Stärken beim Aufbau der Niederlassungen in Afrika und Asien ebenfalls gezeigt hat. Dann formulieren wir, dass wir verstanden haben, dass es nun darum gehe, mehr Übersicht und Transparenz, stabilere Prozesse und klarere Regelungen zu schaffen, um das Unternehmen wieder gestaltbarer zu machen.

Während wir unsere Paraphrasierungen vornehmen, beruhigen sich Vater und Sohn zusehends.

Wir stellen ihnen nun das Konzept der Entwicklungsphasen vor und fragen, ob dies für ihre bisherige Bedeutungsgebung einen Unterschied mache. Der Vater bejaht dies und meint, ihn erleichtere das, weil er ja offensichtlich nicht als einziger Unternehmer eine solche überreife Pionierphase erlebe. Gleichzeitig machte er sich Sorgen um die Kultur der Firma, wenn nun mehr Ordnung, Kontinuität etc. eingeführt werden sollen. Er fürchtet, seine Werte könnten verloren gehen. Der Sohn wiederum fühlt sich darin bestätigt, dass das Unternehmen professioneller und mehr auf sachliche Notwendigkeiten orientiert aufgebaut werden soll.

In der weiteren Folge des Gesprächs werden Prozessziele formuliert, die eine Differenzierung des Unternehmens bewirken sollen – allerdings in einer für die Unternehmenskultur spezifischen Ausprägung, sodass die Kernwerte in neuer Gestalt immer noch spürbar sind.

Selbstverständlich ist das nur der Anfang eines längeren Prozesses, in den partizipativ das ganze Unternehmen einbezogen wird, und bei dem noch viele Gespräche mit Gründer und Sohn nötig sind, aber auch mit langjährigen Mitarbeitenden, die wir als Subpioniere erleben. Dennoch entsteht schon in den ersten zwei Stunden – im ersten Auftragsklärungsgespräch – eine starke, zieldienliche Dynamik, die eine wichtige Grundlage für den weiteren Prozess legt.

Großer Einzelhändler will unternehmerischer werden und die Kontrolle behalten

Ein großer Einzelhändler (mit über 20.000 Mitarbeitenden) sieht sich der Situation gegenüber, dass sich die Konkurrenz in den nächsten Jahren durch die Liberalisierungen in Europa deutlich verstärken wird, weil Mitbewerber:innen aus den Nachbarländern in den Markt eintreten. Das Management ist überzeugt, dass die eigene Marktposition nur gehalten werden kann, wenn Führungskräfte und Mitarbeitende unternehmerischer denken und handeln und die Abläufe und Aufbaustrukturen vereinfacht werden.

Im Auftragsklärungsgespräch schildern uns Mitglieder der Geschäftsleitung die bisherigen Bemühungen in die angestrebte Richtung. So hat man insbesondere den umfangreichen Wertekanon des Unternehmens ergänzt und proklamiert und alle Führungskräfte in Trainings für unternehmerisches Denken und Handeln geschickt, in denen sie Handlungsanweisungen und Checklisten erhalten haben. Darüber hinaus sind Changeteams eingesetzt worden, die Vorschläge zuhanden der jeweiligen Bereichsleitungen erarbeiten, wie man sich schlanker und kundenorientierter aufstellt. Diese Lösungsversuche fruchten allerdings bisher nicht im gewünschten Sinne.

Die Geschäftsleitungsmitglieder beklagen die mangelnde Veränderungsbereitschaft der Führungskräfte und Mitarbeitenden und können nicht nachvollziehen, woran es liegt, dass diese die neuen Werte und Handlungsanweisungen nicht umsetzen. Auch sind sie der Meinung, dass die Changeteams zwar sehr engagiert sind, deren Vorschläge meistens jedoch nicht umsetzbar seien, weil man befürchtet, dass dann chaotische Zustände eintreten, die Kontrolle verloren gehe und die Steuerungsfähigkeit des Unternehmens gefährdet sei.

Bezogen auf die sieben Wesenselemente wird beim Zuhören und Nachfragen deutlich, dass auf der Ebene von Identität und Menschen/Gruppen/Klima Impulse gesetzt worden sind, sowie über die Changeteams vor allem zu den Prozessen Optimierungsvorschläge gemacht worden sind. Alle anderen Wesenselemente sind nicht im Fokus der Geschäftsleitung gewesen. Auf die Entwicklungsphasen bezogen, erhalten wir fast prototypische Beschreibungen der überreifen Differenzierungsphase. Qualitäten wie unflexibel, starr, kompliziert, risikoscheu, Silodenken und weitere mehr im selben Stil werden genannt. Auch die bisherigen Lösungsversuche der Geschäftsleitung in Richtung der gewünschten Entwicklung werden im Sinne von »mehr vom selben« unternommen. Die Optimierungsvorschläge der Changeteams enthalten schon viele Qualitäten der Integrationsphase. Die Geschäftsleitung bewertet sie jedoch als zu gefährlich, weil sie die Sicherheit vermittelnden Mechanismen der überreifen Differenzierungsphase, mit denen die Geschäftsleitung zu führen gewohnt ist, angeblich infrage stellen.

Wir fassen zusammen, was wir bisher an erwünschten Zuständen verstanden haben:

- Führungskräfte und Mitarbeitende richten sich flexibel auf die Bedürfnisse der Kundschaft aus und schöpfen ihre Befugnisse voll aus, ohne sich x-mal abzusichern.
- Die Zusammenarbeit ist über die Bereiche und Abteilungen hinweg unkompliziert.
- Entscheidungen werden schnell und auf direktem Wege getroffen.
- Die Führungskräfte verstehen sich als Problemlöser:innen für Mitarbeitende und Kund:innen.
- Die Leistungsprozesse laufen schnell und unbürokratisch.
- Gleichzeitig ist gewährleistet, dass die Führung weiterhin ein Gefühl von Übersicht, Kontrollmöglichkeiten und Steuerungsfähigkeit hat.

Die Geschäftsleitung fühlt sich durch unsere Zusammenfassung verstanden und will wissen, wie sich diese Ziele erreichen lassen. In der Folge zeigen wir kurz auf, dass es sich bei ihrer Frage um typische Spannungsfelder handelt, die in vielen Unternehmen zu balancieren sind, und dass die bisherigen Bemühungen sehr für eine sorgfältige, verantwortungsvolle und weitblickende Haltung der Geschäftsleitung sprechen. Wir fragen dann nach, ob Interesse besteht, gemeinsam zu betrachten, wie sich z.B. Formen flexibler Ordnung oder systematischer Improvisationsfähigkeit und Ähnliches verwirklichen lassen, sodass die berechtigten Bedürfnisse nach Sicherheit und jene nach Risikobereitschaft gleichermaßen berücksichtigt werden. Daran ist die Geschäftsleitung sehr interessiert. Wir zeigen ihr in einem kurzen Impuls das Modell der sieben Wesenselemente in seinen Wechselwirkungen und schauen gemeinsam, woran sie bisher gearbeitet hat und woran noch nicht. Danach zeigen wir ihr die Entwicklungsphasen von Organisationen und bitten sie, sich selbst im Ist und im Soll grob einzuordnen. Wir sprechen länger darüber, wie in einem schrittweisen und eher schlanken Prozess eine Transformation in Richtung einer diesem Unternehmen entsprechenden Form von Integrationsphase Ziel-Weg-stimmig gestaltet werden kann, die beides beinhaltet: Sicherheit und Risikobereitschaft, Stabilität und Dynamik, Übersicht und dezentrale Befugnisse.

Wir gehen an dieser Stelle nicht weiter auf den Organisationsentwicklungsprozess ein, der alle Bereiche und Hierarchieebenen des Unternehmens einbezieht, und drei Jahre dauert. Die kurze Schilderung eines Teils des Auftragsklärungsgesprächs soll nur illustrieren, wie mit den Entwicklungsphasen und den Wesenselementen syntaktischer und hypnosystemisch gearbeitet werden kann.

3.3 Systemprinzipien in der Organisationsentwicklung

Die Systemprinzipien, wie sie SySt[20] weiterentwickelt hat, unterstützen das Denken in Systemen in der Arbeit mit Einzelnen oder Gruppen von Menschen. Der SySt-Ansatz arbeitet ohne ein spezifisches Organisationsbild. Wir haben diese wertvolle Entwicklungsarbeit der Systemprinzipien in unsere Landkarte der Transformation als zentrales Modell integriert und nutzen sie in enger Verbindung mit dem Systemkonzept der sieben Wesenselemente, die eine Organisation konstituieren.

So bildet das Systemkonzept zusammen mit den Systemprinzipien eine Art zieldienliche Syntax, die es ermöglicht, selbst-bewusste Systeme *möglichst ganzheitlich und in ihren Wechselwirkungen zu erfassen* und gleichzeitig auf einer syntaktischen Ebene *deren Entwicklungs- und Innovationsfähigkeit zu fördern.*

Die Systemprinzipien können aus unserer Erfahrung als hilfreiche Heuristik für die Betrachtung selbst-bewusster Systeme genutzt werden, um Aufträge gut zu

20 Die Systemprinzipien nach SySt sind beeinflusst von der familientherapeutischen Arbeit von Ivan Boszormenyi-Nagy und der Heidelberger Schule (unter anderem Helm Stierlin, Fritz Simon, Gunther Schmidt, Gunthard Weber, Jochen Schweitzer) und nehmen Anregungen aus der Familienaufstellungsarbeit Bert Hellingers auf, die SySt jedoch auf systemtheoretische Grundlagen gestellt hat und deutlich differenzierter und konstruktivistischer verstanden werden als von Hellinger.

klären und Hinweise auf hilfreiche Interventionen für die Prozessgestaltung zu bekommen.

Auch bei Irritationen oder Störungen ist es im Verlauf eines Organisationsentwicklungsprozesses immer wieder hilfreich zu prüfen, ob im kurativen Sinne ein Blick über die Systemprinzipien einen zieldienlichen Unterschied macht.

3.3.1 Systemprinzipien als Struktur zur Förderung der Entwicklungs- und Innovationsfähigkeit

Eine syntaktische, hypnosystemische und kurative Verwendung der Systemprinzipien ermöglicht es, Individuen oder Teams eine zieldienliche Struktur, eine Syntax, anzubieten, um mit ihnen an ihren spezifischen Themenstellungen zu arbeiten.

Anstatt aufgrund von inhaltlich geleiteten Hypothesen zu arbeiten, sind wir in der Lage, darauf hinzuwirken, dass sich das Erleben einzelner Teammitglieder durch Unterschiedsbildung verändern kann. Wir arbeiten damit nicht auf der Basis von Beschreibungen, dass beispielsweise »ein Team gegenüber anderen Teams verschlossen oder abweisend ist«, sondern ermöglichen anhand des Blickwinkels über die Systemprinzipien eine differenzierte Beschreibung, wie z. B. in welchen Kontexten dieses Verhalten erlebt wird.

Erleben dies alle Teammitglieder gleich oder unterschiedlich? In welchen Funktionsverantwortlichkeiten oder Nahtstellen ist dies am deutlichsten erlebbar? Welche Regelungsprozesse prägen den Kontext? Wie wird die Zugehörigkeit zum großen Ganzen von den einzelnen Teammitgliedern erlebt? Und so weiter.

3.3.1.1 Beziehungskraft entfalten und Vielfalt managen

»Wir finden auf der Basis von Gemeinsamkeiten zusammen und wachsen auf der Basis von Unterschieden.«
Virginia Satir

Die Systemprinzipien ermöglichen es, in Organisationsentwicklungsprozessen ganz im Sinne der Aussage von Virginia Satir folgende Aspekte im Wesenselement Menschen, Gruppen, Klima differenzierter zu unterstützen und zu begleiten:

- Gestaltung von Beziehungen, die Kraft geben und den Zusammenhalt von Menschen und Gruppen fördern.
- Die Kraft und Qualität der Beziehungen zwischen den Menschen in einer Organisation ist für deren Kohäsion zentral (Ferrari 2011b, S. 108). Die Kohäsion einer Organisation ihrerseits beeinflusst im Wesentlichen deren Überlebensfähigkeit. Negativ ausgedrückt: Je weniger sich Menschen in Organisationen gegenseitig schätzen und aufeinander verlassen können, desto wahrscheinlicher werden Spaltungstendenzen und die Bildung von informellen Sub-

systemen und Zugehörigkeiten, die eine Organisation zunehmend destabilisieren können.

- *Vielfalt managen:* Gleichzeitig ist es wichtig, dass eine Organisation in der Lage ist, Vielfalt zu managen, um Fähigkeiten, Gegensätze und Unterschiede zu utilisieren und Neues weiterzuentwickeln. Denn so wichtig der Zusammenhalt der Menschen in einer Organisation ist, ist es ebenso notwendig, deren Unterschiedlichkeit komplementär zu gestalten, sodass sich individuelle Stärken, Neigungen und Eigenheiten entfalten können, was die Innovationsfähigkeit einer Organisation stärkt.

3.3.1.2 Zieldienliche Kontextgestaltung für wichtige Grundbedürfnisse von Menschen in Beziehungssystemen

Die Systemprinzipien erleichtern es auch zu betrachten, wie eine Organisation ihre Kontexte zieldienlich so gestaltet, dass wichtige Grundbedürfnisse des Menschen in Beziehungssystemen gut versorgt werden können. Gunther Schmidt (2022, Folien 8 u. 9) betont die Wichtigkeit, organisationale Kontexte so zu gestalten, dass folgende Bedürfnisse Raum finden:

- Zugehörigkeit/Sicherheit in der Beziehung
- Orientierung, Transparenz, sich einbezogen fühlen
- Rollen- und Aufgabenklarheit
- Wertschätzung der speziellen eigenen Beiträge und gleichzeitig Erleben von Verbundenheit mit wichtigen anderen
- Handlungsmöglichkeiten/Selbstwirksamkeit/eigene Kompetenz erleben/Sinnerleben
- autonome Wahlmöglichkeit und Selbstdefinition der eigenen Realität
- wohltuend gefordert (und nicht überfordert) werden, mit klaren, richtungsweisenden Zielvereinbarungen.

Ob Menschen diese Grundbedürfnisse als gewährleistet erleben, hängt davon ab, wie sie den Kontext wahrnehmen, in dem sie sich bewegen. Hierfür bieten die Systemprinzipien eine hilfreiche Struktur, um dies in einem Team- oder Organisationskontext besprechbar zu machen.

3.3.2 Systemprinzipien: Überblick und Anwendungsbedingung

3.3.2.1 Überblick

Die Systemprinzipien beinhalten als zentrales Modell unserer Landkarte (Abb. 19):

- *vier Systemprinzipien,* die einer *Systemorientierung* folgen und benennen, was hilfreiche Interventionsangebote sein könnten, wenn ein System im Ungleichgewicht ist, sodass die *Entwicklungs- und Innovationsfähigkeit* von selbst-bewussten Systemen gefördert werden können

- *zwei Metaprinzipien,* die den Systemprinzipien zugrunde liegen und als eine Art Gebrauchsanweisung wirken
- *Ausgleichsprinzipien,* die eine Struktur anbieten, wie Ungleichgewichte systematisch wieder ins Gleichgewicht gebracht werden können.

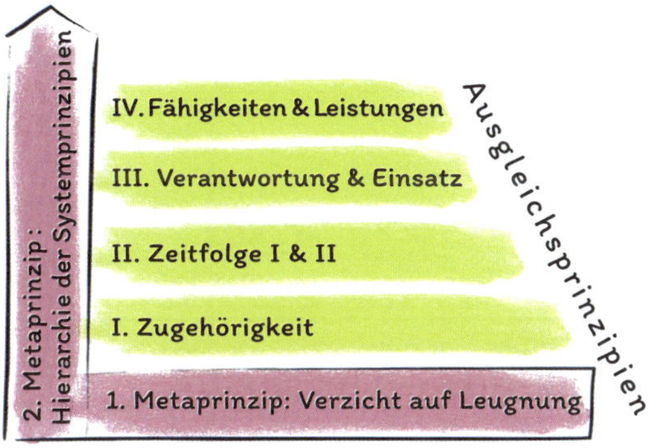

Abb. 19: Systemprinzipien

3.3.2.2 Systemorientierung als Anwendungsbedingung

Die *Systemorientierungen selbst-bewusster Systeme* beschreiben den Kontext und die Entwicklungsmöglichkeit eines Systems und bilden so auch die Anwendungsvoraussetzung für die Systemprinzipien.

Die *Systemorientierungen* formulieren, was nötig ist, damit ein System existieren und wachsen kann, Kraft und Stärke ausbaut und über sich hinaus Leistungsfähigkeit bzw. besondere Qualitäten und Fähigkeiten entfalten kann.

1) *Wie sichern Systeme ihre Existenz?*
   Systemorientierung: Sicherung der *Systemexistenz* (Zugehörigkeitsorientierung – das System soll klar erkennbar sein und sich von seiner Umwelt unterscheiden)
2) Wie gelingt es Systemen zu wachsen und aus sich heraus neue Systeme zu bilden?
   Systemorientierung: Sicherung des *Systemwachstums* (Wachstumsorientierung – neue Systemelemente können hinzukommen) *bzw. der Systemfortpflanzung* (Fortpflanzungsorientierung – neue Systeme der gleichen Art können aus dem System heraus entstehen und sich trennen)
3) Wie bauen Systeme Kraft und Stärke auf?
   Systemorientierung: Sicherung der *Systemimmunkraft* (Immunkraftbildung – Entwickelt sich eine dauerhafte Systemstärke?)
4) *Was dient dem Erhalt und Ausbau der Leistungsfähigkeit von Systemen?*
   Systemorientierung: Sicherung der *Systemindividuation* (Orientierung auf Weiterentwicklung besonderer Qualitäten, Fähigkeiten und Leistungen – entwickeln sich besondere Qualitäten?)

Aus diesen Fragestellungen und der damit verbundenen Sicherung der jeweiligen Systemorientierungen leiten sich vier Systemprinzipien ab, die in Abbildung 20 von unten nach oben aufgelistet sind.

2. Metaprinzip: Hierarchie der Systemprinzipien

Systemprinzip Es braucht Beachtung von…		Systemorientierung zur Sicherung von…
IV. Fähigkeiten & Leistungen		System-Individuation
III. Verantwortung & Einsatz		System-Immunkraft
II. Zeitfolge	Zeitliche Reihenfolge I (direkt)	System-Wachstum
	Zeitliche Reihenfolge II (indirekt)	System-Fortpflanzung
I. Zugehörigkeit	Vollständige Zugehörigkeit	System-Existenz
	Gleichwertige Zugehörigkeit	System-Existenz
1. Metaprinzip: Verzicht auf Leugnung		

Abb. 20: Systemprinzipien, Systemorientierungen und Interventionshinweise

Die Systemorientierungen sind folglich Anwendungsbedingung dafür, ob die jeweiligen Systemprinzipien überhaupt anwendbar sind bzw. ob es überhaupt Sinn macht, aus dem Blickwinkel der Systemprinzipien wertvolle Hinweise zu bekommen. So macht es beispielsweise keinen Sinn, eine Warteschlange ohne eine Systemorientierung auf Systemexistenz so zu betrachten, als wollte sie ein dauerhaftes System bilden. Oder nehmen wir die Wachstumsorientierung: Ein Gründersystem kann nicht wachsen – entweder war man bei der Gründung dabei oder nicht –, weshalb das daraus abgeleitete Systemprinzip dafür nicht relevant ist.

	Abgeleitete Fragetypen	Hilfreiche Interventionsrichtung
	Fragen zu Leistungen und Fähigkeiten	Würdige Leistungen! Fördere Fähigkeiten!
	Fragen zu Verantwortung und Einsatz	Beachte Hierarchie und wertschätze Verantwortung!
	Fragen nach der Reihenfolge, z.B.: Wer ist im System wie lange dabei?	Würdige Früheres!
	Fragen zur zeitlichen Reihenfolge zwischen Systemen und den Entstehungsbedingungen neuer Systeme	Fördere Neueres!
	Fragen zur vollständigen bzw. gleichwertigen Zugehörigkeit.	Stärke Zugehörigkeit!
		Behandle Zugehörigkeit gleich!

3.3.3 Zentrales Modell der Systemprinzipien im Einzelnen

3.3.3.1 Metaprinzipien

Die Metaprinzipien, die den Systemprinzipien zugrunde liegen, geben uns eine Art Gebrauchsanweisung und wichtige Hinweise für die Arbeit mit den Systemprinzipien.

Sie bilden das Fundament oder den Rahmen der Systemprinzipien als *zwei für den Systemerhalt relevante Metaprinzipien:*

- *Erstes Metaprinzip für den Systemerhalt – »Verzicht auf Leugnung«:*
  Damit ist gemeint, dass Systeme gefährdet werden, wenn das Gegebene geleugnet wird. Es ist als eine Art übergeordnetes Muster zu verstehen und be-

zieht sich auf die Beachtung der vier Systemprinzipien, die im Folgenden ausführlicher dargestellt werden.

- *Zweites Metaprinzip für den Systemerhalt – »Hierarchie der Systemprinzipien«:* Dieses Metaprinzip gibt vor, in welcher Reihenfolge bei möglichen Irritationen die Beachtung der Systemprinzipien zu prüfen ist: Man beginnt bei der Zugehörigkeit, geht über zu Zeitfolge I und II, dann zu Verantwortung & Einsatz und gelangt schließlich zu Fähigkeiten & Leistungen. Letzteres Metaprinzip ist besonders relevant, wenn es darum geht, Interventionsrichtungen für eine zieldienliche Prozessgestaltung abzuleiten.

Beide Prinzipien werden nun ausführlicher erläutert.

3.3.3.1.1 Verzicht auf Leugnung – Anerkennen, was ist

Dieses Prinzip bezieht sich auf die vier Systemprinzipien und ist kein moralisches Gebot im Sinne von »Du sollst nicht lügen!«. Vielmehr besagt es, dass *die Festlegungen oder Konsensrealitäten*[21] *nicht geleugnet werden,* aus denen im Sinne der Systemprinzipien Zugehörigkeit, zeitliche Reihenfolge, Verantwortung & Einsatz sowie Fähigkeiten & Leistung *abgeleitet werden können.*

So sollte nicht geleugnet werden, was festgelegt ist. Auf Ferrari (2011b, S. 68) Bezug nehmend, meinen wir mit festgelegt:

- Die *Nichtverfügbarkeit biologischer Zusammenhänge:* Mein Vater ist mein Vater, ob ich das so sehen will oder nicht. Oder: Ich bin der ältere Bruder meiner Schwester, weil ich vor ihr geboren wurde. Oder: Die beiden Geschäftsführerinnen sind verwandt.
- *Zeitliche Fakten:* Die Sitzung gestern hat mit folgenden Anwesenden stattgefunden. Oder: Im Workshop wurde ohne Gegenstimme Folgendes beschlossen. Oder: Die E-Mail X wurde am 15.06. geschrieben.
- *Vereinbarungen:* Teammitglied A gehört zum Team, auch wenn es öfter nicht an Meetings anwesend sein kann. Herr Müller ist Abteilungsleiter, auch wenn das nicht allen passt. Weil Frau Meier länger krankheitsbedingt ausgefallen ist, hat sie weniger Einsatz geleistet als der Rest des Teams, wodurch eine Unausgeglichenheit entstanden ist – auch wenn sie dafür nicht verantwortlich ist.

Das heißt, das Metaprinzip des Verzichts auf Leugnung bedeutet anzuerkennen, was ist, statt es zu leugnen – selbst wenn eine Leugnung unbewusst oder aus bester Absicht geschieht. Das Anerkennen bedeutet nun nicht, ständig über alle poten-

21 Im Sinne dessen, dass Realität konstruiert wird und nichts aus sich heraus eine Bedeutung hat, verstehen wir unter Konsensrealität die bewusste oder unbewusste gemeinsame Bedeutungsgebung eines Kollektivs zu einem Phänomen oder einem ganzen Komplex von Phänomenen. Im Kontext der Organisationsentwicklung meinen wir damit die Erarbeitung einer bewussten bzw. willentlichen Bedeutungsgebung der Ausgangslage in einer Organisation.

ziellen Probleme oder Unausgeglichenheiten zu sprechen. Vielmehr ist es entscheidend, ob etwas in der Konsensrealität der Menschen im System überhaupt als Problem bzw. Unausgeglichenheit erlebt wird.

So ist »Anerkennen, was ist« bzw. die Anerkennung des Festgelegten mehr als eine Haltung, die das Handeln oder Entscheidungen leitet, zu verstehen. Hypnosystemisch könnte man dies zusammenfassen als auswirkungsbewusstes Vorgehen in dem Sinne, dass für ein Vorhaben die relevanten Kontextfaktoren und Auswirkungen auf die Beteiligten so abgewogen werden, dass ein stimmiger und zieldienlicher Weg beschritten werden kann.

Bevor eine Organisation z. B. etwas verändert, braucht sie einen Überblick über den Zustand des Teams, des Projekts, des Unternehmens verbunden mit dem Bewusstsein, dass jede Veränderung für alle Systemmitglieder und Systemelemente (z. B. für Projekte, Werte usw.) von Bedeutung ist.

Eine Analyse, die systemische Faktoren berücksichtigt, fragt z. B. immer auch: Was bedeutet eine Entscheidung, Haltung, Handlung, Strategie usw. für die Mitarbeitenden, Projekte, Kund:innen, Strategien, Teamwerte usw.?

Über diese bewusste Vorgehensweise gelingt ein Anerkennen des Zustands, von dem die Beteiligten jeweils ausgehen.

Dieses Prinzip hat eine große Bedeutung, da beispielsweise die Existenz von selbst-bewussten lebendigen Systemen nicht einfach im technisch-instrumentellen Subsystem sichtbar ist, wie ein Gebäudeteil oder Raum. Vielmehr ist sie von den Beobachtungen und Wahrgebungen[22] der einzelnen Menschen und den daraus gebildeten Konsensrealitäten abhängig. So ist die Konsensrealität der Beteiligten z. B. entscheidend für die Frage der Systembildung ebenso wie für Themen, die zum System gehören.

Wenn wir in unserer Arbeitspraxis den Eindruck haben, dass Dinge nach wiederholten Klärungen und Bewusstseinsbildungen immer noch »eher rätselhaft« oder merk-würdig erscheinen (z. B. wenn in der Organisation ein Scheitern am immer gleichen Punkt oder wiederkehrende Konflikte im System auftauchen, wofür niemand eine Erklärung findet), versuchen wir über die Systemprinzipien zu erkunden, inwieweit etwas in Vergessenheit geraten sein könnte, das für den jeweiligen Kontext von Bedeutung ist. Dafür kann die oft benutzte systemische Abschlussfrage hilfreich sein: »Gibt es etwas, das wir zu fragen versäumt haben, oder etwas, das Sie gerne noch ergänzen möchten?«

Georg Spencer-Brown (1994) beschreibt ein Bild, das dieses Prinzip gut wiedergibt:

> »Es gibt ein Spiel, das Kinder spielen, wenn die Flut kommt. Sie bauen um sich herum eine vermeintlich undurchdringliche Sandmauer, um das Wasser so lange wie möglich draußen zu halten. Natürlich sickert das Wasser von unten durch, und irgendwann

22 Gunther Schmidt (2017, S. 19) schlägt vor, statt von Wahrnehmung eher von Wahrgebung zu sprechen, weil dies deutlich macht, dass es sich dabei um einen – allerdings meist unbewussten – aktiven Prozess der Bedeutungsgebung handelt und nicht um ein Feststellen objektiver Tatsachen.

durchbricht es die Mauer und überflutet alles. Erwachsene spielen ein ähnliches Spiel. Sie umgeben sich mit einer vermeintlich undurchdringlichen Mauer aus Argumenten, um die Wirklichkeit draußen zu halten. Doch die Wirklichkeit sickert von unten durch, durchbricht irgendwann die Mauer und überflutet uns alle.«

3.3.3.1.2 Hierarchie der Systemprinzipien

Mit Hierarchie der Systemprinzipien ist gemeint, dass sie aufeinander aufbauen und entsprechend in ihrer Bedeutung berücksichtigt werden sollten.

So macht es keinen Sinn, nach Systemwachstum oder -fortpflanzung zu schauen, wenn die Systemexistenz akut bedroht ist, weil die Zugehörigkeit unklar ist.

Oder Systeme, deren Wachstum und Fortpflanzung gefährdet ist, können ihre Immunkraftbildung nicht ausreichend gewährleisten. Genauso wie Systeme, deren Immunkraftbildung geschwächt ist, sich erst um diese kümmern müssen, ehe sie mehr für ihre Individuation tun können.

Daraus abgeleitet stellen wir bei Irritationen in einem System erst mal Fragen zur Zugehörigkeit, bevor wir zur Zeitfolge, zu Verantwortung und Einsatz und zu Fähigkeiten und Leistungen gehen.

Insa Sparrer (zit. nach Ferrari 2011b, S. 71) sagt dazu: »Um eine Schwierigkeit zu haben, braucht man nur die richtigen Schritte in der falschen Reihenfolge zu gehen.« Mit anderen Worten: Sorge erst für eine Stabilität des Fundaments, bevor du das Dach baust!

3.3.3.2 Systemprinzipien

3.3.3.2.1 Zugehörigkeit

Damit selbst-bewusste Systeme sich bilden und existieren können, muss klar sein, wer dazugehört und wer nicht. Systeme brauchen Grenzen, die über Zugehörigkeitsbedingungen definiert sind oder werden. Nur so kann sich ein System als solches selbst wahrnehmen und auch von außen als System gesehen werden. Je unklarer die Zugehörigkeit eines Systems ist, desto bedrohter ist seine Existenz.

Die Zugehörigkeit ergibt sich aus festgelegten Zugehörigkeitsbedingungen. Sparrer folgend (2004, S. 122) kommt nur gemäß diesen Bedingungen jemand in die Gemeinschaft der Organisation, und nur gemäß diesen Bedingungen können wir wissen, wer oder was dazugehört und wer bzw. was nicht.

Die Grenzen und Zugehörigkeitsbedingungen sind nicht objektiv feststellbar, sondern hängen von der Perspektive der einzelnen Betrachter:innen ab. Diese perspektivenabhängige Grenzziehung erfordert folglich eine gemeinsame klare Konsensrealität bezüglich der Zugehörigkeitsbedingungen in den Köpfen und Herzen der Menschen (Ferrari 2011a, S. 42). Je umstrittener diese sind, desto mehr Störungen und Erschütterungen des Systems treten auf und bedrohen im schlimmsten Fall dessen Existenz. Es geht also nicht um eine allgemein und für immer gültige Zugehörigkeitsdefinition, sondern darum, diese im Konsens der Systemmitglieder zu klären.

Werden Zugehörigkeitsbedingungen infrage gestellt, leitet sich daraus die Interventionsrichtung ab, diese zu klären um das System zu stabilisieren.

Im Rahmen des Prinzips der Zugehörigkeit sind zwei Aspekte und damit verbundene Interventionsrichtungen zu differenzieren:

- *Vollständige Zugehörigkeit:* Wird eine gegebene Zugehörigkeit nicht beachtet, können Störungen entstehen.

Dazu ein Beispiel:

Hat eine Organisation ihren Hauptsitz mit den meisten Mitarbeitenden in einer Stadt und daneben eine kleine Filiale mit wenigen Mitarbeitenden in einer anderen Stadt, kann es passieren, dass das Teilsystem der Filiale bei bestimmten Anlässen oder Informationen versehentlich vergessen wird. Dadurch können Irritationen oder Missverständnisse entstehen, die korrigiert werden sollten, sodass sich die Mitarbeitenden der Filiale wieder vollständig dem Gesamtsystem zugehörig fühlen.

Interventionsrichtung: Stärke die Zugehörigkeit!

- *Gleichwertige Zugehörigkeit:* Wie eine Frau nicht ein bisschen schwanger sein kann, kann man nicht ein bisschen dazugehören. Erleben sich Mitglieder eines Systems nicht als gleichwertig behandelt, können ebenfalls Störungen entstehen. Unter gleichwertiger Zugehörigkeit wird nicht verstanden, dass alle Mitglieder eines Systems die gleichen Befugnisse haben müssen.

Beispiel 1

In einer Familie mit kleinen Kindern ist es klar, dass die Verantwortung der Eltern für das System eine andere ist als jene der Kinder. Jedoch kann nicht behauptet werden, dass die Kinder deshalb weniger zum System der Familie gehören als die Eltern.

Beispiel 2

Durch Zusammenlegung zweier Abteilungen im Rahmen einer Fusion ist der Führungskreis mit unterschiedlichen Mitteln ausgestattet. Führungskräfte, die aus Firma A kamen, hatten Laptop und Firmenhandy, die aus Firma B nicht. Bei den ersten gemeinsamen Meetings wurde sehr deutlich, dass die Führungskräfte aus Firma B sich nicht als gleichwertig zum neuen Firmenkonstrukt zugehörig betrachteten, in dem es üblich war, dass jede Führungskraft ein Firmenhandy und ein Laptop hat.

Interventionsrichtung: Behandle Zugehörigkeit gleich!

Dabei geht es nicht darum, ob die Zugehörigkeit von Mitgliedern absichtlich oder versehentlich als nicht vollständig oder gleichwertig behandelt wurde, sondern es geht um die Wirkung im System bzw. in der Konsensrealität der Menschen im System.

3.3.3.2.2 Zeitfolge

Bei der Zeitfolge geht es um die Fähigkeit von Systemen, wachsen oder sich fortpflanzen zu können.

Dabei unterscheiden wir die sog. *direkte Zeitfolge,* in der es um *Systemwachstum* geht, und die *indirekte Zeitfolge,* die für die *Systemfortpflanzung* wichtig sein kann. Und wie schon ausgeführt, spielt die Zeitfolge nur dann eine Rolle, wenn eine dieser beiden Systemorientierungen gegeben ist.

- *Direkte Zeitfolge:* Wächst ein System, gilt das Prinzip der *Würdigung des Früheren vor dem Späteren.* Das bedeutet z. B. in einem Team, dass neue Teammitglieder anerkennen und würdigen sollten, dass die bisherigen Teammitglieder schon vorher da waren und Leistungen für das System erbracht haben. Das heißt aber nicht, dass die bisherigen Teammitglieder mehr dazugehörten oder mehr Rechte hätten als die neuen. (Hier ist das Prinzip der Zugehörigkeit als Basis entscheidend.) Würdigen bedeutet, dass es empfehlenswert ist anzuerkennen, dass die einen schon vor den anderen da waren. Wird dies nicht getan, können Irritationen bzw. psychosoziale Störungen entstehen.

In einem Team wurde eine neue Stelle geschaffen, um das gewachsene Auftragsvolumen besser bewältigen zu können. Die neue Mitarbeiterin war voller Elan und brachte ab dem ersten Tag Ideen ein, wie Prozesse optimiert werden könnten. Nach einigen Wochen war sie frustriert, fühlte sich ausgegrenzt und hatte den Eindruck, dass ihre Vorschläge immer nur auf Ablehnung stoßen. Die Mitarbeiterin erzählte uns davon in einer mehrteiligen Weiterbildung und fragte um Rat. Wir erläuterten ihr die Systemprinzipien und schlugen ihr vor, mal auszuprobieren, ob es einen Unterschied macht, wenn sie bei der nächsten Teamsitzung mitteilt, dass sie vor lauter Motivation übersehen habe, dass die anderen schon lange viel Arbeit in diesem Team geleistet haben und es sicher gute Gründe für die bisherigen Prozesse gegeben habe. Und dass es ihr gleichzeitig wichtig sei, auch ihre Ideen einzubringen, dabei jedoch die bisherigen Überlegungen immer einzubeziehen. Sie probierte dies aus und berichtete im nächsten Modul, sie sei erstaunt gewesen, wie die Stimmung nach ihrem Statement schlagartig wechselte und die anderen meinten, sie seien ihr gegenüber vielleicht ein wenig zu kritisch gewesen.

Interventionsrichtung: Würdige Früheres!

Nicht jedes System ist wachstumsorientiert. Ein Team von Experten, die z. B. für das Hosting einer demnächst auslaufenden Kundenapplikation verantwortlich sind, ist nicht wachstumsorientiert, sodass die oben genannte Interventionsrichtung nicht geeignet wäre, da die Systemorientierung Wachstum nicht gesichert werden muss.

- *Indirekte Zeitfolge:* Will sich ein System fortpflanzen, gilt die indirekte Zeitfolge mit dem *Prinzip »Fördere Neues!«* Ein neues System braucht erst mal besondere Aufmerksamkeit und Energie, damit es eine Haut, eine Grenze, bilden und als (Teil-)System eigenständig werden kann. Bekommt es diesen (vorübergehenden) Vorrang der Aufmerksamkeit nicht, können Schwierigkeiten und Instabilitäten auftreten.

Matthias Varga von Kibéd (zit. nach Ferrari 2011b, S. 55) nennt dies »Startbonus mit bevorzugter Aufmerksamkeit«. Diesen Startbonus zu gewähren wäre z. B. dann nicht der Fall, wenn andere Bereiche einer Organisation einer neu gebildeten Einheit eher ablehnend gegenüberstehen, die Zusammenarbeit verweigern oder bewusst deren Mitglieder ständig mit Bezug auf ihre bisherigen Aufgaben ansprechen würden. Denn so kann das Team nur schwer starke eigene Grenzen bilden.

Eine Organisation schafft eine Abteilung, die ein neues Geschäftsfeld entwickeln soll. Damit dieses erfolgreich etabliert werden kann, wird das neue Gebilde von den bisherigen Abteilungen und den internen Dienstleistern entsprechend unterstützt, die notwendigen Ressourcen werden zur Verfügung gestellt und genügend Management-Attention gewährleistet. Das heißt: Das neue Geschäftsfeld und das dafür geschaffene Teilsystem bekommt vorübergehend einen Startbonus im Sinne bevorzugter Aufmerksamkeit, gleichzeitig muss eine Balance gefunden werden, um auch das Frühere in der Gesamtorganisation zu würdigen und nicht aus den Augen zu verlieren.

Interventionsrichtung: Fördere Neues!

Ob es hilfreich ist, die direkte oder die indirekte Zeitfolge zu berücksichtigen, hängt also davon ab, ob es um Wachstum oder Fortpflanzung des Systems geht bzw. wie dies die jeweiligen Beteiligten sehen.

3.3.3.2.3 Einsatz und Verantwortung

Dieses Prinzip hat die Ausrichtung, die Immunkraft von Systemen zu stärken, indem Einsatz und Verantwortung der einzelnen Mitglieder des Systems anerkannt und gewürdigt werden – ebenso von Hierarchien bzw. Funktionen.

Es liegt auf der Hand, dass ein System gestärkt wird, wenn alle Mitglieder ihre Verantwortung für das Gesamtsystem übernehmen und sich bei Bedarf besonders engagieren. Dafür ist es hilfreich, wenn (z. B. in Firmen) Verantwortlichkeiten und Rollen gut geklärt sind, manchmal (z. B. in Familien – Mutter, Vater, Kinder) sind diese jedoch einfach auch informell vorhanden und implizit klar. Jedenfalls ist es leicht nachvollziehbar, dass die Wahrscheinlichkeit für Schwierigkeiten steigt, wenn Verantwortlichkeiten nicht übernommen werden oder eine Rollenkonfusion besteht. Auch ist es gut nachvollziehbar, dass Menschen, die sich besonders einsetzen, dafür eine Form von Wertschätzung brauchen, um die Motivation für dieses besondere Engagement nicht zu verlieren. Gerade für besonders herausfordernde Situationen und Krisen ist die Beachtung dieses Systemprinzips besonders relevant, weil sonst die Gefahr besteht, dass durch Verantwortungsdiffusion oder Demotivation von Systemmitgliedern die notwendige Immunkraft zur Bewältigung der Situation fehlt.

Führungskraft übernimmt nicht Verantwortung

Wir wurden für die Begleitung eines Marketingteams angefragt, von dem es hieß, es sei nicht führbar und es gäbe viele Konflikte. Im Gespräch mit dem Teamleiter und verschiedenen Teammitgliedern wurde deutlich, dass der Leiter aus Sicht der Mitarbeitenden vor allem nach außen gerichtet arbeite und ständig unterwegs sei, jedoch nach innen überhaupt nicht spürbar sei und keinerlei Führung, Koordination und Verantwortung für zu treffende Entscheidungen übernehme. Der Teamleiter verstand das Problem nicht, weil er der Ansicht war, er überlasse dem Team die Verantwortung für alle zu treffenden Entscheidungen und vertraue diesem voll. Er sei der vertrauensvolle und nondirektive Typ und kümmere sich lieber um die Unterstützung des Vertriebs. Mit dem Fokus auf das Systemprinzip »Einsatz und Verantwortung« betrachtet, zeigte sich in der Konsensrealität des Teams das Bild, dass die Führungskraft einen Teil der Verantwortung seiner Funktion nicht wahrgenommen und implizit ans Team »delegiert« hatte. (Ohnehin können einzig Tätigkeiten delegiert werden, nicht jedoch Verantwortung; Verantwortung kann abgegeben werden, dann aber liegt sie woanders.) Dies ließ insbesondere einzelne Teammitglieder in informelle Führungsrollen einsteigen, wodurch die hierarchischen Funktionen verwischt wurden.

In unserer Beratung dieses Teams erweiterten wir die Perspektive dahingehend, dass wir das Systemprinzip erläuterten und dann fragten, ob es denn für die Teammitglieder einen Unterschied machen würde, wenn die hierarchischen Funktionen und die damit verbundenen Verantwortlichkeiten neu definiert würden? Etwa so, dass es eine Co-Leitung mit der Verantwortung Außen- und Innenorientierung gäbe? Im Laufe des Prozesses wurden schließlich die Funktionen neu definiert und so angepasst, dass sie den Gegebenheiten und Ressourcen der einzelnen Mitglieder Rechnung trugen, und der bisherige alleinige Teamleiter erhielt tatsächlich eine starke und motivierte Frau aus dem Team als Co-Leiterin. Auch anerkannte er, dass er zu lange unabsichtlich zu viel Verantwortung »delegiert« hatte, entschuldigte sich dafür und sprach seine Wertschätzung dafür aus, dass das Team lange Zeit Einsatz in seinem Verantwortungsbereich geleistet hatte. Insgesamt führte dies zu einer positiven und stabilen Entwicklung des Marketingteams.

Interventionsrichtung: Beachte Hierarchie, und wertschätze Verantwortung!

Die Beachtung von Zugehörigkeit, zeitlicher Reihenfolge und Einsatz/Verantwortung stärkt nach Ferrari (2011b, S. 62) das, was ein Team dauerhaft lebendig, arbeitsfähig und erfolgreich erhält. Leistung betont dagegen eher den kurzfristigen Aspekt.

3.3.3.2.4 Fähigkeiten und Leistungen

Dieses Systemprinzip unterstützt die Individuation von selbst-bewussten Systemen, indem Fähigkeiten gefördert und Leistungen gewürdigt werden. Das heißt, es wird die ständige Weiterentwicklung der Fähigkeiten der Systemmitglieder und die Gestaltung der sieben Wesenselemente im Dienst der Leistungsfähigkeit besonders fokussiert. Treten in einem System Schwierigkeiten auf, wird in der Regel schnell auf dieses Systemprinzip fokussiert und die Frage gestellt, ob Fähigkeiten fehlen oder es an Leistungswillen mangelt. Und selbstverständlich ist es auch wichtig, in diese Richtung zu blicken und dafür zu sorgen, dass Fähigkeiten gefördert und Leistungen gewürdigt werden. Im Sinne der System- und Metaprinzipien geschieht dies jedoch erst, nachdem auf Zugehörigkeit, Zeitfolge und Einsatz/Verantwortung geschaut worden ist.

Besteht der Eindruck, dass das Systemprinzip »Fähigkeiten und Leistungen« zu wenig berücksichtigt sein könnte, lautet die *Interventionsrichtung: Fördere Fähigkeiten und würdige Leistungen!*

In der Praxis von Organisationen gibt es dazu unzählige und systematische Maßnahmen, weil gerade Organisationen in Wirtschaft und Verwaltung oder NGO darauf angewiesen sind, dass fähige Mitarbeitende wirtschaftlich effiziente und qualitativ effektive Leistungen erbringen. Weiterbildungsmaßnahmen, Workshops, Anreizsysteme, Entwicklungsgespräche u. v. m. sind Versuche, Fähigkeiten zu fördern und Leistungswillen zu erzeugen.

Wie stark Leistungen in der Perspektive der jeweiligen Mitarbeitenden gewürdigt werden, ist eine andere Frage. Nach unserer Erfahrung kann es passieren, dass Leistungen zwar hervorgehoben und betont werden, und dennoch Unzufriedenheiten bestehen, weil beispielsweise Zugehörigkeiten nicht vollständig geklärt oder Verantwortung zu wenig gewürdigt wird. Das heißt, die wichtigen Wechselwirkungen der Systemprinzipien sind zu beachten. Auch könnte man sagen, dass zwischen den einzelnen Systemprinzipien Balancierungen notwendig sind, selbst wenn sie aufeinander aufbauen (Hierarchie der Systemprinzipien; Kap. 3.3.3.1.2). So kann beispielsweise die Förderung und Würdigung von Leistungen materiell und immateriell dermaßen stark betont werden, dass das Prinzip der gleichwertigen Zugehörigkeit für viele Menschen einer Organisation nicht mehr genügend Beachtung findet. Es kann aber auch das Gegenteil gelten: Aus lauter Angst, das Prinzip der gleichwertigen Zugehörigkeit zu verletzen, werden besondere Fähigkeiten und Leistungen nicht mehr gewürdigt und eher behindert. Beides ist aus unserer Sicht nicht hilfreich.

3.3.3.3 Ausgleichsprinzipien des Gebens und Nehmens

> »Wenn es gelingt, in Veränderungsprozessen, bei Verhandlungen und im gemeinsamen Handeln von Anfang an und immer mehr eine Kultur des Ausgleichs zu schaffen, stärkt dieses den Zusammenhalt im Unternehmen und die Wirkungskraft von Entscheidungen enorm. Ausgleichsprinzipien sind eine sehr fortgeschrittene Haltung und Arbeits-

weise für Verhandlungs- und Veränderungsprozesse.« (Ferrari u. Rühl 2017, 6.3, Position 205)

Insa Sparrer und Matthias Varga von Kibéd haben sich sehr intensiv mit der Frage beschäftigt, wie bei Irritationen und Verletzungen in Systemen auf systemischere Art und Weise Ausgleichshandlungen gelingen. Sie haben dazu fünf Ausgleichsprinzipien entwickelt, deren Berücksichtigung bei Interventionsangeboten im Kontext der Systemprinzipien hilfreich wirkt.

Wir stellen in der Folge die Ausgleichsprinzipien inhaltlich und anhand einer Praxissituation aus einem Unternehmen kurz dar:

3.3.3.3.1 Anerkennung der Ausgleichsverpflichtung als eigentlicher Ausgleich

Wenn ich erkenne, dass ich vielleicht unabsichtlich eine Zugehörigkeit irritiert oder die Zeitfolge nicht genügend gewürdigt habe, und gegenüber den anderen Systemmitgliedern anerkenne, dass ich ihnen dadurch eine Form von Ausgleich schulde, wirkt dies stärker als die eigentliche Ausgleichshandlung.

Beispiel, Teil 1: Ein CEO ist mit dem Ergebnis eines längeren Projekts unzufrieden und kritisiert die Projektleiterin bei einem wichtigen Meeting mit vielen Teilnehmenden, ohne die Kontextfaktoren des Projekts – Lieferschwierigkeiten, Personalausfälle und technische Probleme durch Dritte – und das enorme Engagement der Projektleiterin genügend zu berücksichtigen.

Die Projektleiterin – eine auf dem Arbeitsmarkt sehr gesuchte Frau – fühlt sich ungerecht behandelt und droht mit Kündigung. Der CEO bringt diese Situation ins Coaching ein und erkennt durch Fragen nach den Systemprinzipien, dass er das Prinzip von Einsatz und Verantwortung nicht genügend gewürdigt hat. Daraufhin bittet er die Projektleiterin um Entschuldigung und teilt ihr mit, dass er sich nicht adäquat verhalten und dadurch eine nicht beabsichtigte Auswirkung gesetzt hat und ihr Ausgleich schuldet.

3.3.3.3.2 Ausgleichsleistung wird wirksam als Anerkennung der Ausgleichsverpflichtung

Die eigentliche Ausgleichsleistung ist jedoch wichtig, um der Anerkennung der Ausgleichsverpflichtung Nachdruck zu verleihen. Dabei ist zu berücksichtigen, dass die Gläubiger:innen die Währung der Ausgleichsleistung bestimmen und nicht die Schuldner:innen.

Beispiel, Teil 2: Der CEO bietet der Projektleiterin an, ihr für ihr Engagement eine Boniszahlung zu leisten, was sie jedoch ablehnt, weil es ihr nicht um Geld gehe, wie sie betont. Sie wünscht sich, dass er vor dem gleichen Kreis, vor der er sie aus ihrer Sicht ungerecht behandelt hat, sein Verhalten bedauert und dem Kreis verspricht, dass er für künftige Projekte die Rahmenbedingungen und Planungsszenarien verbessert. Diese von ihr gewünschte »Währung« der Ausgleichsleistung behagt dem CEO nicht, er traut sich aber nicht, ihr das zu sagen, und meint, er werde das an einem der nächsten Meetings so machen.

3.3.3.3.3 Verweigerung der Ausgleichsleistung hebt Anerkennung auf

Wenn ich zwar anerkenne, dass ich beispielsweise meine Verantwortung an einer bestimmten Stelle nicht wahrgenommen habe, und ankündige, was ich dafür als Ausgleich leisten will, es dann jedoch nicht tue, wird sich dies auf die anderen Mitglieder im System wahrscheinlich so auswirken, dass sie mir nicht glauben, dass ich meine Anerkennung ernst gemeint habe.

Beispiel, Teil 3: Der CEO lässt das erste Meeting ohne die zugesagte Handlung verstreichen und begründet dies auf Nachfrage der Projektleiterin mit Zeitmangel angesichts vieler Themen. Auch im nächsten Meeting geschieht nichts zum Thema – der CEO kommt erst gegen Ende dazu, das Thema im Meeting anzusprechen, und wirkt dabei gehetzt und angespannt. Die Projektleiterin beginnt daran zu zweifeln, dass der CEO seine Entschuldigung ernst gemeint hat, und schreibt ihm eine E-Mail dazu, in der sie das Thema der Kündigung wieder auf den Tisch bringt.

3.3.3.3.4 Verwechslung von Ausgleich und Ausgleichsleistung macht letztere zur bloßen Bezahlung

Wenn ein Ausgleich zwar geleistet wird, nicht jedoch deshalb, weil es wirklich aus der Anerkennung der Ausgleichsschuld geschieht, sondern weil man einfach seine Ruhe haben oder andere beruhigen will, verkommt der Ausgleich zur Bezahlung, was sich in der Regel nicht heilsam auf das irritierte Systemprinzip auswirkt – dieses bleibt irritiert.

Beispiel, Teil 4: Aufgrund der E-Mail der Projektleiterin beschließt der CEO, dass er am nächsten Meeting seine Kritik von vor ein paar Wochen bedauert und ankündigt, dass die Projektplanung künftig anders laufen müsse. Er führt diesen Entschluss auch aus, jedoch in den Augen der Anwesenden so, dass der Eindruck entsteht, er übernehme nicht wirklich die Verantwortung für seine Worte, weil er sehr schnell spricht und dann gleich das Thema wechselt, sodass niemand die Gelegenheit hat, darauf einzugehen. Auf die Projektleiterin und die anderen Teilnehmenden wirkt die Aktion eher wie eine Alibiübung.

3.3.3.3.5 Ausgleichsleistungen an sich leisten nie Ausgleich

Der eigentliche Zweck von Ausgleichsleistungen besteht in der nachdrücklichen Anerkennung einer Ausgleichsleistungspflicht, die mit Einsicht und Einfühlung zu tun hat. Diese eher subtilere, psychosoziale Ebene ist es, die eine Irritation eines Systemprinzips im Wesentlichen heilen kann. Natürlich und wie oben ausgeführt ist die eigentliche Ausgleichsleistung dennoch wichtig, sie leistet jedoch nicht den eigentlichen Ausgleich.

Beispiel Teil 5: Die Projektleiterin entscheidet sich, ihre Kündigung einzureichen, weil sie keinen Fortschritt im Verhalten des CEO sieht und sich eher noch weniger ernst genommen fühlt, als es nach der Kritik vor einiger Zeit der Fall war. Der CEO versteht die Welt nicht mehr und sagt zur Projektleiterin, er habe ihre Forderung doch erfüllt, er verstehe nun gar nichts mehr. Die Projektleiterin antwortet daraufhin, dass genau dies das Problem sei.

Im weiteren Verlauf dieses Buches vertiefen wir die Ausgleichsprinzipien nicht weiter. Denn durch die hier ausführlich vorgestellte syntaktische, hypnosystemische und kurative Arbeit mit der Landkarte der Transformation von Organisationen arbeiten wir grundsätzlich im Sinne der Ausgleichsprinzipien.

Dies wird insbesondere durch die im Kapitel 3.4 im Zentrum stehenden Basisprozesse der Organisationsentwicklung deutlich, deren Zusammenspiel nicht nur dabei unterstützt, die Systemprinzipien zu berücksichtigen, sondern auch Irritationen in Systemen wirksam anzugehen und Ausgleich anzuregen.

3.3.4 Anwendung in der Praxis: Fusion zweier werteorientierter Kliniken

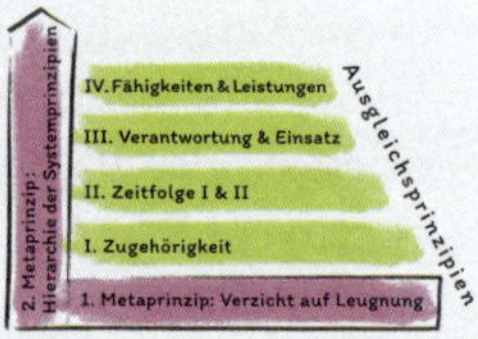

In einem Dorf in der Nähe einer großen Stadt gab es zwei Kliniken, die sich beide einer ganzheitlichen, menschengemäßen Medizin verschrieben hatten, und deren Gebäude nur 300 Meter Luftlinie voneinander entfernt lagen:

Klinik A bestand schon seit fast 100 Jahren und hatte zu dem Zeitpunkt rund 350 Mitarbeitende. Die medizinischen Angebote waren – grob gegliedert – Innere Medizin, Onkologie, Psychosomatik/Psychiatrie, ambulante Hausarztmedizin sowie viele therapeutische Angebote, die die Ganzheitsmedizin unterstützen.

Das Organigramm der Klinik gliederte sich in Ärztliche Dienste, Pflege, Therapien, Dienste (Küche, Reinigung, Umgebungspflege), Finanzen/Administration/Personal und wurde von einer dreiköpfigen Klinikleitung ohne Vorsitz geführt (Chefarzt – ärztlicher Dienst und Therapien; Leiter Dienste/Finanzen; Leiterin Pflege), wobei der Chefarzt und der Leiter Finanzen/Dienste gleichzeitig Mitglieder des Aufsichtsrates waren.

Die finanzielle Lage der Klinik war gesund, und sie hatte einen guten Ruf als schulmedizinisch wie auch hinsichtlich der ergänzenden ganzheitlichen Angebote kompetentes Krankenhaus.

Klinik B wurde vor mehr als 50 Jahren nach einem Konflikt in der Ärzteschaft von Klinik A über unterschiedliche Sichtweisen zu bestimmten Behandlungsmethoden gegründet und hatte zum Zeitpunkt der Fusion 150 Mitarbeitende. Ihr medizinisches Angebot fokussierte sich auf die Onkologie, und die Klinik hatte sich auf diesem Gebiet für ihre ganzheitlichen Behandlungsmethoden einen weltweiten Ruf erarbeitet.

Das Organigramm gliederte sich ebenfalls nach ärztlichem Dienst, Pflege, Therapien, Dienste und Finanzen/Administration. Die Klinikleitung bestand aus einem Chefarzt, einem Leiter Pflege und einer Leiterin Finanzen/Administration/Dienste. Die finanzielle Lage dieser Klinik war sehr schlecht, sie stand finanziell vor dem Abgrund, ihr Ruf als Kompetenzzentrum für ganzheitliche Onkologie hingegen war nach wie vor sehr gut.

Aufgrund der finanziellen Schieflage von Klinik B und weil es schon länger Gespräche zwischen den beiden Institutionen darüber gab, ob es nicht lohnender wäre, sich zusammenzutun und Synergien zu nutzen, um als größere Organisation am Markt aufzutreten, beschlossen die beiden Aufsichtsräte die Fusion beider Krankenhäuser zu einer *neuen Klinik C mit neuem Namen*. Vom Beschluss der Aufsichtsräte bis zur rechtlichen Umsetzung waren es nur sechs Monate, weil die Zeit aus mehreren Gründen drängte.

Die Fusion wurde von den Aufsichtsräten als *»Inklusion«* bezeichnet: *Klinik B wird in die rechtliche Hülle von Klinik A integriert*, während die Onkologie von Klinik A in die Onkologie von Klinik B integriert wird. Gegenüber Mitarbeitenden und Öffentlichkeit wurde die *»Inklusion« als ein Zusammenschluss auf Augenhöhe zu einer neuen Klinik C* kommuniziert.

Die neue Klinikleitung setzte sich zusammen aus den bisherigen Mitgliedern der Leitung von Klinik A sowie zwei Mitgliedern von Klinik B (Chefarzt, Leiterin Dienste), die gemeinsam als Gremium und ohne Binnenhierarchie die neue Klinik C führen sollten. Der bisherige Aufsichtsrat von Klinik A sollte der künftige Aufsichtsrat von Klinik C sein.

Wir wurden kurz vor der rechtlichen Umsetzung der Fusion von der fünfköpfigen Leitung der neuen Klinik kontaktiert, um darüber zu sprechen, wie ein Post-Merger-Organisationsentwicklungsprozess gestaltet werden könnte, da der Klinikleitung klar war, dass es viele anspruchsvolle Themen zu regeln gibt.

Nebst den beschriebenen Aspekten haben wir im Gespräch folgende weiteren Informationen erhalten:

- Im Aufsichtsrat der neuen Klinikleitung werden Chefarzt und Leiter Finanzen/Administration von Klinik A Mitglieder sein, die anderen Mitglieder der Leitung von Klinik A jedoch nicht.
- Der Chefarzt von Klinik B übernimmt die Leitung der fusionierten Onkologie
- Der Chefarzt von Klinik A wird Chefarzt aller ärztlichen Dienste und führt somit im Arbeitsalltag seine – formal gleichgestellten – Kollegen aus der Klinikleitung.
- Mit wenigen Ausnahmen werden die bisherigen Führungskräfte von Klinik A auch die Führungskräfte von Klinik C sein.
- Der Leiter Pflege von Klinik B sollte der Leiterin Pflege von Klinik A unterstellt werden; er beschloss zu kündigen.
- Die 300 Meter entfernten Liegenschaften sollen neu so genutzt werden, dass in den bisherigen Räumlichkeiten von Klinik B die fusionierte Onkologie untergebracht wird, während alle anderen medizinischen Angebote in den Liegenschaften von Klinik A weiterlaufen.
- Aufgrund der Dringlichkeit und des Tempos würden die Arbeitsbekleidungen, Logos und Beschilderungen vor Ort zum Zeitpunkt der rechtlichen Fusion immer noch auf Klinik A bzw. Klinik B lauten.
- Die Lohnsysteme beider Kliniken würden zum Zeitpunkt des Vollzugs der Fusion noch unterschiedlich sein: Die Mitarbeitenden von Klinik A verdienten zum damaligen Zeitpunkt deutlich weniger als die Mitarbeitenden von Klinik B.

- Die finanziellen Ziele für das neue Konstrukt Klinik C sind ehrgeizig, weil durch die roten Zahlen von Klinik B auch Belastungen vorhanden sind, die Einsparungen und Effizienzgewinne notwendig machen.
- Die IT-Systeme der Kliniken sind noch unterschiedlich, aufgrund des Wachstums muss die Informatik von Klinik A aufgerüstet werden, um alle Prozesse von Klinik B aufnehmen und abbilden zu können.
- Schon einige Monate vor der Fusion wurden aufgrund der finanziellen Lage von Klinik B rund 20 % der Mitarbeitenden entlassen. Das war eine Bedingung von Klinik A, um in die Fusion einzuwilligen.
- Die Stimmung der Mitarbeitenden in beiden Kliniken bezogen auf die Fusion wird von den Mitgliedern der Klinikleitung so beschrieben, dass es schon einige wichtige Leute gebe, die sich darauf freuen und die Fusion begrüßen, dass aber auch viel Skepsis, Sorge und teilweise Ärger vorhanden sei. Die Mitglieder der Klinikleitung erzählen, dass bei vielen Mitarbeitenden von Klinik A die Befürchtung besteht, nun mit Unruhe, Sparmaßnahmen und Mehraufwand dafür bezahlen zu müssen, dass Klinik B über ihre Verhältnisse gelebt habe. Andererseits fühlen offenbar viele Mitarbeitende von Klinik B sich in ihrem Engagement und ihren Leistungen für eine innovative onkologische Medizin nicht wertgeschätzt und befürchten, ihre einzigartigen Errungenschaften könnten verloren gehen.
- Die Kulturen der beiden Kliniken werden von der Klinikleitung als miteinander kompatibel gesehen, weil auf der Basis des gleichen ganzheitlichen Verständnisses von Medizin gearbeitet werde. Gleichzeitig sehen unsere Gesprächspartner:innen sehr große Unterschiede hinsichtlich des Selbstverständnisses der Mitarbeitenden, des Führungsverständnisses und bezogen auf das Arbeitsklima und die Art und Weise, wie die Arbeitsprozesse gestaltet sind.
- Hinsichtlich der in Kapitel 3.2 beschriebenen Entwicklungsphasen wurden uns für Klinik A weitgehend Beschreibungen von Qualitäten der Differenzierungsphase genannt, während wir über Klinik B viele Qualitäten einer typischen überreifen Pionierphase gehört hatten; diesen Aspekt vertiefen wir an dieser Stelle nicht, da wir hier auf die Systemprinzipien fokussieren.
- Im Folgenden betrachten wir diese hier nur aus Sicht der Klinikleitung dargestellte Ausgangslage unter der Perspektive der Systemprinzipien. Dabei ist uns wichtig, hier nochmals zu betonen, dass dieses zentrale Modell der Systemprinzipien ebenfalls dazu dient, Fragen zu stellen und Paraphrasierungen anzubieten, um bei unseren Gesprächspartner:innen bzw. im Klientensystem eine Bewusstseinsbildung für – vielleicht sehr unterschiedliche oder auch neue – Perspektiven anzuregen.
- Aus didaktischen Gründen zeigen wir jeweils auf, welche hinsichtlich der Meta- und Systemprinzipien relevanten Informationen von der Ausgangslage aufgenommen werden und später für die Prozessgestaltung berücksichtigt werden, um dann beispielhaft Paraphrasierungen bzw. Fragen zu den Systemprinzipien aufzuführen, die im Gespräch mit der Klinikleitung zu deren Bewusstseinsbildung gestellt werden könnten.
- Die für jedes Systemprinzip beispielhaft aufgeführten Fragen dienen dazu, bei den Gesprächspartner:innen zu Erkenntnisprozessen beitragen.

Metaprinzip »Verzicht auf Leugnung«

Aufsichtsräte und Klinikleitung wollten in bester Absicht eine Fusion im Sinne von A + B = C. So wurde gegenüber Mitarbeitenden und Öffentlichkeit die »Inklusion« als ein Zusammenschluss auf Augenhöhe zur neuen Klinik C kommuniziert.

Gleichzeitig wurde die Fusion von den Aufsichtsräten als »Inklusion« bezeichnet: Klinik B wird in die rechtliche Hülle von Klinik A integriert, während die Onkologie von Klinik A in die Onkologie von Klinik B integriert wird.

Exkurs

Es macht einen deutlichen Unterschied, ob bei einer Fusion aus A + B ein neues C entsteht oder B in A oder umgekehrt A in B integriert wird. Es hat große Auswirkungen auf die *Wahrgebung der Mitarbeitenden bezogen auf ihre Zugehörigkeit.* So kommt es z. B. häufig vor, dass ein neues C gewollt ist, die Mitarbeitenden von A oder B aber noch keine Zugehörigkeitsbedingungen zu diesem C erkennen können und sich so ihrem früheren System zugehörig(er) fühlen. Auch macht es einen deutlichen *Unterschied für die Zeitfolge:* In einem neuen Konstrukt wie C sind die Mitarbeitenden alle gleich lang dabei. Während bei einer Integration von B in A die Mitarbeitenden von A länger zugehörig sind als die Mitarbeitenden von B, die neu dazukommen.

Im Sinne des Metaprinzips »Verzicht auf Leugnung« ist es wichtig, der Tatsache Rechnung zu tragen, dass dadurch, dass einerseits durch die Absicht eines *Zusammenschlusses auf Augenhöhe zu einer neuen Klinik C* und andererseits dem Erleben, dass *Klinik B im Sinne einer »Inklusion« in die rechtliche Hülle von Klinik A integriert wird,* Auswirkungen bei den Mitarbeitenden erzeugt werden können; insbesondere Irritationen bezogen auf deren Zugehörigkeitsgefühl oder Zeitfolge.

Auch bei der Zugehörigkeit, z. B. hinsichtlich des Teilsystems der Klinikleitung, hatten wir den Eindruck, dass diese sich selbst und den Mitarbeitenden zwar erzählt – wiederum in bester Absicht –, alle Mitglieder in der Klinikleitung seien gleichwertig zugehörig, dass dies jedoch anders erlebt werden könnte.

Mögliche Fragen und Paraphrasierungen zum Metaprinzip »Verzicht auf Leugnung«:

- Wenn Sie sich in die jeweilige Perspektive der Mitarbeitenden von Klinik A und B versetzen – denken Sie, dass die rechtliche Integration von Klinik B in A für diese eine Auswirkung bezogen auf ihr Zugehörigkeitsgefühl hat?
- Wenn Sie sich in die jeweilige Perspektive der Mitarbeitenden von Klinik A und B versetzen – woran könnten diese Mitarbeitenden jeweils erkennen, dass die Fusion ein Zusammenschluss auf Augenhöhe zu einer neuen Klinik C ist?
- Was sind Ihre Überlegungen, wie sich die Fusionsentscheidung auf die Mitarbeitenden in ihrer Zugehörigkeit, ihrem Verantwortungsgefühl und ihrer Leistungsbereitschaft auswirkt? Wie werden die Mitarbeitenden die Auswirkungen auf ihre tägliche Arbeit spüren, z. B. im Hinblick auf Prozesse und Abläufe, Werte und die Arbeit mit Patient:innen?

Vollständige und gleichwertige Zugehörigkeit
Bezogen auf das neue Gesamtsystem C:

- Lohnsystem (Wesenselement Strategie/Policy/Programme), Arbeitsbekleidungen, Beschriftungen, Logos, IT-Systeme (Wesenselement physische Mittel) und die Art und Weise der Gestaltung von Arbeitsprozessen (Wesenselement Prozesse) sind unterschiedlich.
- Selbstverständnis und Führungsverständnis der Mitarbeitenden und Arbeitsklimata sind unterschiedlich (Wesenselement Identität, Strategie/Policy/Programme, Menschen/Gruppen/Klima).
- Entscheidung, die Onkologie im bisherigen Gebäude von Klinik B zu belassen, betont tendenziell die bisherigen Systemgrenzen.
- Es besteht möglicherweise die Gefahr, dass sich Mitarbeitende von Klinik B aufgrund der finanziellen Ausgangslage und der Tatsache, dass die allermeisten Führungskräfte von Klinik A auch Führungskräfte im System C sein werden, nicht gleichwertig zugehörig fühlen, was insgesamt die Zugehörigkeit schwächen würde.

Bezogen auf das Teilsystem Klinikleitung:

- Die Gleichwertigkeit der Zugehörigkeit könnte infrage gestellt sein, weil zwei Mitglieder gleichzeitig Mitglied im übergeordneten Organ des Aufsichtsrats sind und deshalb öfter zumindest über frühzeitigere und andere Informationen verfügen als die anderen. Es besteht die Gefahr, dass diese beiden innerhalb des Teilsystems Klinikleitung ein eigenes System bilden.
- Die Gleichwertigkeit der Zugehörigkeit könnte auch infrage gestellt sein, weil der Chefarzt von Klinik A im Arbeitsalltag jenem von Klinik B vorgesetzt ist, während beide in der Klinikleitung formal gleichgestellt sind.

Bezogen auf das Teilsystem Onkologie:

- Da Klinik B eine rein onkologische Klinik war und zumindest die Ärzt:innen von Klinik B und wichtige Pflegekräfte weiterhin dort arbeiten werden, während die Therapeut:innen und das Personal der Dienste zum großen Teil Arbeitsplatz und Teams wechseln müssen werden, könnte es die Tendenz geben, dass die Onkologie als Abteilung weiterhin eigene Zugehörigkeitsbedingungen (inkl. Räumlichkeiten) definieren und so eine gemeinsame Zugehörigkeit einer Klinik C gefährden wird.
- Die Mitarbeitenden der Onkologie von Klinik B können in ihren Räumlichkeiten bleiben, während jene der Onkologie von Klinik A in eine neue physische Umgebung – in die von Klinik B – umziehen müssen. Es besteht die Gefahr, sich als Onkolog:innen zweiter Klasse vorzukommen.
- Auch besteht die Gefahr, dass die Mitarbeitenden der Klinik A im Bereich Onkologie sich dadurch »in Klinik B integriert fühlen könnten« – was wiederum

weitere verschiedene Bedeutungsgebungen bezogen auf die erlebten Zugehörigkeiten und Zeitfolgen mit sich bringen könnte.

Damit die fusionierte Klinik eine stabile Haut entwickeln kann, ist es im Organisationsentwicklungsprozess entscheidend, die Zugehörigkeit zum Gesamtsystem zu stärken, zu manifestieren und gemeinsame Zugehörigkeitsbedingungen zu formulieren. Dies heißt nicht, dass es keine Teilsysteme mit eigenen Identitäten und Zugehörigkeiten geben darf, sondern dass eine übergeordnete gemeinsame Zugehörigkeit deren Basis bilden sollte.

Mögliche Fragen und Paraphrasierungen zur Zugehörigkeit:

- Wenn Sie sich in die Perspektive der Mitarbeitenden von Klinik A und B versetzen – was denken Sie, wie zugehörig zur Klinik C sich diese auf einer Skala von 0 bis 10 fühlen werden? An was, glauben Sie, machen diese ihre Zugehörigkeit zur Klinik C fest?
- Was haben Sie bisher schon unternommen, um das Zugehörigkeitsgefühl bei allen Beteiligten zu stärken? Was davon war schon erfolgreich? Woran haben Sie das erkannt? Was davon könnten Sie noch verstärken?
- Was glauben Sie, was für das erwünschte Zugehörigkeitsempfinden zur entstehenden Klinik C für die Mitarbeitenden besonders wichtig wäre? Wie könnten Sie dies fördern und unterstützen?
- Wenn wir auf die künftige Klinikleitung blicken – wie geht es Ihnen damit, dass zwei von Ihnen auch im Aufsichtsrat sitzen und die anderen nicht? Und glauben Sie, dass dies Auswirkungen auf eine als gleichwertig empfundene Zugehörigkeit zur Klinikleitung – auch aus Sicht der Mitarbeitenden – haben könnte oder eher nicht?
- Wenn wir Sie richtig verstanden haben, sind Sie, Herr Chefarzt von Klinik A, im Arbeitsalltag weisungsbefugt gegenüber Ihnen, Herr Chefarzt von Klinik B. Denken Sie, dies könnte Auswirkungen auf die Zusammenarbeit in der Klinikleitung haben? Falls ja, welche?
- Wenn Sie sich in die Perspektive der Mitarbeitenden in der Onkologie versetzen – was glauben Sie, woran machen diese ihre Zugehörigkeit zur Klinik C fest?

Zeitfolge I und II

Bezüglich der Zeitfolge stellt sich primär die Frage der Wirkung der Fusion sowie ihrer Kommunikation und Durchführung auf das Erleben der Menschen in der fusionierten Klinik hinsichtlich der Frage, ob es um die *direkte oder indirekte Zeitfolge* geht (vgl. auch das 1. Metaprinzip »Verzicht auf Leugnung« in Kapitel 3.3.3.1.1):

- Wenn aus A und B tatsächlich ein neues System C entsteht, geht es um die indirekte Zeitfolge mit der Interventionsrichtung, das Neue zu fokussieren, zu fördern und eine Schutzhaut bilden zu lassen. Es entsteht ein neues System, dem zum Gründungzeitpunkt alle Mitarbeitenden gleichzeitig angehören. Das könnte im konkreten Fall bedeuten, die physischen Umwelten und Mit-

tel, das soziale Zusammenwirken usw. konsequent und möglichst schnell so auszugestalten, dass alle Mitarbeitende in ihren täglichen Arbeitskontexten ein neues System C spüren und erfahren.
- Wenn jedoch Klinik B im Erleben der Menschen in Klinik A integriert wird, sind die Mitarbeitenden von Klinik A vor jenen von Klinik B im System gewesen – das heißt, die direkte Zeitfolge mit der Interventionsrichtung der Würdigung des Früheren wäre zu berücksichtigen. Beispielsweise wäre es dann wichtig zu fragen, was die Mitarbeitenden von Klinik A brauchen, damit sie ihren gewohnten »Raum« für die Mitarbeitenden von Klinik B so öffnen können, dass ein gemeinsames Wachsen ermöglicht wird.

In beiden Fällen ist es jedenfalls empfehlenswert, das Bisherige und die gewachsenen Ressourcen zu würdigen sowie Abschied zu nehmen von bisherigen Identitäten.

Mögliche Fragen und Paraphrasierungen zur Zeitfolge:

- Wenn Sie sich in die Perspektive der Mitarbeitenden versetzen – erleben diese eine Fusion auf Augenhöhe im Sinne von A + B = C oder eher im Sinne von B wird in A integriert?
- Und wie erleben dies die Mitarbeitenden der Onkologie? Erleben sie eher eine neue gemeinsame Klinik C oder eher, dass in der Onkologie A in B integriert wird?
- Wir haben Sie so verstanden, dass Ihnen ein wirklich neues System C wichtig ist. Was bräuchte es vonseiten der Klinikleitung, dass diese Absicht als Wirkung bei den Mitarbeitenden ankommt?
- Wie haben Sie bisher das in den jeweiligen Kliniken Entstandene gewürdigt und ggf. verabschiedet? Wenn Sie sich in die Mitarbeitenden versetzen – denken Sie, dass aus deren Perspektive bisher schon genügend Raum für Rückblick und Dank an das Gewordene gegeben wurde?

Verantwortung und Einsatz

- Die Mitarbeitenden beider Kliniken scheinen zu befürchten, dass ihr bisheriger Einsatz und ihre Errungenschaften nicht gewürdigt werden. Diese Würdigung des bisherigen und des noch bevorstehenden Engagements nach der Fusion kann für die Bereitschaft aller Mitarbeitender, im anstehenden Entwicklungsprozess konstruktiv mitzuwirken, entscheidend sein.
- Hinsichtlich der Verantwortung könnte es wesentlich sein, dass Verantwortlichkeiten für Entscheidungen vor, während und nach der Fusion sehr klar übernommen und benannt werden, sodass nicht zu viel Verantwortungsdiffusion eintritt, wofür es in einer solch komplexen Ausgangslage genügend Einladungen gäbe und was zu Verwirrung, weiteren Frustrationen und zu Misstrauen führen könnte.

- In den Teilsystemen Klinikleitung und Führungskräfte könnte eine baldige Klärung des Wesenselements Funktionen (Verantwortung, Befugnisse, Tätigkeiten, Rollenverständnis) zentral sein, um die Immunkraft des fusionierten Systems für die sicherlich anspruchsvolle Post-Merger-Phase zu stärken.

Mögliche Fragen und Paraphrasierungen zu Verantwortung und Einsatz:

- Wenn wir Sie richtig verstanden haben, besteht sowohl bei Führungskräften als auch bei Mitarbeitenden Skepsis gegenüber der Fusion und Sorge vor Mehraufwand und Unruhe. Wie sehr würden Sie sich als Mitarbeitende an der Basis oder als Führungskräfte eines Teams für den bisher geleisteten Einsatz wertgeschätzt fühlen? Woran hätte das bisher von den Mitarbeitenden erkannt werden können?
- Wenn Sie auf die kommende Zeit nach der Fusion mit ihren Herausforderungen blicken – was, glauben Sie, würde die Motivationskraft der Mitarbeitenden stärken, konstruktiv mitzuwirken?
- Wie klar sind die Verantwortlichkeiten für die gefällten Beschlüsse kommuniziert? Und glauben Sie, dass die Mitarbeitenden spüren, dass diese Verantwortungen übernommen worden sind? Bräuchte es dafür eventuell noch etwas?
- Wenn Sie sich in die Mitarbeitenden versetzen – wüssten Sie, an wen Sie sich für welche Frage im Vorfeld der Fusion und danach wenden können?

Fähigkeiten und Leistungen

- Die Leistungen und Fähigkeiten der Mitarbeitenden und die organisationalen Errungenschaften der beiden Kliniken zu verbinden ist verständlicherweise eine zentrale Absicht der Klinikleitung. Damit dies gelingen kann, wird es vermutlich sehr wichtig sein, explizit zu würdigen, welche Innovationen, Fähigkeiten und Spezialitäten von welcher Klinik eingebracht werden.
- Ebenso dürfte es zentral sein, dass die Mitarbeitenden ihre Fähigkeiten weiterentwickeln, indem sie voneinander lernen und miteinander Neues entwickeln, was wiederum die Zugehörigkeit insgesamt stärkt.
- Hinsichtlich der Management- und Supportprozesse könnte es aus unserer Erfahrung wesentlich sein zu überprüfen, ob die vorhandenen Fähigkeiten für das fusionierte größere System ausreichend sind oder ob diesbezüglich noch Bedarf besteht.

Mögliche Fragen und Paraphrasierungen zu Fähigkeiten und Leistungen:

- Wie sehr sind Sie sich bisher der Ressourcen, Schätze und Errungenschaften der jeweiligen Kliniken bewusst?
- Und wie sehr, glauben Sie, ist dieses Bewusstsein bei den Mitarbeitenden kommunikativ angekommen, sodass Stolz auf die eigenen Fähigkeiten empfunden wird und das Wissen um die Fähigkeiten der jeweils anderen Klinik vorhanden ist?

- Welche Überlegungen haben Sie schon angestellt, um das wechselseitige Voneinanderlernen zu fördern? Welche Erfolgsgeschichten dazu gibt es schon? Wie sind diese bisher kommuniziert worden?
- Wenn Sie auf die vor Ihnen liegenden Herausforderungen blicken – welche Stärken aus dem Kerngeschäft und aus den Management- und Supportprozessen beider Kliniken können Sie nutzen, um die Aufgaben zu bewältigen? Bräuchte es ggf. zusätzliche Fähigkeiten, um die anstehenden Prozesse gut angehen zu können?

Ausblick

Unter anderem durch die hier aufgeführten beispielhaften Fragen konnte die Klinikleitung gleich im ersten Gespräch noch wichtige Weichen stellen für die verbleibende Zeit vor der rechtlichen Fusion und für die Zeit direkt danach. Uns ist es gemeinsam mit der Klinikleitung gelungen, einen Organisationsentwicklungsprozess für die Zeit nach der Fusion zu gestalten, der die Zugehörigkeit zur neuen Klinik C ebenso förderte wie deren Fähigkeit, als System zu wachsen, Immunkraft zu bilden und innovativ zu sein. Dies gelang nicht nur über die Arbeit mit den Systemprinzipien, sondern auch mithilfe der anderen zentralen Modelle der Landkarte der Transformation von Organisationen.

3.4 Ziel-Weg-stimmige Prozessgestaltung: Sieben Basisprozesse der Organisationsentwicklung

Während wir mit den bisher beschriebenen Landkarten auf die Organisation als System und die Organisation in Entwicklung geblickt haben, richten wir nun unseren Fokus auf den *Prozess der Veränderung* bzw. die *Entwicklung von Organisationen.* Das Konzept der sieben Basisprozesse der Organisationsentwicklung beschreibt die Qualitäten einer ganzheitlichen Gestaltung von Entwicklungsprozessen. Aufgrund dieser grundlegenden Qualitäten können aus unserer Sicht auch in allen anderen Anwendungskontexten Prozesse und deren Gestaltung betrachtet werden – in Coaching, Therapie, Mediation (Biehal 1994; Kalcher u. Martin 2010). Wir fokussieren hier jedoch ausschließlich auf den Kontext der Organisationsentwicklung und betrachten, wie die Arbeit mit den sieben Basisprozessen der Organisationsentwicklung eine gezielte Transformation der vier Entwicklungsphasen ermöglicht.

3.4.1 Sieben Basisprozesse der Organisationsentwicklung als Grundlage für die Gestaltung des vielschichtigen Gesamtprozesses

3.4.1.1 Lebendige und zieldienliche Gestaltung von Veränderungsprozessen

> »Nur dort, wo lebendige Sinne zum Einsatz kommen, kann Lebendiges und Sinnvolles als Ergebnis herauskommen.« (Glasl 2020b, S. 146)

Wie bereits ausgeführt, verstehen wir Organisationen als *sich entwickelnde, wesenhafte Organismen* mit harten und weichen Faktoren, die miteinander wechselwirken.

Für einen *Prozess der Veränderung bzw. Entwicklung von Organisationen* bedeutet dies nach unserem Verständnis, die begleiteten selbst-bewussten Systeme bestmöglich darin zu unterstützen, *ihr Potenzial zu entfalten und ihre Selbsterneuerungsfähigkeiten* zu stärken.

Dies entspricht den von Glasl und von Sassen (1983, S. 27) formulierten »prozessbezogenen Zielen der Organisationsentwicklung« (Abb. 21):

- *Befähigung zur Selbsterneuerung:* Ein Organisationsentwicklungsprozess verfolgt in seiner Gestaltung das Ziel, die Organisation und ihre Menschen in der Fähigkeit zu stärken, selbstständig Entwicklungsprozesse zu entwerfen und durchzuführen.
- *Effektivitätsziel:* Organisationsentwicklungsprozesse sind kein Selbstzweck. Organisationen wollen damit erreichen, ihren Unternehmenszweck wirksamer, wirtschaftlicher, nachhaltiger, innovativer oder wettbewerbsfähiger zu erreichen, indem sie sich in kultureller, sozialer und technisch-instrumenteller Weise auf ihren Kontext angepasst weiterentwickeln.
- *Humanisierungsziel:* Organisationsentwicklung ist nicht wertneutral. In unserem Verständnis ist es ein wichtiges Ziel der Organisationsentwicklung, Organisationen menschengemäß zu gestalten, sodass sich die Menschen entfalten können und nicht bloß als Mittel zum Zweck gesehen und behandelt werden.
- *Authentizitätsziel:* Der Organisationsentwicklungsprozess soll so gestaltet werden, dass der jeweiligen Organisation und ihren Kontexten gemäß die drei genannten Zielfelder (Selbsterneuerung, Effektivität, Humanisierung) balanciert werden und die Menschen konstruktiv mit den dabei zwangsläufig entstehenden Spannungsfeldern umgehen und diese reflektieren können.

Um dies zu erreichen, stellen sich vielfältige Fragen:

- Wie kann es gelingen, Prozesse so anzugehen und zu gestalten, dass die Organisation in der Lage ist, als Gesamtsystem einen für sie wesensgemäßen Entwicklungsschritt zu machen bzw. sich zu transformieren?

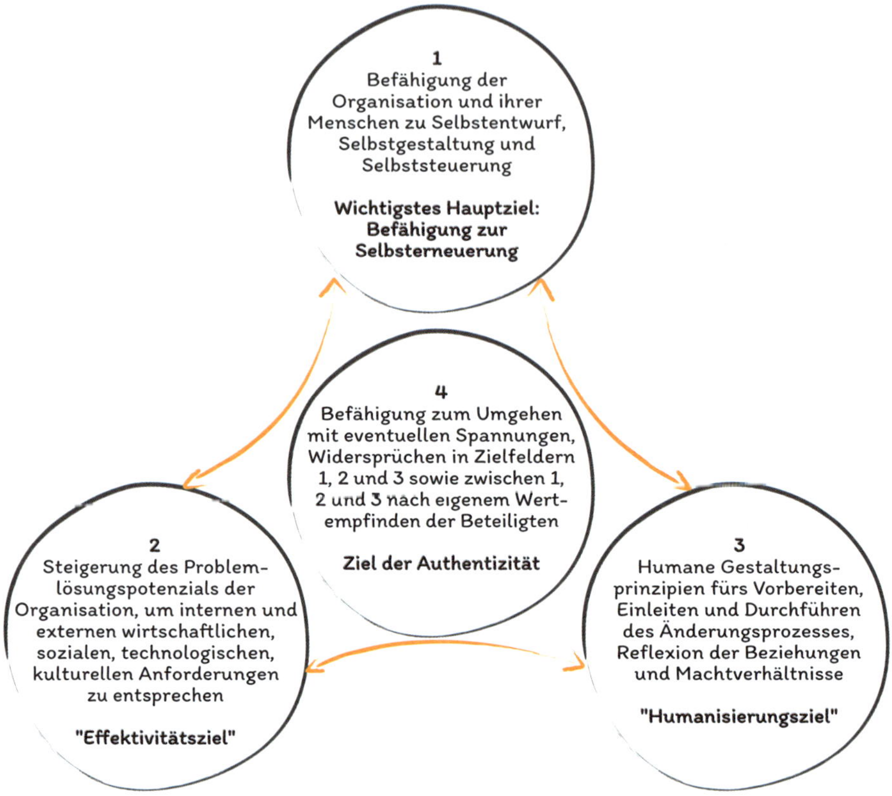

Abb. 21: Prozessbezogene Ziele der Organisationsentwicklung [verändert nach Glasl, F. u. H. von Sassen (1983): Reformstrategien und Organisationsentwicklung. In: F. Glasl (Hrsg.): Verwaltungsreform durch Organisationsentwicklung. Bern/Stuttgart (Haupt/Freies Geistesleben), S. 27]

- Was braucht es dafür, dass das System sich auf der einen Seite mit seinem Potenzial aus der Vergangenheit verbindet und zum anderen eine zukünftige Ausrichtung mit einem »Lustsog« findet?
- Wie gelingt es, die Menschen der Organisation so zu involvieren, dass möglichst viele Zielgruppen sich als Beteiligte eines Veränderungsprozesses sehen und so die Selbsterneuerungskräfte der Organisation mit-impulsieren?
- Wie gelingt es, die konkreten Erfahrungen und Ideen der Menschen für das Veränderungsvorhaben zu nutzen?

Diese Fragestellungen zeigen auf, wie vielschichtig die Planung eines Organisationsentwicklungs-Gesamtprozesses ist. Diese Vielschichtigkeit hat dabei vor allem die Einzigartigkeit des Klientensystems mit seinen spezifischen Anforderungen und der jeweiligen Ausgangslage zu berücksichtigen und im Organisationsentwicklungsprozess abzubilden.

Um diese Komplexität auf strukturellen Ebene abbilden zu können und handhabbar zu machen, hat Friedrich Glasl (2020b) erforscht, welches die zentralen Prozessqualitäten sind, die einen Entwicklungsprozess ganzheitlich machen.

Dabei handelt es sich nicht um »den einen Prozess«. Vielmehr geht es beim schrittweisen Erarbeiten und Umsetzen von Veränderungen immer um das *Zusammenwirken von sieben Prozessqualitäten*, weshalb sie Basisprozesse heißen.

3.4.1.2 Sieben Basisprozesse der Organisationsentwicklung und ihre Wirkungsziele im Überblick

- *Bewusstseinsbildungsprozesse*[23] *→ Bewusstsein bilden:*
  gemeinsam eine Konsensrealität zur Ausgangslage erarbeiten, Perspektivenvielfalt würdigen, kollektiv und zieldienlich Bedeutung geben, Stärken und Probleme betrachten und Entstandenes würdigen
- *Zukunftsgestaltungsprozesse → Willen bilden:*
  attraktive Zukunftsbilder bzw. Lösungs- und Zielrichtungen gemeinsam erarbeiten, mit denen sich die Menschen verbinden können, Lustsog erzeugen
- *Psychosoziale Prozesse → Emotionales verarbeiten:*
  Emotionen, Bedürfnisse, unwillkürliche Prozesse pacen, ansprechen, utilisieren; Konflikte und Spannungen proaktiv angehen und lösen, Machtbeziehungen verflüssigen
- *Lernprozesse → Lernen:*
  Wissen und Können für das Künftige erlernen, erweitern, Erfahrungs-, Experimentier- und Reflexionsräume schaffen und zieldienlich gestalten
- *Informationsprozesse → auswirkungsbewusst informieren:*
  auswirkungsbewusst informieren, die Menschen ins Bild setzen und ins Boot holen, Dialogräume schaffen
- *Umsetzungsprozesse → tatkräftig umsetzen:*
  die Zukunft in die Gegenwart bringen, schnelle erste Schritte, Glaubwürdigkeit stärken, ernst gemeinte Symbolhandlungen setzen und das Neue vorleben
- *Changemanagementprozesse → Orchestrieren des Prozesses:*
  Auftrag und Ziele klären, den Organisationsentwicklungsprozess mit dem System iterativ planen, flexibel lenken, Meilensteine setzen, evaluieren, Organe bilden, Workshops designen.

Wie Abbildung 22 verdeutlicht, beschreiben die Basisprozesse der Organisationsentwicklung keinen Ablauf eines Organisationsentwicklungsprozesses, sondern vielmehr die *zentralen Qualitäten einer ganzheitlichen Prozessgestaltung*, die miteinander wechselwirken.

23 Im Original von Friedrich Glasl wird diese Qualität »Diagnose-Prozesse« genannt. Diagnose bedeutet im Altgriechischen »Durchschauen«. Heute wird darunter meist eine – häufig von außen kommende – Zuschreibung einer Wahrheit verstanden. Sowohl bei Glasl als auch in unserem Verständnis geht es jedoch erstens um Selbstdiagnosen und zweitens darum, eine intersubjektive Wahrheit, eine Konsensrealität gemeinsam mit den Beteiligten zu erarbeiten und nicht eine Festschreibung im linear-kausalen Sinne. Um dieser möglichen Fehlinterpretation vorzubeugen, nennen wir diesen Basisprozess »Bewusstseinsbildungsprozesse«.

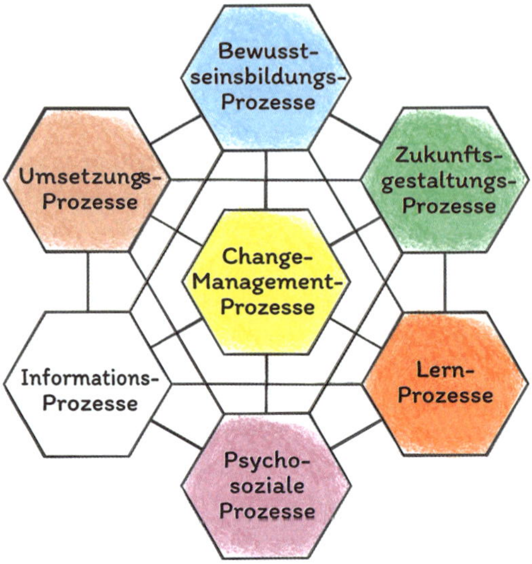

Abb. 22: Sieben Basisprozesse der Organisationsentwicklung: zentrale Qualitäten einer ganzheitlichen Prozessgestaltung

Die jeweilige Gewichtung der erforderlichen Basisqualitäten ist aufgrund situationsspezifischer Anforderungen im Kundensystem bzw. von Notwendigkeiten des Prozessverlaufs im Verlauf eines Organisationsentwicklungsprozesses unterschiedlich.

Auch zeigt die Darstellung, dass die Reihenfolge der Betonung der einzelnen Basisprozesse für jeden Organisationsentwicklungsprozess unterschiedlich sein kann: Zu Beginn steht also nicht immer die Qualität der Bewusstseinsbildung, bevor die Zukunftsgestaltungsqualität kommt und dann die Umsetzung. Vielmehr wird gemeinsam mit dem Klientensystem betrachtet, welche Prozessqualität aufgrund der spezifischen Anforderungen für den Prozess den Einstiegspunkt bilden und welche anderen es dann in der Folge braucht. Diesen Aspekt der Prozessgestaltung mit den sieben Basisprozessen werden wir in Kapitel 3.4.3.9 noch anhand von Beispielen verdeutlichen.

3.4.1.3 Prozessgestaltung als soziale Kunst

Das Gestalten der sieben Basisprozesse zu einer Organisationsentwicklungs-Gesamtstrategie erfordert das Entwerfen, Gestalten, Abstimmen und flexible Orchestrieren der Basisprozesse. Dies ist nicht im Sinne eines technokratischen Vorgehens zu verstehen, vielmehr gleicht es »seinem Wesen nach der Aufführung eines Musikstückes mit sieben Instrumenten« (Glasl 2020b, S. 141).

Friedrich Glasl folgend, verstehen wir die Gestaltung von Entwicklungsprozessen als soziale Kunst. Das Sozial-Künstlerische liegt darin, *gemeinsam mit dem*

Klientensystem durch ein vertieftes Verständnis der sieben Basisprozesse und ihrer Vernetzung untereinander *co-kreativ etwas Originäres, Einmaliges zu gestalten, das dem Wesen der jeweiligen Organisation und ihrer Entwicklung gerecht wird.*

Dabei spielen die Qualitäten der Basisprozesse rhythmisch so miteinander zusammen, dass sie einander stützen und ergänzen.

Als *Metaziel* dafür könnten wir von der *Gestaltung eines organischen Entwicklungsprozesses* sprechen im Gegensatz zu statischen, mechanistischen und linear geplanten Veränderungsprozessen. Selbstverständlich braucht es dennoch Planung und Sicherheit für den Prozess, da ein Kundensystem berechtigterweise wissen will, worauf es sich in einem Organisationsentwicklungsprozess einlässt und wie viele und welche Ressourcen wann für den Prozess bereitgestellt werden müssen. Auch will ein Kundensystem möglichst hohe Sicherheit, dass die angestrebten Veränderungsziele erreicht werden. Gerade das Konzept der Basisprozesse der Organisationsentwicklung hilft im Zusammenspiel mit den weiteren Basiskonzepten der Landkarte der Transformation, einen Organisationsentwicklungsprozess möglichst syntaktisch zu gestalten und diesen Sicherheitsbedürfnissen Rechnung zu tragen, während er gleichzeitig organisch und rhythmisch angelegt werden kann.

Wenn wir ein organisches Prozessgestaltungsverständnis haben und die Basisprozesse als Syntax für die Betrachtung nehmen, ändert sich die Bedeutungsgebung von Situationen. Dies verdeutlichen die beiden nachfolgenden Beispiele:

Beispiel 1

Wir hören in unserer Praxis z. B. oft die Aussage: »Die Menschen sind noch im Widerstand.«

Mit Blick auf die Basisprozesse stellt sich uns zunächst die Frage: Ist das Veränderungsvorhaben so als organischer Prozess geplant, dass die in der Organisation vorhandenen Kräfte in einem konstruktiven und zieldienlichen Zusammenspiel orchestriert sind? Denn laut Glasl (2020b, S. 144 f.) wird »durch die Beachtung der sieben Basisprozesse und deren Zusammenspiel (…) ein organischer Veränderungsprozess ermöglicht. Und Kräfte, die sonst gegeneinander gerichtet sind und sich gegenseitig aufreiben oder aufheben, können durch das Miteinander verstärkt werden.«

Beispiel 2

Auch erleben wir es regelmäßig, dass auf Managementebene ein klares Zukunftsbild definiert wird, das »implementiert« oder umgesetzt werden soll, ohne dass die Menschen nachvollziehen können, wie sich deren erlebte bisherige Vergangenheit mit der Zukunft verbinden ließe.

Mit Blick auf die Basisprozesse wurde übersehen, wie wichtig es ist,

- dass die relevanten Zielgruppen gemeinsam durchschauen,
  - wovon sie ausgehen (Bewusstseinsbildungsprozesse → Bewusstsein bilden),
  - wie ein Lustsog hin zum erarbeiteten Zukunftsentwurf konstruiert werden kann (im Sinne des Zukunftsgestaltungsprozesses → Willen bilden),

- dem emotionalen Verarbeiten Raum zu geben (psychosozialer Prozess → emotionales Verarbeiten).

Auch *aus hypnosystemischer Sicht* verstehen wir sog. Widerstand als Beziehungsangebote der Menschen und betrachten mit ihnen, an welcher Stelle im Prozess vielleicht noch Wichtiges übersehen wurde, das miteinzubeziehen in ihrer Wahrgebung einen organischeren Prozess ergibt. Für das Utilisieren des »Widerstands« – also das Aufgreifen dessen, was die Menschen beschäftigt, um es zieldienlich für den Veränderungsprozess zu nutzen, sind die sieben Basisprozesse besonders hilfreich. Sie können als eine Art »systemische Checkliste« dienen, mit deren Hilfe herausgearbeitet werden kann, inwieweit in der Realitätskonstruktion der Menschen bestimmte Prozessqualitäten noch für einen organischen Veränderungsprozess fehlen.

Für solche Reflexionen lassen sich auch von Trigon entwickelte Fragebögen sehr gut nutzen, von denen einer in Kapitel 3.4.4 in den Praxisanwendungen als Tabelle 8 veröffentlicht ist.

Wenn es uns gemeinsam mit dem Kundensystem gelingt, im Verständnis der sozialen Kunst organische Organisationsentwicklungsprozesse zu gestalten, steigt die Wahrscheinlichkeit für Transformation. Die Basisprozesse der Organisationsentwicklung als Hintergrundstruktur sind dabei aus unserer Erfahrung unschätzbar wertvoll.

3.4.2 Archetypische Struktur der Basisprozesse und ihrer Wirkkräfte

Wie wir schon in Kapitel 2.2 ausgeführt haben, beschreiben wir in diesem Buch Landkarten, die auf archetypischen oder logischen Grundstrukturen beruhen, da diese Menschen auf einer intuitiven Ebene ansprechen und sich deshalb gerade für syntaktischeres Arbeiten ganz hervorragend eignen.

3.4.2.1 Wegbetrachtung auf der Basis einer Grundstruktur

Für die Begleitung und Unterstützung von Entwicklungswegen und Transformation ist es aus unserer Sicht wichtig, sich bewusst zu werden, dass das Neue nicht von heute auf morgen integriert sein kann (Kap. 2.1.4.2). Es handelt sich dabei vielmehr um einen Entwicklungsweg mit Höhen und Tiefen für die Beteiligten, den es von uns als Beratende in der Organisationsentwicklung zu begleiten gilt. Hierfür ist es hilfreich, zunächst auf die archetypische Struktur dieses Weges zu blicken, um daraus ableiten zu können, wie wir diesen möglichst Ziel-Weg-stimmig begleiten und unterstützen.

Um zu verstehen, was Entwicklungsprozesse von Menschen fordern, ist die von Joseph Campbell herausgearbeitete Grundstruktur der Heldenreise[24], der Märchen

24 Der US-amerikanische Mythenforscher Joseph Campbell hat diese Grundstruktur aus unzähligen Sagen, Märchen, Mythen und Epen herausdestilliert (Campbell 1999).

und Mythen aus aller Welt zugrunde liegen, sehr hilfreich. Sie verdeutlicht die Art und Weise, eine Entwicklung als organischen Prozess zu betrachten. In diesem baut jeder Schritt auf dem vorherigen auf, was Menschen darin unterstützt, ihr Denken, Fühlen und Wollen im Laufe der Transformation zu integrieren.

Die von uns verwendeten Landkarten haben das Ziel, Transformation für Organisationen zu begleiten und zu unterstützen.

Wir machen uns bewusst, dass Transformationsprozesse von Menschen und Organisationen verlangen, sich auf einen abenteuerlichen Weg zu begeben, dessen archetypischer Struktur Jahrtausende menschlicher Erfahrung zugrunde liegen, und sich auf diesem mit zahlreichen Spannungen zu konfrontieren. Darum ist es aus unserer Sicht notwendig, den Prozess entsprechend organisch und der Tiefe angemessen zu gestalten.

Glasl zufolge spielen Archetypen für die Gestaltung sozialer Prozesse eine unterstützende Rolle, »da nur lebendige Urbilder ermöglichen zu erkennen, ob etwas lebensförderlich oder lebensfeindlich, human oder inhuman, das heißt menschengemäß ist« (Glasl 2019, S. 5–7).

Campbell führt zu archetypischen Qualitäten aus, dass Menschen in früheren Zeiten glaubten, auf ihr Leben und ihre Umwelt wirkten höhere Kräfte (seien es Götter, Geister, Planeten ...) ein. Damit sagt er nicht, dies entspräche der Wahrheit oder man solle dies glauben. Vielmehr weist Campbell darauf hin, dass die Menschen jeder Kultur es mit bestimmten archetypischen Qualitäten in sich zu tun haben, die mit dem Menschsein an sich zusammenhängen und aus denen heraus Erkenntnisse, Fähigkeiten und Entwicklungsschritte resultieren können. Es sei gleichzeitig jedoch die Aufgabe jeder Kultur und Epoche, für diese mythologischen Qualitäten neue Metaphern zu finden, die zeitgemäß und für heute lebenden Menschen orientierungsgebend sind.

Eine ähnliche Sichtweise vertritt Stephen Gilligan, wenn er über archetypische Qualitäten schreibt (Gilligan 2004, S. 190). Er meint, auf Jung Bezug nehmend, insbesondere in Zeiten des Wandels, in Transformationen, flössen starke archetypische Energien, die sich für die Gestaltung des Entwicklungs- bzw. Transformationsprozesses utilisieren lassen.

Es stellt sich also die Frage, welche archetypischen Qualitäten dabei unterstützen, einen Prozess oder Weg der Transformation für Menschen und Organisationen mit allen damit verbundenen Wirkungskräften lebendig und zieldienlich zu gestalten.

3.4.2.2 Archetypische Gestaltungsprinzipien

Die vielfältigen Spannungen, die auf dem Weg einer Transformation auftauchen, können nicht gelöst, sondern nur im Sinne des Polaritätenmanagements zieldienlich balanciert werden. Dabei handelt es sich in der Regel um tiefer liegende Polaritäten, mit denen wir auf dem individuellen Entwicklungsweg situativ umzugehen haben.

Glasl greift für den konstruktiven Umgang mit Spannungsfeldern das Urbild der Polaritäten der Planetenkräfte[25] unseres Sonnensystems auf (Glasl 2019, S. 5–7):

> »Das Urbild erläutere ich an den Polaritäten der Planetenkräfte unseres Sonnensystems. Da wirken – astrophysikalisch gesehen – unterschiedliche Kräfte zu einem dynamischen System zusammen. Mir geht es jetzt aber nicht um die physikalischen Kräfte der Himmelskörper von Mars und Venus, Jupiter und Merkur etc., sondern um archetypische Qualitäten, die mit den Planeten (...) verbunden werden. Diese wurden in der Mythologie alter Kulturen beschrieben und wurden auch in der Kunst immer wieder zum Ausdruck gebracht: beispielsweise in der Musik (Paul Hindemith, Gustav Holst), in der Dichtung (unter anderen Sophokles, Dante, Shakespeare, Hölderlin), in der Malerei (Michelangelo, Raffael).«

Dieses *Urbild der Planeten* und *ihrer Wirkkräfte* greifen wir auf und legen es den sieben *Basisprozessen der Organisationsentwicklung*[26] zugrunde. Wir leiten daraus Wirkungsziele ab, die dabei unterstützen, den jeweiligen individuellen Prozess der Transformation zu gestalten.

Es gibt eine Vielzahl an Bedeutungsgebungen aus unterschiedlichen Quellen für die Arbeit mit diesen archetypischen Planetenkräften, auf die wir hier nicht weiter eingehen.

Für das Modell der sieben Basisprozesse der Organisationsentwicklung und der damit verbundenen lebendigen und zieldienlichen Gestaltung von Prozessen nutzen wir die in Abbildung 23 gezeigten archetypischen Qualitäten. Den einzelnen Planeten werden drei polare Wirkkräfte zugeschrieben, die wir im Folgenden für die Arbeit mit den Basisprozessen der Organisationsentwicklung und deren syntaktische Verwendung noch weiter vertiefen.

Weiter zeigt diese Anordnung, dass es in der archetypischen Betrachtung der klassischen Planeten sog. obersonnige und untersonnige Planeten gibt.[27] Bei der Übersetzung auf die sieben Basisprozesse kommt den untersonnigen Planetenqualitäten eine *eher unterstützende Funktion* zu, den *obersonnigen eine eher führende.*

25 Um Missverständnissen vorzubeugen: Es geht dabei nicht um astrologische oder esoterische Interpretationen, sondern im Sinne Joseph Campbells (Campbell u. Moyers 1988) um den Planeten zugeschriebene Qualitäten, die in fast jeder Kultur der Welt vorkommen.

26 Die sieben Basisprozesse der Organisationsentwicklung sind durch Friedrich Glasl aus jahrzehntelangen Wahrnehmungen von zentralen Erfolgsfaktoren für Veränderungs- und Entwicklungsprozessen entstanden. Dass dahinter das Urbild der Planeten bzw. ihrer Wirkkräfte gelegt werden kann, um das Modell noch tiefgreifender zu verwenden, ist erst mit der Zeit deutlich geworden.

27 Vereinfacht gesagt, stehen die *untersonnigen Planeten*, von der Erde aus gesehen, gewissermaßen »vor« bzw. »hinter« der Sonne am Taghimmel. In den Monaten vorher und nachher beschreiben sie am Sternhimmel Schleifen um die Sonne. Für die *obersonnigen Planeten* gibt es hingegen nur eine Art von Konjunktion (»hinter« der Sonne), gleich einer oberen. Sie stehen dann am Mitternachtshimmel, gegenüber der Sonne.

Abb. 23: Urbild der Planeten und ihrer Wirkkräfte

Für die sieben Basisprozesse und deren Wirkungsziele ergibt sich dadurch das in Abbildung 24 gezeigte Bild.

Abbildung 24 macht auch deutlich, dass folgende Qualitäten jeweils paarweise als Gegenpole betrachtet werden können:

- *Bewusstseinsbildungsprozesse – psychosoziale Prozesse:*
  Wird in Organisationsentwicklungsprozessen die Ausgangslage gemeinsam sorgfältig betrachtet und ebenso sorgfältig durch das Zusammenbringen möglichst vieler Perspektiven im Sinne einer partizipativen Bildgestaltung eine Konsensrealität gebildet, bedient dies gleichzeitig die psychosoziale Ebene, weil alle Beteiligten mit ihren Hoffnungen, Ängsten und insbesondere

Abb. 24: Archetypische Qualitäten der sieben Basisprozesse

ihren Bedürfnissen gehört werden. Je weniger sich Menschen aus unserer Erfahrung an der Bedeutungsgebung der Ist-Situation beteiligen können und ihnen mit fremddiagnostischen Bildern die »Wahrheit« erklärt wird, desto größer werden Bedürfnisspannungen, die oft als Widerstand bezeichnet werden.

Dem steht gegenüber: Je mehr Raum die psychosozialen Prozesse mit dem Wirkungsziel des emotionalen Verarbeitens bekommen, umso leichter fällt es den Beteiligten, gemeinsam ein Bewusstsein für die Notwendigkeit einer Entwicklung zu bilden (Bewusstseinsbildungsprozesse).

- *Zukunftsgestaltungsprozesse – Informationsprozesse:*
  Wenn der Prozess der Zukunftsgestaltung als sinnvoll empfunden werden soll und sich die Menschen damit verbinden können sollen, ist es aus unserer Sicht sehr wichtig, dass diese Zukunftsideen partizipativ erarbeitet werden. Darüber hinaus braucht es erfahrungsgemäß viel dialogische Information und Kommunikation über das Wofür des Entwicklungsprozesses – immer wieder und in vielfältigen Formen. Gelingen die Informationsprozesse in ihrer Wirkung gut, fällt es in aller Regel leichter, die Zukunftsvorstellungen bei den Menschen immer lebhafter und attraktiver zu machen.

Gelingt das Informieren und Involvieren der relevanten Zielgruppen, fördert dies auch das Innovieren und den Lustsog hin zum Neuen.

Diese unterstützende Qualität kommt ebenfalls in dem bekannten Zitat Antoine de Saint-Exupérys zum Ausdruck (de Saint-Exupéry 1956):

> »Wenn du ein Schiff bauen willst, dann trommle nicht Männer zusammen, um Holz zu beschaffen, Aufgaben zu vergeben und die Arbeit einzuteilen, sondern lehre sie die Sehnsucht nach dem weiten, endlosen Meer.«

- *Umsetzungsprozesse – Lernprozesse:*
  Damit das Erwünschte auch getan werden kann, sind Lernprozesse oft eine wichtige Voraussetzung für den Erfolg. Damit ist nicht nur gemeint, dass neues Wissen gewonnen und handwerkliche Fähigkeiten trainiert werden müssen. Vor allem geht es darum, in Experimentierräumen neue Erfahrungen machen zu können, die dann zu neuen Erlebnisnetzwerken führen, sodass sich neue Gewohnheiten bilden. In vielen klassischen Changeprojekten werden vor einer Umsetzung Fähigkeiten trainiert, was im Sinne der Lernebenen nach Bateson (1990, S. 372 ff.) meist nur die Ebene 1 anspricht. Wenn wir Umsetzungsschritte für Transformationsprozesse unterstützen wollen, braucht es jedoch ganze Lernakkorde (Kap. 3.4.3.5), damit das Neue wirklich ins Leben kommt.

Das Entwickeln einer Umsetzungskraft wird unterstützt, wenn gleichzeitig dem Erlernen von neuem Verhalten Raum und Zeit gegeben wird.

- Der *Changemanagementprozess* ist dabei, wie schon erwähnt, die balancierende und orchestrierende Qualität und sorgt für eine situativ stimmige Versorgung der einzelnen Prozessqualitäten, sodass der Entwicklungsprozess ganzheitlich gestaltet ist.

Dass es polare Beziehungen zwischen einzelnen Basisprozessen gibt, bedeutet nicht, dass nicht alle Basisprozesse wechselseitig aufeinander einwirken.

Mit der Metapher einer Jazzband könnte man sagen, dass die Blasinstrumente (z. B. Trompete und Saxofon), die Rhythmussektion (z. B. Bass, Schlagzeug) und die Akkorde spielenden Instrumente (z. B. Piano und Gitarre) zueinander in einer anderen Verbindung stehen als beispielsweise Trompete und Schlagzeug. Dennoch kann ein gelingendes Musizieren nur im Zusammenspiel aller Instrumente funktionieren, und wenn die Trompete in ihrem Solo durch die Dynamik und Rhythmisierung der anderen Instrumente unterstützt wird, nehmen eben alle darauf Einfluss.

3.4.3 Sieben Basisprozesse vertiefter betrachtet

In ihrem Buch *Professionelle Prozessberatung* (Glasl, Kalcher u. Piber 2020a) werden die Basisprozesse der Organisationsentwicklung sehr ausführlich und mit vielen Ideen für Instrumentierungen dargestellt. Im Kontext der Landkarten der Transformation geben wir hier einen Überblick, wie die Basisprozesse im Sinne der syntaktisch-hypnosystemischen Entwicklungsberatung angewendet werden können.

Dabei ist es für das Verständnis des Konzepts wichtig, dass die Prozessqualitäten nicht so gedacht sind, dass sie einmal im Prozess fokussiert werden und dann erledigt sind. Vielmehr wird es im Laufe eines Organisationsentwicklungsprozesses immer wieder von Neuem notwendig sein, die einzelnen Qualitäten anzusprechen, auch wenn es sicherlich Phasen im Gesamtprozess gibt, in denen einzelne Basisprozesse stärker im Vordergrund stehen und andere mehr im Hintergrund.

Wenn wir nun die einzelnen Basisprozesse ausführlicher charakterisieren, geben wir nebst der Beschreibung der Qualitäten Hinweise dafür, wie diese möglichst zieldienlich versorgt werden können.

Für alle Basisprozesse gilt auf der methodischen Ebene, dass wir kognitiv-rationale mit intuitiven, das Unwillkürliche ansprechenden Methoden kombinieren. Für beides gibt es eine Vielzahl von geeigneten Formaten und Vorgehensweisen. Im Rahmen dieses Buches werden wir in Kapitel 6 auf einige verweisen, können jedoch nicht näher darauf eingehen.

3.4.3.1 Bewusstseinsbildungsprozesse

> **Bewusstseinsbildungsprozesse → Bewusstsein bilden**
>
> *Archetypische Qualitäten des Saturns:* Selbsterkenntnis, Gründlichkeit, Verantwortung, Weisheit
>
> Gemeinsam eine Konsensrealität zur Ausgangslage erarbeiten, Perspektivenvielfalt würdigen, intersubjektiv und zieldienlich Bedeutung geben und dafür Verantwortung übernehmen, Stärken und Probleme betrachten und Entstandenes weisheitsvoll würdigen.

Wofür braucht es eine Betrachtung der Ausgangslage bzw. ein gemeinsames Erarbeiten einer Konsensrealität[28]? So interessieren beispielsweise in der Perspektive der reinen lösungsfokussierten Beratung nach de Shazer (1990), Kim Berg und de Jong (2003) vor allem Lösungen und keine Problemdefinitionen.

Aus unserer Sicht ist es in vielen Organisationsentwicklungsprozessen ein wichtiger Erfolgsfaktor, dass die Menschen im System der Vergangenheit und der Gegenwart zieldienlich Bedeutung geben können. Denn ob ein Transformationsprozess Kraft entwickeln kann, hängt stark damit zusammen, ob es überhaupt ein Bewusstsein für die Notwendigkeit einer Entwicklung gibt. Wie Gunther Schmidt (2007, S. 103) betont, kann nur der ein Problem haben, der mit der Ist-Situation unzufrieden ist. Die von Schmidt (ebd., S. 119) nach Steve de Shazer (1990) erweiterten Klientenkategorien (Klient:innen, Besucher:innen, sich Beklagende, Co-Berater:innen) sind in Organisationen nach unserer Erfahrung meist alle gleichzeitig vorhanden. Dabei bilden echte Klient:innen mit einem wirklichen Anliegen im Sinne de Shazers häufig die Minderheit.[29] Bliebe dies im Laufe des Organisationsentwicklungsprozesses so, könnte die für diesen notwendige Motivation wohl nicht entwickelt werden, und der Prozess würde vermutlich nicht besonders nachhaltig werden.

Ohnehin sprechen wir im Kontext der Organisationsentwicklung nicht von Fremd- bzw. Experteneinschätzungen, sondern von Prozessen der Selbstdiagnose, also des kontextuellen und zieldienlichen Sich-selbst-Durchschauens. Das heißt aber nicht, dass der Einbezug von Expertenwissen von außen nicht manchmal hilfreich oder notwendig sein kann.

Durch die Qualität der gemeinsamen Bewusstseinsbildung versuchen wir mit den involvierten Menschen und den damit verbundenen zahlreichen Perspektiven aus der Organisation eine Konsensrealität über die Ausgangslage zu erarbeiten. Dabei fokussieren wir nicht nur Phänomene, denen die Bedeutung von Problemen gegeben wird, sondern bewusst auch Stärken, Ressourcen, bisherige oder frühere Muster des Gelingens und vielleicht noch verborgene Potenziale.

Gewiss ist die Betrachtung von Problemen ebenfalls wichtig (gerade, wenn die Beteiligten zu echten Klient:innen im oben gemeinten Sinne werden sollen). Dass dadurch »problem talk« stattfinden kann, stört aus unserer Perspektive nicht, da wir

28 Im Sinne dessen, dass Realität konstruiert wird und nichts aus sich heraus Bedeutung hat, verstehen wir unter Konsensrealität die bewusste oder unbewusste gemeinsame Bedeutungsgebung eines Kollektivs zu einem Phänomen oder einem ganzen Komplex von Phänomenen. Im Kontext der Organisationsentwicklung meinen wir damit die Erarbeitung einer bewussten bzw. willentlichen Bedeutungsgebung der Ausgangslage in einer Organisation.

29 Frei nach de Shazer bzw. Schmidt: *Klient:innen* haben ein echtes Anliegen und sind bereit, dafür etwas zu tun. *Sich Beklagende* wollen ebenfalls, dass sich etwas ändert, sind jedoch der Ansicht, dass andere diese Änderung vornehmen müssen. *Besuchende* haben kein ihnen bewusstes Anliegen, jedoch den Eindruck, in der Beratung mitmachen zu müssen, weil andere dies wollen. *Co-Beratende* schließlich sehen sich nicht als Teil des beratenen Systems und glauben, besser zu wissen, was Beratende tun müssten. De Shazer und Schmidt weisen darauf hin, dass ein wirklicher Auftrag an Beratende nur seitens der Klient:innen besteht. Die anderen drei Kategorien müssen erst dafür gewonnen werden, einen wirklichen Auftrag zu erteilen.

mit Gunther Schmidt (2007, S. 92) der Meinung sind, nicht der Inhalt – das Reden über ein Problem – führe zu Problemhypnosen, sondern die innere Haltung der Sprechenden entscheide darüber, ob sich das Fokussieren von Problemen zieldienlich auswirkt oder nicht.

Bernhard Trenkle (2016, mündl. Mitt.) spricht in diesem Zusammenhang vom »Bühnenbau«. Diesen sieht er als entscheidend dafür, ob eine Intervention (in seinem Kontext der Psychotherapie) zieldienlich wirksam sein wird oder nicht. Für Workshops und andere Interventionen in Organisationsentwicklungsprozessen, die das Prozessziel des gemeinsamen Durchschauens und der Bewusstseinsbildung verfolgen, ist deshalb das sorgfältige Gestalten eines Settings zentral, das zu Perspektivenvielfalt, freier Meinungsäußerung und gegenseitigem Aufeinanderhören einlädt.

Wie wir schon in Kapitel 3.4.2.2 bei der Betrachtung der Beziehung von Bewusstseinsbildungs- und psychosozialen Prozessen deutlich gemacht haben, ist es für gelingende Prozesse des Durchschauens sehr unterstützend, wenn Emotionalem, Unsicherheiten, Frustrationen, Ärger etc. Raum gegeben wird. Nebst dem Pacing-Effekt bekommen wir dabei wertvolle Hinweise für die Utilisation von Problemen und Unwillkürlichem.

Was die methodische Vorgehensweise angeht, braucht es für erfolgreiche Bewusstseinsbildungsprozesse eine Kombination von eher kognitiven, analytischen mit intuitiven Methoden. Denn es ist natürlich oft notwendig, bestimmte Fragestellungen detailliert zu betrachten und Phänomene zu analysieren (mikroskopischer Blick[30] – eher kognitiv). Eine kraftvolle und den weiteren Prozess stützende Grundlage entsteht hingegen durch das Makroskopische, indem gemeinsam eine Art Bildgestaltung stattfindet, die rationale Erkenntnisse enthält, diese jedoch zu Mustern verknüpft und dadurch selbst fühlbar, spürbar wird. Dafür braucht es den Einsatz von Methoden, die das Unwillkürliche, den ganzen Organismus einbeziehen.

Wenn es gelingt, diese Qualität der Bewusstseinsbildung gut zu berücksichtigen, entsteht mehr psychosoziale Ruhe im Organisationsentwicklungsprozess, und die intrinsische Motivation der Beteiligten für diesen wächst.

3.4.3.2 Zukunftsgestaltungsprozesse

Zukunftsgestaltungsprozesse → Willen bilden

Archetypische Qualitäten des Jupiters: Ideale, Sinn, ganzheitliches Wachstum, Ziele

Attraktive Zukunftsbilder bzw. Lösungs- und Zielrichtungen gemeinsam erarbeiten, Sinnangebote machen, Lustsog erzeugen, Ziele formulieren, mit denen sich die Menschen verbinden können

30 Zur Unterscheidung von mikroskopisch und makroskopisch vergleiche de Rosnay (1979).

Damit ein Transformationsprozess erfolgreich sein kann, braucht er eine klare Ausrichtung. Wie wir in Kapitel 3.2.3.3 deutlich gemacht haben, meinen wir damit nicht, dass es um smarte Ziele oder ganz klare Zukunftsbilder gehen muss. Natürlich ist es für den Prozess hilfreich, wenn qualitative Zukunftsvorstellungen existieren bzw. im laufenden Organisationsentwicklungsprozess erarbeitet werden. Es ist jedoch kein Problem, wenn dies zu Beginn noch nicht der Fall ist. Die Qualität der Zukunftsgestaltungsprozesse besteht unter anderem gerade darin, mit den Beteiligten einer Organisation Ausrichtungen für die Zukunft zu entwickeln, und sei es zu Beginn eventuell nur im Sinne von Richtungsaussagen, die auf einer übergeordneten Flughöhe bereits eine Willensrichtung skizzieren.

Oft werden vom Topmanagement sehr klare und definierte Zukunftsbilder vorgegeben, die jedoch die Menschen in der Organisation nicht berühren oder schlicht so abstrakt sind, dass sie wenig Möglichkeiten anbieten, sich mit ihnen zu verbinden. Hier bedeutet die Qualität der Zukunftsgestaltung, gemeinsam mit den Menschen diesen Ideen Leben einzuhauchen, herauszuarbeiten, was diese Zukunft mit ihnen zu tun haben soll, sie so zu beteiligen, dass auch bei hierarchisch klaren Vorgaben Gestaltungsspielräume für die eigene Arbeitssituation erkannt und genutzt werden können.

Dafür spielt die spezielle unterstützende Verbindung Informationsprozesse für die Zukunftsgestaltung eine wichtige Rolle. Wie wir später unter »Informationsprozesse« (Kap. 3.4.3.6) ausführen werden, unterscheiden wir dabei zwischen »informieren«, »involvieren« und »innovieren«. Je mehr die Menschen z. B. bei Informationsveranstaltungen in die konkrete Ausgestaltung der Zukunftsbilder involviert werden, desto besser können sie sich damit verbinden und sie mittragen.

Für unseren Ansatz der syntaktisch-hypnosystemischen Entwicklungsberatung spielt eine organische Verbindung von Vergangenheit – Gegenwart – Zukunft eine wichtige Rolle bei der Qualität der Zukunftsgestaltung. Hasper und Glasl (1988, S. 79) bringen dies folgendermaßen zum Ausdruck:

> »Verknüpfen wir die Zukunftsvorstellungen mit der gegenwärtigen und vergangenen Entwicklung, dann wird den Mitarbeitenden klar, wie sich die Zukunftsschritte organisch und notwendig aus der bisherigen Lebensgeschichte der Unternehmung ergeben.«

Dieses Zitat bedeutet nicht, die Gegenwart bzw. Zukunft leite sich deterministisch aus der Vergangenheit ab. Ganz im Sinne der Hypnosystemik und der Lösungsfokussierung sind wir im Gegenteil der Ansicht, dass Gegenwart und Zukunft niemals von der Vergangenheit bestimmt werden und dass es eben ein zentraler Aspekt von Beratung ist, mit Klientensystemen Vergangenem zieldienlich Bedeutung zu geben. Das Zitat ist im Kontext der Entwicklungsphasen von Organisationen (Kap. 3.2) zu verstehen und sagt aus: Für die Lösung von Herausforderungen der Gegenwart und Zukunft gibt es hervorragende organisationale Kompetenzen, Muster des Gelingens und schon schimmernde Potenziale, die sich aus dem Blickwinkel des Künftigen hilfreich und zieldienlich nutzbar machen lassen. Dabei hilft oft auch der Blick auf den Gründungsimpuls der Organisation und die damals mit der Gründung verbundenen Werte und Ideen. Gerade in transformativen Übergängen kann es für die Gestaltung einer attraktiven und erfolgreichen Zukunft hilfreich sein, diese in neuer Form und Ausprägung für den aktuellen und künftigen Kontext zu gestalten.

Für kräftige Zukunftsgestaltungsprozesse grundsätzlich wichtig ist der starke Einbezug intuitiver, unwillkürlicher Aspekte, um diese dann mit kognitiv-willentlichen Vorgehensweisen zu verbinden. So können beispielsweise rationale Szenariotechniken oder Zukunftsprojektionen aus beobachtbaren Trends hilfreiche Hinweise liefern. Sie werden jedoch nicht ausreichen, um die Willenskräfte der Menschen in der Organisation wirksam anzusprechen.

Damit ein Lustsog entsteht, brauchen die Menschen Räume, in denen die Zukunft in der Gegenwart erfahrbar wird. Die lösungsfokussierte Idee, aus der zukünftigen Gegenwart[31] auf die Organisation im Wechselspiel aller Wesenselemente zu blicken und zu beschreiben, wie es in der gelösten, erfolgreichen Zukunft aussieht, wie man dorthin gekommen ist, wie die Zusammenarbeit im Unternehmen, mit Kund:innen etc. positiv verläuft, ist dafür besonders nützlich und kann große Kraft entfalten. Besonders dann, wenn dies mit sozialkünstlerischen Methoden geschieht, die unwillkürliches Wissen und den ganzen Organismus miteinbeziehen. Aber auch viele Formate der Systemischen Strukturaufstellungen oder stark auf Emergenz ausgelegte Vorgehensweisen wie die Theorie U von C. Otto Scharmer (2020) sind dafür sehr hilfreich.

Verschiedene Wege führen in die Zukunft: Iter und Flux – zwei Zeitqualitäten

Eine weitere für die Praxis sehr hilfreiche Unterscheidung für Entwicklungsprozesse und für jede Führungsarbeit ist die Perspektive auf den Zeitkanal, den das Gegenüber in einem Beratungsgespräch oder -workshop als bevorzugten Zeitkanal im jeweiligen Kontext (unbewusst) gewählt hat. Denn dieser Zugang entscheidet darüber, ob das Zeiterleben eher linear (Iter-Qualität) geprägt ist oder ob das Klientensystem gewohnt ist, eine Anforderung oder anderes, was aus der Zukunft auf das Klientensystem zukommt, jeweils zieldienlich aufzunehmen (Flux-Qualität).

Frei nach Matthias Varga von Kibéd und Insa Sparrer (2009, S. 245) können wir den Iter- bzw. Flux-Modus folgendermaßen unterscheiden: Während den Iter-Modus charakterisiert, dass man mit geplanten Schritten auf ein Ziel zugeht, zeigt sich der Flux-Modus darin, dass ein zukünftiges Ziel in unserem Erleben auf uns zukommt.

Am besten lässt sich dies anhand von Beispielen der Überlastung der einzelnen Modi illustrieren, bei denen ein Zeitkanalwechsel hilfreich sein kann, um in Zukunftsgestaltungsprozessen die Willensbildung zu unterstützen und einen Lustsog zu bahnen:

31 Steve de Shazer (1990) verwendet den Begriff »zukünftige Gegenwart«, um darauf hinzuweisen, dass durch das Sich-Hineinversetzen in den Lösungszustand das erwünschte Künftige schon als gegenwärtig erlebt werden kann. Genauso verwendet er »gegenwärtige Vergangenheit« als Hinweis darauf, dass die Bedeutungsgebung der Menschen für das Gegenwärtige häufig vom Vergangenen geprägt ist.

Von Iter zu Flux

In einem Zukunftsgestaltungsworkshop verfallen die Beteiligten fast bei jedem Schritt wieder in eine Problemtrance: Es fehlen Ideen für nächste Schritte – alle fühlen sich eher behindert, nächste Schritte in die Zukunft zu planen. Überwiegend wird im Iter-Modus versucht, die Schritte in die Zukunft zu planen. Ein Wechsel in die Zeitqualität des Flux-Modus kann hier hilfreich sein. Beispielsweise durch die lösungsfokussierte Frage: Angenommen, ihr hättet eure Ziele bereits alle erreicht – wie würde sich dies zeigen? Woran könnten andere das erkennen?

Von Flux zu Iter

Im Kontext einer Steuergruppensitzung können sich die Teilnehmenden kaum fokussieren. Allen haben den Eindruck »Kaum überlegt man etwas, kommt schon das nächste Thema auf den Tisch«. Wie soll es nur gelingen, in unserem dynamischen Umfeld auf alle an uns gestellten Anforderungen so zu reagieren, dass wir die Transformation zieldienlich unterstützen? Diese Beschreibung verdeutlicht die Flux-Qualität, wenn sie belastet ist, da im Erleben der Steuergruppe zu viel auf einmal auf sie zukommt. Auch hier ist ein Wechsel in den anderen Modus der Iter-Qualität hilfreich. Bei dieser steht im Fokus, einen Überblick zu gewinnen, um einen planbaren nächsten Schritt möglich zu machen. So könnte es beispielsweise helfen, zunächst darauf zu schauen, wo man derzeit in Bezug auf die Prozess- und Ergebnisziele steht. Welche Anforderungen gibt es, und was bedeutet dies konkret für einen guten nächsten Schritt?

3.4.3.3 Entwicklungsenergie »erfließt« aus dem Zusammenspiel von Bewusstseinsbildung und Lustsog

Es gibt zwei Arten von Veränderungsenergie: Abstoßung (Leidensdruck) und Anziehung, was wir, Glasl (2020b, S. 116) folgend, Lustsog nennen. So entsteht aus dem Zusammenspiel der Bewusstseins- und Willensbildung die Energie für den Entwicklungsprozess.

- Gibt es nur ein »Weg von« und kein attraktives »Hin zu«, ist die Gefahr groß, dass der Organisationsentwicklungsprozess kraftlos wird und eher Reparaturarbeiten gleicht als einem innovativen Zukunftsschritt. Wird die Ausgangslage noch dazu einseitig defizitär bewertet, entstehen oft Leidensdruck, Frustration und Resignation, was für Entwicklungsprozesse nicht hilfreich ist.
- Wird jedoch nur das »Hin zu«, das Zukunftsbild, fokussiert, ohne dass die Menschen in der Organisation nachvollziehen können, wie die angestrebte Zukunft sich mit der Ausgangslage verbindet, besteht die Gefahr von Luftschlössern, und es kann sein, dass die Notwendigkeit der Entwicklung nicht genügend erlebt wird.

Wir achten deswegen bei der Gestaltung von Organisationsentwicklungsprozessen darauf, die Qualitäten der Bewusstseinsbildungs- und Zukunftsgestaltungsprozesse immer miteinander zu verbinden. Wenn beispielsweise in einem Workshop die Zukunftsgestaltung im Vordergrund steht und wir sehr lösungsfokussierend daran arbeiten, flechten wir dennoch im Sinne der Unterschiedsbildung auch bewusstseinsbildende Aspekte zur Ausgangslage ein. Und wenn es im Verlauf eines Gesamtprozesses eher darum geht, eine Konsensrealität zu bilden, verbinden wir diese gleichzeitig mit einer Zielrichtung für die Entwicklung, weil die Bedeutungsgebung der Ist-Situation ohnehin nur unter dem Aspekt des Wofür sinnvoll vorgenommen werden kann.

Auch die Methoden und Instrumente, die wir für die beiden Prozessqualitäten der Bewusstseinsbildung und der Zukunftsgestaltung verwenden, beinhalten jeweils beide Qualitäten in unterschiedlicher Ausprägung.

3.4.3.4 Psychosoziale Prozesse

Psychosoziale Prozesse → Emotionales verarbeiten

Archetypische Qualitäten des Mondes: Gefühle, Unbewusstes, Unwillkürliches, Empfindsamkeit

Emotionen, Bedürfnisse, unwillkürliche Prozesse pacen, ansprechen, utilisieren; Konflikte und Spannungen proaktiv angehen und lösen, Machtbeziehungen verflüssigen

Entwicklungsprozesse wirken sich naturgemäß auf die individuellen und kollektiven Befindlichkeiten aus. Selbstverständnisse, Identifikationen mit Werten, Gewohnheiten, Fragen zu gefühlter Macht und erlebtem Einfluss, Zugehörigkeiten zu Teams oder Organisationseinheiten und vieles Weitere werden infrage gestellt oder verändert.

Das kann im positivsten Fall zu Motivation, Vorfreude, Lust und Energie führen. Oft jedoch resultieren verständlicherweise Unsicherheit, Ängste, Skepsis, Frustrationen oder Ärger und Wut. Besonders häufig ist aus unserer Erfahrung die Neigung, Veränderungen oder Transformationen die Bedeutung zu geben, die bisherigen Leistungen und das Erreichte würden entwertet.

Wie stark dies der Fall ist, hängt sicherlich mit der Achtsamkeit der Menschen zusammen, die die Veränderung anstoßen und treiben: Wird das Bisherige gewürdigt, ehrlich wertgeschätzt und als kompetent für die bisherigen Kontexte betrachtet? Oder wird vor allem das nicht mehr Funktionale, Problematische der Gegenwart (und Vergangenheit) betont und die Zukunft als das Bessere bezeichnet (was zwangsläufig zur Bedeutungsgebung führt, dass das Frühere schlechter war)?

Wie schon ausgeführt, hat die Art und Weise der Gestaltung der Bewusstseinsbildungsprozesse einen wichtigen Einfluss darauf, wie die emotionalen Reaktionen der Menschen in der Organisation ausfallen.

Das gilt jedoch für das Zusammenspiel aller Basisprozesse: Sie sind grundsätzlich wechselwirksam miteinander verbunden und können einander stützen. So hat beispielsweise ein glaubwürdiger Informationsprozess, in dem proaktiv auch Unsicherheiten adressiert werden, ebenfalls positive Auswirkungen auf die psychosozialen Prozesse.

Die Beachtung der psychosozialen Ebene ist jedenfalls ein wichtiger Einflussfaktor für das Gelingen von Transformationen. Dabei ist die »Versorgung« dieser Prozessqualität seltener so, dass spezifische Workshops für die Erreichung psychosozialer Prozessziele stattfinden (außer zur Bearbeitung akuter Konflikte und Spannungen). Vielmehr sind sie – metaphorisch gesprochen – die Begleitmusik zu einem Film: Meistens steht die Handlung im Fokus der Zuschauenden; die Musik wird eher unbewusst zur Kenntnis genommen und unterstützt die beabsichtigte Wirkung der Bilder und Dialoge. Verstummt die Musik jedoch plötzlich, merkt man sofort, dass etwas fehlt. Und wird sie ganz laut und dominant, kann es sein, dass Dialoge unverständlich und Bilder bzw. Handlung in den Hintergrund gerückt werden.

Für die gezielte Arbeit an psychosozialen Prozessen gibt es vielfältige methodische Zugänge aus Mediation, psychotherapeutisch inspirierten Beratungsrichtungen oder gruppendynamischen und weiteren Kontexten. Wir führen an dieser Stelle keine Methoden auf, da diese ohnehin aufgrund situationsspezifischer Erfordernisse ausgewählt werden müssen. Jedoch wollen wir darauf eingehen, dass durch die Gestaltung von Settings und der Moderation von Workshops sehr viel für eine zieldienliche Versorgung der psychosozialen Qualitäten getan werden kann.

Wir haben die Erfahrung gemacht, dass ein Wechsel von Schutz bietenden Kleingruppenarbeiten mit gut strukturierten Plenumsdialogen Sicherheit vermittelt und Offenheit fördert. Auch unterstützt es aus unserer Sicht sehr das Ansprechen schwieriger Themen, wenn die Moderation auf Gefühle und Bedürfnisse von Teilnehmenden paraphrasierend eingeht, um Unterschwelliges behutsam und klar auf den Tisch zu bringen oder aufgrund von Aggressionen zu heftig ausgefallene Formulierungen verständlicher zu machen. Wir stellen in Kapitel 6.2 dazu eine in unseren Augen zentrale Landkarte für die Moderation ausführlich und mit Praxisbeispielen vor.

Ein weiterer Aspekt der psychosozialen Prozesse ist es, Wege zu finden, Machtbeziehungen besprechbar zu machen, wenn sie der Transformation hinderlich sind. Selbstverständlich lassen sich Phänomene, die oft mit Macht bzw. Machtbeziehungen beschrieben werden, als Konstruktionen betrachten. Dennoch haben diese Konstruktionen in Organisationen einen starken Einfluss darauf, ob es beispielsweise gelingt, dass Mitarbeitende mehr Verantwortung übernehmen oder Fehler durch eine offene Rückmeldungskultur frühzeitig entdeckt werden. Für viele Organisationsentwicklungsberatende ist es nach unserer Erfahrung eine anspruchsvolle Aufgabe, diesen Machtaspekt konstruktiv anzugehen und in der Prozessgestaltung bewusst auf die Agenda zu setzen.

Betrachten wir Machtbeziehungen als kompetente Lösungsversuche für berechtigte organisationale (und individuelle) Bedürfnisse, auch wenn sie sich eventuell nicht mehr wie gewünscht auswirken, können wir dies auf würdigende Art und Weise tun. Dafür müssen Settings geschaffen werden, welche die Gefahr für Gesichtsverluste möglichst klein halten. Gleichzeitig lässt sich eine konfrontativere Ansprache des Themas manchmal nicht vermeiden und kann für die Glaubwürdigkeit der Prozessziele sogar notwendig sein.

3.4.3.5 Lernprozesse

> **Lernprozesse → Lernen**
>
> *Archetypische Qualitäten der Venus:* Kreativität, Fähigkeit zu verbinden, zu geben und zu empfangen, neugierig zu sein
>
> Sich mit dem Neuen verbinden, indem mit Neugier Experimentier- und Reflexionsräume geschaffen und zieldienlich gestaltet werden; Wissen und Können für das Künftige erlernen, sodass bisheriges Wissen weitergegeben und Neues als Lernchance empfangen werden kann

Die Qualität der Lernprozesse können wir am besten greifen, wenn wir die von Gregory Bateson (1990, S. 372–389) entwickelten Lerntypen oder *Lernebenen* betrachten:

- *Lernen 0:* Wiederholbare Reiz-Reaktions-Verknüpfung

Hierbei handelt es sich um wiederholte Reize, die stereotype Reaktionen, also keine oder nur minimale Veränderungen, nach sich ziehen. Es erfolgt keine systematische Auswahl und damit keine wesentliche Veränderungsmöglichkeit der Reaktion.

Beispiel: Ich erfahre, ob ich Spargel mag oder nicht (und lerne daraus).

- *Lernen 1:* Training und klassische Konditionierung

Es geht um Lernprozesse, mit denen man Trainingseffekte stabilisiert. Man lernt, wie man – in einem gleichen Kontext – Bewegung oder Veränderung bewirkt. Dafür typisch ist Versuch und Irrtum, das heißt Ersetzen einer Handlungsalternative durch eine andere.

Beispiele: Bedienung eines neuen IT-Systems, Standardgespräche in einer Hotline.

Diese Lernebene reicht nicht aus für einen transformativen Prozess, ist jedoch ein notwendiger Bestandteil davon, weil konkrete neue Fähigkeiten gebraucht werden.

- *Lernen 2:* Handlungskontexte bewusst wählen – Öffnung

Auf der Lernebene 2 nehmen wir Veränderungen im Lernen 1 vor, indem eine korrigierende Veränderung in der Menge der Alternativen erfolgt, unter denen die Auswahl getroffen wird oder indem wir den Kontext verändern. Lernen findet in Relation zu Kontexten (z. B. Glaubenssätze loswerden, Haltungen verändern, emotional kontextabhängig reagieren, Sprachmodelle verändern) statt.

Beispiel: Lernen, etwas nicht zu übertragen und es stattdessen als anderen Kontext zu sehen: interkulturelles Training – unterschiedliche Bedeutungen von Mimik und Gestik in verschiedenen Kulturen erlernen und übliche Deutungen unterlassen.

Diese Lernebene ist notwendig, um organisationale Transformationsprozesse erfolgreich zu gestalten, weil die Menschen Fähigkeiten aus früheren Kontexten im neuen Kontext anpassen können müssen.

- *Lernen 3:* Lernen, Kontexte zu verändern

Hier geht es um die Fähigkeit, Prämissen auf der Lernebene 2 zu ersetzen. Es ist eine grundsätzliche Änderung der Art und Weise, der Kriterien, nach denen Alternativsysteme auf der Ebene 2 verändert werden, und somit verbunden mit einer völligen Änderung von Haltungen, Strukturen, Selbstverständnissen. Lernen auf der Ebene 3 bedeutet auch die Fähigkeit, gewissermaßen die Welt zu wechseln – im Sinne von »Die Welt des Glücklichen ist eine andere als die des Unglücklichen.«

Beispiel: Jede Art wirklicher Transformation im Sinne von vertikaler Entwicklung. Die Welt (die Organisation, das Problem, die Familie, die eigene Biografie …) wird unter neuen Blickwinkeln betrachtet, Verhaltensweisen, Erleben und Handlungslogiken oder Paradigmen werden erweitert und ermöglichen bisher nicht für bewältigbar Gehaltenes.

Die Lernebenen 0–2 können methodisch direkt angesteuert werden. *Für ein Lernen 3 können nur Voraussetzungen geschaffen werden, damit die Wahrscheinlichkeit dafür steigt.* Bateson nahm noch an, Lernen 3 fände nur selten statt und brauche viel Zeit.

Für Transformationsprozesse, wie wir sie in diesem Buch beschreiben, ist ein organisationales Lernen auf der Ebene 3 in jedem Fall erforderlich.

Der Vorteil von organisationalem gegenüber individuellem Lernen liegt darin, dass Organisationen durch die Gestaltung der sieben Wesenselemente sozusagen eine Leiter für die Individuen bereitstellen können, um eine nächste Ebene des Lernens zu erreichen. Denn wenn es gelingt, Erfahrungsräume zu gestalten, die den Menschen ermöglichen, die neuen Paradigmen und Sichtweisen selbst schon zu erleben, darin zu experimentieren und auszuprobieren, erhöht dies die Wahrscheinlichkeit für Lernen 3.

Um solche Lernprozesse zu gestalten, ist die Idee von Matthias Varga von Kibéd und Insa Sparrer sehr hilfreich, sog. Lernakkorde (2014, S. 51) anzuspielen. Matthias Varga von Kibéd sagt dazu:

> »Die Idee der SySt-Lernakkorde bezieht sich auf mögliche Zwischenstufen zwischen den batesonschen Lernebenen oder Prozesse der Annäherung zwischen ihnen. Wahrscheinlich können die meisten Lern-Prozesse als vorwiegend in einer Ebene liegend betrachtet werden. Allerdings kann man beim genauen Hinhören und Hinspüren wahrnehmen, wie sie die anderen Ebenen berühren, und auch wahrnehmen, dass diese anderen Ebenen mehr darstellen können als bloße Nebengeräusche. Genau dies ermöglicht es Menschen und Organisationen, die Wahl zum Ebenenwechsel zu treffen und ihre Lernkompetenz erheblich zu erweitern.«

Wenn wir es in Organisationsentwicklungsprozessen schaffen, Trainingssituationen mit kontextuellem Lernen zu verknüpfen, findet in diesem Sinne ein »Lernen 1,5« statt. Und wenn wir dazu Möglichkeiten schaffen, in denen Paradigmenverschiebungen erlebt und reflektiert werden können – beispielsweise über sozialkünstlerische Methoden, Aufstellungsarbeit etc. –, wird ein »Lernen 2,5« angepeilt. Findet dies mit Ausrichtung auf die Transformationsziele immer wieder statt, erhöht sich die Wahrscheinlichkeit für Lernen 3 enorm.

Das in diesem Buch beschriebene »syntaktischere Arbeiten« auf der Basis von logischen oder archetypischen Strukturen bahnt ebenfalls Lernen 2,5. Wenn Menschen auf einer grundsätzlichen, strukturellen Ebene, befreit vom Dickicht an Inhalten, in denen man sich üblicherweise verfängt, erfahren, wie sie sich gegenseitig verstehen und miteinander Neues erarbeiten können, kann dies zu paradigmatischen Entwicklungen führen.

Dies fördert auch das in Kapitel 3.4.1.1 dargestellte Organisationsentwicklungsziel der Selbsterneuerungsfähigkeit: Je besser die Menschen einer Organisation ihr eigenes Handeln, ihre Handlungslogik und die dahinter liegenden Paradigmen verstehen und mithilfe von Modellen, Methoden und Erfahrungsräumen erkennen und erleben, wie sie ihre Organisation weiterentwickeln können, umso eher gelingt es ihnen, dies selbstreflexiv in die Praxis umzusetzen. So können – wie in Kapitel 3.4.2.2 beschrieben – die Lernprozesse insbesondere für die Umsetzungsprozesse sehr wirksam werden, durch die das Neue schließlich in die Welt kommen soll.

3.4.3.6 Informationsprozesse

Informationsprozesse → auswirkungsbewusst informieren

Archetypische Qualitäten des Merkurs: Sprache, Kommunikation, Zusammenhänge herstellen, Ausdrucksfähigkeit

Auswirkungsbewusst informieren, die Menschen ins Bild setzen und ins Boot holen, Zusammenhänge deutlich machen, Dialogräume schaffen

Im Mittelpunkt der Überlegungen zur Qualität der Informationsprozesse steht die erwünschte Wirkung (Abb. 25).

Wir erleben es in der Praxis in Organisationen (und nicht nur dort!) jedoch oft, dass Informationen unbewusst eher »von der Absicht aus« gedacht werden, was dann allerdings oft nicht zur (meist ebenfalls unbewusst) erhofften Wirkung bei den Adressat:innen führt.

Selbstverständlich entsteht die Wirkung einer Botschaft immer bei den Empfänger:innen der Botschaft. Umso mehr ist es für gelingende Informationsprozesse wichtig und notwendig, sich sorgfältig darüber Gedanken zu machen, welche Wirkung erzielt werden soll, bevor Inhalt und Menge, Übermittler:innen der Botschaft, Zeitpunkt der Information und das geeignete Medium ausgewählt werden und später die Wirkung evaluiert wird.

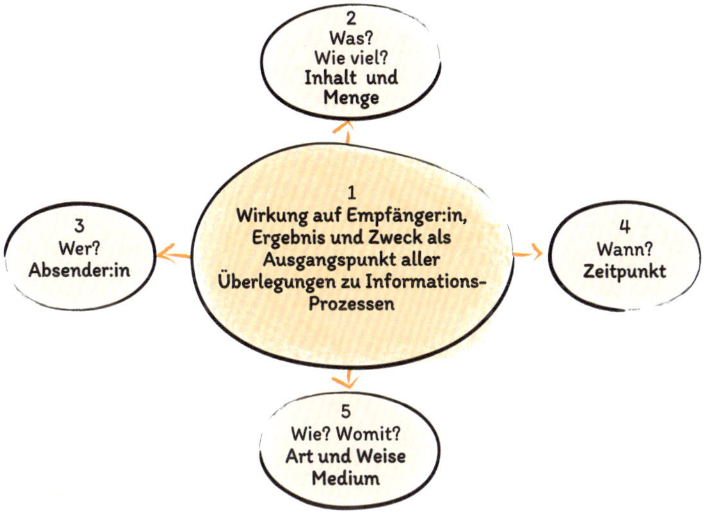

Abb. 25: Erwünschte Wirkung der Kommunikation im Mittelpunkt [verändert nach Kalcher, T. (2020): Informationsprozesse. In: F. Glasl, T. Kalcher u. H. Piber (Hrsg.): Professionelle Prozessberatung. Das Trigon Modell der OE-Basisprozesse. Bern/Stuttgart (Haupt/Freies Geistesleben), S. 319]

Wir legen in Organisationsentwicklungsprozessen großen Wert darauf, für Informationsprozesse grundsätzlich positive Wirkungsziele als Zustandsbeschreibungen zu formulieren. Von diesen ausgehend, ist dann der zweite Schritt das Erkunden der Befindlichkeit und Bedürfnisse, der Hoffnungen und Befürchtungen der Adressat:innen. Auf dieser Grundlage werden dann erst Inhalt, Menge und Interaktion geplant, bevor die Information durchgeführt und anschließend in ihrer Wirkung evaluiert wird, wie Abbildung 26 zeigt.

Information als ständigen Prozess zu begreifen und diesen bei der Planung und Begleitung von Organisationsentwicklungsprozessen im Bewusstsein zu halten ist aus unserer Sicht grundsätzlich sehr wichtig. Vor allem unterstützt diese bewusste Fokussierung die Zukunftsgestaltungsprozesse, da sich die Menschen durch gezielte und wirksame Informationsprozesse immer wieder von Neuem mit dem Wofür der Entwicklung auseinandersetzen.

Eine weitere wichtige Querverbindung besteht zu den psychosozialen Prozessen. Wenn potenzielle Ängste, Unsicherheiten oder Ärger und Frustrationen proaktiv angesprochen werden und wenn die Sendenden einer Botschaft eigene Ambivalenzen – die aus unserer Sicht praktisch immer vorhanden sind – transparent machen, erhöht dies die Glaubwürdigkeit der Information und hat hilfreiche psychosoziale Wirkungen.

Damit Informationsprozesse für die gewünschte Entwicklung zieldienlich sind, ist es aus unserer Sicht enorm wichtig, diese als integraler Bestandteil des Organisationsentwicklungsprozesses zu betrachten und gut abzustimmen.

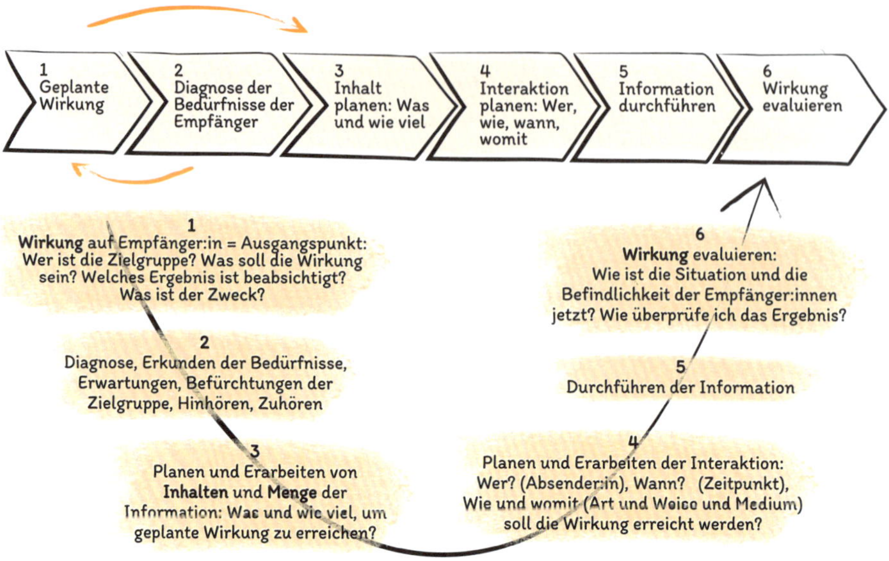

Abb. 26: Information als Prozess [verändert nach Kalcher, T. (2020): Informationsprozesse. In: F. Glasl, T. Kalcher u. H. Piber (Hrsg.): Professionelle Prozessberatung. Das Trigon Modell der OE-Basisprozesse. Bern/Stuttgart (Haupt/Freies Geistesleben), S. 347]

Werden die verschiedenen Qualitäten der Basisprozesse zwar sehr sorgfältig geplant und versorgt, während das Topmanagement die Informationsprozesse jedoch davon relativ isoliert nach bisherigen Mustern übernimmt oder einfach der internen Kommunikations- oder Marketingabteilung überlässt, besteht die Gefahr, dass bestehende dysfunktionale Kommunikationsmuster oder zu starke PR-Logik die Glaubwürdigkeit der Information schwächen.

Wir haben erlebt, dass CEOs die geplante Wirkung von Großgruppenveranstaltungen durch unglückliche Rahmensetzungen und wenig wirkungsbewussten Duktus schon in den ersten zehn Minuten zerstört hatten, weil weder Wirkungsziele vorhanden noch die konkrete Botschaft abgesprochen waren. Auch haben wir Changekommunikations-Entwürfe von Marketingfachleuten manchmal so erlebt, dass man sich auf Verkaufsveranstaltungen wähnte, anstatt dass die Verantwortlichen die Wechselwirkungen zur psychosozialen Ebene berücksichtigen und hinsichtlich der Zukunftsgestaltung zur kritisch-engagierten Mitwirkung einladen.

Selbstverständlich liegen die zentralen Botschaften in der Verantwortung der zentralen Führungspersonen. Gleichzeitig sind sie emotional stark involviert und durch ihre Funktion in bestimmte Kommunikationsmuster eingebunden, die nicht immer zieldienlich sind. Mit Führungspersonen und -gremien gemeinsam und wirkungsbewusst im Sinne des oben dargestellten Prozesses die zentralen Informationsschritte zu planen ist aus unserer Sicht erfolgsrelevant. Und natürlich soll dies durch Marketing- und Kommunikationsfachleute und ihre Professionalität unterstützt, jedoch nicht an sie delegiert werden.

Aus dem Grundsatz der Wirkungsorientierung von Informationsprozessen ergibt sich die schon unter bei der Darstellung der Zukunftsgestaltungsprozesse (vgl. Kapitel 3.4.3.2) gestellte Frage, ob es um mit-wissen (informieren), mit-beraten (involvieren) oder mit-wirken (innovieren) gehen soll. Die stärkere Betonung der Mitwirkung erhöht die Wahrscheinlichkeit, dass sich die Menschen mit der angestrebten Zukunft verbinden können und sie auch konstruktiv-kritisch mitgestalten wollen.

Bei der konkreten Planung wichtiger Informationsveranstaltungen ist diese Überlegung deshalb sehr relevant, um adäquate Formate und Methoden auszuwählen. Je stärker die Menschen involviert werden sollen, desto dialogischer sind die Formate zu gestalten.

Schließlich weisen wir darauf hin, dass Wortwahl und Duktus für eine erfolgreiche Information zentral sind. Martin (2020a) zeigt anhand vieler Beispiele auf, wie der Gebrauch von Sprache sich unmittelbare auf semantische Reaktionen (Varga von Kibéd u. Sparrer 2009, S. 132) auswirkt. Dabei handelt es sich um die Gesamtheit der kognitiven, emotionalen und physiologischen Veränderungen, die durch Sprache ausgelöst werden (Korzybski 1950). Das Bewusstsein für hypnosystemische Sprachmuster und eine logische Struktur für ganzheitlich-wirkungsbewusste Information und Kommunikation[32] können wirkungsorientierte Kommunikation sehr unterstützen.

3.4.3.7 Umsetzungsprozesse

Umsetzungsprozesse → Tatkräftig umsetzen

Archetypische Qualität des Mars: Tat- und Willenskraft, Bewegung, Entschlossenheit, Initiative

Die Zukunft in die Gegenwart bringen, schnelle und entschlossene erste Schritte, Glaubwürdigkeit stärken, Initiativen ergreifen, ernst gemeinte Symbolhandlungen setzen und Neues vorleben

Die Qualität von Umsetzungsprozessen ist ebenso leicht zu benennen und zu verstehen, wie es in der Praxis oft schwerfällt, sie zu verwirklichen.

Matthias Varga von Kibéd (2016) betont bezugnehmend auf Ludwig Wittgenstein, dass Wunsch und Wille sich grundsätzlich unterscheiden:

- Der *Wunsch* ist auf eine Handlung oder Umsetzung ausgerichtet, ohne dass diese jedoch ausgeführt werden muss. So kann sich jemand jahrelang wünschen und vorstellen, nach Hawaii zu reisen und dort im Ozean zu schwimmen, ohne es jemals zu tun.

32 Das Glaubenspolaritätenschema nach SySt ist dafür besonders gut geeignet. Weiterführende Hinweise dazu geben wir in Kapitel 6.1.1.

- Den *Willen* erkennt man in der Handlung. Das bedeutet: Was jemand wirklich will, wird dadurch klar, was er oder sie tut, denn nur dadurch entstehen Wirkungen in der Außenwelt.

Stephen Gilligan (2008, S. 41) stellt ähnliche Überlegungen an, indem er den Menschen als Teil zweier Welten sieht:

- Die *Welt des kreativen Unbewussten und der Vorstellungskraft,* in der alles möglich ist, in der es nicht notwendigerweise Widersprüche und Dualität geben muss – eine Welt der unbegrenzten Möglichkeiten.
- Und gleichzeitig ist der Mensch Teil der *physischen Welt,* in der es Entscheidungen zu treffen gilt, physikalische und biologische Kräfte wirken und wo etwas nur entsteht, wenn es getan wird.

Oder frei zitiert nach Gunther Schmidt (mündl. Mitt.): »Schwätze' kann man ja den lieben Tag lang viel – auf das Handeln kommt es an!«

So konnte man im Kontext der Organisationsentwicklung sagen, dass kraftvolle Zukunftsgestaltungsprozesse wesentlich sind für Transformationen, dass sich aber erst in der Umsetzung zeigt, ob das Erwünschte auch tatsächlich wirksam werden kann.

Um die Kluft zwischen Wunsch und Wille leichter zu überwinden, bietet die »Wittgenstein-Brücke« von Insa Sparrer und Matthias Varga von Kibéd (2013), wie sie in Abbildung 27 dargestellt ist, hilfreiche Unterstützung. Dabei handelt es sich um den ericksonschen Gedanken der Pseudoorientierung in der Zeit (1954) bzw. um die »Als-ob-Frage« aus der Lösungsfokussierung nach de Shazer (1990) und Kim Berg (2003), die wir schon bei den Zukunftsgestaltungsprozessen (Kap. 3.4.3.2) darstellten.

> »Den Willen erkennt man in der Handlung.«
>
> (Matthias Varga von Kibéd nach Ludwig Wittgenstein)

Blicken wir von der gegenwärtigen Vergangenheit aus auf die Zukunft, befinden wir uns innerlich in der Sphäre des Wunsches – das heißt auf die Handlung in der Zukunft ausgerichtet, jedoch getrennt von dieser. Begeben wir uns innerlich in die zukünftige Gegenwart, indem wir so tun, als wären wir schon da, verändert sich vorerst innerlich die Perspektive: Wir können von jener Seite der Brücke aus beschreiben, wie es dort aussieht, was wir erleben, wie wir uns fühlen, wie andere sich verhalten und wie wir uns verhalten. Und wir können von diesem innerlichen Ort aus auch erspüren, welche Schritte, welche Handlungen uns dorthin gebracht haben. Dadurch bauen wir förmlich aus der zukünftigen Gegenwart heraus das Material der Brücke, die uns später aus der gegenwärtigen Vergangenheit dorthin führen kann.

Dieser Gedanke leitet uns von Anfang an in Organisationsentwicklungsprozessen in der Zukunftsgestaltung und mindestens so stark im Hinblick auf die

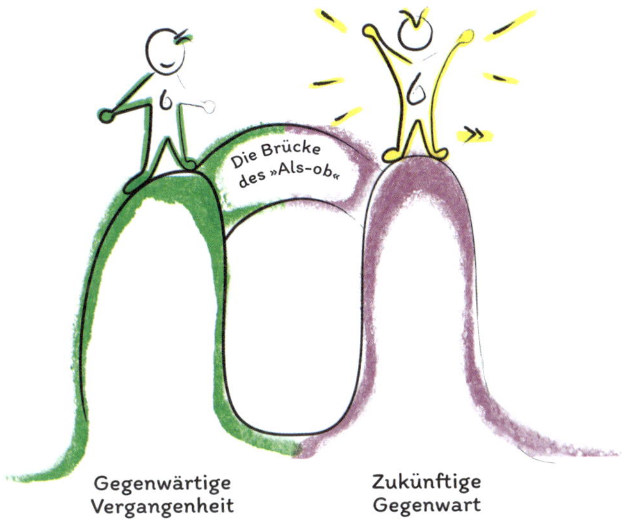

Abb. 27: Brücke des »Als-ob« – vom Wunsch zum Willen

Qualität der Umsetzung. So legen wir großen Wert darauf, dass möglichst schnell erste kleine Umsetzungsschritte getan werden können, die das Erwünschte erfahrbar machen und den Boden für das Neue zu bilden beginnen. Schon nach einem Auftragsklärungsgespräch oder einem ersten Workshop, selbst wenn darin nur globale erste Zielrichtungen für den Transformationsprozess deutlich werden, schauen wir mit den Menschen aus der Organisation, wie das Erwünschte sich in der zukünftigen Gegenwart anfühlen könnte, um mit ihnen dann kleine erste Bretter für den Brückenbau zu erarbeiten.

Dabei achten wir sehr auf Symbolwirkungen dieser ersten kleinen Schritte: Wie können möglichst viele Menschen in der Organisation durch diese symbolischen Handlungen erkennen, dass sich etwas verändert? Natürlich müssen diese Symbolhandlungen ernst gemeint sein und weitere konkrete Schritte nach sich ziehen. Wenn es gelingt, dass eine Geschäftsleitung die Entwicklungsrichtung ankündigt und dann gleich Ziel-Weg-stimmig das monatliche Meeting mit dem mittleren Management nicht mehr wie gewohnt ausschließlich über Powerpoint-Präsentationen, Excel-Listen und Musik von vorne abhält, sondern in Workshopformaten mit dialogischen Formen und Kleingruppenarbeiten, dann zeitigt das eine Wirkung.

In unserem Verständnis von Organisationsentwicklung finden Umsetzungen permanent statt. Aus jedem Meeting, jedem Workshop sollen Umsetzungsschritte erfolgen, auch wenn vielleicht größere Umsetzungen im Sinne von strategischen Neuausrichtungen, verschlankten Kernprozessen, veränderter Aufbaustruktur oder Funktionsgestaltungen erst später im Transformationsprozess stattfinden.

Dabei ist das *Vorbildverhalten von Führungskräften* (bzw. von Mitarbeitenden in nicht hierarchischen Organisationen) ein zentraler Erfolgsfaktor. Leben die zentralen Personen in der Organisation die proklamierte Entwicklungsrichtung vor, werden Unterschiede, die einen Unterschied machen, für die Mitarbeitenden dadurch erlebbar, dann wird meistens auch der gesamte Prozess nachhaltig erfolgreich. Im leider nicht seltenen Fall, dass das Topmanagement das Neue von den Mitarbeitenden verlangt, es selbst aber nicht vorlebt, ist der Prozess nach unserer Erfahrung gescheitert – zumindest, wenn es dabei bleibt.

Die Begleitung von Führungskräften und zentralen Personen im Entwicklungsprozess kann entscheidend für das Gelingen der Transformation sein. Das können coachingartige Begleitungen sein oder Sparrings, das kann das Einrichten von geschützten Resonanz- und Austauschräumen mit Mitarbeitenden oder Führungskräfte sein und, wie eben unter Informationsprozesse angedeutet, auch die enge Begleitung in der Vorbereitung wichtiger Veranstaltungen.

Natürlich braucht es dafür einen Auftrag, den wir uns von diesen Führungspersonen holen müssen, und selbstverständlich sollte diese Begleitung mit einer Haltung der Würdigung, Wertschätzung und gleichzeitig der Klarheit im Hinblick auf Wirkungsbewusstsein erfolgen. Nach unserer Erfahrung schätzen es die meisten Führungspersonen sehr, wenn sie solche Reflexionsräume für sich erhalten.

Wie schon geschildert, unterstützt die Lernprozessqualität Umsetzungen stark. Nebst den gerade geschilderten Reflexions- und Experimentierräumen für Führungskräfte ist es ebenso wichtig, möglichst allen Mitarbeitenden vor und während der Umsetzungsschritte Lern- und Austauschgelegenheiten zu geben.

Schließlich weisen wir darauf hin, dass in unserem Verständnis von Organisationsentwicklung die Umsetzung selbstverständlich in der Verantwortung des Klientensystems liegt, dass wir als Prozessbegleitende diesen Prozess jedoch unterstützen und nicht nach der Zukunftsgestaltung verlassen. Dabei spielen die Changemanagementprozesse eine zentrale Rolle, auf die wir nun eingehen.

3.4.3.8 Changemanagementprozesse

> **Changemanagementprozesse → Orchestrieren des Prozesses**
>
> *Archetypische Qualität der Sonne:* Gleichgewicht, Balance, Harmonie, lebensspendend
>
> Balancierung der Basisprozessqualitäten; den Prozess mit Energie und Ressourcen versorgen, Auftrag und Ziele klären, Verantwortungsübernahme für die Entwicklung im System fördern, den Organisationsentwicklungsprozess mit dem System iterativ planen, flexibel lenken, Meilensteine setzen, evaluieren, Organe bilden, Workshops designen

Wie der Name besagt, geht es bei Changemanagementprozessen um Planen, flexibles Lenken und ständiges Evaluieren von Wirkungen des Organisationsentwicklungsprozesses. Betrachten wir die archetypische Qualität dieses Prozesses, steht das Balancieren, Orchestrieren und Harmonisieren der verschiedenen Basisprozesse und ihrer Qualitäten im Vordergrund. Wie ist das konkret zu verstehen?

Nach unserem Beratungsverständnis ist die Förderung der bewussten Selbsterneuerungsfähigkeiten von Organisationen ein zentrales Ziel der Organisationsentwicklung (Kap. 3.4.1.1). Die Verantwortung für den Entwicklungsprozess liegt beim Klientensystem, und deshalb wird auch der ganze Organisationsentwicklungsprozess nicht *für das* Klientensystem geplant, sondern *mit ihm*. Das beginnt bei der *Auftragsklärung* mit den angestrebten Ergebnissen:

- gemeinsames Verständnis des Prozesses
- bewusst formulierte Ergebnis- und Prozessziele (zu dieser Begrifflichkeit: Kap. 4.2.2)
- Klarheit über zur Verfügung stehende Ressourcen
- Klarheit darüber, wer im Prozess wofür verantwortlich ist.

Die Frage, wer wofür verantwortlich ist, soll dem verbreiteten Missverständnis vorbeugen, dass wir als Beratende den Prozess verantworten und das Kundensystem bedienen. Vielmehr sehen wir es als unsere Verantwortung an, dem Klientensystem Angebote für Sichtweisen, Orientierungshilfen und Vorgehensweisen zu machen und Rückmeldungen zu geben, wenn diese erwünscht sind. Und wir sollten in der Lage sein, aufgrund der Prozessziele und der Situation des Kundensystems im Spannungsfeld von Planbarkeit und Ergebnis- bzw. Prozessoffenheit Sicherheit zu geben für einen zieldienlichen Entwicklungsprozess.

Die konkrete Ausgestaltung des Organisationsentwicklungsprozesses, die inhaltlichen Ausrichtungen und Entscheidungen liegen jedoch ganz in der Verantwortung der Organisation.

Der Changemanagementprozess hat also die wichtige Aufgabe, ein vertrauensvolles und zieldienliches Beratungssystem zu bilden und zu entwickeln und damit die Verantwortung für den Prozess im Klientensystem zu stärken.

Die Auftragsklärung und Bildung eines zieldienlichen Beratungssystems ist ein iterativer Prozess, keine einmalige Angelegenheit zu Beginn des Prozesses. Es braucht im ganzen Prozessverlauf immer wieder Detailauftragsklärungen sowie häufig sog. Recontractings, weil sich Kontextfaktoren verändert haben oder neue Anforderungen aufgetaucht sind. Dennoch ist aus unserer Erfahrung die sorgfältige Klärung des Auftrags zu Beginn ein maßgeblicher Erfolgsfaktor, der den Rest des Prozesses bahnt. Oft haben wir erlebt, dass sich der spätere Prozessverlauf in der Auftragsklärung spiegelt.

Immer noch ist die Sichtweise verbreitet, dass sich komplexe Entwicklungsprozesse steuern ließen. Die Begriffe »steuern« und »lenken« werden oft mit absoluter Berechenbarkeit im Sinne von Maschinenmodellen (Steuern eines Autos) assoziiert. Ein Veränderungsprozess ist aber nur in begrenztem Maße plan- und lenkbar, weil *Organisationen lebende Systeme* sind, in denen immer wieder *unberechenbare Dynamiken auftauchen* können, auf die *schnell und flexibel* zu *reagieren* ist. Piber (2006, S. 1) schreibt dazu:

> »Bei der Gestaltung eines Veränderungs-Prozesses ist es daher wesentlich, zwei scheinbar gegensätzliche Qualitäten zu verbinden:
>
> - steuern – improvisieren
> - analytisch – ganzheitlich
> - planen – situationsbezogen reagieren
> - rational – intuitiv.«

Um dies zu berücksichtigen und ein stabiles Beratungssystem zu bilden, haben *temporäre Prozessorgane* eine wichtige Bedeutung. Diese

- ergänzen die bestehende Linienstruktur
- entstehen oft erst informell und werden dann formalisiert
- werden dann gebildet, wenn sie gebraucht werden, und wieder aufgelöst, wenn sie nicht mehr gebraucht werden.

Mögliche Prozessorgane im Laufe eines Organisationsentwicklungsprozesses sind:

- Auftraggeber:in
- Entscheiderkreis
- Lenkungsgruppe
- Resonanzgruppen
- inhaltliche Arbeitsgruppen
- diverse Workshopgruppen.

Im Sinne der oben aufgeführten Grundsätze braucht es jedoch nicht immer alle diese Organe, und manchmal sind weitere Organe notwendig, beispielsweise eine informelle Impulsgruppe zu Beginn oder eine Art Prozesssponsor:in, die helfen kann, den Organisationsentwicklungsprozess überhaupt in Gang zu bringen.

Grundlegend ist die Klarheit darüber, wer Auftraggeber:in sein soll und wer über welche Fragen entscheidet. Darüber hinaus ist die Bildung einer *Lenkungs- oder Steuerungsgruppe* besonders wichtig. Im Unterschied zum klassischen Projektmanagement ist hiermit nicht ein inhaltlich entscheidendes »steering commitee« gemeint, sondern eine Gruppe von Menschen aus der Organisation, die, von uns begleitet, die Verantwortung für die Planung, Ausgestaltung, Lenkung und Evaluation des Organisationsentwicklungsprozesses übernimmt.

Diese Lenkungsgruppe soll aus Menschen zusammengesetzt sein, die in der Organisation gut vernetzt sind, ein stabiles Standing haben und verschiedene hierarchische und fachliche Perspektiven einbringen können. Dabei muss es sich nicht zwingend um Führungskräfte handeln. Auch ist es nicht unbedingt notwendig, dass jemand aus der Auftraggeberschaft in dieser Gruppe mit dabei ist. Allerdings ist es oft günstig, wenn die Geschäftsleitung den Auftrag erteilt, dass eines ihrer Mitglieder in der Lenkungsgruppe mitarbeitet und so eine gute Vernetzung zur Geschäftsleitung gewährleistet. Ideal sind Lenkungsgruppen aus fünf bis sieben Personen. Dabei ist es uns wichtig, dass in der Regel nicht das oberste Führungsorgan die Lenkungsgruppe bildet, weil es für einen Transformationsprozess notwendig ist, neue Perspektiven in die Prozessgestaltung einzubringen und nicht vor allem bisherige Muster zu reproduzieren.

Die Lenkungsgruppe plant den ganzen Prozess sowie einzelne Workshops. Dabei bringen wir Designideen und Vorschläge für Methoden ein und erläutern der Lenkungsgruppe Hintergründe und Modelle. Gemeinsam mit der Lenkungsgruppe schneidern wir unsere Angebote dann nach Maß dessen, was es in der spezifischen Organisation braucht, um die angestrebten Prozessziele zu erreichen. Die Lenkungsgruppe evaluiert Ergebnisse, bereitet Inhalte für Entscheidungsgremien auf und koordiniert Arbeitsgruppen. Oft bilden wir die Lenkungsgruppe in Moderationsmethoden aus, sodass die einzelnen Mitglieder Arbeitsgruppen in großen Workshops und kleinere Workshops selbst moderieren können.

In diesem Zusammenhang schauen wir mit der Lenkungsgruppe immer wieder darauf, welche Qualitäten im Sinne der Basisprozesse gerade notwendig sind, damit der Prozess zieldienlich verläuft. Dies werden wir im Kapitel 3.4.3.9 zum Zusammenspiel der Basisprozesse ausführlicher erläutern.

Organisationsentwicklungsprozesse mit einer stabilen und motivierten Lenkungsgruppe sind nach unserer Erfahrung erfolgreicher und nachhaltiger als solche, bei denen es nicht gelungen ist, ein solches Organ zu bilden und wirksam zu machen. Oft bestehen Lenkungsgruppen – vielleicht in neuer Zusammensetzung – über das Ende eines Organisationsentwicklungsprozesses hinaus und übernehmen die Verantwortung für die weitere Verankerung von Transformationen.

Es ist nicht notwendig, von Anfang an Lenkungsgruppen zu etablieren, da die Organe aus der Prozessenergie heraus gebildet werden sollen und weil nicht von Anfang an eine Architektur[33] gebaut werden soll, die den Prozessflüssen später vielleicht gar nicht mehr entspricht. Gelingt es nicht, ein Organ im beschriebenen Sinne zu bilden, führt dies aus unserer Erfahrung zu Verzögerungen, Umsetzungsschwierigkeiten und Nachhaltigkeitsproblemen im Organisationsentwicklungsprozess.

Gemeinsam mit Auftraggeberschaft und vertieft mit der Lenkungsgruppe werden Überlegungen angestellt, nach welchen Strategievarianten der Organisationsentwicklung vorgegangen werden soll (Glasl 2020d, S. 431 ff.). Dabei unterscheiden wir prototypisch folgende *Vorgehensstrategien* (natürlich braucht es immer Mischformen):

- *Deduktives Vorgehen:* Ausgehend von einem in sich stimmigen Gesamtbild, erfolgen schrittweise Detaillierungen und Umsetzungen stimmig und koordiniert.
- *Induktives Vorgehen:* An verschiedenen Stellen der Organisation werden schnelle erste Veränderungen vorgenommen, die nach und nach zu einem Gesamtbild führen.

33 Wir empfehlen grundsätzlich, den Begriff der Architektur für die Gestaltung von Prozessen zu vermeiden, weil die Metapher der Architektur eher zu einer stabilen Strukturbildung passt, wie wir in Kapitel 3.1.3.1 dargestellt haben.

- *Leitthemen-Organisationsentwicklung:* Anhand eines Leitthemas wie z. B. Kundenorientierung, Agilität, Kostenbewusstsein etc. werden über alle Wesenselemente und in allen Bereichen der Organisation Entwicklungen angestoßen, von denen Impulse für weitere Entwicklungsschritte ausgehen sollen.

Welche grundsätzliche Vorgehensweise für die jeweilige Situation stimmig ist, hängt von verschiedenen Rahmenbedingungen und der Zielrichtung der Entwicklung ab. In allen Vorgehensstrategien spielen die verschiedenen Basisprozesse auf unterschiedliche Weise zusammen, was detailliert bei Glasl (2020d, S. 431 ff.) nachgelesen werden kann.

3.4.3.9 Basisprozesse in ihrem Zusammenspiel

Wie weiter oben ausgeführt, verstehen wir die Gestaltung von Entwicklungsprozessen als soziale Kunst. Um das Zusammenspiel der sieben Basisprozesse in der Praxis besser verständlich zu machen, verwenden wir zunächst zwei Metaphern, die den künstlerischen Prozess verdeutlichen sollen.

Interaktiver Malprozess einer Gruppe von Menschen: Betrachten wir die Basisprozesse als sieben verfügbare Farben, um in einem interaktiven Malprozess mit einer Gruppe von Menschen ein Kunstwerk zu gestalten, den jemand moderiert, der selbst mit malt. Im Laufe des Malprozesses wird mal mehr von der einen Farbe hinzugefügt, mal von der anderen, und gemeinsam wird immer wieder reflektiert, wie die verschiedenen Farbtöne in ihrem Mischungsverhältnis und miteinander wirken, und die moderierende Person macht Vorschläge für den Prozess und den Einsatz von Farbtönen. So entsteht im Laufe des Malprozesses ein gemeinsam entwickeltes Bild, das zwar aus den einzelnen Farben bzw. von den malenden Menschen erzeugt wurde, dessen Gesamtwirkung jedoch nicht die Summe einzelner Farben ist, sondern das Ergebnis eines vielschichtigen wechselseitigen Zusammenspiels.

Improvisation anhand eines Jazzstandards: Greifen wir nochmals die Metapher der Jazzband mit einer Bandleaderin auf, können wir die Qualitäten der Basisprozesse mit sieben Instrumenten vergleichen. Das Thema, z. B. ein Jazzstandard, wird festgelegt, danach wird entlang von dessen Struktur frei improvisiert. Mal soliert das eine Instrument, mal ein anderes, und beim Solo werden bestimmte Instrumente so leise, dass sie kaum mehr hörbar sind, oder setzen vorübergehend aus. Die Musiker:innen hören sich sehr wohl gegenseitig und können jederzeit Akzente setzen, wieder mit einstimmen und lauter werden. Die Bandleaderin lässt die Improvisation fließen, setzt jedoch da und dort Akzente und zeigt an, wann die Band ins Thema des Standards zurückkehrt oder wenn ein Solo verlängert werden oder zum Ende kommen soll. Die Qualität jedes Instruments bzw. der sie spielenden Menschen ist deutlich hörbar und spürbar, der Song als Ganzes wird nur im Zusammenspiel aller wirksam.

Wenn wir nun wieder zu den Basisprozessen der Organisationsentwicklung kommen, geht es auch hier darum, gemeinsam mit dem Kundensystem einen mehrstimmigen bzw. vielfarbigen Prozess zu gestalten, in dem die einzelnen Qualitäten der Basisprozesse sich gegenseitig unterstützen und in den einzelnen Phasen des Entwicklungsprozesses verschiedene Fokussierungen erfordern. Planen wir mit dem Klientensystem einen längeren Prozess, entsteht eine Art Flechtmuster von Basisprozessqualitäten (Abb. 28).

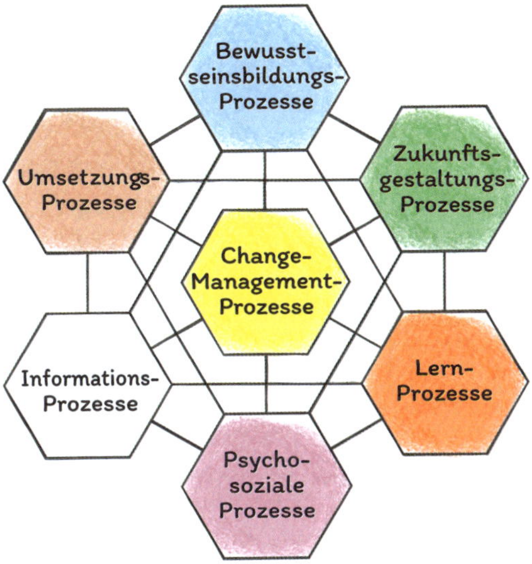

Abb. 28: Sieben vernetzte Basisprozesse der Organisationsentwicklung

Abbildung 29 zeigt, welcher Prozess zu welcher Zeit wie intensiv fokussiert wird.

Abb. 29: Basisprozesse als Flechtmuster bzw. Mehrklang
(BBP = Bewusstseinsbildungsprozesse, ZGP = Zukunftsgestaltungsprozesse, PSP = psychosoziale Prozesse, LP = Lernprozesse, IP = Informationsprozesse, UP = Umsetzungsprozesse, CMP = Changemanagementprozesse)

In dieses Flechtmuster können die übergeordneten Aktivitäten des Organisationsentwicklungsprozesses in ihrer Schwerpunktsetzung nach Basisprozessen und in den Wechselwirkungen zueinander betrachtet werden. Wie das Muster im konkreten Fall aussieht, ist ganz und gar abhängig von der spezifischen Situation im Klientensystem und der gewählten Vorgehensweise.

Wir zeigen hier anhand von drei prototypischen Beispielen auf, wie ein situatives Vorgehen mit den Basisprozessqualitäten aussehen kann (nur grob angedeutet und mit den jeweiligen ersten Fokussierungen für das Vorgehen). Für die einzelnen Basisprozesse verwenden wir den Abkürzungsschlüssel aus der Legende von Abbildung 29:

Beispiel 1: Organisation hat klare Zukunftsvorstellungen – Umsetzung funktioniert nicht

- *BBP und PSP:* gemeinsames Erkunden der Hintergründe und Themen, die dazu führen, dass Umsetzungen nicht stattfinden, sowie gelungene Umsetzungen aus der Vergangenheit im Sinne von Muster des Gelingens suchen
- *UP:* erste leicht zu gehende und wirksame Umsetzungsschritte minutiös herausarbeiten und planen (eventuell kombiniert mit LP: Experimentierräume für neue Erfahrungen schaffen)
- *BBP und ZGP:* erzielte Wirkungen in Hinblick auf Zukunftsvorstellungen betrachten und vielleicht zu globale Zukunftsbilder mit den Beteiligten spezifizieren und greifbarer machen
- …

Beispiel 2: Konflikte zwischen Abteilungen lähmen die Organisation

- *PSP und BBP:* Arbeit an Konfliktthemen mit den Beteiligten und Herausarbeiten einer Konsensrealität für damit zusammenhängende Themen
- *CMP:* Organbildung für die weitere Bearbeitung und Konsolidierung der Konflikte und für das Aufsetzen eines übergeordneten Entwicklungsprozesses
- *IP und ZGP:* Dialogworkshop mit möglichst vielen Mitarbeitenden, um diese über den bisherigen Prozess ins Bild zu setzen und erste Richtungsaussagen für die Entwicklungsrichtung zu formulieren
- …

Beispiel 3: Kulturwandel über mehrere Jahre in großem und komplexem Unternehmen hin zu mehr Kundenorientierung

- *ZGP und CMP:* globales Zukunftsbild entwerfen und Prozessstruktur aufsetzen
- *LP und UP:* hierarchieübergreifende und praxiswirksame Curricula für organisationalen Wandel mit Führungskräften aller Ebenen und Umsetzungsprojekte in Richtung der angestrebten Zukunft, kleinere und größere Umsetzungen in jedem Projekt
- *BBP, IP, CMP:* Bisherige Erfolge werden zusammengetragen, vernetzt und kommuniziert, aufgrund des Gelernten werden nächste Prozessschritte definiert und mehr Beteiligte involviert
- …

Um zu solchen Vorgehensüberlegungen zu kommen, erkunden wir mit dem Kundensystem zu Beginn, welche Qualitäten in der bisherigen Dynamik schon gut oder gar überversorgt sind und welche stärker betont werden müssen, um die angestrebte Entwicklung zu bewirken. Aufgrund dieses Hinspürens formulieren wir gemeinsam Prozessziele in den Qualitäten der Basisprozesse, was wir anhand von *Beispiel 3* illustrieren:

- Im Topmanagement besteht ein gemeinsames, globales Zukunftsbild (ZGP).
- Eine vorläufige Prozessarchitektur und ein grober Zeitplan für die nächsten zwei Jahre sind entworfen und mit Ressourcen ausgestattet (CMP).
- Die Führungskräfte aller Hierarchieebenen haben in gemeinsamen Curricula eine gemeinsame Sprache, ein gemeinsames Verständnis und Werkzeuge erarbeitet, um die Organisation zu transformieren (LP).
- Aus jedem Curriculum sind konkrete Umsetzungsprojekte in Richtung des globalen Zukunftsbilds beauftragt, durchgeführt und umgesetzt (UP).
- Nach der Durchführung zweier Curricula findet eine Großveranstaltung mit möglichst vielen Führungskräften und bisher beteiligten Mitarbeitenden statt, in der über das bisher Erreichte informiert (IP), weitere Entwicklungsbedarfe erhoben (BBP) und aufgrund dessen bereichsübergreifende Arbeitsgruppen eingesetzt werden, die den weiteren Prozess vorantreiben (CMP).

Wir erarbeiten grundsätzlich für ganze Organisationsentwicklungsprozesse wie für jeden Workshop innerhalb einer Organisationsentwicklung Prozessziele anhand der Qualitäten der Basisprozesse, bevor wir über Instrumente oder Methoden nachdenken. Diese syntaktischere Herangehensweise fördert ein lebendiges, organisches Vorgehen und macht es unwahrscheinlicher, sich in zu vielen Details zu verlieren oder utilitaristisch und mechanistisch in Tools zu denken.

Nicht nur für die Planung übergeordneter ganzer Organisationsentwicklungsprozesse bieten die sieben Basisprozesse eine syntaktische Struktur. Wir verwenden sie auch für das Design von einzelnen Workshops und von Seminaren und Lehrgängen:

Wenn beispielsweise ein Workshop das Prozessziel hat, dass die Teilnehmenden ein Zukunftsbild (ZGP) erarbeiten, wird es dennoch so sein, dass es darin Informationsqualitäten (IP) braucht, dass es sinnvoll ist, wenn Lernelemente (LP) im Workshop enthalten sind, dass Raum für Emotionales (PSP) und für ein gemeinsames Durchschauen (BBP) von Ressourcen und Herausforderungen besteht. Ebenso achten wir auf erste kleine Umsetzungen (UP) und die Planung des weiteren Vorgehens (CMP).

Durch die Berücksichtigung der sieben Basisprozesse in ihrem Zusammenspiel entstehen ganzheitliche und organische kürzere und längere Prozessgestalten.

So spielen in einem Konzert einer siebenköpfigen Jazzband in der Regel bei jedem Stück alle Instrumente mit, auch wenn es Songs geben mag, in denen ein Instrument dominiert. Und selbst ein Bild, das stark durch eine bestimmte Farbe geprägt ist, wird meistens durch die anderen Farben zumindest so ergänzt, dass verschiedene Farbtöne des Hauptmotivs sichtbar werden.

3.4.4 Basisprozesse in der Praxisanwendung

Wir werden in den Kapiteln 4.3 und 5 in mehreren Beispielen darauf eingehen, wie die vier Basiskonzepte als Landkarte der Transformation in ihrem Zusammenspiel im Sinne der syntaktisch-hypnosystemischen Entwicklungsberatung genutzt werden können. An dieser Stelle zeigen wir die Verknüpfung der Basisprozesse mit den Wesenselementen, den Entwicklungsphasen und den Systemprinzipien aus didaktischen Gründen noch nicht auf, sondern fokussieren die syntaktischere Verwendung der Qualitäten der Basisprozesse der Organisationsentwicklung.

Wir machen die Praxisanwendung der Basisprozesse zunächst am Beispiel eines Auftragsklärungsgesprächs deutlich, um dann eine intuitivere Anwendung im Supervisionskontext darzustellen, bevor wir schließlich einen kurzen Fragbogen zeigen, wie er im Kontext einer Organisationsentwicklung mit Menschen aus dem Kundensystem eingesetzt werden kann.

***Praxisanwendung 1:* Auftragsklärungsgespräch mit der Geschäftsleitung eines Technologieunternehmens**

Wir wurden von der Geschäftsleitung eines Technologieunternehmens mit rund 4.000 Mitarbeitenden eingeladen, mit ihnen auf ihre bisherigen Bemühungen zu blicken, eine neue Unternehmensstrategie umzusetzen, weil sie den Eindruck hatte, dass die Strategie nicht richtig im Unternehmen ankommt und die Umsetzung stockt.

Die Geschäftsleitung wurde vom Aufsichtsrat vor zwei Jahren eingesetzt mit dem Auftrag, das Unternehmen für die Digitalisierung fit zu machen und die Unternehmenskultur zu transformieren hin zu mehr Agilität und Innovationsorientierung.

Schon vor dem Gespräch erhielten wir die Strategiepapiere (ca. 25 Seiten) sowie die Ergebnisse von Marktanalysen, Befragungen zur Kunden- und Mitarbeitendenzufriedenheit sowie weiteres Informations- und Zahlenmaterial zur Firma (zusammen rund 150 Seiten).

Im Gespräch wurden uns diese Informationen dann nochmals ausführlich dargestellt und zusammengefasst, und wir hörten der Beschreibung der vielfältigen Probleme aus Sicht der Geschäftsleitung zu.

(*Anmerkung:* Hätten wir die Inhalte mit allen Details, firmeninternen Abkürzungen, genannten Personen etc. verstehen wollen, wären wir komplett überfordert gewesen. Hier zeigt sich die Notwendigkeit, syntaktisch zuzuhören und Inhalte aufzunehmen, indem wir z. B. auf qualitative Beschreibungen der Wesenselemente und Entwicklungsphasen achten, oder, wie wir hier demonstrieren werden, auf die Qualitäten der Basisprozesse.)

Aus dem Blickwinkel der sieben Basisprozesse ist bei uns Folgendes angekommen:

- *BBP:* Es gibt jede Menge Analysen und Daten, die bei der Geschäftsleitung ein Gefühl von Handlungsdruck erzeugen. Der Blick ist hauptsächlich defizitär gefärbt. Ein ganzheitliches Bild der Ausgangslage offenbart die Geschäftsleitung nicht. Führungskräfte und Mitarbeitende wurden über die groben Ergebnisse informiert, jedoch nicht in die Interpretation einbezogen.
- *ZGP:* Die Geschäftsleitung hat eine in ihren Augen klare und eindeutige quantitative Strategie sowie neue Firmenwerte erarbeitet. Diese wurden von der Marketingabteilung in übersichtliche Papiere integriert und im ganzen Unternehmen kommuniziert. Es fanden mehrere Strategie-Umsetzungs-Workshops in den Bereichen und Abteilungen statt mit der Erwartung, dass dadurch die Führungskräfte und Mitarbeitenden nun wüssten, was sie zu tun hätten. Ein qualitatives Gesamtbild der angestrebten Zukunft konnten wir nicht erkennen.
- *PSP:* Außer der Frustration der Geschäftsleitung (die wir gewürdigt und paraphrasiert hatten) hörten wir keine Informationen zu psychosozialen Qualitäten. Auf unsere Nachfrage hin, wie Führungskräfte und Mitarbeitende auf die Veränderungen stimmungsmäßig reagierten, wurde die Vermutung geäußert, es gäbe wohl passiven Widerstand.
- *LP:* Auf unsere Frage zu Lernprozessen antwortend, erzählte die Geschäftsleitung, sie habe die Personalentwicklungsabteilung beauftragt, Schulungsprogramme zu den Unternehmenswerten zu entwickeln. Auch werde darüber nachgedacht, Trainings für agile Arbeitsformen auf Teamleitungsebene zu organisieren.
- *IP:* Es fanden mehrere auf Zielgruppen zugeschnittene größere und kleinere Informationsveranstaltungen statt, bei denen über Strategie und Unternehmenswerte informiert wurde. Alle Mitarbeitenden hatten Broschüren dazu bekommen und an den Veranstaltungen die Möglichkeit gehabt, Fragen zu stellen. Davon sei allerdings wenig Gebrauch gemacht worden. Selbstverständlich werde laufend über die üblichen Kanäle informiert.
- *UP:* In den erwähnten Führungsworkshops in den Bereichen und Abteilungen hatten alle Führungskräfte den Auftrag erhalten, für ihren Zuständigkeitsbereich Maßnahmen zur Umsetzung der neuen Strategie zu erarbeiten. Allerdings seien wenig greifbare Ergebnisse zu verzeichnen. Darüber hinaus erarbeite derzeit eine Taskforce aus internen und externen Fachexperten Umsetzungsvorschläge für die Weiterentwicklung der Dienstleistungen im Sinne der Digitalisierung.
- *CMP:* Auf unsere Frage nach der bisherigen Gesamtplanung erklärte uns die Geschäftsleitung, sie habe mehrere Arbeits- und Projektgruppen eingesetzt, die monatlich rapportieren. Für den ganzen Prozess der Umsetzung der neuen Strategie und der Unternehmenswerte sehe sie sich als »steering commitee«. Es gebe einen Masterplan mit quantitativen Meilensteinen, an dem die Bereichs- und Abteilungsleitungen gemessen würden.

Aufgrund dessen, was uns geschildert wurde, haben wir begonnen, entlang der Qualitäten der Basisprozesse zirkuläre Fragen zu stellen, sodass sich die Geschäftsleitungsmitglieder immer mehr in die potenzielle Perspektive der Führungskräfte und Mitarbeitenden hineinfühlen konnten. Dabei ist – zusammengefasst und gekürzt – bei der

Geschäftsleitung folgendes Bild entstanden: Aus Sicht der Führungskräfte und Mitarbeitenden könnte es so aussehen, dass …

- … es keinen Prozess der Konsensrealitätsbildung – auch mit Würdigung des bisher Erreichten – gab, sondern ihnen eine (defizitäre) Beschreibung der Ausgangslage vorgesetzt wurde (BBP).
- … zwar eine klare quantitative Strategie und neue Werte existierten, mit denen sich zu verbinden ihnen aber wohl schwerfiel, weil sie (noch) nicht spürten, was diese für sie bedeuten könnte (ZGP).
- … es wenig Räume für das Ansprechen von Unsicherheiten, Ängsten, Zweifeln oder anderer Ansichten gab und diese deshalb eher hinter den Kulissen thematisiert werden mussten (PSP).
- … es zwar Schulungen zu den neuen Unternehmenswerten und für die Strategieumsetzung geben werde, sie diese unter Umständen aber eher als wenig mit ihrer Praxis verbunden betrachten könnten, während Experimentierräume für neue Verhaltensweisen bisher fehlten (LP).
- … es sehr viel Informationen gab, deren Essenz jedoch nicht auf den ersten Blick erkennbar war und die eher als Verkaufsargumentation betrachtet werden könnten (IP).
- … viele Maßnahmenpläne erarbeitet wurden, deren Sinn noch unklar sein könnte und deren Wirkungen im Alltag noch nicht gespürt werden können (UP).
- … wohl kein klarer Gesamtplan im Sinne eines »big picture« ersichtlich ist, an dem man sich orientieren könnte und aus dem deutlich würde, wie die eigenen Mitwirkungsmöglichkeiten aussehen (CMP).

Durch diese Betrachtung (und über viele weitere Perspektiven der Organisationsentwicklungslandkarte) wurde der Geschäftsleitung deutlich, dass der Entwicklungsprozess ganzheitlicher und partizipativer aufgesetzt werden musste, um nachhaltig wirksam zu werden. Wir haben dann gemeinsam mit der Geschäftsleitung entwickelt, wie dies das schon Erarbeitete würdigend und die bestehenden Lösungsversuche utilisierend geschehen kann.

Praxisanwendung 2: Supervision mit dem Dialog der Basisprozesse

Die Methode »Dialog der Basisprozesse« ist eine Idee von Trude Kalcher und Hannes Piber, die wir gemäß der Grammatik der Systemischen Strukturaufstellungen weiterentwickelt haben. Dabei schildert ein Mitglied einer Supervisionsgruppe oder einer der Teilnehmenden einer Weiterbildung einen Organisationsentwicklungsprozess, wie er bisher verlaufen ist bzw. erlebt wird. Die Zuhörenden übernehmen jeweils den Fokus eines Basisprozesses mit seinen archetypischen Qualitäten und identifizieren sich damit schon während der Schilderung der fallbringenden Person.

Dabei handelt es sich nicht um eine klassische Aufstellung. Vielmehr setzen sich die Basisprozesse und die fallbringende Person in der in Abbildung 30 dargestellten Anordnung in einen Halbkreis.

Das geschilderte Vorgehen hat den Vorteil, dass mit ihm auch ohne Aufstellungsausbildung sehr ertragreich gearbeitet werden kann, wobei Kenntnisse der Aufstellungsarbeit durchaus hilfreich sind.

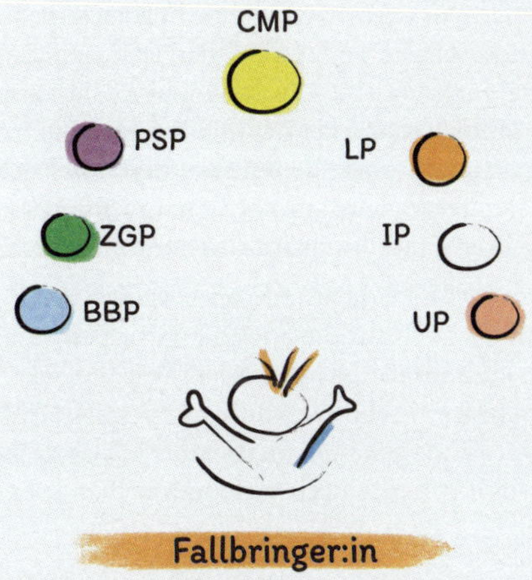

Abb. 30: Dialog der Basisprozesse
(BBP = Bewusstseinsbildungsprozesse, ZGP = Zukunftsgestaltungsprozesse, PSP = psychosoziale Prozesse, LP = Lernprozesse, IP = Informationsprozesse, UP = Umsetzungsprozesse, CMP = Changemanagementprozesse)

Ablauf:

- *Fallschilderung:* Die Schilderung der Situation soll kurz und knapp sein, maximal zehn Minuten, und die Zuhörenden achten aus ihrer jeweiligen Repräsentation heraus beim Zuhören mehr auf Unterschiede in ihren Körperreaktionen als auf Inhalte und Kognitionen. Die fallbringende Person wird am Ende der Schilderung gebeten, ein Anliegen zu formulieren oder einige Fragen zu stellen.
- *Abfrage von Unterschieden in der Körperwahrnehmung der Basisprozesse:* Nach der Schilderung berichten die Repräsentant:innen von den Unterschieden ihrer Körperreaktionen und können auch Assoziationen und Einfälle äußern.
- *Frage nach Wechselwirkungen der Basisprozesse:* Die Moderation fragt, ob es spezifische Reaktionen einzelner Basisprozesse auf Äußerungen von anderen gegeben habe. So werden spezifische Wechselwirkungen der Basisprozesse bezogen auf den geschilderten Fall deutlich.
- *Frage nach Bedürfnissen bzw. Impulsen der Basisprozesse:* Aufgrund der bisherigen Aussagen können die Basisprozesse einander von Impulsen, die sie spüren, in Richtung einer Lösung berichten. Daraufhin teilen die jeweils anderen Basisprozesse mit, welche Unterschiede bei ihnen dadurch bewirkt würden. Auch stellt die Moderation die Frage, was die Basisprozesse (auch voneinander) bräuchten, damit es insgesamt einen positiven Unterschied machen würde.
- *Als-ob-Fragen durch fallbringende Person und/oder Moderation:* Nach dieser Sequenz kann die fallbringende Person unterstützt durch die Moderation lösungsfokussierende Fragen stellen, um zu testen, welche Ideen zu einer verbesserten oder stimmigeren Empfindung aller Basisprozesse führen würden. Die fallbringende Person kann qualitative Fragen an einzelne Basisprozesse richten.
- *Entrollen der Repräsentant:innen und Teilen ihrer Erkenntnisse:* Die Repräsentierenden entrollen sich (Platz wechseln, Körper kurz abklopfen, Glas Wasser trinken, eigenen Namen

sagen) und berichten dann Erkenntnisse, die sie bei der Repräsentation gewonnen und bisher noch nicht geäußert hatten oder die ihnen jetzt erst einfallen.

- *Resümee der fallbringenden Person und Übersetzung mit Unterstützung von Moderation und Gruppe:* Nun fasst die fallbringende Person ihre neuen Erkenntnisse, Überraschungen, Einfälle und Frage zusammen. Anschließend werden unter Begleitung der Moderation die verschiedenen Aspekte gemeinsam sortiert und interpretiert, sodass für die fallbringende Person konkrete Handlungsoptionen für ihre Praxis entstehen.

Der gesamte Ablauf dauert rund eine Stunde und ist nach unserer Erfahrung sowohl für die fallbringende Person als auch für die anderen Gruppenmitglieder sehr eindrücklich und ergiebig. Vor allem kann immer wieder erlebt werden, wie mit sehr wenig Informationen die gesamte Dynamik eines Entwicklungsprozesses darüber sichtbar und spürbar wird, wie die Repräsentant:innen die Qualitäten der Basisprozesse zum Ausdruck bringen und dadurch Hinweise geben, durch welche Interventionen ein runderer Gesamtprozess entstehen kann.

Selbstverständlich kann diese Methode auch innerhalb einer Organisationsentwicklung eingesetzt werden, z. B. mit den Mitgliedern eines Führungskreises oder einer Lenkungsgruppe, um die bestehende Prozessdynamik besser zu verstehen und zu evaluieren.

Praxisanwendung 3: Einschätzung des bisherigen Veränderungsprozesses

Der von Friedrich Glasl und Harald Jäckel (1996) entwickelte Fragebogen ist ein einfaches und wirksames Mittel, um mit einer Auswahl an Führungskräften und Mitarbeitenden zu Beginn oder im Laufe eines Organisationsentwicklungsprozesses zu erheben, wie gut die einzelnen Qualitäten der Basisprozesse aus deren Sicht bisher versorgt wurden.

Dabei kreuzen die Teilnehmenden den Grad der Zustimmung zu einer Aussage an. Anschließend wird gemeinsam auf einer Pinnwand (oder digital) ausgewertet, wie die Versorgung der Qualitäten im betrachteten Prozess im Gesamten erlebt wird. Daraus können dann im Dialog Schlüsse für die weitere Gestaltung des Organisationsentwicklungsprozesses gezogen werden.

Wir setzen diesen Fragebogen nicht zur Befragung aller Mitarbeitenden ein, sondern während eines Workshops oder in dessen Vorbereitung mit der ausgewählten Gruppe. Idealerweise sind unterschiedliche Perspektiven darin vertreten, sodass das Ergebnis aussagekräftiger wird.

Letztlich kann der Fragebogen Orientierung bieten für die Benennung der Gütekriterien eines erfolgreichen Entwicklungsprozesses.

»Kreuzen Sie in Tabelle 8 an, in welchem prozentualen Maß die jeweilige Aussage zutrifft:«

	Diese Aussage trifft zu ... % zu:	**100 %**	**80 %**	**60 %**	**40 %**	**20 %**	**0 %**
1.1	Es war uns bekannt, welche Probleme durch die Maßnahmen eigentlich gelöst werden sollten.	10	8	6	4	2	0
1.2	Die Ursachen und Hintergründe der Probleme waren uns einsichtig.	10	8	6	4	2	0
2.1	Ziel und Zweck der Veränderung waren mit uns ernsthaft diskutiert worden.	10	8	6	4	2	0
2.2	Über den gewünschten Zustand haben wir uns vor den Maßnahmen geeinigt.	10	8	6	4	2	0
3.1	Es wurde uns Gelegenheit gegeben, uns mit neuen Arbeitsformen auch gefühlsmäßig anzufreunden.	10	8	6	4	2	0
3.2	Spannungen und Widerstände unter uns wurden nicht vertuscht, sondern konnten ausgesprochen werden.	10	8	6	4	2	0
4.1	Das künftig erforderliche Wissen und Können wurde uns rechtzeitig vermittelt.	10	8	6	4	2	0
4.2	In der neuen Situation hatten wir die Chance, aus gemachten Fehlern Verbesserungen abzuleiten.	10	8	6	4	2	0
5.1	Immer wieder gab es offene Informationen über die Vorgehensweise.	10	8	6	4	2	0
5.2	Die Führung war bemüht, von uns zu hören, wie wir die Dinge erlebt haben.	10	8	6	4	2	0
6.1	Unsere Vorgesetzten gaben uns bei der Umsetzung ein gutes Vorbild.	10	8	6	4	2	0
6.2	Die Neuerungen konnten gut umgesetzt werden. Es hat sich etwas getan!	10	8	6	4	2	0
7.1	Es sind klare Verantwortlichkeiten für die Lenkung der Veränderungsmaßnahmen geschaffen worden.	10	8	6	4	2	0
7.2	Die Zeitplanung war gut: Nichts wurde verschleppt, nichts überstürzt getan.	10	8	6	4	2	0

Tab. 8: Fragebogen »Einschätzung des bisherigen Veränderungsprozesses«

Die einzelnen Nummern vor den Aussagen stehen für Basisprozessqualitäten:

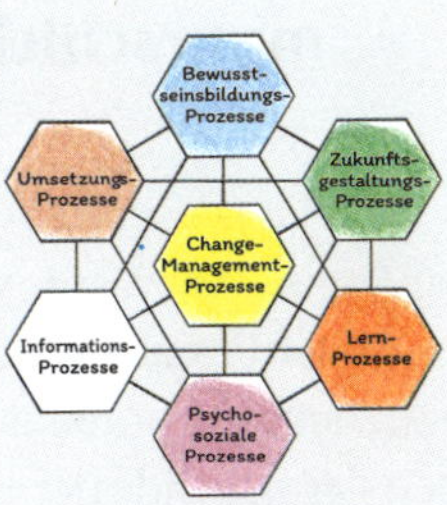

1. Bewusstseinsbildungsprozesse
2. Zukunftsgestaltungsprozesse
3. psychosoziale Prozesse
4. Lernprozesse
5. Informationsprozesse
6. Umsetzungsprozesse
7. Changemanagementprozesse.

Die Summen der jeweils angekreuzten Werte können je Basisprozess addiert und durch die Anzahl der Fragebogen-Teilnehmenden dividiert werden, sodass der Durchschnittswert je Basisprozessqualität gebildet werden kann. Die Betrachtung der Ergebnisse lässt sich als Grundlage für eine gemeinsame Interpretation nutzen.

4 Navigieren mit der Landkarte der Transformation für Organisationen

Wenn wir eine Landkarte zur Hand nehmen, suchen wir Orientierung in einem Gelände. So werden wir beispielsweise eine Wanderkarte mit eingezeichneten Wanderwegen nutzen, wenn wir wandern, und eine Straßenkarte, wenn wir interessante Motorradrouten erkunden möchten. Eine Landkarte verlangt zugleich von uns, dass wir in der Lage sind, die Karte richtig zu lesen und zu nutzen, was z.B. erfordert, dass wir wissen, wie Höhenmeter gelesen oder verschiedenartige Straßen erkannt werden.

In den Kapiteln 1–3 haben wir bereits aufgezeigt, was es aus unserer Sicht braucht, damit Landkarten überhaupt hilfreiche Landkarten der Transformation für Organisationen und deren Begleitung in Organisationsentwicklungsprozessen sind.

In diesem Kapitel verdeutlichen wir nochmals, wie diese von uns beschriebene Landkarte der Transformation konkret genutzt werden soll, sodass sich deren volle Wirkungsmöglichkeiten entfalten können.

Im Folgenden werden wir zunächst einen Überblick darüber geben, wie möglichst hilfreich mit der Landkarte navigiert werden kann, um dann die aufgezeigte Verwendungsmöglichkeit anhand eines Praxisfalles zu verdeutlichen.

4.1 Anbieten von Entwicklungsräumen mit der mehrschichtigen Landkarte der Transformation

Wie bereits beschrieben, besteht die Landkarte der Transformation aus drei Schichten (Abb. 31). Wenn wir die eigentliche Landkarte mit den vier zentralen Modellen in der Praxis nutzen, wirken sich die Beratungsprinzipien aus der Basisschicht (ganzheitlich, potenzialentfaltend, systemischer und evolutionär) sowie die Prinzipien der Legende der Karte (syntaktisch, hypnosystemisch, kurativ) in unserer Haltung, wie wir arbeiten, deutlich aus. Diese Prinzipien prägen die Art, wie wir durch die Modelle der Landkarte auf die lebendige Organisation blicken und wie wir mit Anliegen und Zielen umgehen, welche die Klientensysteme formuliert haben.

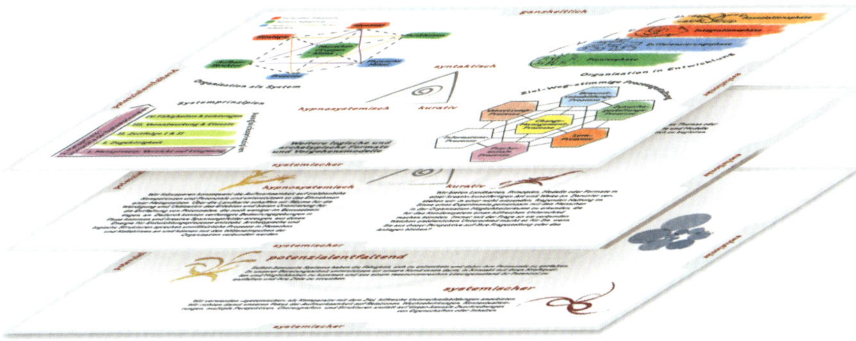

Abb. 31: Landkarte der Transformation und ihre drei Schichten

4.1.1 Basisschicht: Ganzheitlich, systemischer, evolutionär und potenzialentfaltend

Die Prinzipien der Basisschicht der Landkarte äußern sich unter anderem darin, dass die zentralen Modelle der Landkarte so ausgewählt sind, dass die Prinzipien ganzheitlich und evolutionär sowie systemischer und potenzialentfaltend der Struktur der beiden zentralen Modelle »ganzheitliches Systemkonzept« (ganzheitlich, systemischer und potenzialentfaltend) und »Entwicklungsphasen« (evolutionär) inhärent sind.

In der praktischen Anwendung bedeutet dies: Bereits ohne vertiefte Kenntnisse der Basisschicht und »nur« über die Anwendung dieser zentralen Modelle arbeitet man so, dass Organisationen als ganzheitliche Organismen in den Wechselwirkungen der sieben Wesenselemente gesehen werden und dass über die Entwicklungsphasen das evolutionäre Potenzial dieser Entwicklungslinien fokussiert wird. Ergänzen wir diese Perspektiven um die Systemprinzipien, kommen weitere Kontextualisierungen dazu im Hinblick auf die Systemorientierungen einer Organisation, was wiederum eine systemischere Betrachtungsweise unterstützt.

Ebenso wirkt sich die ganzheitliche Betrachtung von Entwicklungsprozessen in den Qualitäten der sieben Basisprozesse an sich schon systemischer aus, als würde nur eine bestimmte Choreografie bzw. Reihenfolge – z. B. Bewusstseinsbildung, Zukunftsgestaltung, Umsetzung – angenommen.

Schließlich verwenden wir die Landkarte im Sinne von »systemischer« mit Fokus auf zieldienliche Unterschiedsbildungen: Wir stellen unseren Klient:innen über die zentralen Modelle Fragen zu Wechselwirkungen, Strukturen und Choreografien mit dem Ziel, sich ungünstig auswirkende Zustands- und Problembeschreibungen zu verflüssigen und Lösungsräume zu öffnen.

4.1.2 Legende: Syntaktische, hypnosystemische und kurative Vorgehens- und Verwendungsweise der Landkarte der Transformation

Während eine *syntaktischere Vorgehensweise* uns ermöglicht, möglichst wertungsfrei und mit wenig Inhalten zu arbeiten, ermöglicht das *kurative* Vorgehen, das Organisationsentwicklungsziel der Selbsterneuerung (Kap. 3.4.1.1) nie aus den Augen zu verlieren: Das Klientensystem ist es, das jeweils beurteilt, inwieweit ein Vorgehen oder eine Betrachtungsweise für sich eine Verbesserung bringen bzw. einen hilfreichen Unterschied machen könnte.

Dass wir in der Lage sind, syntaktisch zu arbeiten, verdanken wir der beschriebenen Landkarte, die mit ihren Modellen auf Archetypen und logischen Grundstrukturen basiert. Diese Modelle sowie die Basisschicht der Landkarte ebenso wie die Art und Weise, mit der Landkarte zu arbeiten, ermöglichen eine hilfreiche Grammatik, die uns und unseren Kund:innen Orientierung und Ausrichtung geben kann.

Der SySt-Ansatz legt ebenfalls sehr viel Wert darauf, dass es eine genaue Grammatik gibt. Gleichzeitig sagt Matthias Varga von Kibéd (2022):

> »Bei den Strukturaufstellungen machen wir die Grammatik so genau wie möglich und wenden sie dann mit Humor an. Und wenn man auf eines von beiden verzichtet, dann nimmt der praktische Nutzen enorm ab. Wenn man auf Genauigkeit verzichtet, dann hat man bei Bedarf nicht die entsprechende Differenzierungsfähigkeit und Klarheit. Wenn man sich aber durch die Genauigkeit selbst in eine Lähmung hineinmanövriert, dann ist es wichtig, dass wir von dieser Schärfe auch wieder absehen können, dass wir etwas nicht nur verfestigen, sondern auch wieder verflüssigen können. Und dass wir die Fähigkeit haben, vom Festen ins Flüssige und vom Flüssigen ins Feste übergehen zu können.«

Diese Beschreibung macht nochmals deutlich, wie wir die *kurative Anwendung* aller Modelle der Landkarte und die Landkarte selbst verstehen. Sie unterstützt uns bei der Arbeit in Organisationsentwicklungsprozessen darin, insbesondere situativ zu arbeiten – ohne das große Ganze, dass sich gerade im Sinne der gesetzten Ziele entwickelt, aus den Augen zu verlieren.

Um das – manchmal noch schlummernde – Potenzial zu wecken, hilft die stetige Erinnerung an eine möglichst *hypnosystemische Haltung*, welche sich beispielhaft in folgenden Fragen zeigen kann:

- Welche Ressourcen und Muster des Gelingens waren in der Schilderung der Ausgangslage schon zu hören?
- Welche bisherigen Dynamiken könnten als Lösungsversuche utilisiert werden, um die Organisation in ihrer Entwicklung zu unterstützen?
- Welche Potenziale schimmern bereits in der noch als Problem empfundenen Ausgangslage durch?
- Wie könnten die bisherigen Bedeutungsgebungen einerseits abgeholt und als Kompetenz gesehen werden, während andererseits Angebote für zieldienlich erweiterte Bedeutungsgebungen gemacht werden könnten?

- Wie könnten die vorhandenen Ambivalenzen gewürdigt und so begleitet werden, dass ein Sowohl-als-auch-Denken unterstützt wird?
- Wie kann unwillkürliches, intuitives Wissen ins Bewusstsein gehoben und mit der Willensbildung für den Prozess verbunden werden?

Wir fokussieren mit der Verwendung der Landkarte der Transformation auf Strukturen und ihre Wechselwirkungen sowie auf Ressourcen und Potenziale. Wir sprechen dabei Menschen ganzheitlich in ihrer Kognition und Intuition an. Mit der Landkarte bieten wir Räume an, um bisherige Blickwinkel zu erweitern und komplexe Situationen zieldienlich zu sortieren und Orientierung für Entwicklungsschritte zu finden. Dabei betrachten wir die Landkarte als Öffnung hilfreicher Möglichkeitsräume, in denen Klientensysteme mit einer Als-ob-Haltung prüfen, was für sie davon nützlich und wirksam ist.

Eine syntaktisch-hypnosystemische und kurative Nutzung der Landkarte der Transformation ermöglicht uns in unserer täglichen Arbeit,

- auf Strukturen und ihre Wechselwirkungen sowie auf Ressourcen und Potenziale zu fokussieren,
- Menschen ganzheitlich in ihrer Kognition und Intuition anzusprechen,
- Räume anzubieten, um bisherige Blickwinkel zu erweitern und komplexe Situationen zieldienlich zu sortieren sowie Orientierung für Entwicklungsschritte zu finden.

Dabei betrachten wir die Landkarte als Öffnung hilfreicher Möglichkeitsräume, in denen Klientensysteme in einer Als-ob-Haltung prüfen, was für sie davon nützlich und wirksam ist.

Die von uns aufgezeigte Landkarte dient in unserer Beratungspraxis dazu, dass wir gemeinsam mit dem Kundensystem Ziele formulieren und eine Prozessgestalt entwickeln, die jeweils auch als zieldienliche Choreografien gesehen werden können.

4.1.3 Zusammenspiel der vier zentralen Modelle auf der eigentlichen Karte

Matthias Varga von Kibéd (2022) verwendet im Kontext des systemischeren Arbeitens den Begriff der Choreografie und betont dabei, wie unterstützend es dabei sein kann, auf Strukturen von Choreografien zu fokussieren. Damit beschreibt er ein Denken weg von isolierten Elementen hin zu Relationen. Da diese Relationen allerdings ebenfalls in Kontexten stehen, die sich immerzu verändern, schlägt Varga von Kibéd vor, durch die Betrachtung der Strukturen von Choreografien den Blick zu weiten, um hilfreiche Regularitäten von Kontextänderungen erkennen und miteinbeziehen zu können. Dies kann ermöglicht werden durch den Blick auf logische bzw. archetypische Landkarten, wie wir sie in diesem Buch definieren.

Die vier zentralen Modelle der eigentlichen Landkarte können in diesem Sinne also auch als Strukturangebote für die Entwicklung von Choreografien durch und zwischen den Modellen der Landkarte verstanden werden. Diese Choreografien entwickeln wir maßgeschneidert und zieldienlich mit dem Kundensystem. Dies zeigt sich darin, dass die einzelnen zentralen Modelle der Landkarte nie linear kausal für sich selbst stehend abgehandelt werden, sondern dass es darum geht, eine Gesamtgestalt durch das Zusammenführen der einzelnen Blickwinkel entstehen zu lassen.

Wir bieten mit der Landkarte der Transformation, wie wir sie nutzen, also immerzu eine *systematisch multiple Beschreibungsmöglichkeit* an: Modelle, die miteinander in einen Dialog eintreten, sodass etwas zwischen ihnen auftaucht, was man nicht in die Modelle selbst hineinschreiben kann.

4.2 Choreografien durch die Landkarte entwickeln

Wir schlagen hier ein Vorgehen vor, wie systematisch mit der Landkarte der Transformation gearbeitet werden kann. Mit einiger Übung und Routine wird die Grammatik der Landkarte der Transformation mit der Zeit die eigene Intuition schulen, was eine situativere Herangehensweise und die Wahl unterschiedlicher Choreografien erleichtert.

Dabei ist es uns wichtig zu betonen, dass wir in Gesprächen bei der Auftragsklärung oder später im Prozess diese Landkarte nicht im Sinne einer Checkliste nutzen, die es in einer bestimmten Reihenfolge durchzugehen und abzuhaken gilt. Vielmehr geht es darum, die einzelnen Dimensionen der Landkarte beim Zuhören wie eine Art Sensorsystem zu benutzen, das registriert, über welche Qualitäten gerade gesprochen wird bzw. welche Informationen zu welcher Dimension der Landkarte gerade gegeben werden.

Um Teilnehmenden unserer Lehrgänge zu Beginn zu verdeutlichen, wie die vier zentralen Modelle der Landkarte zusammenhängen, wählen wir didaktisch folgendes Setting:

- Verteilung von vier Perspektiven anhand der vier zentralen Modelle in der Gruppe mit der Aufgabe, bereits die Schilderung der Fallsituation aus der jeweiligen Perspektive der Landkarte zu hören und Fragen zu stellen
- Fallschilderung
- Die Teilnehmenden führen aus ihren Perspektiven ein moderiertes Gespräch.
- Austausch über die gewonnenen Erkenntnisse.

Mit der Zeit gelingt es den Teilnehmenden, gleichzeitig aus allen vier Dimensionen zuzuhören, sodass das »Sensorsystem« unwillkürlich zu reagieren beginnt und Fragen generiert bzw. Paraphrasierungen anbietet.

Dabei ist es besonders nützlich, eben nicht semantisch auf die Details der geäußerten Informationen zu hören und einzugehen, sondern aufgrund der syntaktischen Qualitäten fast körperlich wahrzunehmen, welche Anhaltspunkte gerade zu den Qualitäten aus den einzelnen Basiskonzepten der Landkarte gegeben werden.

Es handelt sich dabei also um einen Prozess des lebendigen Zuhörens und Hinspürens, ganz dem Gesprächsfluss folgend, und eben nicht um ein mechanistisches Abarbeiten von Checkpunkten.

Wie es einer Landkarte entspricht, gibt es dabei keine Reihenfolge, sondern Choreografien verschiedener Wege durch die Landkarte der geschilderten Situation, nach denen wir zuhören, rückfragen und paraphrasieren. Diese sind jedes Mal unterschiedlich und hängen vom jeweiligen Fall und Verlauf des Gesprächs ab.

Um den Lesenden diesen Prozess nachvollziehbar zu machen, werden wir in Kapitel 4.3 einen komplexeren Organisationsentwicklungsfall ausführlich darstellen, so wie die Kundenseite ihn geschildert hatte. Anschließend gehen wir aus didaktischen Gründen so vor, dass wir aus jeweils einer Perspektive eines Basiskonzepts aufzeigen, was durch sie an Informationen und Fragen bzw. Paraphrasen emergieren kann. Schließlich zeigen wir, wie aufgrund all dieser Informationen Ziele formuliert und Schlüsse für das Vorgehen gezogen werden können.

4.2.1 *Schritt 1:* Zuhören, nachfragen und paraphrasieren aus der Landkarte der Transformation

4.2.1.1 Gemeinsamer Blick auf Ist und Soll aus den einzelnen Basiskonzepten

Ganzheitliches Systemkonzept:

- Über welche Wesenselemente und Wechselwirkungen von Wesenselementen wurde gesprochen?
- Was wird mir über die einzelnen Wesenselemente geschildert?
- Wo wird auf Wechselwirkungen eingegangen? Wo noch nicht?
- Welche Zustände sollen in den einzelnen Wesenselementen erreicht werden?

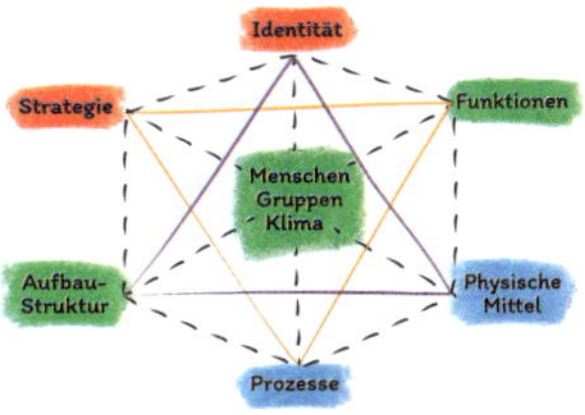

Entwicklungsphasen:

- Welche Entwicklungslinien (einzelne Wesenselemente) werden beschrieben?
- Welche Qualitäten aus den Entwicklungsphasen wurden im Ist und Soll angesprochen?
- Was unterstützt die Organisation dabei, zieldienlich Komplexität zu bewältigen (blühende Entwicklungsphase)?
- Wo bekomme ich Hinweise darauf, dass mehr vom selben nicht hilfreich sein könnte (überreife Entwicklungsphase)?
- Welche Entwicklungsprinzipien könnten für das Kundensystem hilfreich sein für gute nächste Schritte?

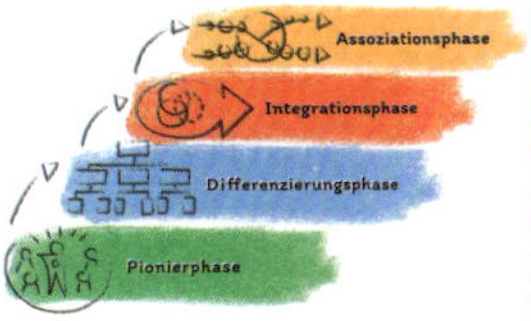

Systemprinzipien:

- Fühlen sich die Menschen zum jeweils geschilderten System zugehörig und im Hinblick auf ihre zeitliche Zugehörigkeit, ihren Einsatz und ihre Leistungen gewürdigt?
- Worauf wäre es hinsichtlich der Systemprinzipien hilfreich zu achten?

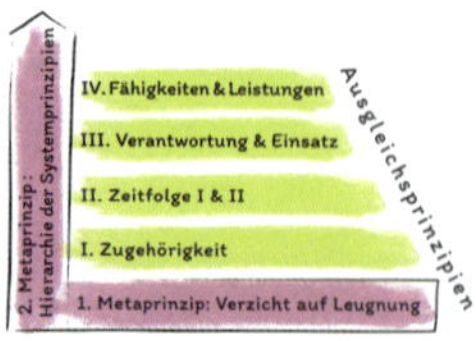

Basisprozesse – Prozessqualitäten für die Planung und Gestaltung nächster Schritte:

- Welche Prozessqualitäten sind aufgrund der Schilderungen schon gut versorgt, welche eher weniger?
- Was bedeutet dies für eine Planung des Prozesses, um die Ergebnisziele möglichst gut zu erreichen?
- Welche Prozessqualitäten braucht es mit welchem Ziel und in welcher Reihenfolge?

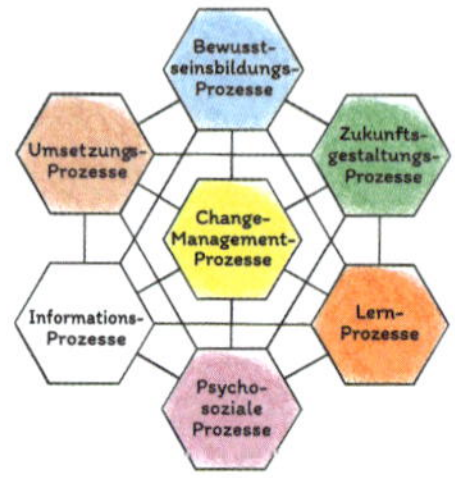

4.2.1.2 Vernetzung und Verwebung zu einem Gesamtbild

Nun geht es darum, aus all den Perspektiven ein Gesamtbild entstehen zu lassen, aufgrund dessen sich die Ziele für den Organisationsentwicklungsprozess ableiten lassen, die ihrerseits die Grundlage für ein ziel-weg-stimmiges Vorgehenskonzept bilden. Dieses Gesamtbild kann ganz systematisch-rational erarbeitet werden, indem durch die oben aufgeführten beispielhaften Fragen aus dem Zuhören über die Landkarte der Transformation eine Verdichtung stattfindet, die in Ziele übersetzt wird.

Ebenso ist es möglich, ein inneres Bild oder ein eher somatisch-intuitives Erleben entstehen zu lassen, das aus dem Gehörten den Ist- und Soll-Zustand in beschreibende Worte fasst, z. B. indem die Ausgangslage in eine Metapher oder Geschichte übersetzt wird, die die zentralen Muster und Strukturen der Ausgangslage deutlich spürbar machen und aus denen sich vorerst ebenfalls metaphorische Entwicklungsziele ergeben. Aus diesen können dann mithilfe der Landkarte die konkreten Ziele für den Transformationsprozess abgeleitet werden. Dabei können die in Kapitel 3.2.3.3 erwähnten globalen Richtungsaussagen (weg von – hin zu) hilfreiche Unterstützung bieten.

4.2.2 *Schritt 2:* Ergebnis- und Prozessziele formulieren

Es ist zentral, dass das Kundensystem die Formulierungen der Ergebnis- und Prozessziele so versteht, dass es sich abgeholt und verstanden fühlt und mit den formulierten Zielen verbinden kann. Dies ist die Voraussetzung dafür, dass es für den eigenen Transformationsprozess Verantwortung übernimmt, was seinerseits die Basis dafür bildet, dass der Prozess überhaupt erfolgreich sein kann.

Dabei dient die Landkarte als Angebotsrahmen für Orientierung und Entwicklungsmöglichkeiten, sodass unser Gegenüber seine Situation und Ziele in klare Worte fassen bzw. sich in den von uns angebotenen Formulierungen finden kann. So formulieren wir gemeinsam mit dem Klientensystem aufgrund der Ausgangslage und der intendierten Entwicklungsrichtung Ziele für den Organisationsentwicklungsprozess, aus denen sich die Prozessgestaltung ableiten lässt.

Dabei unterscheiden wir *zwei Arten von Zielen:*

- *Ergebnisziele der Organisationsentwicklung:* Woran erkennt das Kundensystem konkret, dass der Transformationsprozess erfolgreich war?
- *Prozessziele,* an denen sich ein gemeinsames Verständnis für das Vorgehen im Prozess und der zu erreichenden Etappenziele ablesen lässt.

Sowohl für Ergebnis- als auch für Prozessziele empfehlen wir, positive Zustandsbeschreibungen als ganze Sätze zu formulieren und nicht Handlungen bzw. Maßnahmen.

Die *Ergebnisziele* werden – zumindest in längeren Organisationsentwicklungsprozessen – meist so gebildet, dass Zustände der Wesenselemente in den Qualitäten der Entwicklungsphasen beschrieben werden. Einige Beispiele sollen das – aus verschiedenen Praxisfällen – deutlich machen:

- Die Organisation hat eine leicht verständliche, qualitativ beschriebene Zukunftsstrategie, mit der sich die Mitarbeitenden verbinden können. (Wesenselement Strategie beschrieben in den Qualitäten der Integrationsphase)
- Das Gesamtdesign der Organisation ist klar, übersichtlich und schafft Orientierung für Mitarbeitende und Kunden. (Wesenselement Aufbaustruktur beschrieben in den Qualitäten der Differenzierungsphase)
- Verantwortlichkeiten und Befugnisse sind so definiert, dass Führungskräfte und Mitarbeitende ihren Beitrag zum großen Ganzen gut nachvollziehen können und eine abteilungsübergreifende Kooperation erleichtert wird. (Wesenselement Funktionen/Organe beschrieben in den Qualitäten der Integrationsphase)
- Die Management- und Supportprozesse sind definiert, verschriftlicht und standardisiert, sodass sich die Mitarbeitenden auf ihre Kernprozesse fokussieren können. (Wesenselement Prozesse beschrieben in den Qualitäten der Differenzierungsphase)

Die *Prozessziele* werden für längere Organisationsentwicklungsprozesse oder einzelne Workshops tendenziell eher aus den Qualitäten der Basisprozesse bzw. der Systemprinzipien formuliert:

- Führungskräfte und Mitarbeitende haben ein gemeinsames Bild der verschiedenen Sichtweisen zur Ausgangslage erarbeitet, fühlen sich gegenseitig gehört und in ihren unterschiedlichen Perspektiven gewürdigt. (Basisprozessqualitäten Bewusstseinsbildungs- und psychosoziale Prozesse, Systemprinzip Zugehörigkeit)

- Es ist ein attraktives, zugkräftiges Zukunftsbild entwickelt worden, das Orientierung gibt und Sinn- sowie Zugehörigkeitsangebote vermittelt. (Basisprozessqualität Zukunftsgestaltungsprozesse, Systemprinzip Zugehörigkeit)
- Die Teilnehmenden des Workshops verstehen Ziele, Hintergründe und Ablauf des Organisationsentwicklungsprozesses. Sie fühlen sich für ihr bisheriges Engagement gewürdigt, erkennen, welche Stärken bewahrt werden sollen, woran in Zukunft festgehalten werden soll, und sie kennen ihre Mitwirkungsmöglichkeiten. Sie konnten sich mit dem Prozess auseinandersetzen und Rückmeldungen geben. (Basisprozessqualitäten Informationsprozesse, Changemanagementprozesse und psychosoziale Prozesse; Systemprinzip Zeitfolge)
- Aufgrund der bisherigen Ergebnisse sind klare Maßnahmen definiert und terminiert; die Beteiligten wissen, wer für welches Arbeitspaket welche Verantwortung hat und haben gemeinsam die nächsten Schritte festgelegt. (Basisprozessqualitäten Umsetzungs- und Changemanagementprozesse; Systemprinzip Einsatz und Verantwortung)

Die Formulierung solcher Ergebnis- und Prozessziele gibt dem Klientensystem und den Berater:innen Sicherheit und Orientierung, während sie noch syntaktisch genug formuliert sind, um Raum für Co-Kreation zu lassen, sodass die konkreten inhaltlichen Aspekte im Laufe des Prozesses emergieren können.

4.2.3 *Schritt 3:* Ziel-Weg-stimmige Prozessgestalt(ung)

4.2.3.1 Organe für die Gestaltung des Transformationsprozesses

Aus stimmigen Prozesszielen ergeben sich einerseits Vorgehensüberlegungen, andererseits können die Prozessorgane aus ihnen abgeleitet werden. Dabei ist es in unserem Verständnis wichtig, dass die Organe – im Gegensatz zum klassischen Projektmanagement – nicht grundsätzlich gesetzt sind, sondern aufgrund der Energieflüsse des Transformationsprozesses entstehen (Kap. 3.4.3.8 zu Changemanagementprozessen), nämlich nur dann, wenn sie für die Erreichung der Prozessziele gebraucht werden.

Nehmen wir zur Illustration ein Beispiel eines Prozessziels aus dem in Kapitel 4.3 folgenden Praxisfall vorweg:

> Geschäftsleitung, Führungskräfte und ein repräsentativer Querschnitt von Mitarbeitenden der Standorte in der Schweiz und in Deutschland haben ein gemeinsames Bild dazu erarbeitet, was Stärken, spezifische Fähigkeiten und Erfolgsfaktoren im Unternehmen

sind und wo sie Veränderungs- und Entwicklungsbedarf sehen. Dabei konnten Hoffnungen und Wünsche ebenso ausgesprochen werden, wie Unsicherheiten, Sorgen und Nöte (Basisprozessqualitäten Bewusstseinsbildungs- und psychosoziale Prozesse, Systemprinzipien Stärkung der Zugehörigkeit durch das gemeinsame Hinschauen, Zuhören und Einladen aller Perspektiven sowie Würdigung des Bisherigen und Förderung des Neuen).

Für Vorgehenskonzept und Organbildung bedeutet dies: Es braucht einen Workshop, in dem Vertretende verschiedener Perspektiven gemeinsam ihre Sichtweisen abgleichen, Erfolgsfaktoren und Zukunftsbilder erarbeiten können. Das heißt, es braucht ein Prozessorgan – hier eine Workshopgruppe, die einmal oder öfter zum Einsatz kommt –, das diese Perspektiven abbildet und zur Übernahme von Verantwortung dafür einlädt.

4.2.3.2 Ziel-Weg-stimmiges Vorgehenskonzept

So lässt sich aus jedem Prozessziel ableiten, welche Schritte im Prozess unternommen werden müssen und wer daran beteiligt sein sollte, damit die beschriebenen Zustände erreicht werden können. Letztlich lassen sich daraus auch die Rahmenbedingungen, Ressourcen und weitere organisatorisch relevante Aspekte ableiten, die für die Detailplanung des Transformationsprozesses wichtig sind.

Wie wir in Kapitel 5 mit den verschiedenen Fallvignetten zeigen werden, braucht es dann für jeden einzelnen Schritt im Prozess wiederum klare Teilprozessziele, aus denen ein konkretes Workshopdesign entsteht – immer unter Beteiligung des Kundensystems.

So kann schon allein aus dem gerade beispielhaft aufgeführten Prozessziel des Falls aus Kapitel 4.3 abgeleitet werden:

- Ein repräsentativer Querschnitt des Unternehmens findet sich für einen Workshop zusammen.
- Die Teilnehmenden können sich offen und frei über ihre Sichtweisen auf die Ist-Situation austauschen, wofür es Raum für Emotionen und kontroverse Ideen braucht.
- Die Teilnehmenden erleben sich als einem Unternehmen zugehörig und in ihren Sichtweisen verstanden und gehört.
- Das Design berücksichtigt sowohl kognitive als auch unwillkürliche Prozesse und macht es wahrscheinlich, dass gegenseitiges Zuhören und Erarbeiten zu ganzheitlicheren Perspektiven und Lösungsansätzen führt.

Diese Erläuterungen machen deutlich, dass sich aus den Zielen für den Gesamtprozess jeweils Prozessziele, Organe und Vorgehensideen für die einzelnen Schritte ableiten lassen, die wie immer mit dem Kundensystem gemeinsam erarbeitet und geplant werden.

4.3 Praxisfall: Navigieren mit der Landkarte der Transformation

Wir haben den folgenden Praxisfall so aufbereitet, dass Sie nun eine erste Möglichkeit haben, die folgende Fallschilderung aus der Perspektive aller vier zentralen Modellen zu erkunden und diese zu einer eigenen Choreografie durch die Landkarte zu verweben, um zu Auftragszielen zu kommen.

Anleitungsempfehlung

Schritt 1: Lesen Sie die Fallbeschreibung aus den vier Perspektiven der zentralen Modelle der Landkarte, und notieren Sie sich, was Sie aus den jeweiligen Perspektiven verstanden haben:

- ganzheitliches Systemkonzept
- Entwicklungsphasen von Organisationen
- Systemprinzipien
- Basisprozesse der Organisationsentwicklung.

Schritt 2: Wie würden Sie sich aufgrund dieser Perspektiven auf ein Auftragsklärungsgespräch vorbereiten, in dem Sie überlegen, was Sie aufgrund des bisher Gehörten nachfragen wollen bzw. was es braucht, um zu Auftragszielen zu kommen?

4.3.1 Zusammenschluss zweier Ländergesellschaften zu einer Region

Ein weltweit tätiges Schweizer Industrieunternehmen mit 4.000 Mitarbeitenden war bis Ende 2015 in fünf Regionen (Schweiz, Deutschland, Greater Europe, USA, Asien/Pazifik) gegliedert. Der deutschsprachige Raum (DACH – Deutschland, Österreich, Schweiz) war bisher so aufgeteilt, dass vom schweizerischen Hauptsitz des Unternehmens aus auch Österreich betreut wurde, während die Gesellschaft im Ruhrgebiet ganz Deutschland abdeckte. Diese Aufteilung war historisch bedingt, wuchs doch das Unternehmen in seiner 40-jährigen Geschichte so, dass relativ lange von der Schweiz aus der ganze DACH-Raum betreut wurde, während schon bald Niederlassungen in Süd- und Nordeuropa, dann in den USA und Asien gegründet wurden, bevor vor 20 Jahren die deutsche Tochtergesellschaft entstand, weil der deutsche Markt immer wichtiger wurde und man es als notwendig erachtete, im Land selbst mit einer eigenständigen Einheit vertreten zu sein.

Diese Aufteilung funktionierte mehrheitlich gut, wobei es immer mal wieder zu Konkurrenzsituationen kam, wenn beispielsweise in Süddeutschland neue Projekte entstanden und der jeweilige Kunde lieber aus der näher liegenden Schweiz betreut werden wollte als aus dem ferneren Ruhrgebiet. Auch fanden immer schon bei Großprojekten Kooperationen zwischen den beiden Ländergesellschaften statt, wenn die Kapazitäten und teilweise unterschiedliche Fachkompetenzen es erforderten.

Die schweizerische Gesellschaft hatte Ende 2015 600 Mitarbeitende, im Ruhrgebiet arbeiteten zu dem Zeitpunkt rund 400 Personen. Beide Gesellschaften waren funktional gegliedert (Vertrieb, Projektrealisierung, Kundenservice, Technologieentwicklung/QM, Administration/Finanzen/HR) und hatten jeweils einen CEO.

Der Markt verlangte jedoch zunehmend mehr grenzüberschreitende Angebote im DACH-Raum, weil wichtige Kundensysteme darin länderübergreifend tätig waren. Auch wurde auf weltweiter Ebene die Strategie angepasst, sodass der DACH-Raum als wichtiger Wachstumsmotor in seiner Trennung aus Sicht der Gesamtleitung des Unternehmens als nicht mehr sinnvoll empfunden wurde.

Im Laufe des Jahres 2015 wurde beschlossen, es sollte neu nur noch vier Regionen geben und der ganze DACH-Raum sollte nur von einer Gesellschaft bedient werden. So wurden die Ländergesellschaften Schweiz und Deutschland per 01.01.2016 zur Region Central Europe zusammengeschlossen, die mit Standorten in der deutschsprachigen Schweiz und im Ruhrgebiet als ein Unternehmen funktionieren sollten.

Die neue Geschäftsleitung setzte sich wie folgt zusammen:

- CEO wurde der bisherige CEO der Schweizer Gesellschaft, dessen Stellvertreter sein deutscher Kollege, der weiterhin Standortleiter im Ruhrgebiet war und das HR neu verantwortete, das als neue eigenständige Einheit im Organigramm auftauchte.
- Vertriebsleiter wurde der deutsche Vertriebsleiter, der schweizerische verließ das Unternehmen.
- Leiter Kundenservice wurde der bisherige schweizerische Leiter dieses Bereichs, der deutsche Leiter verließ das Unternehmen.
- Die Projektrealisierung wurde dem deutschen Leiter des gleichen Bereichs übergeben, der bisherige Schweizer Leiter wurde sein Stellvertreter.
- Finanzen und Administration sowie Technologieentwicklung/QM wurden neu von den Schweizer Leitern verantwortet, die diesbezüglichen deutschen Verantwortlichen wurden deren Stellvertreter.

Was die zweite und dritte Führungsebene angeht, wurden rund 70 % der Führungspositionen neu aus der Schweiz besetzt, Personal sollte keines abgebaut werden. Jedoch war mit der Fusion der beiden Gesellschaften die Erwartung verbunden, den Umsatz im DACH-Raum innerhalb von zwei Jahren um 20 % zu erhöhen und den EBIT um 15 %.

Wir wurden im Frühjahr 2016 eingeladen, das Unternehmen bei der Post-Merger-Integration zu begleiten und seine Entwicklung zu unterstützen.

Für das Auftragsklärungsgespräch mit der gesamten Geschäftsleitung (GL, 6 Personen) baten wir um einen Zeitslot von drei Stunden und boten an, dass dies ein noch nicht kostenpflichtiger Miniworkshop werden würde, in dem beide Seiten erleben könnten, wie sich die Zusammenarbeit anfühlt.

Wir starteten den Auftragsklärungsworkshop mit der Frage, woran die einzelnen GL-Mitglieder nach einem Jahr erkennen würden, dass der Organisationsentwicklungsprozess in ihren Augen erfolgreich war. Wie dies oft der Fall ist, wurde uns nicht die Antwort auf diese Frage gegeben, sondern wir hörten viele Beschreibungen von Problemstellungen, die wir hier gerafft wiedergeben.

- *CEO:* »Wir sind weder im Gremium der GL noch in der Mitarbeiterschaft eine Einheit, vielmehr habe ich den Eindruck, wir würden uns gegenseitig misstrauen und gegeneinander arbeiten. (Daraufhin widersprechen ihm mehrere andere Mitgliedern der GL.) Wir funktionieren viel zu bürokratisch, wobei dies in der deutschen Belegschaft deutlich schlimmer ist als in der Schweiz. In Deutschland sind die Mitarbeitenden obrigkeitsgläubig und handeln vor allem auf Ansage. Im gesamten Unternehmen jedoch wird zu wenig Eigeninitiative gezeigt, zu wenig Verantwortung von den Führungskräften und Mitarbeitenden übernommen, und die Prozesse laufen viel zu langsam und umständlich. Wir brauchen dringend mehr Unternehmergeist und Risikobereitschaft. Ein weiteres Problem sehe ich darin, dass unsere bestehenden Produkte langsam an Marktrelevanz verlieren und die Entwicklung neuer Produkte zu lange dauert. Wir können froh sein, dass wir so treue Kundschaft haben, die mit uns auch mal geduldig ist, wenn etwas länger dauert.«

- *Stellvertretender CEO/HR-Leiter:* »Wir arbeiten ja schon ganz gut zusammen und können noch viel voneinander lernen. Ich schätze die Schweizer Kollegen sehr, und wir sollten das Glas als halb voll betrachten und nicht als halb leer. Gleichzeitig gibt es überall Schwierigkeiten in der Abstimmung zwischen beiden Ländergesellschaften. Wir haben Rekrutierungsprobleme in beiden Ländern, und ich stimme dem Kollegen insofern zu, dass wir zu bürokratisch sind. Auch sind die Kollegen in Deutschland unzufrieden, weil sie das Gefühl haben, dass neuerdings alles in der Schweiz bestimmt wird, wenn ich auch nicht dieser Ansicht bin.«
- *Vertriebsleiter:* »Wir sind zu langsam in unseren Entscheidungsprozessen, die Abstimmung zwischen den Bereichen funktionierte noch nie wie gewünscht, seit der Fusion ist es noch schlimmer. Unsere Vertriebler haben viele Leads[34], jedoch kann die Projektrealisierung nicht liefern, da gibt es Personalengpässe und gegenseitige Missverständnisse. Auch ist mir unklar, wie wir unsere Umsatzziele erreichen sollen, wenn wir uns mit internen Abstimmungsproblemen beschäftigen, statt auf die Kundenanliegen einzugehen. Abgesehen davon erachte ich es als unsinnig, dass wir uns mit der Zusammenarbeit zwischen den Ländern auseinandersetzen sollen. Wir sind doch alle Profis, und unsere Kunden interessiert das überhaupt nicht! Ein weiteres Problem ist – wie vom CEO schon angemerkt –, dass unser Ruf bei den Kunden zwar noch gut ist, wir aber den Anschluss zu verlieren drohen, wenn wir nicht schneller werden.«
- *Leiter Kundenservice:* »Ich habe ja die größte Crew zu betreuen, rund 350 von 1.000 Leuten arbeiten bei mir. Ich habe hier zwei völlig unterschiedliche Kulturen in meinem Bereich. Die Schweizer sind gewohnt, selbstständig zu arbeiten und zu entscheiden, auch mal nach Feierabend oder am Wochenende beim Kunden aufzutauchen. Die deutschen Kollegen sind sehr kompetent und nett, sind aber eher gewohnt, dass ihnen gesagt wird, was sie tun müssen, und wenn es Sondereinsätze braucht, verweisen sie eher auf die Tarifbestimmungen und den Betriebsrat. Das kann ich ja verstehen, aber es führt gerade in gemischten Teams zu Problemen und Ärger. Auch gibt es immer wieder Missverständnisse, weil die gleichen Funktionen in den beiden Ländern unterschiedlich interpretiert werden.«
- *Leiter Projektrealisierung:* »Ich gehe in Arbeit förmlich unter. Wir haben viel mehr Projekte, als ich Kapazitäten habe. Ich kann mir die Komplikationen schlicht nicht mehr leisten. Wenn ich einem deutschen Mitarbeiter einen Auftrag erteile, dann wird das so einfach erledigt. Der Schweizer hingegen scheint das eher als Aufforderung zu einer Diskussion aufzufassen. Zusätzlich sind unsere Prozesse in den beiden Ländern unterschiedlich: In Deutschland haben wir klare und detaillierte Ablaufschemata, die alle kennen und nachschlagen können. In der Schweiz werden offenbar die Aufträge individueller abgearbeitet, was für die Kunden gut sein mag, mir aber die Übersicht total erschwert. Und in gemischten Realisierungsteams gibt es ständige Auseinandersetzungen darüber, wer nun das Sagen hat. Ich brauche hier dringend Klarheit und Einheitlichkeit, sonst geht das alles den Bach runter. Auch haben wir in einigen Produkt-

34 Jargonbegriff aus dem Vertrieb, der bedeutet, dass vielversprechende Kontakte für konkrete Projektaufträge geknüpft worden sind, die bearbeitet und verfolgt werden müssen, bei denen ein Verkaufsabschluss aber wahrscheinlich ist.

bereichen zunehmend Probleme, weil die Kunden Anpassungen wünschen, die aber aufgrund unserer teilweise nicht mehr ganz aktuellen Technologie nur sehr aufwendig zu machen sind.«

- *Leiter Administration/Finanzen:* »Wir haben in der Schweiz seit Langem wenige und klare Abläufe und Definitionen, wie was von wem und mit welchen Befugnissen zu tun ist. Auch haben wir ein betriebswirtschaftliches System geschaffen, das einfach und übersichtlich ist und viel Eigenverantwortung zulässt. Nun habe ich deutsche Mitarbeitende, die ein viel hierarchischeres System gewohnt sind und viel engmaschigere Kontrollen verlangen. Auch merke ich, dass die Fähigkeit, mit einfachen Kennzahlen umzugehen, in beiden Ländern sehr unterschiedlich geschult ist. Mir kommt es so vor, als ob die deutschen Kollegen wieder dahin zurückkehren wollen, wo wir vor zehn Jahren waren, als es bei uns auch noch so bürokratisch war. Dazu bin ich nicht bereit.«
- *Leiter Technologieentwicklung/Qualitätsmanagement:* »Ich sehe das ganze Unterfangen ja als große Chance. Wir haben tolle, engagierte und kompetente Leute in beiden Ländern, der Markt ist riesig, und wenn wir davon absehen könnten, wer gerade was nicht gut macht, kämen wir echt weiter. Natürlich gibt es Unterschiede zwischen den Mentalitäten, aber das könnten wir doch nutzen. Mir fehlt hingegen die gemeinsame Ausrichtung, die gemeinsame Idee, was wir bewirken wollen. Und ja, wir sind zu kompliziert in dem neuen Gebilde, wir haben viel zu viele Regeln und arbeiten zu wenig übergreifend zusammen.«

Nebst diesen O-Tönen wurde uns noch berichtet, dass der CEO des Gesamtunternehmens neu sei und vom Typ her eher engmaschige Kontrollen favorisiere, gleichzeitig aber unternehmerisches Denken und Handeln fordere. Insgesamt seien die Mitglieder der GL durch das Tagesgeschäft dermaßen eingespannt, dass es kaum Raum für längerfristige Überlegungen gebe und viele Projekte aufgrund der Komplikationen auf der Kippe stehen, was für das Unternehmen gefährlich werden könnte.

Wir fragten dann, wie sie aus der Sicht von Führungskräften und Mitarbeitenden die Situation beschreiben und einschätzen würden. Wie sich zeigte, vermuteten die GL-Mitglieder, die Mitarbeitenden nähmen ähnliche Problempunkte wahr und fühlten sich wohl ein wenig orientierungslos. Auch gäbe es in beiden Ländern Fragezeichen und Verunsicherung, ob es ernst gemeint sei, dass kein Personal abgebaut werden solle. Schließlich meinten zwei GL-Mitglieder, die Deutschen sähen sich als Verlierer, während die Schweizer Angst hätten, mit der Zeit durch das große Deutschland mit den geringeren Löhnen minorisiert zu werden, und dass es wohl nur eine Frage der Zeit wäre, bis Stellen in der Schweiz zugunsten des Ruhrgebiets abgeschafft würden. Insgesamt waren sich die GL-Mitglieder darüber einig, dass die Mitarbeitenden beider Standorte sich mit dem Unternehmen und dessen Marke stark identifizierten und dass es viele langjährige Mitarbeitende gebe.

4.3.2 Mögliche Fragen anhand der vier zentralen Modelle

Wir haben Ihnen weiter oben empfohlen, die Fallschilderung aus der Perspektive der vier zentralen Modelle der Landkarte der Transformation von Organisationen zu lesen und sich Notizen zu machen, was Sie über dieses Vorgehen erfahren haben.

Wir führen hier – wie gesagt: aus didaktischen Gründen – nun auf, was wir aus dem Sensorsystem – den Perspektiven des Systemkonzepts der sieben Wesenselemente, aus den Entwicklungsphasen von Organisationen, aus den Systemprinzipien und aus den Basisprozessen der Organisationsentwicklung – zur Fallsituation gehört haben. In der Praxis würden wir aufgrund dieses Zuhörens Paraphrasierungen anbieten, aus denen dann im Gespräch mit den Auftraggebenden Ergebnis- und Prozessziele formuliert werden.

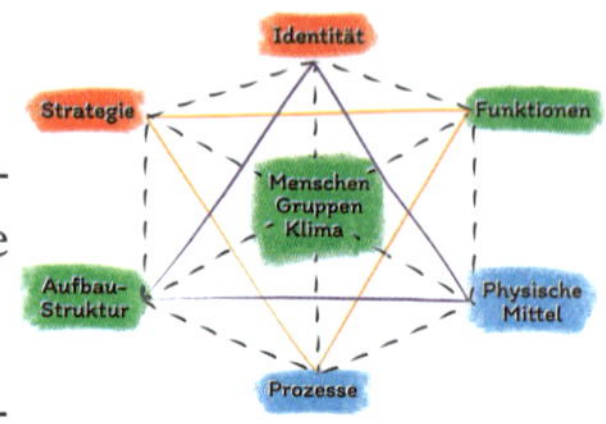

Systemkonzept der sieben Wesenselemente

Als Erstes blicken wir nun aus dem ganzheitlichen Systemkonzept bzw. den sieben Wesenselementen auf die Situation:

- *Identität:* Auch wenn die Identität nicht direkt angesprochen wurde, gab es mehrere Hinweise darauf, dass es noch kein gemeinsames Selbstverständnis in der fusionierten Gesellschaft gibt und dass implizite Werte und teilweise auch explizite Normen unterschiedlich gesehen werden. Ebenfalls wurden kulturelle Unterschiede als problematisch angesprochen und nicht als Chance. Weiter wurde angemerkt, es gäbe Orientierungsdefizite, und auf unsere Nachfrage, ob aus der Sicht der GL in den Mitarbeitenden ein klares Wofür des Unternehmens lebendig sei, kamen keine klaren Antworten. Dafür fiel auf, dass die Mitarbeitenden sich mit der Marke des Unternehmens sehr identifizierten.
- *Strategie, Policy, Programme:* Es wurde mehrfach die quantitative Zielebene mit Umsatz- und EBIT-Wachstum betont, jedoch konnten uns keine qualitativen Ziele und Strategien benannt werden. Die schon erwähnten Orientierungsthemen wurden aus unserer Sicht auch hier deutlich. Was implizite und explizite Spielregeln und Grundsätze angeht, wurde auf unser Fragen hin deutlich, dass es zwar einen Verhaltenskodex und Corporate-Governance-Regeln gebe, diese seien aber im Alltag kaum präsent. Leitbilder und Führungsgrundsätze waren nicht vorhanden, wobei Unterschiede bezüglich des Führungsverständnisses in beiden Ländern deutlich wurden. Konkrete Reglements bezüglich Arbeitszeit, Überstunden und Ähnlichem waren in den beiden Ländern – teilweise gesetzlich bedingt – unterschiedlich. Auf der Ebene der Produkte wurde deutlich, dass es aus Sicht der GL mehr Innovation und Entwicklung brauche, um die gute Marktposition nicht zu verlieren.
- *Aufbaustruktur:* Über die Aufbaustruktur war im Gespräch zu erfahren, dass die funktionale Gliederung nicht infrage gestellt wurde. Dabei wurde deutlich, dass eine übergreifende Zusammenarbeit erschwert ist, weil sehr stark aus den einzelnen Bereichen heraus gedacht und agiert wurde. Ebenfalls erfuhren wir auf unsere Nachfrage, es gebe aus der Sicht einzelner GL-Mitglieder zu viele Hierarchieebenen, während andere der Meinung waren, die Hierarchisierung sei hilfreich. Ebenfalls sehr deutlich wurde, dass die Mitarbeitenden sich deutlich mehr den Standorten zugehörig fühlten als den einzelnen überregional geführten Bereichen.

- *Menschen, Gruppen, Klima:* Die Mitarbeitenden wurden insgesamt als engagiert und kompetent beschrieben. Vor allem wurde hervorgehoben, die Identifikation mit dem Unternehmen sei stark. Gleichzeitig wurde die schwierige Rekrutierungssituation erwähnt, und das standortübergreifende Zusammenarbeitsklima zwischen Führungskräften und Mitarbeitenden wurde als angespannt erlebt. Vor allem beklagten einige GL-Mitglieder auf unsere Frage hin, die Flexibilität, in unterschiedlich zusammengesetzten Projektteams zu arbeiten, und die Bereitschaft, auch mal kurzfristig zu anderen Standorten zu reisen und dort auszuhelfen, sei sehr eingeschränkt. Die meisten Mitarbeitenden würden sich vor allem in ihrem regionalen Umfeld austauschen und ihr Wissen nur ungern standortübergreifend teilen. Insgesamt war die GL der Ansicht, es gebe bei vielen Führungskräften und Mitarbeitenden Verunsicherungen und teilweise Ängste.
- *Funktionen, Organe:* Der Wunsch mehrerer GL-Mitglieder nach mehr Verantwortungsübernahme und Eigeninitiative wurde deutlich geäußert. Auf unsere Nachfrage hin zeigte sich, dass die Führungskräfte und Projektmitarbeitenden teilweise wenig Befugnisse haben, selbstständig zu entscheiden, und dass zwischen den Standorten die Funktionen unterschiedlich gestaltet waren, was in der Zusammenarbeit immer wieder zu Diskussionen führte. Was das Organ der GL angeht, wurde deutlich, dass dieses sich noch nicht als für das ganze Unternehmen in der Verantwortung fühlte, sondern die einzelnen Mitglieder eher noch aus den Bereichen heraus agierten und sich dadurch auch im Organ GL manchmal die Themen gegenseitig zuschoben, statt sich ihnen als Gremium zu stellen.
- *Prozesse, Abläufe:* Hier wurde sehr klar geäußert, dass sowohl Entscheidungs- als auch Kernprozesse als zu kompliziert, zu bürokratisch und vor allem zu langsam wahrgenommen wurden. Weiter wurde deutlich, dass innerhalb der GL und wohl auch der Mitarbeiterschaft unterschiedliche Meinungen vorhanden waren, wie eng- oder weitmaschig Anweisungen und Kontrollen zu gestalten sind.
- *Physische Mittel:* Über die physischen Mittel wurde wenig gesprochen. Auf unsere Nachfrage zeigte sich, dass die finanzielle Lage momentan als noch in Ordnung betrachtet wurde, wobei der angestrebte EBIT von 15 % als sehr große Herausforderung erlebt wurde, weil dieser zum Zeitpunkt der Fusion länderübergreifend nur bei 6 % lag. Durch unsere weiteren Fragen erfuhren wir, dass die Regeln für Firmenlaptops der Projektmitarbeitenden und Führungskräfte in den einzelnen Standorten unterschiedlich waren: So hatten die deutschen Mitarbeitenden je nach Hierarchieebene unterschiedlich leistungsfähige Rechner, und auch die Firmenwagenpolitik war streng nach Hierarchiestufe gestaltet. In der Schweiz hatten alle Mitarbeitenden die gleichen Laptops, und für viele Führungskräfte war es normal, für Geschäftstermine Carsharingangebote zu nutzen. Die Regelung für Firmenwagen war in der

Schweiz offener als in Deutschland. Jedenfalls führten diese Unterschiede ebenfalls zu Missmut und Diskussionen, wie wir dann erfuhren.

Entwicklungsphasen von Organisationen

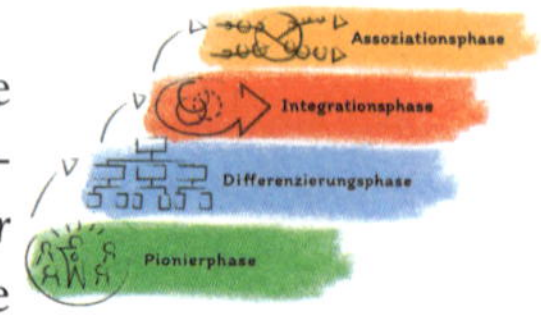

Nun fügen wir der Perspektive der Wesenselemente die Entwicklungsphasen von Organisationen hinzu. Wir erinnern daran, dass die *Wesenselemente die Entwicklungslinien für die Entwicklungsphasen* (Kap. 3.2.2) sind, sodass wir direkte Hinweise aus der Beschreibung der Wesenselemente für die Entwicklungsphasen vornehmen können.

In fast jeder Aussage der GL-Mitglieder wurde deutlich, dass es im fusionierten Unternehmen momentan Unklarheiten bzw. Uneinigkeit dazu gab, ob eher nach den Prinzipien der *Differenzierungsphase* gearbeitet werden soll oder eher die Qualitäten der *Integrationsphase* die weitere Entwicklung bestimmen sollten. Es kamen kaum Aussagen, welche die Qualitäten der Pionier- oder Assoziationsphase im Ist oder Soll betonten.

Folgende Aussagen können aus der Perspektive der Entwicklungsphasen in den Entwicklungslinien der Wesenselemente wie folgt betrachtet werden (Tab. 9).

Wesens-element	**Hinweise auf Qualitäten der (teilweise** überreifen) **Differenzierungsphase**	**Hinweise auf schon vorhandene bzw. gewünschte Qualitäten der Integrationsphase**
Identität	Unterschiedliche Kultur als Problem betrachtet	Wunsch nach klarem Wofür und gemeinsamer Ausrichtung als Unternehmen Wunsch, Unterschiede in der Kultur als Chance für Entwicklung und Lernen zu sehen
Strategie, Policy	Bisher vor allem quantitative Ziele teilweise Spielregeln, die stärker die Arbeit nach Vorschrift betonen als nach Unternehmertum	Wunsch nach mehr Orientierung durch qualitative Ziele Wunsch, gemeinsame Spielregeln zugunsten unternehmerischen Denkens und Handelns zu etablieren
Aufbau-struktur	Stark aus den einzelnen Bereichen denkend und agierend starke Zugehörigkeit zum eigenen Standort	Wunsch nach mehr übergreifender Zusammenarbeit zugunsten des großen Ganzen
Menschen, Gruppen, Klima	Starke Beziehungen am eigenen Standort und zum eigenen Team Wissen wird eher gehortet als geteilt	Wunsch nach standortübergreifender Zusammenarbeit und Flexibilität in Projektteams Wunsch nach selbstverständlichem Wissensaustausch
Funktionen, Organe	Teilweise eingeengte Befugnisse bei Führungskräften und Projektmitarbeitenden	Wunsch nach möglichst viel Eigenverantwortung und -initiative mit entsprechenden größeren Entscheidungsspielräumen
Abläufe und Prozesse	Bisher als zu kompliziert, engmaschig, zu langsam wahrgenommen, von einigen die Wahrnehmung von zu vielen Handlungsanweisungen	Schnellere und übergreifende Entscheidungs-, Kooperations- und Entwicklungsprozesse
Physische Mittel	Relativ klare Zuordnung von Firmenwagen und Arbeitsmitteln nach Hierarchie	Arbeitsmittel und Firmenwagen nach Notwendigkeit der Arbeit und nicht als Statussymbol

Tab. 9: Hinweise auf Qualitäten von Entwicklungsphasen in den Wesenselementen (Fallbeispiel Zusammenschluss zweier Ländergesellschaften zu einer Region)

Betrachten wir diese Gegenüberstellung, so wird deutlich, dass sich die ehemals deutsche Firma zumindest aus Sicht der GL eher noch in der (teilweise überreifen) Differenzierungsphase befand, während es in der Schweizer Firma in einigen Wesenselementen erste Hinweise auf die Integrationsphase gab. Insgesamt wurde der Wunsch der Mehrheit der GL nach einer Gestaltung der Organisation in Richtung der Qualitäten der Integrationsphase deutlich.

Schon an dieser Stelle sei erwähnt, dass wir dies nicht als Fremddiagnose einfach feststellen oder der Organisation überstülpen. Vielmehr bekommen wir im kurativen Sinne Hinweise, wie wir Fragen stellen und mit dem System Ziele für den Entwicklungsprozess formulieren können.

Systemprinzipien

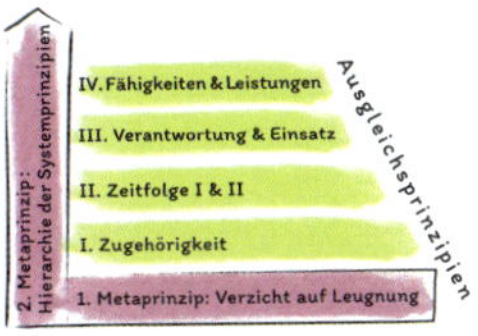

Nun betrachten wir aus der Perspektive der Systemprinzipien, was wir aus dem Gespräch mit der GL verstanden hatten.

- *Zugehörigkeit:* Aufgrund der Äußerungen der GL-Mitglieder wurde sehr deutlich, dass sich sowohl innerhalb der GL als auch in der Belegschaft die Zugehörigkeit zur gemeinsamen neuen Firma noch nicht gefestigt hatte und dass die Stärkung des Zugehörigkeitsgefühls für einen erfolgreichen Prozess sehr wichtig sein würde. Dabei würden wir vor allem dem Gefühl der gleichwertigen Zugehörigkeit Rechnung tragen müssen, weil insbesondere auf deutscher Seite der Eindruck zu bestehen schien, dass die Schweizer Kolleg:innen im neuen Konstrukt bessergestellt wären.
- *Zeitfolge:* Rechtlich gesehen, blieben die deutsche und die Schweizer Gesellschaft selbstständig, in Hinblick auf das Erleben sollte jedoch eine gemeinsame neue Organisation (mit konsolidierter Erfolgsrechnung und Bilanz) entstehen. So gesehen, sollte aus *A* + *B* ein neues *C* resultieren, auch wenn in anstellungsrechtlichen und Lohnfragen unterschiedliche Systeme zur Anwendung kommen würden. Was die Interventionsrichtung angeht, konnten wir daraus ableiten, dass eine Würdigung des Bisherigen in beiden Ursprungsorganisationen wichtig sein würde, genauso ein Begrüßen des gemeinsamen Neuen, damit sich eine spürbare neue Systemhaut bilden kann.
- *Verantwortung und Einsatz:* Hier hatten wir den Eindruck, dass sich in beiden ehemaligen Ländergesellschaften viele Mitarbeitende für ihren Einsatz zu wenig gewürdigt sahen und dass die Verantwortlichkeiten in der neuen Organisation noch als zu diffus empfunden wurden. Es würde für den Prozess wichtig sein, diesbezüglich Klärungen herbeizuführen und die Einsatzfreude zu fördern.
- *Fähigkeiten und Leistungen:* Die Firma hatte schon bisher ein Anreizsystem, das stark auf Leistungsergebnisse ausgerichtet war. Auf fachlicher Ebene gab es viele Förderprogramme und Weiterbildungsangebote. Jedoch schien uns hinsichtlich der Herkunftsorganisationen die Wertschätzung der bisher er-

brachten Leistungen der jeweiligen Organisation nicht nur zu wenig geäußert worden zu sein (unter anderem wegen der starken gegenseitigen Betonung der jeweiligen Schwächen), sondern auch für die Zukunft infrage gestellt. Dies geschah unseres Erachtens, weil spezifische Fähigkeiten der Schweizer bzw. deutschen Mitarbeitenden bzw. der bisherigen Organisationen sogar eher geleugnet wurden aus der Angst, dass die Betonung der jeweiligen Stärken das Zugehörigkeitsgefühl weiter schwächen könnte. Das hieß für uns, die Zugehörigkeit durch die Prozessgestaltung gerade dadurch zu stärken, dass sich ergänzende Leistungen und Fähigkeiten erhalten und als Lernchance betrachtet werden.

Basisprozesse der Organisationsentwicklung

Schließlich schauen wir aus der Perspektive der Basisprozesse der Organisationsentwicklung auf die Situation:

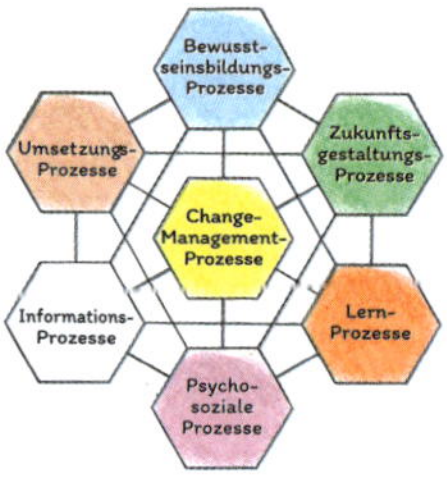

- *Bewusstseinsbildungsprozesse:* Aufgrund der Aussagen der GL-Mitglieder wurde deutlich, dass es sowohl innerhalb der GL als wohl auch der Belegschaft unterschiedliche Sichtweisen bezüglich der Ausgangslage gab und dass die Hintergründe und Kontextfaktoren vermutlich ebenfalls verschieden gesehen wurden. Dies heißt für uns, dass es in jedem Fall hilfreich sein würde, bei zentralen Aspekten zu einem gemeinsamen Bild zu gelangen, um sich nicht in Auseinandersetzungen über Gründe und Einschätzungen erschöpfen zu müssen.
- *Zukunftsgestaltungsprozesse:* Offensichtlich schien es innerhalb der GL den gemeinsamen Wunsch nach mehr Orientierung, einer gemeinsamen Kultur, schnelleren Prozessen, innovativeren Produkten und nach mehr gemeinsamen Werten und Spielregeln zu geben. Dafür waren für uns jedoch noch keine klaren Vorstellungen hörbar, geschweige denn ein gemeinsames »big picture« für die Entwicklung der Organisation. Aufgrund der Schilderungen vermuteten wir, dass dies in der Belegschaft ähnlich gewesen sein könnte. Daraus leiteten wir ab, die Erarbeitung klarer und stimmiger Zukunftsbilder müsse ein gewichtiger Aspekt für den Organisationsentwicklungsprozess sein.
- *Psychosoziale Prozesse:* Nebst einigen spürbaren Spannungen innerhalb der GL wurde die Vermutung klar geäußert, dass es innerhalb der Belegschaft Besorgnisse und Ängste gab. Darüber hinaus wurden kulturelle Missverständnisse und Spannungen zum Führungsverständnis offen thematisiert. Die Beachtung der emotionalen Aspekte der Veränderung würde also eine wichtige Rolle spielen, um überhaupt zu einer motivierenden und gemeinsam getragenen Zukunftsvorstellung zu kommen.
- *Lernprozesse:* Die Qualität des Lernens wurde von der GL nicht thematisiert. Wir vermuteten jedoch, dass es für einen erfolgreichen Organisationsentwicklungsprozess wichtig wäre, sowohl hinsichtlich der kulturellen Unterschiede Lernräume zu gestalten als auch auf der Ebene neuer Verhaltenswei-

sen hinsichtlich Führung und Zusammenarbeit. Aus unserer Sicht wäre es wichtig, Erfahrungs- und Reflexionsräume zu schaffen, um das gemeinsame Lernen zu institutionalisieren.

- *Informationsprozesse:* Laut GL wurden die Mitarbeitenden von Anfang an transparent über die verschiedenen Schritte im bisherigen Veränderungsprozess informiert. Jedoch schien die GL nicht besonders gut darüber informiert zu sein, wie es den Mitarbeitenden ging, und es gab bis zu diesem Zeitpunkt wenig Dialogräume für Austausch. Auch war es die Einschätzung der GL, dass die Mitarbeitenden zwar die Umsatz- und EBIT-Ziele kannten, aber wohl nur wenig Vorstellungen davon hatten, wie diese erreicht werden sollten bzw. wie der weitere Prozess geplant war. Daraus leiteten wir ab, es müsse vermehrte Dialogräume zwischen Führung und Mitarbeitenden bzw. zwischen den Bereichen geben.
- *Umsetzungsprozesse:* Die Zusammenführung der Organisationen war vollzogen, die Führungs- und die zentralen Fachstellen waren besetzt. In den Projekten wurde sehr viel und intensiv gearbeitet, an neuen übergreifenden Regeln, Funktionen und Prozessen hingegen noch wenig systematisch. Auch herrschte nach Einschätzung der GL bei den Mitarbeitenden Skepsis darüber, dass es zu wirklichen Veränderungen auf der Ebene der Produkteentwicklung und einer bewussteren und längerfristigen Weiterentwicklung der Gesamtorganisation kommen würde. Der Grund dafür war, dass aus vergangenen Veränderungsprozessen oft nur bruchstückhafte Umsetzungen resultierten und jeweils das Tagesgeschäft eine intensivere Auseinandersetzung rasch verhinderte. Für uns wurde dadurch deutlich, dass im Vorgehenskonzept schnell spürbare und glaubwürdige Umsetzungsschritte notwendig waren.
- *Changemanagementprozesse:* Sowohl aus Sicht der GL als auch aus der vermuteten Sicht der Mitarbeitenden gab es wenig konkrete Vorstellungen darüber, wie der weitere Prozess so gestaltet werden konnte, dass die notwendigen Veränderungen systematisch, planbar und mit dem Tagesgeschäft vereinbar angegangen werden konnten. Aus unserer Perspektive war es wichtig, den Kreis der Personen und Funktionen, die sich für den Organisationsentwicklungsprozess verantwortlich fühlen, deutlich über die GL hinaus auszuweiten und möglichst viel Prozesssicherheit zu schaffen, indem eine klare Roadmap und überprüfbare Meilensteine erarbeitet werden mussten.

Die Perspektive der Basisprozesse sehen wir als hilfreich an für die Formulierung der Prozessziele und die Planung des konkreten Vorgehens im Organisationsentwicklungsprozess.

4.3.3 Ableitungen von Ergebnis- und Prozesszielen für den Organisationsentwicklungsprozess

Was haben wir nun über die vier Perspektiven der Basiskonzepte der Landkarte der Transformation für Organisationen erfahren? Und wie können wir gemeinsam mit dem Kundensystem tragfähige Ergebnis- und Prozessziele formulieren? Wie kommen wir mit diesen Zielen zu einem stimmigen Vorgehen?

Auf den vorliegenden Fall bezogen, haben wir zusammenfassend erfahren:

- Die Soll-Vorstellungen der GL, wie sich die Organisation entwickeln soll, haben viel mit den grundsätzlichen Qualitäten der Integrationsphase zu tun.
- In Hinblick auf das *Systemkonzept* haben wir verstanden, dass es mehr Orientierung im kulturellen Subsystem braucht, dass im sozialen Subsystem die Zusammenarbeit übergreifender und Eigenverantwortung ermöglichend gestaltet werden soll und dass im technischen Subsystem die Prozesse schneller und einfacher fließen sollen.
- Bezüglich der *Systemprinzipien* wurde deutlich, dass die Stärkung des Zugehörigkeitsgefühls zur neuen Organisation im Vordergrund steht, wobei die Würdigung des Bisherigen dafür ein wichtiger Aspekt der Prozessgestaltung sein würde.
- Bei den *Basisprozessen* wurde klar, dass konkrete Zukunftsbilder erarbeitet werden sollen (Zukunftsgestaltungsprozesse), die Sinnangebote für die Mitarbeitenden machen können, und dass es wichtig ist, gemeinsam auf Vergangenheit und Gegenwart zu blicken, um die verschiedenen Sichtweisen und Empfindungen zu würdigen (Bewusstseinsbildungs- und psychosoziale Prozesse) sowie dafür zu sorgen, dass schnell erste Umsetzungsschritte spürbar werden (Umsetzungsprozesse) und Verantwortung für den Entwicklungsprozess übernommen wird (Changemanagementprozesse).

Im konkreten Auftragsklärungsgespräch fassten wir die über die Perspektiven der Landkarte der Transformation für Organisationen gewonnenen Erkenntnisse in Fragen und überprüften über Paraphrasierungen immer wieder, ob sich die GL durch uns richtig verstanden fühlte.

Ergebnisziele

Gegen Ende des Gesprächs formulierten wir folgende Ergebnisziele, die wir aufgrund des Gehörten in den Qualitäten der Integrationsphase und über die sieben Wesenselemente formulierten (jedoch ohne das eine oder das andere so zu benennen, um weiterhin in der Sprache des Kunden zu sprechen). Wir baten die GL, uns Rückmeldung zu geben, ob dies die Ziele sind, die sie im Organisationsentwicklungsprozess erreichen wollten:

- Das Unternehmen hat ein konkretes und für Führungskräfte und Mitarbeitende attraktives und Orientierung gebendes Zukunftsbild (Strategie und

Identität) erarbeitet, wie sie in drei Jahren als *eine* Organisation funktionieren soll.

- Es sind gemeinsame Werte und Spielregeln formuliert, die im Alltag von Führungskräften und Mitarbeitenden erlebbar sind und das Wir-Gefühl im Unternehmen stärken (Identität und Strategie).
- Führungskräfte und Mitarbeitende arbeiten mit Blick auf das ganze Unternehmen eigenverantwortlich und subsidiär zusammen (ganzes soziales Subsystem: Aufbaustruktur, Menschen/Klima, Funktionen).
- Die Entscheidungs- und Kernprozesse sind übersichtlich und einfach gestaltet, sodass die Mitarbeitenden und Projektteams flexibel und zügig auf Kundenwünsche eingehen können (Prozesse und Abläufe).
- Die Führungskräfte und Mitarbeitenden freuen sich über unterschiedliche Stärken und Eigenarten und lernen gerne mit- und voneinander, was dem Unternehmen auch im Kundenkontakt und in der Produktinnovation zugutekommt (Strategie, Menschen/Klima).

Die GL bejahte diese Ziele und wollte gerne wissen, wie wir uns das Vorgehen dazu ungefähr vorstellen. Dazu erläuterten wir erst mal, dass es aus unserer Sicht wichtig ist, im Sinne der Ziel-Weg-Stimmigkeit in möglichst allen Schritten möglichst viele Perspektiven innerhalb des Unternehmens miteinander in Dialog zu bringen, sodass die Menschen sich beteiligt fühlen und sich einbringen können, sich aber auch besser kennenlernen und ihre verschiedenen Kompetenzen und Erfahrungshintergründe gut nutzen können.

Prozessziele

Ausgehend von dieser Prämisse formulierten wir erste grobe *Prozessziele,* die dazu dienen, die dargestellten Ergebnisziele zu erreichen, und die schon deutliche Hinweise auf das Vorgehen geben.

Wir formulierten die unten aufgeführten Prozessziele im Auftragsklärungsgespräch aufgrund des durch die Sensoren der Landkarte der Transformation Wahrgenommenen zunächst grob und beschrieben sie erst im Nachgang zusammen mit dem gesamten Angebot im Detail. Jedoch trafen wir die grundsätzlichen Aussagen bereits im Gespräch, sodass wir schon eine erste Rückmeldung der GL dazu erhalten hatten, ob wir in diese Richtung weiterdenken können.

Folgende zehn Prozessziele formulierten wir dann im Angebot (anhand der Basisprozesse und der Systemprinzipien) und ließen sie von der GL bestätigen:

- Die GL hat klare Rahmenbedingungen für den Organisationsentwicklungsprozess festgelegt und eine erste Richtung für ein Zukunftsbild und die erwünschte Kultur formuliert. Sie hat eine Steuergruppe für den Organisationsentwicklungsprozess eingesetzt, die für die Planung, Durchführung und ständige Evaluation des Prozesses verantwortlich ist. Diese Steuergruppe setzt sich aus einem GL-Mitglied, zwei bis drei Führungskräften sowie zwei bis drei Mitarbeitenden zusammen und bildet Schweizer und deutsche Mitarbeitende gleichermaßen ab. (Prozessqualität: Changemanagementprozess und Zukunftsgestaltungsprozess)

- GL, Führungskräfte und ein repräsentativer Querschnitt von Mitarbeitenden aus den Standorten in der Schweiz und in Deutschland haben ein gemeinsames Bild dazu erarbeitet, welches die Stärken, spezifischen Fähigkeiten und Erfolgsfaktoren des Unternehmens sind und wo sie Veränderungs- und Entwicklungsbedarf sehen. Dabei konnten Hoffnungen und Wünsche ebenso ausgesprochen werden wie Unsicherheiten, Sorgen und Nöte. (Prozessqualitäten: Bewusstseinsbildungs- und psychosoziale Prozesse, Stärkung der Zugehörigkeit durch das gemeinsame Hinschauen, Zuhören und Einladen aller Perspektiven sowie Würdigung des Bisherigen und Förderung des Neuen)
- GL, Führungskräfte und die Querschnittsgruppe haben unter Einbezug von Kundenwünschen und den zentralen Erfolgsfaktoren ein Zukunftsbild erarbeitet, das dem Unternehmen für die kommenden Jahre Orientierung für die Weiterentwicklung gibt und das als attraktiv und umsetzbar empfunden wird. Dabei sollen Grundlagen für die spätere Formulierung kultureller und identitätsstiftender Werte, für Spielregeln der Zusammenarbeit und Führung ebenso erarbeitet sein wie Indikatoren für übergreifende Zusammenarbeit und vereinfachte Prozesse. Erste konkrete Umsetzungsschritte werden am Ende des Workshops von der GL verabschiedet und in Kraft gesetzt. (Prozessqualitäten: Zukunftsgestaltungsprozesse und Stärkung der Zugehörigkeit durch gemeinsames Entwerfen der Zukunftsbilder, Umsetzungsprozesse)
- Aufgrund der ersten beiden Prozessschritte haben GL und Steuergruppe ein Zukunftsbild aus konkreten und überprüfbaren Zustandsbeschreibungen formuliert, das als Befragungsinstrument für alle Mitarbeitenden zum Einsatz kommt, sodass regelmäßig überprüft werden kann, wo die Belegschaft das Unternehmen in der Entwicklung zum angestrebten Ziel sieht. (Prozessqualitäten: Zukunftsgestaltungs- und Changemanagementprozesse)
- Eine Gruppe aus GL, Führungskräften und Mitgliedern der Querschnittsgruppe hat das Zukunftsbild gemeinsam, dezentral und dialogisch allen Mitarbeitenden vorgestellt, den Prozess des Entstehens beschrieben und Rückmeldungen dazu eingeholt. Weiter fühlen sich alle Mitarbeitenden darüber ins Bild gesetzt, wie der weitere Prozess gestaltet ist und wie sie sich einbringen können. (Prozessqualitäten: Informationsprozesse, Bewusstseinsbildungsprozesse, psychosoziale Prozesse)
- GL und Führungskräfte haben ihr bisheriges Führungsverständnis reflektiert und aufgrund der bisherigen Erkenntnisse aus dem Prozess Führungsgrundsätze erarbeitet. Sie haben gemeinsam Lern- und Austauschräume definiert, um das so entwickelte Führungsverständnis zu üben und sich gegenseitig Rückmeldungen zu geben. (Prozessqualitäten: Lernprozesse, Bewusstseins-

bildungsprozesse, Zukunftsgestaltungsprozesse sowie Stärkung der Zugehörigkeit zum Führungskreis)

- Eine gemischte und hierarchieübergreifende Arbeitsgruppe aus GL, Vertrieb, Kundenservice, Projektrealisierung und Technologieentwicklung hat basierend auf dem Zukunftsbild qualitative Ziele für die Markt- und Produktestrategie erarbeitet und aufgrund dieser die bisherigen zentralen Entscheidungs- und Kernprozesse überprüft und vereinfacht. Sie hat eine Roadmap erarbeitet, wie die neuen und vereinfachten Prozesse schrittweise so eingeführt werden können, dass sie für die Mitarbeitenden gut nachvollziehbar und konkret umsetzbar sind. (Prozessqualitäten: Zukunftsgestaltungsprozesse, Bewusstseinsbildungsprozesse, Changemanagementprozesse, Umsetzungsprozesse)
- An beiden Standorten haben mehrere »Besuchstage« stattgefunden, an denen kleine Gruppen aus dem jeweils anderen Standort sich auf Erkundungstour begeben haben mit dem Ziel, wertschätzend aufzuspüren, was sie Spannendes und Interessantes von ihren Kolleg:innen lernen können. In diesen Austauschworkshops wurden auch kulturelle Prämissen zur Kommunikation und zur Zusammenarbeit ausgetauscht und dadurch besprechbar gemacht. (Prozessqualitäten: Lernprozesse und Stärkung der Zugehörigkeit sowie der Würdigung von Leistungen und Fähigkeiten)
- Das Zukunftsbild soll nach den ersten neun Monaten des Organisationsentwicklungsprozesses ein erstes Mal als Befragung von allen Mitarbeitenden in seinem Erreichungsgrad bemessen werden, um den Organisationsentwicklungsprozess erneut für alle zu thematisieren, die Fortschritte transparent zu machen und Hinweise für die weitere Planung zu erhalten. Die Ergebnisse sollen in GL, Steuergruppe und mit allen Mitarbeitenden besprochen und gemeinsam interpretiert werden. (Prozessqualitäten: Bewusstseinsbildungsprozess, Informationsprozess, Changemanagementprozess)
- Der Detailprozessplan für das 2. Jahr im Organisationsentwicklungsprozess soll aufgrund der Ergebnisse und Interpretation aus der ersten Bemessung des Zukunftsbildes mit Steuergruppe und GL erstellt und kommuniziert werden. (Prozessqualitäten: Changemanagementprozess, Informationsprozess)

4.3.4 Schlusskommentar

Mit diesem ausführlichen Fallbeispiel wollten wir zeigen, wie wir

- in einer 2-stündigen Auftragsklärung mit unzähligen Detailinformationen über das Zusammenspiel der vier zentralen Modelle der Landkarte der Transformation syntaktisch zuhören und dadurch Rückfragen stellen, erste Reframings anbieten und uns über Paraphrasierungen rückversichern konnten, ob wir die GL-Mitglieder richtig verstanden hatten,

- gegen Ende dieser zwei Stunden bereits Zustandsziele für den Organisationsentwicklungsprozess vorschlagen und mit der Auftraggeberschaft besprechen konnten,
- über grobe Prozesszielformulierungen erste Hinweise auf das Vorgehen geben konnten.

Dabei versuchen wir durch unsere Sprachwahl und Fragestellungen möglichst hypnosystemisch vorzugehen, indem wir Muster des Gelingens, Kompetenzen und Potenziale betonen, Problembeschreibungen würdigen und gleichzeitig dazu einladen, sie kontextbezogen umzudeuten und die Aufmerksamkeitsfokussierung auf erwünschte Zukünfte und Lösungserleben zu lenken.

Nach dem Auftragsklärungsgespräch brauchten wir dann für die Detailarbeit rund drei Stunden, um aus den mitnotierten Ergebnis- und Prozesszielen ein konsistentes Angebot mit Prozessgestaltungs- und Vorgehensschritten zu erstellen. In Kapitel 5 werden wir nun anhand mehrerer Praxisbeispiele aufzeigen, wie dies mit der Landkarte der Transformation von Organisationen konkret getan werden kann.

5 Vier ausführliche Fallbeispiele

Einleitende Bemerkung:

Wir stellen hier Organisationsentwicklungsprozesse mittlerer Komplexität sowie einen Auftrag zur Gestaltung und Moderation einer Klausur dar. Dazu schildern wir jeweils die Ausgangslage ausführlich und zeigen auf, wie aus dieser gemeinsam mit den Klient:innen mit der Landkarte der Transformation Ergebnis- und Prozessziele sowie eine ziel-weg-stimmige Prozessgestaltung für längere Organisationsentwicklungsprozesse abgeleitet werden können. Wir beschreiben das detaillierte Vorgehen über ein bis zwei Jahre. Die von uns gewählten Formulierungen und Vorgehensweisen stellen keineswegs die einzig richtige Möglichkeit dar, wie aufgrund der Ausgangslage aus der Landkarte abgeleitete Prozesse gestaltet werden können; selbstverständlich gibt es viele mögliche Vorgehensweisen, und wir beschreiben hier jene, die wir in den jeweiligen Fällen tatsächlich gewählt haben.

Im Fokus dieses Buches steht die Anwendung der Landkarte der Transformation für Organisationen mit den vier zentralen Modellen. Deshalb beschränken wir uns darauf, die im Buch dargestellte Landkarte in ihrer Anwendung auf das *Design von Organisationsentwicklungsprozessen* darzustellen. Das heißt, wir gehen nicht auf die Methoden, Formate und Instrumente ein, mit denen wir dann die einzelnen Prozessschritte jeweils ausgestaltet und moderiert haben, die es natürlich aber braucht, um in den einzelnen Workshops Ergebnisse zu erzielen.[35]

Auch fokussieren wir aus didaktischen Gründen (jeweils in Klammer gestellt), wie wir aufgrund der Perspektiven der vier zentralen Modelle zu Paraphrasierungen, Ergebnis- und Prozesszielen kommen. Das bedeutet, dass die in Kapitel 1.2 vorgestellten und in Kapitel 2.4 in der Übersicht dargestellten Beratungsprinzipien der Basisschicht und der Legende der Landkarte der Transformation von Organisationen bei der Darstellung der Praxisfälle und der Anwendung der eigentlichen Karte mit ihren vier zentralen Modellen nicht immer explizit zur Sprache kommen. Gleichzeitig weisen wir darauf hin, dass die syntaktische, kurative und hypnosystemische Verwendung der vier zentralen Modelle – ganzheitliches Systemkonzept der sieben Wesenselemente, Entwicklungsphasen von Organisationen, System-

35 Wie beschrieben befinden sich auf unserer Landkarte auch Formate und Vorgehensmodelle, die auf logischen und archetypischen Strukturen basieren und hervorragend geeignet sind, in Workshops, Coachings, Mediationen oder therapeutischen Settings Entwicklungsprozesse zu unterstützen. Vergleiche dazu Kapitel 6. Diese können ebenfalls syntaktisch, hypnosystemisch und kurativ verwendet werden, und eines davon – das Seitenmodell – stellen wir in Kapitel 6.2 dar und verweisen dort auf weitere dieser Formate und Vorgehensmodelle, die wir in einem nächsten Buch praxisorientiert darstellen wollen.

prinzipien und Basisprozesse der Organisationsentwicklung – die Art und Weise prägen, wie wir paraphrasieren und Ziele mit dem Klientensystem erarbeiten, was aus deren Formulierungen abgelesen werden kann.

Die einzelnen hier dargestellten Praxisfälle haben wir so verfremdet, dass keine Identifikation mit der realen Organisation möglich ist (zumindest dann nicht, wenn man nicht selbst am Prozess beteiligt war). Auch haben wir an einigen Stellen aus didaktischen und Platzgründen die Komplexität der realen Situation reduziert. Die Fallbeschreibungen entsprechen allerdings in ihrer Struktur und in den von uns dargestellten Ergebnis- und Prozesszielen sowie dem dargestellten Vorgehen recht präzise den tatsächlichen Organisationsentwicklungsprozessen.

5.1 *Fallbeispiel 1:* Veränderung der Aufbaustruktur in einem Amt

Tabelle 10 zeigt den Steckbrief dieses Fallbeispiels.

Anlass	Neuverteilung der Aufgaben innerhalb einer Verwaltung und Veränderung der Aufbaustruktur
Branche	Verwaltung
Anzahl Mitarbeitende	300
Überlegungen aus OE-Landkarte für Prozessdesign	Zusammenhang Strategie – Prozesse – Aufbaustruktur und Übergang in Integrationsphase

Tab. 10: Fallsteckbrief »Veränderung der Aufbaustruktur in einem Amt«

Ein längere Zeit relativ hierarchisch geführtes Amt in der Verwaltung eines Kantons erhielt von der zuständigen Ministerin den Auftrag, sich neu zu strukturieren, weil zwischen mehreren Ämtern im Ministerium die Aufgabengebiete neu verteilt werden mussten, um der Covid-Pandemie besser zu begegnen.

Die langjährige Amtsleitung war gerade erst vor drei Monaten in Pension gegangen, und der neue Leiter, der zuvor Abteilungsleiter im Amt gewesen war, wollte die beauftragte Reorganisation nutzen, um gleichzeitig kulturverändernd zu wirken in die Richtung hin zu einem weniger hierarchischen Führungsstil und zu mehr Selbstständigkeit und Eigenverantwortung der Führungskräfte und Mitarbeitenden. Dazu definierte er kurz nach seinem Antritt als Amtsleiter die bisherige Konferenz der Abteilungsleitenden in eine Geschäftsleitung (GL) um, sodass die Idee, als Kollektiv gemeinsam Verantwortung für das Amt zu tragen, durch ein Gremium manifestiert wurde.

Wir wurden angefragt, diesen Prozess der Reorganisation zu begleiten. Im Auftragsklärungsgespräch mit der GL wurde deutlich, dass diese gegenüber der Reorganisation eher skeptisch eingestellt war, weil dies innerhalb von fünf Jahren schon die vierte Reorganisation war. Die GL-Mitglieder meinten, die Mitarbeitenden seien durch diese ständigen Veränderungen langsam müde, und diese hätten bisher nie wirklich etwas am Arbeitsalltag verändert. Sie schilderten weiter, die eigentlichen Probleme in der Arbeitsüberlastung seien knappe Ressourcen, ständige neue Projekte der Regierung und die Unübersichtlichkeit aufgrund zu vieler Schnittstellen und des Silodenkens im Amt. Das Amt habe eine enorme Anzahl vielfältigster Themenfelder abzudecken, was es schwer mache, nach außen und innen ein klares Profil zu entwickeln, das Orientierung bieten würde. So seien zwar die Mitarbeitenden sehr identifiziert mit ihren jeweiligen Aufgaben, es fehle aber ein übergeordnetes Wir-Gefühl. Diese als Probleme empfundenen Themen seien im Amt allgemein bekannt und hätten sich nun schon über Jahre nicht verändert, obwohl den Mitarbeitenden bei jeder Reorganisation versprochen worden sei, durch sie würde sich etwas ändern. Die GL befürchtete, allen Beteiligten könnte die vom Ministerium beauftragte Neugliederung der Aufgaben und in dem Zusammenhang die Reorganisation als Alibiübung wahrnehmen, die man gezwungenermaßen über sich ergehen lassen müsse.

Die GL-Mitglieder äußerten die Hoffnung, dass wir das Amt darin unterstützen könnten, einen nachhaltig wirksamen Prozess zu gestalten, waren aber hinsichtlich Partizipation der Mitarbeitenden eher skeptisch und noch unerfahren. Sie hielten fest, keinesfalls einen Prozess zu wollen, in dem es vor allem um Befindlichkeiten und Emotionales ginge. Vielmehr erwarteten sie klare, verwertbare und umsetzbare Ergebnisse. Schließlich müsse die neue Aufbaustruktur innerhalb eines halben Jahres der Ministerin vorgelegt werden. Und im besten Fall sollten die Mitarbeitenden in dem ganzen Unterfangen einen Sinn sehen und mit dem Ergebnis zufrieden sein.

5.1.1 Hinweise und Paraphrasierungen aus der Landkarte der Transformation für Organisationen

5.1.1.1 Hinweise aus den vier Basiskonzepten

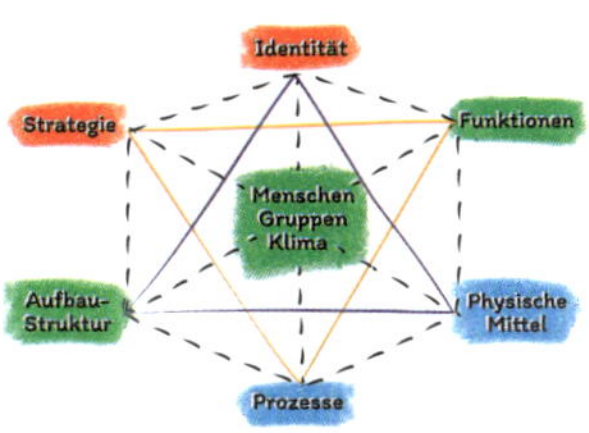

5.1.1.1.1 Systemkonzept

Im Mittelpunkt der Anfrage stand die Anforderung, das Wesenselement Aufbaustruktur zu verändern. In der Schilderung der Ausgangslage sind folgende weiteren Aspekte benannt worden (Tab. 11).

Auf *syntaktischer* Ebene weisen die in Kapitel 3.1.3.2, Tabelle 3, geschilderten archetypischen Qualitäten der einzelnen Wesenselemente schon auf bestimmte Wechselwirkungen hin, die für eine erfolgreiche Prozessgestaltung berücksichtigt werden können.

So steht das Wesenselement Aufbaustruktur für die Anatomie einer Organisation. Das heißt, die Gliederung eines Organismus soll dessen Zweck (Identität, Strategie) folgen und mithilfe der verschiedenen Organe (Funktionen) die Energieflüsse (Prozesse und Abläufe) innerhalb des Organismus optimal unterstützen. Konkret auf einen Organisationsentwicklungsprozess übersetzt ergibt das die Formel (Abb. 32).

Identität	• Klares Profil des Amtes nach außen und innen fehlt • Wunsch nach mehr Orientierung • Kultur hin zu mehr Eigenverantwortung und Selbstständigkeit soll entstehen
Strategie, Policy	• Vielfältige Themenfelder • Immer wieder neue Projekte
Aufbaustruktur	• Durch Neuverteilung der Aufgaben eines Ministeriums muss das Organigramm überarbeitet werden • Silodenken der Abteilungen
Menschen, Gruppen, Klima	• Gefühl der Überlastung • Müde durch viele Reorganisationen • Skepsis, dass sich wirklich etwas verändert
Funktionen, Organe	• Mitarbeitende sind sehr identifiziert mit ihren Aufgaben • GL als kollektives Führungsorgan neu definiert
Prozesse, Abläufe	• (Zu) viele Schnittstellen zwischen den Abteilungen
Physische Mittel	• Knappe Ressourcen

Tab. 11: Benannte Aspekte der sieben Wesenselemente (Fallbeispiel »Veränderung der Aufbaustruktur in einem Amt«)

- Die Strategie folgt der Identität.
- Die Prozesse folgen der Strategie.
- Die Aufbaustruktur folgt den Prozessen.
- Die Funktionen folgen der Aufbaustruktur.

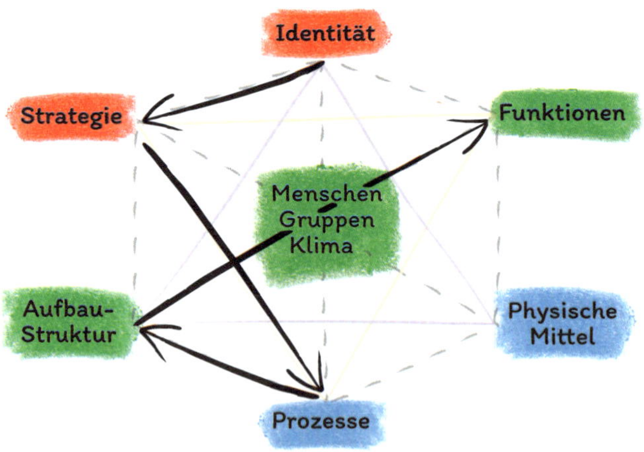

Abb. 32: Prototypische Choreografie durch die Wesenselemente für Veränderungen der Aufbaustruktur

Werden also Organisationsstrukturen verändert, ist es sinnvoll, dies auf der Basis einer klaren strategischen Ausrichtung und daraus abgeleiteten Kernprozessen zu tun. Aufgrund dessen können dann Strukturvarianten erarbeitet und die entsprechenden Funktionen zugeordnet werden. Diese idealtypische Abfolge verstehen wir auch hier *kurativ:* Es muss nicht immer so ablaufen, auch ist dies in der Praxis nicht immer in Reinkultur möglich. Es erweist sich jedoch in der Regel als hilfreich, diesen syntaktischen Überlegungen in der Prozessgestaltung zu folgen.

Im vorliegenden Fall gab es sowohl den Bedarf, die Identität besser zu greifen, als auch in strategischer Hinsicht den Bedarf, die neuen Aufgabenpakete besser zu bündeln. Aufgrund bestehender politischer Aufträge war gleichzeitig sehr klar, welche Prozesse im Sinne konkreter Dienstleistungen abgedeckt werden mussten. Der Zeithorizont für die Umsetzung der Strukturveränderung war sehr eng. Dennoch leiteten uns die dargestellten syntaktischen Überlegungen bei der Prozessgestaltung, wie wir noch zeigen werden.

5.1.1.1.2 Entwicklungsphasen

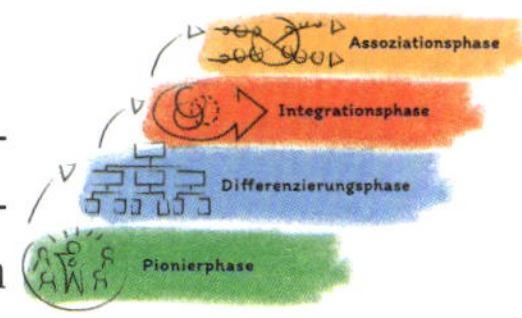

Nicht zu allen Wesenselementen gab es spezifische Hinweise auf die Entwicklungsphasen, wobei es durchaus einige klare Beschreibungen von Qualitäten der überreifen Differenzierungsphase und den Wunsch nach Qualitäten der Integrationsphase gab (Tab. 12).

Wesenselement als Entwicklungslinie	Äußerungen der Mitglieder der Geschäftsleitung	Hinweise auf Entwicklungsphasen
Identität	Klares Profil des Amtes nach außen und innen fehlt Wunsch nach mehr Orientierung Kultur hin zu mehr Eigenverantwortung und Selbstständigkeit soll entstehen	Tendenziell überreife Differenzierungsphase
Aufbaustruktur	Silodenken der Abteilungen	Tendenziell überreife Differenzierungsphase
Menschen, Gruppen, Klima	Müde durch viele Reorganisationen	Tendenziell überreife Differenzierungsphase
Funktionen, Organe	GL als kollektives Führungsorgan neu definiert	Tendenziell in Richtung Integrationsphase weisend
Prozesse, Abläufe	(Zu) viele Schnittstellen zwischen den Abteilungen	Tendenziell überreife Differenzierungsphase

Tab. 12: Hinweise auf Qualitäten von Entwicklungsphasen in den Wesenselementen (Fallbeispiel »Veränderung der Aufbaustruktur in einem Amt«)

Selbstverständlich verwenden wir diese Hinweise ebenfalls kurativ. Wir schreiben also der Organisation diese Qualitäten nicht zu, sondern nutzen diese, um zu paraphrasieren bzw. nachzufragen, ob sich das Kundensystem verstanden fühlt. Wir werden in Kapitel 5.1.1.1.5 beispielhafte Paraphrasierungen aus der Syntax der Landkarte der Transformation anführen, die hypnosystemisch und kurativ formuliert sind.

5.1.1.1.3 Systemprinzipien

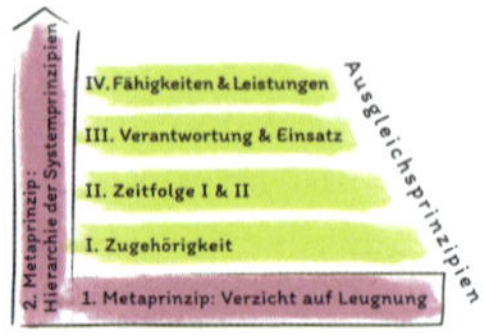

Die Schilderung der Ausgangslage hat insbesondere deutlich gemacht, dass sich die GL eine Stärkung des Systemprinzips *Zugehörigkeit* wünscht, indem sie den Wunsch nach einem stärkeren Wir-Gefühl des Amtes als Ganzes angesprochen hat.

Aus der Syntax der Systemprinzipien ergeben sich jedoch für die Überlegungen zur Prozessgestaltung einige weitere hilfreiche Hinweise. So spielt Zugehörigkeit bei Reorganisationen in der Regel eine wichtige Rolle, da durch eine neue Aufbaustruktur bisherige Zugehörigkeiten zu Subsystemen infrage gestellt werden können und neue Subsysteme entstehen.

Insofern ist es auch hilfreich, das Systemprinzip der *zeitlichen Reihenfolge* gut in die Prozessgestaltung einzubeziehen, und zwar sowohl hinsichtlich der direkten als auch der indirekten Zeitfolge. Einerseits wird es den Prozess unterstützen, das Bisherige zu würdigen, während andererseits die neu entstehenden Subsysteme besondere Aufmerksamkeit brauchen werden, damit sie eine Haut bilden können.

Wenn es schließlich um die Funktionsbesetzungen innerhalb der neuen Aufbaustruktur geht, wird es wichtig sein, *Einsatz und Verantwortung* ausreichend zu würdigen und *Fähigkeiten und Leistungen* zu fördern.

5.1.1.1.4 Basisprozesse

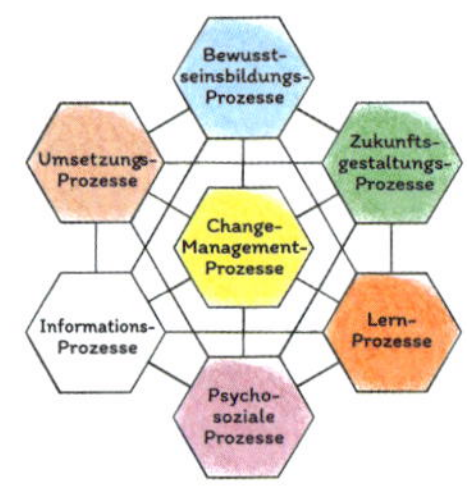

Zu mehreren Basisprozessen wurden wichtige Hinweise gegeben, die wir im Folgenden ausführen. Darüber können aus der Syntax der Basisprozesse aufgrund der geschilderten Situation wichtige Schlüsse für die Prozessgestaltung abgeleitet werden:

- *Bewusstseinsbildungsprozesse:* Die als Probleme empfundenen Themen sind den Menschen im Amt schon länger bewusst und ausgesprochen. Um einen hilfreichen Unterschied zu erzeugen, wird es also im Hinblick auf diesen Basisprozess weniger darum gehen, Probleme und Themen zu sammeln, sondern eher darum, ein ganzheitliches Bild der Wechselwirkungen in der gesamten Organisation und vor allem der vorhandenen Ressourcen und Potenziale zu gestalten.
- *Zukunftsgestaltungsprozesse:* Der Wunsch nach einem prägnanten Profil und einer klaren Ausrichtung wurde deutlich ausgesprochen. In der Prozessgestaltung wird es darum gehen, mit den Menschen attraktive und glaubwürdige Zukunftsbilder zu erzeugen, die den Menschen der Organisation spür- und erfahrbar machen, wohin die Entwicklung gehen kann.
- *Psychosoziale Prozesse:* Dem Empfinden der Überlastung, der Müdigkeit angesichts ständiger Reorganisationen und der Skepsis, ob sich wirklich etwas verändert, sollte Raum gegeben werden. Gleichzeitig kann die angesprochene

Identifikation der Menschen mit ihrer Arbeit als Kraftquelle für den Prozess genutzt werden, wenn diese entsprechend gewürdigt und wenn auf die Bedürfnisse der Mitarbeitenden eingegangen wird.

- *Lernprozesse:* Das Thema Lernen ist bei der Schilderung der Ausgangslage nicht direkt angesprochen worden. Jedoch kam die Skepsis zum Ausdruck, dass partizipative Prozesse zu guten Resultaten führen. Für eine erfolgreiche Prozessgestaltung könnte es hilfreich sein, schon früh im Prozess Lern- und Erfahrungsräume zu schaffen, um das Vertrauen in Partizipation zu erhöhen, was mittelfristig den erwünschten Kulturwandel hin zu mehr Selbstständigkeit und Eigenverantwortung unterstützen wird. Durch die Gestaltung des Gesamtprozesses und der Workshops können die Teilnehmenden neue Formen der Zusammenarbeit und Gestaltung von Meetings lernen.
- *Informationsprozesse:* Diese wurden ebenfalls nicht direkt angesprochen. Jedoch kann aus der Syntax der Basisprozesse abgeleitet werden, dass gerade der Skepsis gegenüber wirklichen Veränderungen und der Müdigkeit wegen der ständigen Reorganisationen durch eine proaktive, glaubwürdige und transparente Gestaltung der Informationsprozesse mit Raum für Dialog begegnet werden kann.
- *Umsetzungsprozesse:* Direkt angesprochen wurde die Skepsis, dass die Umsetzung einer Reorganisation wirklich etwas an den als belastend empfundenen Themen ändert. Es wird wichtig sein, dass diese Umsetzungsskepsis im Prozess ernst genommen und ihr durch schnelle erste Erfolgserlebnisse begegnet wird, sodass Umsetzungen nicht erst bei der Einführung der neuen Aufbaustruktur erlebt werden.
- *Changemanagementprozesse:* Die Befürchtung, ein partizipativer Organisationsentwicklungsprozess könne an den realen Themen vorbeigehen und nicht zu umsetzbaren Ergebnissen führen, ist für die Prozessgestaltung sehr relevant. Ein klarer, nachvollziehbarer und überprüfbarer Gesamtprozess wird hier wohl Vertrauen schaffen. Bei der Organbildung und der Gestaltung der einzelnen Workshops wird es wichtig sein, die Menschen in die Verantwortung für die Gestaltung einzubeziehen, was dann seinerseits das Einbeziehen intuitiver sozialkünstlerischer Methoden unterstützen kann.

5.1.1.1.5 Paraphrasierungen

Folgende beispielhaften Paraphrasierungen könnten aus den syntaktischen Überlegungen zu den Konzepten der Landkarte der Transformation für Organisationen – kurativ und mit einer fragenden Haltung – angeboten werden:

- Haben wir Sie richtig verstanden, dass Sie mit den vielen Schnittstellen unzufrieden sind und sich ein abteilungsübergreifendes Denken und Handeln wünschen im Sinne des größeren Ganzen? (Syntax: weg von überreifer Differenzierungsphase hin zur Integrationsphase)

- Wir haben gehört, dass Sie der Meinung sind, dass die Mitarbeitenden sich stark mit ihren Aufgaben identifizieren und sehr engagiert sind, was Sie schätzen. Gleichzeitig wünschen Sie sich, dass das Amt als Ganzes ein sinnbietendes und prägnantes Profil entwickelt, das den Mitarbeitenden mehr ganzheitliche Orientierung bietet und das Wir-Gefühl stärkt. Stimmt diese Zusammenfassung für Sie? (Syntax: Ressourcen- und Potenzialorientierung in Verbindung mit der Beschreibung von Qualitäten der Integrationsphase und dem Systemprinzip der Zugehörigkeit, dadurch Würdigung vorhandener Ambivalenzen als kompetentes Sowohl-als-auch)
- Ihnen ist ein ergebnisorientierter und systematischer Prozess wichtig, der die Erfahrungen der Mitarbeitenden mit den letzten Reorganisationen berücksichtigt, und begünstigt, dass sich die Mitarbeitenden mit ihren Bedürfnissen ernst genommen fühlen? (Syntax: strukturierter Changemanagementprozess bei gleichzeitiger Berücksichtigung psychosozialer Dynamiken und der Würdigung des Bisherigen)
- Auch wenn die Ministerin und die politischen Rahmenbedingungen vieles vorgeben und Sie keine eigenständige Strategie definieren können, wünschen Sie sich eine Fokussierung, ein Zukunftsbild, das den Mitarbeitenden Orientierung und Sinnangebote bietet? (Syntax: Zukunftsgestaltungsprozesse bezüglich Identität und Strategie bei gleichzeitiger Anerkennung übergeordneter Kontexte als Restriktionen)
- Sie haben erwähnt, Ihnen sei wichtig, die bisherige Führungs- und Zusammenarbeitskultur in Richtung hin zu weniger Hierarchie und mehr Selbstständigkeit und Eigenverantwortung zu entwickeln. Dafür haben Sie als GL schon einen sehr wichtigen Schritt getan, indem Sie sich stärker als für das gesamte Amt verantwortliches Gremium verstehen. Wenn wir Sie richtig verstanden haben, würden Sie sich wünschen, dass diese Orientierung am großen Ganzen für die Mitarbeitenden auch in der Gestaltung des Prozesses spürbar wird? (Syntax: Schon vorhandene Qualitäten der Integrationsphase in der Organgestaltung als Muster des Gelingens würdigen und die darin vorhandene Dynamik für die Prozessgestaltung – Changemanagementprozess – verstärken)
- Würden die Mitarbeitenden und Ihre Stakeholder die neue Organisationsstruktur als Mittel zum Zweck eines klar positionierten Amtes mit klaren Zuständigkeiten und schlanken, kundenfreundlichen und übersichtlichen Dienstleistungsprozessen wahrnehmen, wäre das für Sie so etwas wie ein ideales Ergebnis des Prozesses? (Syntax: Wesenselemente Identität, Strategie, Aufbaustruktur, Funktionen und Prozesse im Sinne der Integrationsphase zusammengefasst)

Selbstverständlich sind diese beispielhaften Paraphrasierungen weder abschließend noch ausreichend, auch könnten andere aus der Syntax der Landkarte abgeleiteten Paraphrasierungen angeboten werden. Diese Beispiele sollen jedoch zeigen, wie aufgrund der Antworten darauf Ergebnis- und Prozessziele formuliert werden können, die wir im nächsten Abschnitt darstellen.

5.1.2 Ergebnis- und Prozessziele

Aus den Paraphrasierungen und dem weiteren Gespräch haben wir dann folgende Ergebnisziele für den Organisationsentwicklungsprozess vorgeschlagen und mit dem Klientensystem abgestimmt. Dabei sind die verschiedenen Ebenen aus der Syntax der Landkarte der Transformation für Organisationen in Klammern gesetzt.

Ergebnisziele
Folgende Ergebnisziele sollen durch den Prozess erreicht werden:

- Das Amt hat ein nach außen und innen klares und prägnantes Profil. (Wesenselement Identität)
- Die Zuständigkeiten im Amt sind nach innen und außen klar und transparent. (Wesenselemente Aufbaustruktur und Funktionen)
- Die Informationsflüsse innerhalb des Amtes und mit Dritten sind klar und übersichtlich. (Wesenselement Prozesse)
- Das Amt hat sich mit seiner Haltung, seinem Selbstverständnis und seiner Kultur auseinandergesetzt und diese in Richtung Selbstständigkeit, Eigenverantwortung und kooperative Führung weiterentwickelt. (Vor allem Wesenselemente Identität, Menschen/Gruppen/Klima und qualitative Aspekte der Integrationsphase)
- Die Mitarbeitenden des Amtes haben Aufgaben und ein Arbeitsumfeld, das Motivation und Zufriedenheit fördert. (Wesenselemente Funktionen und Menschen/Gruppen/Klima)

Um diese Ergebnisziele zu erreichen, haben wir für das 1. Halbjahr – bis der Beschluss für die neue Aufbaustruktur gefasst sein muss – folgende sechs *Prozessziele* vorgeschlagen:

- Die Geschäftsleitung des Amtes hat klare Ziele erarbeitet, die dem Prozess der Neuorganisation ein für alle Mitarbeitenden nachvollziehbares »Wofür« bieten und die bestehenden Teilstrategien der Fachstellen einbeziehen. (Wesenselement Identität, Systemprinzipien Zeitfolge sowie Verantwortung/Einsatz, Basisprozessqualität Zukunftsgestaltungsprozesse)
- Die Mitarbeitenden des Amtes fühlen sich über Ziele und Ablauf des Veränderungsprozesses ins Bild gesetzt, konnten Rückmeldung dazu geben und wissen, an welchen Stellen sie wie einbezogen werden. Auch besteht ein klares Konzept für die Information der internen und externen Anspruchsgrup-

pen über den Prozess und dessen Resultate. (Basisprozessqualitäten Informationsprozesse, psychosoziale Prozesse, Changemanagementprozesse)

- Eine Querschnittsgruppe aus Geschäftsleitung, Führungskräften und Mitarbeitenden (Basisprozessqualität Changemanagementprozesse) hat klare Gütekriterien (Basisprozessqualität Zukunftsgestaltungsprozesse) erarbeitet, die bei der Erarbeitung der neuen Produktegliederung (Wesenselement Prozesse) und des Organigramms (Wesenselement Aufbaustruktur) des Amtes berücksichtigt werden müssen.
- Diese Querschnittsgruppe hat mehrere Aufbaustrukturvarianten (Wesenselement Aufbaustruktur, Basisprozessqualität Zukunftsgestaltungsprozesse) erarbeitet und von den Mitarbeitenden dazu Rückmeldung (Basisprozessqualität Bewusstseinsbildungsprozesse) eingeholt. Dabei sind die Wechselwirkungen in Hinblick auf das Gesamtsystem – insbesondere auf die Ziele des Amtes (Wesenselemente Identität, Strategie), auf die Mitarbeitenden und Stakeholder (Wesenselement Menschen, Gruppen, Klima) sowie auf die Funktionen und Prozesse – berücksichtigt worden.
- Die Geschäftsleitung (Systemprinzip Verantwortung/Einsatz) hat aufgrund der Kriterien, Wechselwirkungen und Rückmeldungen eine klare Neugliederung der Produkte (Wesenselemente Prozesse und Abläufe) und der diese unterstützenden Aufbaustruktur (Wesenselement Aufbaustruktur) beschlossen.
- Der Prozess zur Vorbereitung der Umsetzung im Jahr 2021 ist geklärt, abgestimmt und kommuniziert. (Basisprozessqualitäten Changemanagement- und Informationsprozesse)

Prozessziele

Prozessziele für das 2. Halbjahr nach Beschluss der neuen Aufbaustruktur:

- Für die Umsetzung (Basisprozessqualität Umsetzungsprozesse) der neuen Aufbaustruktur sind die zu ändernden bzw. neu zu erstellenden Funktionsbilder (Wesenselement Funktionen) erarbeitet, und die Vorbereitungen für die personelle Besetzung der Stellen (Wesenselement Menschen/Gruppen/Klima, Systemprinzip Fähigkeiten/Leistungen) sind getroffen.
- Die GL hat sich mit ihrem Führungs- und Organisationsverständnis (Wesenselemente Identität und Strategie) auseinandergesetzt (Basisprozessqualität Bewusstseinsbildungsprozesse) und Rahmenbedingungen für die künftige Organisationskultur gesetzt (Basisprozessqualität Zukunftsgestaltungsprozesse), die die übergeordneten Ziele des Organisationsentwicklungsprozesses im Amt unterstützen.
- Die Führungskräfte haben ein gemeinsames Führungsverständnis (Wesenselement Strategie) im Hinblick auf die angestrebte Kultur definiert und daraus Entwicklungsbedarfe abgeleitet. (Basisprozessqualität Zukunftsgestaltungsprozesse)

- Die Mitarbeitenden haben ein gemeinsames Bild der Organisationskultur (alle Wesenselemente in ihrem Zusammenspiel) des Amtes (Basisprozessqualität Bewusstseinsbildungsprozesse) und dazu Aussagen für die Entwicklungsrichtung der Kultur (Basisprozessqualität Zukunftsgestaltungsprozesse) erarbeitet, um das neue Organigramm (Wesenselement Aufbaustruktur) und die Ausrichtung des Amtes (Wesenselement Strategie) zu unterstützen.
- Das Amt hat ein konkretes Zukunftsbild der Organisation zu allen wesentlichen Themenfeldern aus Leitsätzen und konkreten, operationalisierten Zielen erarbeitet, die regelmäßig auf ihre Erreichung hin bemessen werden können. (Alle Wesenselemente, Basisprozessqualität Zukunftsgestaltungsprozesse). Diese sog. *Deltadiagnose* bietet in den kommenden Jahren Orientierung für die weitere Entwicklung des Amtes und kann regelmäßig den Fortschritt sichtbar und besprechbar machen. (Basisprozessqualitäten Bewusstseinsbildungsprozesse, Umsetzungsprozesse, Changemanagementprozesse)
- Die wichtigsten übergreifenden Informations- und Führungsprozesse (*Wesenselement Prozesse*) im Amt sind der Entwicklungsrichtung des Amtes entsprechend überarbeitet und umgesetzt. (Basisprozessqualitäten Zukunftsgestaltungsprozesse und Umsetzungsprozesse)

Zu den Ergebnis- und Prozesszielen

Diese Ergebnis- und Prozessziele haben sich direkt aus den Paraphrasierungen über die Syntax der Landkarte der Transformation von Organisationen im Auftragsklärungsgespräch ergeben und bilden bereits die Grundlage für die konkrete Prozessgestaltung. In den zwölf dargestellten Prozesszielen ist die Basisprozessqualität des Lernprozesses nicht explizit enthalten; jedoch wird die Schaffung von Lern- und Experimentierräumen in allen Workshops des Prozesses wichtiger Bestandteil sein.

Was die Berücksichtigung der Systemprinzipien in den Prozesszielen angeht, wird über die oben erwähnten Aspekte hinausgehend der Gesamtprozess so aufgebaut, dass durch die gemeinsame Arbeit – sowohl prozessual als auch inhaltlich – die Zugehörigkeit zum Amt gestärkt wird. Ebenso werden die Prinzipien Zeitfolge und Verantwortung und Einsatz sowie hinsichtlich der Stellenneubesetzungen Fähigkeiten/Leistungen berücksichtigt.

5.1.3 Ziel-Weg-stimmige Prozessgestaltung

5.1.3.1 Prozessorgane

Auch wenn das Thema der Organbildung in einem Organisationsentwicklungsprozess primär die Basisprozessqualität der Changemanagementprozesse verfolgt, können durch die Gestaltung der Prozessorgane viele weitere Qualitäten eingebracht und damit Prozessziele unterstützt werden. Um die beschriebenen Prozessziele zu erreichen, wurde die Etablierung folgender Prozessorgane (jeweils in Klammern angegeben: Überlegungen aus der Syntax der Landkarte der Transformation für Organisationen) vereinbart:

- Auftraggeberschaft und Entscheidungsgremium
- Querschnittsgruppe 1 für das 1. Halbjahr: Veränderung der Aufbaustruktur
- Querschnittsgruppe 2 ab dem 2. Halbjahr: Erarbeitung der Grundlagen des Zukunftsbildes des Amtes
- Workshopgruppen im 1. Halbjahr
- Workshopgruppen im 2. Halbjahr
- externe Beratung.

Auftraggeberschaft und Entscheidungsgremium

Auftraggeber des Prozesses ist de jure der Leiter des Amtes, Herr X. Aufgrund der Absicht, sich zunehmend als Kollektiv zur Führung des Amtes zu verstehen, schlagen wir vor, dass die GL als Ganzes de facto Auftraggeberin ist. (Schon vorhandenes Potenzial der Qualitäten der Integrationsphase stärken, Systemprinzip der Zugehörigkeit zum Subsystem GL stärken)

Die Auftraggeberin setzt die Rahmenbedingungen und stellt die notwendigen Ressourcen zur Verfügung. Sie stimmt sich mit der externen Begleitung ab und entscheidet über die groben Prozessschritte. (Basisprozessqualität Changemanagementprozess – Systemprinzip Verantwortung und Einsatz für den Gesamtprozess unterstützen)

Auch wenn der Prozess viele Partizipationselemente enthält, soll die GL die Entscheidungen zur Neugliederung der Produkte, zur Aufbaustruktur, zu zentralen Eckpunkten der Organisationskultur, Führungsgrundsätzen und zum konkreten Zukunftsbild fällen. (Wiederum Systemprinzip Verantwortung und Einsatz im Sinne der Betonung der vorhandenen Hierarchie)

Querschnittsgruppe 1 zur Veränderung der Aufbaustruktur – 1. Halbjahr

Eine gemischte Gruppe (ca. 25 bis 30 Personen) aus GL, Führungskräften und Mitarbeitenden erarbeitet die Kriterien für die Neugliederung der Produkte und die neue Aufbaustruktur sowie verschiedene Varianten für das neue Organigramm. Sie hat keine Entscheidungsbefugnis, ist jedoch für den Einbezug möglichst vieler Perspektiven enorm wichtig und hat die Aufgabe, die GL bei den Informationsprozessen gegenüber den Mitarbeitenden zu unterstützen und als Multiplikator:innen zu dienen. Auch übernimmt die Querschnittsgruppe 1 bei Großgruppenworkshops kleinere Moderationsaufgaben.

Die Zusammensetzung sollte die verschiedenen (Fach-)Bereiche und Hierarchieebenen des Amtes gut abbilden. Die Mitglieder sollten ein gutes Standing in der Organisation vorweisen und sich in ihren Bereichen aktiv einbringen. Konstruktiv kritische Mitarbeitende sind in dieser Gruppe sehr willkommen, weil sie oft hilfreiche Fragen stellen und Hinweise geben.

Querschnittsgruppe 2 zur Erarbeitung der Grundlagen des Zukunftsbildes des Amtes – 2. Halbjahr

Eine Gruppe aus GL und rund 20 weiteren Personen (Führungskräfte und Mitarbeitende aus allen Bereichen des Amtes – aktive, engagierte und kritische Mitglieder) soll den Organisationsentwicklungsprozess hinsichtlich Organisationskultur und Prozessverbesserung begleiten und planen. Diese Querschnittsgruppe hat keine inhaltlichen Befugnisse, sondern legt mit der externen Begleitung die genauen Prozessschritte fest, plant Workshops im Detail und bereitet Entscheidungen vor. Die Querschnittsgruppe fühlt sich gemeinsam mit der GL als Trägerin für den Organisationsentwicklungsprozess innerhalb des Amtes verantwortlich. Auch diese Gruppe unterstützt die Moderation bei Großgruppenveranstaltungen.

Bezüglich der Systemprinzipien *verfolgen wir Beratende mit den genannten Prozessorganen folgende Ziele:*

- *Vorübergehende Systeme mit klarer Zugehörigkeit und klaren Verantwortlichkeiten werden etabliert.*
- *Durch die Berücksichtigung von aktiven und kritischen Mitarbeitenden wird das Systemprinzip nach Verantwortung/Einsatz gestärkt.*

Bezüglich der Basisprozesse *werden folgende Ziele verfolgt:*

- *Die Perspektivenvielfalt der Mitarbeitenden der verschiedenen Abteilungen dient sowohl den Bewusstseinsbildungs- als auch den Zukunftsgestaltungsprozessen. Zusätzlich werden die Lernprozesse gefördert, weil aus unterschiedlichen Perspektiven im Hinblick auf die angestrebte Kulturentwicklung anhand konkreter Aufgaben neue Erfahrungen gemacht werden können.*
- *Durch aktive und kritische Mitarbeitende können psychosoziale Themen gut abgeholt werden, weil innerhalb der Gruppe und nach außen deutlich wird, dass die Partizipation ernst gemeint ist und nicht nur unkritische Mitarbeitende an Bord sind, wenn es um die Neuerarbeitung der Aufbaustruktur geht. Im hypnosystemischen Verständnis ist es wichtig, alle Parteien gleichermaßen zu würdigen. Das heißt für Beratende, nicht einseitig Partei für die Veränderung zu ergreifen, sondern das Bisherige als genauso berechtigt und kompetent zu würdigen – eine weitere Überlegung.*
- *Weil diese Querschnittsgruppe über ihre Arbeit aktiv informieren soll, werden die Informationsprozesse glaubwürdiger, da nicht nur eine zentrale hierarchische Stelle informiert. Dennoch kann mit der Gruppe sehr gut vereinbart und erarbeitet werden, was wann wie kommuniziert wird.*
- *Changemanagementprozesse: Besonders wichtig ist die Übernahme der Verantwortung sowohl für den Prozess als auch für dessen Ergebnisse durch die Querschnittsgruppe. Deren Mitglieder lernen durch ihre Erfahrungen in und die Mitmoderation von Workshops mit allen Mitarbeitenden neue Methoden, die ihrerseits die angestrebte Kultur unterstützen.*

Workshopgruppen im 1. Halbjahr – Veränderung Aufbaustruktur

Großgruppenveranstaltung 1 und 2:

- Möglichst viele – wenn möglich alle – Mitarbeitende sollen zu Beginn des Prozesses informiert werden und sich involviert fühlen. Dafür soll ein 90-minütiger Workshop zu Beginn des Prozesses stattfinden.
- Für die Rückmeldung zu den durch die Querschnittsgruppe erarbeiteten Varianten der neuen Aufbaustruktur soll ein halbtägiger Workshop mit ebenfalls möglichst vielen Mitarbeitenden stattfinden.

Beide Veranstaltungen sollen die Zugehörigkeit zum Gesamtsystem stärken (Systemprinzipien) und auf der Ebene der Basisprozessqualitäten die psychosozialen Prozesse, die Bewusstseinsbildungs- und die Zukunftsgestaltungsprozesse bedienen. Darüber hinaus unterstützt das Vorgehen die Umsetzungsprozesse.

Workshopgruppen im 2. Halbjahr – Zukunftsbild des Amtes

- Nach Umsetzung der neuen Aufbaustruktur sollen sich alle Führungskräfte intensiver mit dem Führungsverständnis auseinandersetzen und hierzu Grundsätze erarbeiten. (Stärkung Zugehörigkeit zum Subsystem Führungskräfte, Zukunftsgestaltungsprozesse in Hinblick auf Führungskultur der Integrationsphase)
- *Großgruppenworkshop:* Die Erarbeitung der Grundlagen der Deltadiagnose soll von möglichst vielen Mitarbeitenden erarbeitet werden. Dafür ist ein Großgruppenworkshop von einem Tag zu planen. (Stärkung Zugehörigkeit zum Gesamtsystem, starke Betonung von Bewusstseinsbildungs- und Zukunftsgestaltungs- sowie psychosozialen und Lernprozessen)
- Die Überarbeitung zentraler Prozesse und Abläufe wird von kleinen Workshopgruppen übernommen, nachdem alle Mitarbeitenden das erarbeitete Zukunftsbild ein erstes Mal auf seinen Erreichungsgrad hin bemessen haben. (Basisprozessqualitäten Bewusstseinsbildungsprozesse, Zukunftsgestaltungsprozesse, Umsetzungsprozesse)

Wann / Form	Schritt	
08/2020	Ziele und Detailplanung des Prozesses: • Ziele/Wofür des Gesamtprozesses ist definiert und hat für die GL als Gremium hohe Attraktivität. • Information aller Mitarbeitenden ist vorbereitet. • Mitglieder der Querschnittsgruppe sind bestimmt. • Termine und Details der Planung des Prozesses sind geklärt – inkl. Kommunikationsplänen und Kanälen für den Prozessverlauf.	
09/2020	Dialogische Information der Mitarbeitenden: • Ziele, Organe, Ablauf des Prozesses und Mitwirkungsmöglichkeiten im Prozess sind bekannt. • Mitarbeitende haben sich zum Prozess ausgetauscht und ihre Stimmung dazu mitteilen sowie Fragen einbringen können. • Weiteres Vorgehen ist für alle klar.	
10/2020	Zweitagesworkshop Querschnittsgruppe Veränderung Aufbaustruktur: • Gütekriterien für Neugliederung der Produkte und Aufbaustruktur sind erarbeitet. • Varianten für Neugliederung der Produkte und Aufbaustruktur sind erarbeitet und einer ersten Bewertung unterzogen worden. Dabei sind insb. Wechselwirkungen auf die Ziele des Amtes, Mitarbeitende/Stakeholder, Arbeitsprozesse und Funktionen fokussiert worden. • Weiteres Vorgehen und ggf. notwendige Zwischenschritte für Teile der Querschnittsgruppe sind geklärt.	

Externe Beratung
Die externe Beratung konzipiert in enger Abstimmung mit der Auftraggeberin den Prozess und moderiert Workshops und Sitzungen. Ebenso geben die externen Beratenden Inputs und stellen Modelle und Instrumente zur Verfügung, die den Prozess unterstützen. Die Workshops und Prozessergebnisse werden von ihnen dokumentiert.

Der Prozess ist so organisiert, dass möglichst viel von internen Ressourcen geleistet werden kann.

5.1.3.2 Vorgehenskonzept

Das in Tabelle 13 dargestellte Vorgehensdesign leiteten wir aus den paraphrasierten Prozesszielen nach der Auftragsklärung ab. Es bildete auf der Basis der Ergebnis- und Prozessziele zusammen mit der Organbildung den Hauptbestandteil des Angebots für den Organisationsentwicklungsprozess. Die zu verrechnenden Beratungstage von August 2020 bis März 2022 setzten wir mit 18–22 Tagen an.

Der Organisationsentwicklungsprozess hat mit dieser Schrittfolge in der Realität tatsächlich stattgefunden, allerdings aufgrund der Pandemie im zeitlichen Ablauf anders als im Angebot vorgesehen. Wir haben über zwei Jahre hinweg insgesamt 20 Honorartage dafür verrechnet, aus der Sicht von GL und beider Querschnittsgruppen konnten alle Ziele des Prozesses erreicht werden.

Wer?	Beratungstage	Prozessziele nach Basisprozessen
GL Externe Beratung	0,5	ZGP IP CMP CMP
GL Mitarbeitende Externe Beratung	0,5	IP PSP, BBP IP, CMP
Querschnittsgruppe Externe Beratung	2	ZGP ZGP, LP CMP

Wann / Form	Schritt
10/2020	Resonanz einholen bei den Mitarbeitenden Die Mitarbeitenden • kennen die priorisierten Varianten der Neugliederung der Produkte und der Aufbaustruktur • konnten ihre Sichtweisen dazu einbringen und rückmelden • verstehen, wie das weitere Vorgehen aussieht. • Die Querschnittsgruppe hat Klarheit über die Rückmeldungen und somit die Grundlage für die Weiterarbeit.
11/2020	Workshop der Querschnittsgruppe Veränderung Aufbaustruktur: • Die Rückmeldungen der Mitarbeitenden sind gewichtet und, wo sinnvoll, eingearbeitet worden. • Die Entscheidungsgrundlagen für die Neugliederung der Produkte und der Aufbaustruktur sind geklärt. • Das weitere Vorgehen für die Umsetzungsvorbereitung und Umsetzung 2021 ist geklärt.
12/2020	Workshop der GL: • Neugliederung der Produkte und neue Aufbaustruktur wurden verabschiedet. • Ggf. notwendige Anpassungen von Funktionen und Prozessen und Auswirkungen auf Büroräume etc. sind geklärt und, wo möglich, schon verabschiedet. • Das weitere Vorgehen für 2021 ist beschlossen mit besonderem Augenmerk auf die Information von internen und externen Stellen.
12/2020	Workshop zur Besetzung der Abteilungsleitenden und zum weiteren Vorgehen der Besetzung der Führungskräfte: • Zu erstellende bzw. zu verändernde Funktionsbilder sind bekannt, und ein Prozess dafür ist definiert. • Zeitplan und Vorgehen für die Besetzung der Teamleitenden und der Mitarbeitenden ist geklärt.
03/2021	Workshop GL: Die GL • hat ein gemeinsames Bild zu ihrem Organisations- und Führungsverständnis erarbeitet. • hat Rahmenbedingungen zum Führungsverständnis und einer Soll-Kultur entwickelt. • hat den weiteren Prozess unter Einbezug der Mitarbeitenden vorbereitet.
04/2021	Workshop Führungskräfte: Die Führungskräfte des Amtes • haben sich mit ihrem Führungsverständnis auseinandergesetzt und dieses anhand von Praxissituationen reflektiert. • haben individuell und auf Amtsebene Führungsgrundsätze und Entwicklungsbedarfe hinsichtlich Führung erarbeitet. • fühlen sich für die Umsetzung der neuen Aufbaustruktur gut vorbereitet.

	Wer?	Beratungstage	Prozessziele nach Basisprozessen
	GL Mitarbeitende Externe Beratung	0,5	IP BBP, PSP CMP BBP, ZGP, CMP
	Querschnittsgruppe Externe Beratung	1	BBP, ZGP ZGP CMP
	GL Externe Beratung	1	ZGP, UP ZGP, UP UP, CMP
	GL Externe Beratung	1	BBP, ZGP, CMP CMP
	GL Externe Beratung	1	BBP, PSP ZGP CMP
	Führungskräfte Externe Beratung	1	BBP, PSP, LP ZGP, LP LP, UP, CMP

Wann / Form	Schritt
05/2021	Kick-off der Querschnittsgruppe Zukunftsbild des Amtes: Die Querschnittsgruppe • versteht ihre Rolle im Prozess. • hat sich mit den Rahmenbedingungen zu Führungsverständnis und angestrebter Kultur auseinandergesetzt. • hat den Workshop mit den Mitarbeitenden vorbereitet.
06/2021	Workshop mit möglichst allen Mitarbeitenden: Die Mitarbeitenden haben • sich mit dem Gesamtprozess und den Vorstellungen der GL auseinandergesetzt. • ein gemeinsames Bild der Stärken und Entwicklungspotenziale der gegenwärtigen Kultur im Amt erarbeitet. • Richtungsaussagen für die Entwicklung der Kultur formuliert als Grundlage für ein operationalisiertes, messbares Zukunftsbild, der sog. Deltadiagnose
06/2021	Workshop Querschnittsgruppe Zukunftsbild zur Erarbeitung der Deltadiagnose: Die Teilnehmenden des Workshops haben • aus dem Material aus dem Workshop mit den Mitarbeitenden Leitsätze und operationalisierte Ziele für das Zukunftsbild erarbeitet. Dieses wird von der GL verabschiedet. • das konkrete weitere Vorgehen beschlossen und vorbereitet.
08–09/2021	Durchführung der Befragung zum Zukunftsbild: • Deltadiagnose wird online bei allen Mitarbeitenden durchgeführt.
10/2021	Workshop Querschnittsgruppe Zukunftsbild: • Ergebnisse der Deltadiagnose sind reflektiert. • Handlungsfelder sind definiert. • Weiteres Vorgehen ist geklärt.
10/2021	Rückmeldung der Ergebnisse an die Mitarbeitenden: Diese • kennen die Ergebnisse der Deltadiagnose. • konnten sich damit auseinandersetzen. • kennen Handlungsfelder und weiteres Vorgehen.
11/2021	Bearbeitung Handlungsfelder anhand Resultaten der Deltadiagnose und Beschlüssen der GL dazu: • In Arbeitsgruppen zu den Handlungsfeldern werden je nach Bedarf Workshops zu Prozessverbesserungen oder anderen Themen durchgeführt.
03/2022	Evaluation OE-Prozess 2020/2021: • Ergebnisse des OE-Prozesses 2021 sind evaluiert und reflektiert. • Allfälliger OE-Bedarf für 2022/2023 ist besprochen und wenn nötig geplant.

Tab. 13: Vorgehenskonzept mit Prozesszielen (Fallbeispiel »Veränderung Aufbaustruktur in einem Amt«) (BBP = Bewusstseinsbildungsprozesse, ZGP = Zukunftsgestaltungsprozesse, PSP = psychosoziale Prozesse, LP = Lernprozesse, IP = Informationsprozesse, UP = Umsetzungsprozesse, CMP = Changemanagementprozesse)

Wer?	Beratungstage	Prozessziele nach Basisprozessen
GL Querschnittsgruppe Externe Beratung	1	IP BBP, PSP, ZGP CMP
Mitarbeitende Externe Beratung	1	IP, BBP, PSP BBP, ZGP, PSP ZGP
Querschnittsgruppe Externe Beratung	1	ZGP CMP, IP
Externe Beratung	2–3	BBP, IP
Querschnittsgruppe Externe Beratung	1	BBP, PSP UP CMP
MA Externe Beratung	0,5	IP, BBP BBP, PSP UP, CMP
Arbeitsgruppen Externe Beratung nach Bedarf	1–3	ZGP, UP, CMP
GL Externe Beratung	0,5–1	BBP CMP

5.2 *Fallbeispiel 2:* Weiterentwicklung der Selbstorganisation einer werteorientierten Reha-Klinik

Tabelle 14 zeigt den Steckbrief dieses Fallbeispiels.

Anlass	Weiterentwicklung der Selbstorganisation
Branche	Gesundheitswesen
Anzahl Mitarbeitende	350
Überlegungen aus OE-Landkarte für Prozessdesign	Von der überreifen Pionierphase in die Differenzierungsphase in werteorientierter und selbstorganisierter Firma unter Berücksichtigung des Organisationstyps

Tab. 14: Fallsteckbrief »Weiterentwicklung der Selbstorganisation in werteorientierter Reha-Klinik«

Zwei Ärztinnen, eine Internistin und eine Psychiaterin, eine Doktorin der Pflegewissenschaften und ein erfahrener Physiotherapeut mit Kunsttherapiestudium haben im Jahr 2005 gemeinsam eine Reha-Klinik gegründet mit der Vision, eine menschengemäße, ganzheitliche, auf Salutogenese basierende Medizin in die Welt zu bringen. Sie haben großes Vertrauen in das Potenzial und die Entwicklungsfähigkeit von Menschen und sind überzeugt, dass eine Klinik, die Menschen so betrachtet und entsprechend behandeln will, gemäß diesen Gestaltungsprinzipien aufgebaut und geführt werden muss. Deshalb setzen sie von Beginn an auf folgende Prinzipien:

- Selbstführung und -organisation – möglichst hierarchiefrei
- Gleichwertigkeit und interdisziplinäre Zusammenarbeit aller Berufsgruppen
- Menschen können sich mit all ihren Stärken, Neigungen und Potenzialen einbringen
- Augenhöhe bestimmt die Zusammenarbeit
- Der Zweck der Organisation – die als etwas Wesenhaftes betrachtet wird – steht im Mittelpunkt allen Handelns
- Ständiges gemeinsames Lernen – auch von und mit den Klient:innen – prägt die Organisation.

Die Klinik ist eine Aktiengesellschaft im Eigentum der vier Gründer:innen, die gegenüber den kreditgebenden Banken mit ihrem Privatvermögen haften. Im Gründungsjahr beschäftigte die Klinik rund 100 Personen aus den Berufsgruppen Ärzt:innen, Pflege, Therapien (Physiotherapie, Kunsttherapie, Psychotherapie, Ergotherapie, Fitness, Ernährung), Dienste (Küche, Servicepersonal, Reinigung, Umgebungspflege) sowie Administration und Finanzen. Die Klinik liegt an einem kleinen See in sehr schöner, naturnaher Umgebung. Durch die langjährige Tätigkeit der Gründungspersonen im Gesundheitswesen und deren Lehrtätigkeiten an Universitäten und Ausbildungsinstituten hatte die neue Klinik keine Schwierigkeiten, qualifiziertes Personal zu finden – die Vision der Gründer:innen hatte für viele Menschen eine hohe Attraktivität.

Auch gelang es der Klinik auf Anhieb, genügend Patient:innen für eine volle Auslastung zu finden. Es bildeten sich schnell lange Wartelisten, sodass die Klinik schon nach einem Jahr einen Erweiterungsbau plante, um wachsen zu können.

Die Klinik organisierte sich so, dass es selbstorganisierte gemischte Teams (Ärzt:innen, verschiedene Therapeut:innen, Pflegefachpersonen) gab, die mit den Klient:innen arbeiteten, während die einzelnen Disziplinen in selbstorganisierten Fachteams den Austausch, die Aus- und Weiterbildung und die Forschung gewährleisten sollten. Auch die Dienste und die Administration fanden eigene Formen der Selbstorganisation. Die vier Gründer:innen waren allesamt Geschäftsführende und verstanden ihre Rolle primär als Facilitator:innen. Einmal monatlich saßen (möglichst) alle Mitarbeitenden in einem großen Workshopraum zusammen, um die Entwicklung der Klinik zu reflektieren und gemeinsame Vereinbarungen zu besprechen und zu beschließen. Zu vielen Themen existierten Initiativ- und Arbeitsgruppen.

Als wir 2016 von der Klinik kontaktiert wurden, war die Anzahl der Mitarbeitenden auf rund 350 Personen angewachsen, wobei es sehr viele langjährige Mitarbeitende gab (rund 50 waren seit der Gründung mit dabei). Zwei Gründer:innen waren schon über 70 Jahre alt und wollten sich langsam zumindest ein bisschen zurückziehen. Aus den Reihen der langjährigen Mitarbeitenden gab es drei Personen (eine Ärztin, ein Pflegewissenschaftler und eine Psychotherapeutin), die mittlerweile auch als Geschäftsführende betrachtet wurden und entsprechende interne Verantwortungen hatten, wobei sie nicht offiziell als solche eingetragen waren.

Diese drei Personen sowie die vier Gründer:innen hatten nach spannungsreichen Auseinandersetzungen entschieden, eine Organisationsentwicklung sei notwendig, bei der man sich von außen begleiten lassen wollte. Bisher wurden sämtliche Entwicklungsprozesse intern durchgeführt, weil die Ansicht bestand, die Klinik sei einerseits so speziell, dass Außenstehende wenig beizutragen hätten, und andererseits seien genügend interne Kompetenzen vorhanden.

Im Gespräch schilderten uns die sieben offiziellen bzw. informellen Geschäftsführenden, das die Klinik verfüge über hochkompetente Mitarbeitende mit enormem Engagement und die Therapiekonzepte seien nach wie vor innovativ und erfolgreich. Der Zustrom der Klient:innen sei ungebrochen groß. Ebenfalls betonten sie, die Gebäude, Räumlichkeiten und Infrastruktur sehr seien modern und zweckdienlich, weil es der Klinik wichtig sei, den Klient:innen und Mitarbeitenden die bestmöglichen Bedingungen zur Verfügung zu stellen.

Gleichzeitig erläuterten sie, es gebe in der Klinik viele Konflikte, Spannungen und Problempunkte, die sie wie folgt zusammenfassten:

- Unklarheiten, wer worüber entscheiden darf
- Streit um die Definitionsmacht, was die richtige Haltung der ganzheitlichen Medizin und Therapie sei
- Unzufriedenheit vieler langjähriger Mitarbeitender darüber, dass in zentralen unternehmerischen Fragen die Gründer:innen allein entscheiden – Ruf nach Modellen zur Beteiligung insbesondere langjähriger Mitarbeitender
- Unlust insbesondere vieler neuer Mitarbeitender, die Selbstorganisation am Laufen zu halten – diese würden sich lieber auf ihren Arbeitsalltag und die Kernleistungen gegenüber der Klient:innen fokussieren, während vor allem langjährige Mitarbeitende eher noch mehr Selbstorganisation und Selbstführung verlangen
- Die Organisationsstruktur auf dem Papier entspricht aus Sicht vieler Mitarbeitender und auch der Geschäftsführung nicht mehr dem, was tatsächlich gelebt wird – es fehlt Orientierung und Übersicht.

- Ermüdung, Erschöpfung und zunehmend hohe Krankenstände bei vielen Mitarbeitenden durch langjährigen enormen Einsatz für das Wohl der Klient:innen und der Klinik als Ganzes
- Viele zentrale Arbeitsprozesse werden in den selbstorganisierten Teams unterschiedlich gelöst und immer wieder neu erfunden, was unübersichtlich und für Stellvertretungen und die Administration enorm mühselig ist.
- Die Zusammenarbeitskultur lebt von der starken Ausrichtung auf die persönlichen Bedürfnisse der Mitarbeitenden und auf eine harmonische und kollegiale Beziehungsgestaltung – darunter leiden teilweise Sachorientierung und Effizienz.
- Unsere Gesprächspartner:innen erleben die Kultur als tendenziell zu sehr auf psychosoziale Themen eingehend und diese dadurch eher anheizend.
- Es gibt Unzufriedenheit darüber, dass getroffene Entscheidungen oder vorhandene Regeln oft nicht umgesetzt bzw. eingehalten werden, weil immer wieder individuelle Befindlichkeiten oder Gründe ins Feld geführt werden, um es anders zu machen.
- Viele Mitarbeitende vermissen eine systematische Personalpolitik mit Entwicklungswegen und professioneller Personalentwicklung; Personal- und Lohnpolitik wird als zu personenzentriert und willkürlich wahrgenommen.
- Einige Vertreter des ärztlichen Personals sind frustriert, weil sie de jure enorme Verantwortung tragen, im konkreten Fall in den selbstorganisierten Teams jedoch fast nichts entscheiden dürfen.
- Klare Prioritätensetzungen in der Weiterentwicklung und Ausrichtung der Dienstleistungen der Klinik misslingen, weil kein Konsens darüber gefunden wird und kaum tragfähige entsprechende Entscheidungen getroffen werden können, was zu Orientierungsdefiziten führt.
- Die Gründer:innen fühlen sich von Mitarbeitenden in ihrer Rolle als in der Haftung stehende Gesellschafter:innen und Identitätsstifter:innen zunehmend infrage gestellt und sehen ihre Verantwortung zu wenig gewürdigt.
- Die designierten Geschäftsführenden fühlen sich überfordert und in Loyalitätszwickmühlen zwischen den Erwartungen der Gründer:innen und der Mitarbeitenden. (Insbesondere erwarteten langjährige Mitarbeitende, dass sich die drei designierten Geschäftsführenden gegenüber den Gründer:innen durchsetzen.)
- Hohe Kredittilgungslast und wenig finanzieller Spielraum durch die vielen Investitionen in den ersten zehn Jahren des Bestehens trotz sehr guter Auslastung
- Nur bedingt professionelle Support- und Managementprozesse, die eine betriebswirtschaftliche Steuerung der Klinik zu wenig unterstützen.

Bei der Schilderung dieser als problematisch empfundenen Punkte wurde deutlich, dass unsere Gesprächspartner:innen sich zwar über die Punkte einig waren, jedoch untereinander sehr unterschiedliche Auffassung darüber hatten, welches die Gründe für die benannten Probleme sind. Während die einen mehr Struktur und Klarheit forderten, waren andere der Meinung, Selbstorganisation und Flexibilität müssten nur wieder wie früher konsequenter gelebt werden.

Die Gesprächspartner:innen äußerten den Wunsch, diese und womöglich weitere Punkte durch den Organisationsentwicklungsprozess zu klären und funktionierende Lösungen zu erarbeiten, die der besonderen Kultur der Organisation Rechnung tragen und die Mitarbeitenden einbeziehen.

5.2.1 Hinweise und Paraphrasierungen aus der Landkarte der Transformation für Organisationen

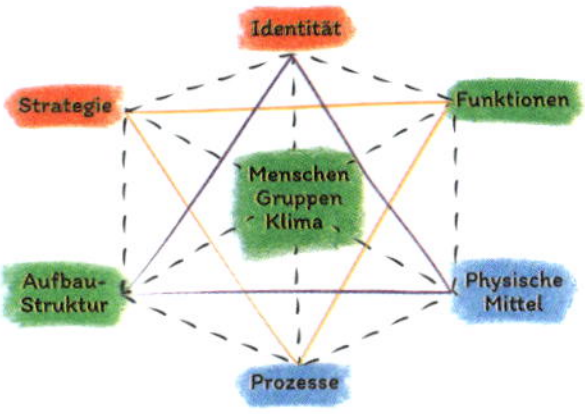

5.2.1.1 Hinweise aus den vier Basiskonzepten

5.2.1.1.1 Systemkonzept

Tabelle 15 listet die benannten Aspekte der sieben Wesenselemente auf.

Identität	• Die besondere Kultur mit dem ganzheitlichen und salutogenetischen Medizinverständnis ist wertvoll und soll erhalten bleiben. • Hohe Attraktivität nach außen gegenüber Klient:innen und potenziellen Mitarbeitenden. • Es gibt Auseinandersetzungen über die Haltung bzw. Definition der ganzheitlichen medizinischen und therapeutischen Ausrichtung der Klinik und über die diesbezügliche Definitionsmacht. • Die Identifikation mit den Werten der Klinik ist stark. • Die Gründer:innen waren lange Zeit sinnstiftend für die Identität – diese Wirksamkeit ist infrage gestellt.
Strategie, Policy	• Therapiekonzepte sind innovativ und wirksam. • Die Weiterentwicklung der Dienstleistungen und Angebote der Klinik ist anspruchsvoll, weil dazu notwendige Konsensentscheidungen selten zustande kommen. • Vorhandene Regeln werden öfter nicht durchgesetzt. • Strategische Orientierung wird vermisst. • Viele Mitarbeitende nehmen Personalpolitik, Personalentwicklung und Lohnpolitik als unsystematisch und willkürlich wahr.
Aufbau-struktur	• Eigentümer- und Haftungsverantwortungen sind klar – viele langjährige Mitarbeitende wünschen sich Beteiligungsmodelle. • Zugehörigkeit zur Geschäftsführungsrunde ist nur informell klar. • Bisherige Form der Selbstorganisation ist umstritten. • Organisationsstruktur als Ganze wird als unübersichtlich und nicht mehr aktuell gesehen.
Menschen, Gruppen, Klima	• Starkes Engagement der Mitarbeitenden • Hochkompetente Mitarbeitende • Zunehmende Überlastung von Mitarbeitenden, steigender Krankenstand • Spannungen und Konflikte über die Weiterentwicklung der Klinik • Zusammenarbeitskultur ist sehr stark auf Personen und Beziehungen ausgerichtet – Sachorientierung kommt manchmal zu kurz. • Psychosoziale Prozesse und Harmoniestreben sind prägend. • Gründer:innen fühlen sich in ihrer Verantwortung und ihren Leistungen zunehmend nicht mehr gewürdigt.
Funktionen, Organe	• Definition der Funktionen der Geschäftsführenden und der designierten Geschäftsführenden ist unklar. • Ärztliches Personal betrachtet seine Verantwortung und Entscheidungsbefugnisse als nicht stimmig. • Entscheidungsbefugnisse zu grundsätzlichen Fragen der Klinik sind teilweise unklar oder umstritten. • Durchsetzung von Entscheidungen ist oft schwierig, weil individuelle Befindlichkeiten priorisiert werden und entsprechende Befugnisse zur Durchsetzung fehlen.

Prozesse, Abläufe	• Entscheidungsprozesse sind unklar und werden oft blockiert, sodass nicht entschieden wird. • Wenige gemeinsame und klar definierte Arbeitsprozesse in den einzelnen Teams. • Teams erfinden Arbeitsprozesse immer wieder neu. • Support- und Managementprozesse sind für die heutige Größe der Klinik nicht mehr professionell genug.
Physische Mittel	• Sehr schöne Lage der Klinik • Architektonisch reizvolle und angenehme Gebäude • Gut ausgerüstete Infrastruktur • Hohe Kredittilgungslast und wenig finanzieller Spielraum

Tab. 15: Benannte Aspekte der sieben Wesenselemente (Fallbeispiel »Weiterentwicklung der Selbstorganisation in einer werteorientierten Reha-Klinik«)

Auch in diesem Fall kann es nützlich sein, auf die archetypischen Qualitäten der Wesenselemente (Kap. 3.1.3.2, Tab. 3) zu blicken. Wenn wir auf die aus der Sicht der Geschäftsführenden genannten Themen blicken, erhalten wir den Eindruck, dass in der Reha-Klinik alles in Bewegung geraten ist, was zu einer Destabilisierung der Organisation führen kann. Insbesondere scheinen die stabilisierenden Wesenselemente (Kap. 3.1.5) Identität, Aufbaustruktur und teilweise die physischen Mittel nicht mehr den Halt zu bieten, der unterstützend wäre:

- *Identität:* Aus der Beschreibung der Geschäftsführenden haben wir herausgehört, dass die von den Gründer:innen lange Zeit eingebrachten Wertvorstellungen und deren Handeln im Alltag sowie deren Ausstrahlung viel Identität gestiftet hatte. Dies wird zunehmend infrage gestellt, und es gibt Auseinandersetzungen darüber, wer die Definitionshoheit für diese starke Wertebasis hat.
- *Aufbaustruktur:* Die Aufbaustruktur hinsichtlich Eigentümerschaft und Organigramm bietet nicht mehr den Orientierungsrahmen und Halt, um im Arbeitsalltag selbstorganisiert und mit Übersicht handeln zu können.
- *Physische Mittel:* Zumindest bezüglich der finanziellen Situation besteht offenbar ein Druck, der Handlungsspielräume stark begrenzt.

Aus diesen Überlegungen erhalten wir bereits Hinweise, dass die Unterstützung der stabilisierenden Wesenselemente für den Organisationsentwicklungsprozess wichtig sein könnte.

Mit dem Blick auf die Organisationstypen (Kap. 3.1.6) wird deutlich, dass die Reha-Klinik in weiten Teilen einer sog. professionellen Organisation entspricht, für deren Funktionieren das kulturelle Subsystem entscheidend ist, sodass aus einer gemeinsamen und klaren Haltung heraus die Professionals im Kerngeschäft (hier ärztliche, pflegerische und therapeutische Tätigkeiten) selbstständig handeln können. Die nicht mehr klare Identität und die Auseinandersetzung um die Definitionshoheit könnten zumindest mittelfristig die bisher starke und positiv wirksame Ausstrahlung der Klinik mit ihrer ganzheitlichen Ausrichtung schwächen – nach innen und nach außen.

Für die Gestaltung des Organisationsentwicklungsprozesses wird es aufgrund dieser Überlegungen wichtig sein, die stabilisierenden Wesenselemente zu stärken und die Identität gemeinschaftlich so weiterzuentwickeln, dass sie wieder Strahlkraft gewinnt.

5.2.1.1.2 Entwicklungsphasen

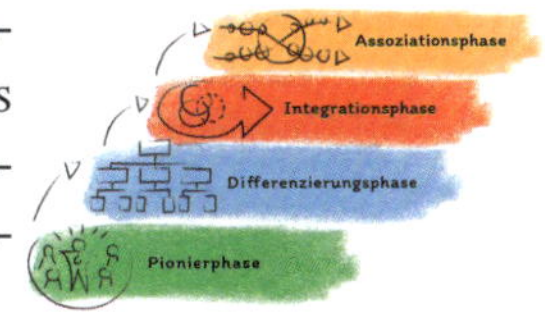

Zu den meisten Wesenselementen gab es spezifische Hinweise auf die Entwicklungsphasen, insbesondere gab es klare Beschreibungen von Qualitäten der überreifen Pionierphase und den Wunsch nach Qualitäten der Differenzierungsphase (Tab. 16).

Wesenselement als Entwicklungslinie	**Äußerungen der Geschäftsführenden**	**Hinweise auf Entwicklungsphasen**
Identität	• Auseinandersetzungen um die Definitionshoheit • Gründer:innen als Identitätsstifter:innen infrage gestellt	Typische Hinweise auf überreife Pionierphase
Strategie, Policy	• Unklare Prioritätensetzung – unklare strategische Ausrichtung • Personalpolitik und -entwicklung unsystematisch und personenzentriert	Tendenziell Hinweis auf überreife Pionierphase
Aufbaustruktur	• Zugehörigkeit zur Geschäftsführung unklar • Organigramm wird als nicht dem Gelebten entsprechend erlebt – Übersicht fehlt	Typische Hinweise auf überreife Pionierphase
Menschen, Gruppen, Klima	• Sehr engagierte und erschöpfte Mitarbeitende sowie steigender Krankenstand • Arbeitsklima wird als zu stark an Personen ausgerichtet wahrgenommen • Persönliche Bedürfnisse stehen oft über Spielregeln • Psychosoziale Prozesse tendenziell überbetont • Gründer:innen fühlen sich nicht mehr für ihre Verantwortung und Leistungen gewürdigt	Typische Hinweise auf überreife Pionierphase
Funktionen, Organe	• Unklare Entscheidungsbefugnisse • (Geschäfts-)Führungsfunktionen unklar • Verantwortung und Entscheidungsbefugnisse stimmen nicht überein (ärztliches Personal)	Typische Hinweise auf überreife Pionierphase
Prozesse und Abläufe	• Unklare Entscheidungsprozesse • Wenig definierte und unklare Prozesse im Arbeitsalltag • Abläufe in den Teams oft abhängig von den Bedürfnissen der Mitarbeitenden • Zu rudimentäre Management- und Supportprozesse	Typische Hinweise auf überreife Pionierphase

Tab. 16: Hinweise auf Qualitäten von Entwicklungsphasen in den Wesenselementen (Fallbeispiel »Weiterentwicklung der Selbstorganisation einer werteorientierten Reha-Klinik«)

Diese Hinweise machen deutlich, dass es wohl darum gehen wird, eine für diese Organisation stimmige Differenzierung zu unterstützen, die ihre Kultur der Selbstorganisation, Augenhöhe und Werteorientierung in geeigneter Form weiterentwickelt und gleichzeitig mehr Klarheit, Struktur, Transparenz, Stabilität und Ordnung ermöglicht. Wie immer nehmen wir im kurativen Sinne der Verwendung der Entwicklungsphasen damit keine Zuschreibungen vor, sondern paraphrasieren in fragender Haltung die erwähnten Qualitäten der Differenzierungsphase. Gerade bei Phasenübergängen, in denen neue Handlungsparadigmen dazugelernt und bisherige Muster verlernt werden sollten, ist es uns besonders wichtig, im Sinne der hypnosystemischen Haltung die bisherigen Lösungsversuche und die bisherigen Muster des Gelingens als Kompetenz zu würdigen und für die Entwicklung neuer Handlungslogiken zu utilisieren.

5.2.1.1.3 Systemprinzipien

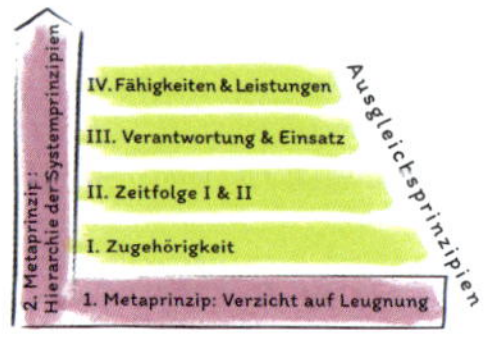

Was die Systemprinzipien angeht, haben wir folgende Hinweise erhalten:

- Systemprinzip der vollständigen und gleichwertigen Zugehörigkeit:
  - In der Schilderung der Geschäftsführenden bekamen wir den Eindruck, dass die Dauer der Zugehörigkeit zur Klinik sehr hohes Gewicht bekommt. So wurde immer wieder von den Mitarbeitenden gesprochen, die schon viele Jahre oder seit der Gründung da sind, und diese wurden von den erst in den letzten Jahren dazugekommenen Mitarbeitenden klar unterschieden. Zumindest kam bei uns der Eindruck auf, dass die Dauer der Zugehörigkeit zur Klinik die Zugehörigkeitsbedingungen in der Konsensrealität der Mitarbeitenden maßgeblich in eine Richtung prägt, die auf ein gleichwertiges Zugehörigkeitsgefühl aller Mitarbeitenden eine schwächende Wirkung hat. So haben wir nachgefragt, ob es zumindest informell ein Erleben von »unterschiedlichen Zugehörigkeitsklassen« geben könnte, was alle sieben Gesprächspartner:innen bejahten. Insofern könnte es für den Prozess wichtig sein, die Zugehörigkeitsbedingungen so zu klären, dass das Systemprinzip der vollständigen und gleichwertigen Zugehörigkeit gestärkt wird, während weiterhin die Dauer der Zugehörigkeit im Sinne des Systemprinzips der direkten Zeitfolge gewürdigt wird.
  - Was die Zugehörigkeit zum System der Eigentümer:innen angeht, ist formell zwar klar, wer dazugehört und wer nicht. Gleichzeitig scheint es zumindest informell so, als ob sich einige langjährige Mitarbeitende diesem System zugehörig fühlen (wollen), ohne (bisher) dazuzugehören zu können. Hierzu könnte es Klärungen brauchen.
  - Die Zugehörigkeit zur Geschäftsführung wird ebenfalls als vage erlebt, weil die drei designierten Geschäftsführenden schon als solche betrachtet werden, ohne dass sie klare Funktionen und eine Eintragung als Geschäftsführende haben.
  - Weiter erfuhren wir durch Nachfragen, dass aufgrund von teilweise unklaren Entscheidungsprozessen nicht immer klar ist, wer bei Entscheidungen

von großer Tragweite – z. B. in den monatlichen Plenarworkshops – dabei sein muss, damit Entscheidungen anschließend akzeptiert und umgesetzt werden. Zudem erfuhren wir, dass die Plenardialoge identitätsstiftend waren und teilweise immer noch sind, was im Sinne der Muster des Gelingens im Prozess berücksichtigt werden sollte.

- *Systemprinzip der direkten und indirekten Zeitfolge:* Aufgrund der starken Betonung der langjährigen Zugehörigkeit ist es aus unserer Sicht für den Prozess wichtig, die langjährige Zugehörigkeit der Gründer:innen und vieler Mitarbeitender immer wieder zu würdigen, ebenso die bisherigen Formen der von diesen Personen geprägten Selbstorganisation. Und gleichzeitig gilt es, bewusst daran zu arbeiten, was es für das Entstehen neuer Organe braucht, wie z. B. Entscheidungsgremien oder eine Lenkungsgruppe für den Organisationsentwicklungsprozess. So war das System beispielsweise bisher gewohnt, dass Entscheidungen von allen gemeinsam getroffen werden. Deshalb würde es wohl wichtig sein, ein Entscheidungsgremium für bestimmte Themenstellungen zu bilden, in dem Delegierte aus dem System verbindliche Entscheidungen treffen können und so ein neues Muster der arbeitsteiligen Entscheidungsfindung einüben, das wiederum für die zu entwickelnden Handlungslogiken leitend sein könnte.
- *Systemprinzip Einsatz und Verantwortung:*
  - Hierzu hörten wir deutlich, dass es sowohl aufseiten der Gründer:innen als auch von langjährigen Mitarbeitenden den Eindruck gibt, für den Einsatz und die Verantwortungsübernahme zu wenig gewürdigt zu werden. Ebenso wurde deutlich ausgesprochen, dass die Verantwortung des ärztlichen Personals, aber auch von anderen Personen in verantwortungsvollen Positionen durch das Negieren von Hierarchie zu wenig beachtet wird.
  - Für den Organisationsentwicklungsprozess ist es nach unserer Einschätzung wichtig, hierzu mehr Klarheit und Übereinstimmung von Verantwortung und deren Anerkennung zu schaffen.
- *Systemprinzip Fähigkeiten und Leistungen:* Die Kompetenz und Leistungsfähigkeit der Mitarbeitenden wurden von unseren Gesprächspartner:innen sehr betont. Gleichzeitig wurde deutlich, dass die Förderung von Fähigkeiten und Leistungen durch eine konsistente und nachvollziehbare Personal- und Lohnpolitik wichtig ist.

5.2.1.1.4 Basisprozesse

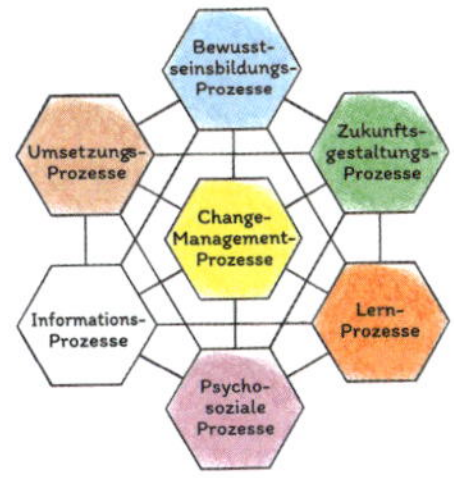

Zu den Basisprozessen haben wir folgende Hinweise bekommen:

- *Bewusstseinsbildungsprozesse:* Die als Probleme empfundenen und als Streitpunkte definierten Themen scheinen zwar innerhalb der Klinik grundsätzlich ausgesprochen zu sein. Jedoch wurde geäußert, dass es sehr unterschiedliche Interpretationen der Hintergründe, Wechselwirkungen und Einflussfaktoren für diese Themenfelder und Streit darüber gibt, welches die Gründe dafür sind. Dies zeigte sich auch im Gespräch mit den sieben Geschäftsführenden, die sich zwar bemühten, die Themen möglichst sachlich zu benennen, in der konkreten Benennung und Ausformulierung der Punkte korrigierten sie sich aber immer wieder und widersprachen sich. Für die Prozessgestaltung wird es wichtig sein, dass die Unterschiede Platz finden, ausgesprochen und gehört werden können ohne den Anspruch, dass es alle in gleicher Weise sehen müssen, dass aber zumindest ein gemeinsames Bild über die Unterschiedlichkeit der Sichtweisen gestaltet werden kann als Ausgangslage für gegenseitiges Verständnis und für Zukunftsideen.

- *Zukunftsgestaltungsprozesse:* Es wurde deutlich, dass es noch kein gemeinsames Zukunftsbild für die Klinik gab – weder innerhalb der Eigentümerschaft noch bei den Mitarbeitenden. Vielmehr entstand der Eindruck, dass das innovative medizinisch-therapeutische Konzept und die Selbstorganisation in jedem Fall bewahrt werden sollen, wenn auch auf verfeinerte und klarere Art und Weise. Gleichzeitig wurde geäußert, es brauche mehr strategische Ausrichtung. Und zumindest seitens einiger langjähriger Mitarbeitender und der designierten Geschäftsführenden klang deutlich an, dass es ein Zukunftsbild für Eigentümerschaft bzw. Beteiligungsmodelle braucht. Insgesamt hatten wir den Eindruck, dass ein Leidensdruck herrscht, jedoch wenig Lustsog. Für die Gestaltung des Organisationsentwicklungsprozesses wird es wichtig sein, geduldig und iterativ an der Qualität der Zukunftsgestaltung zu arbeiten.
- *Psychosoziale Prozesse:* Es wurde uns von verschiedenen Konflikten und Spannungen berichtet. Wir hörten deutlich heraus, dass die starke Personen- und Beziehungsorientierung als Belastung erlebt werden und die Befürchtung besteht, die schon bisher als erschöpfend erlebten Dialogrunden könnten im Prozess diesem Erleben weiter Vorschub leisten. Es wird für die Gestaltung des Organisationsentwicklungsprozesses unterstützend sein, die bestehenden Spannungen besprechbar zu machen und die Bedürfnisse und Werte aller Beteiligten zu würdigen, sie jedoch eher mit organisationalen Kontextfaktoren zu verbinden, statt zu sehr auf der zwischenmenschlichen Ebene auszutragen.
- *Lernprozesse:* Ständiges Lernen und Aus- und Weiterbildung sind in der Klinik wichtige Werte. Es gibt viel Raum für gemeinsame Reflektion und Austausch. Gleichzeitig wurde die mangelnde Personalentwicklung angesprochen. Auf unsere Rückfragen hin wurde deutlich, dass Lernen und Reflektieren sich stark aus den eigenen Erfahrungen und den Disziplinen im Kerngeschäft der Klinik und innerhalb der eigenen Paradigmen nähren. Von außen oder von anderen beruflichen Perspektiven kommen jedoch eher wenig Impulse. Im Organisationsentwicklungsprozess wird es darum gehen, neue Lerninhalte und -formate aus anderen Bereichen und ggf. von anderen Organisationen mit anderen Paradigmen einzuladen, um neue Ideen entstehen zu lassen,

die mit der eigenen Kultur verbunden werden können. Dies könnte Lernen 3. Ordnung fördern, das für den Übergang in die Differenzierungsphase notwendig sein wird.

- *Informationsprozesse:* Über die Informationsprozesse wurde uns nicht direkt berichtet. Dabei wurde sehr schnell klar, dass die grundsätzliche Idee besteht, alle dürfen und sollen über alles jederzeit Bescheid wissen, weil viel Wert auf direkten Austausch und absolute Transparenz gelegt wird. So hatte in der Klinik jeder und jede das Recht, jede Information jederzeit nachzufragen, unabhängig von Position oder Disziplin. Gleichzeitig erfuhren wir auf Nachfrage, dass es, abgesehen von den großen monatlichen Runden, keine übergreifenden Informationsprozesse gab und dass die einzelnen Teams die Weitergabe relevanter Informationen sehr unterschiedlich handhabten. Für den Organisationsentwicklungsprozess wird es erfolgsrelevant sein, diesem Anspruch nach Transparenz gerecht zu werden sowie stabile, gezielte und verlässliche Informationsprozesse zu gestalten.
- *Umsetzungsprozesse:* Die Initiativ- und Tatkraft der Menschen im Kerngeschäft war offensichtlich und stellt eine wichtige Ressource für künftige Umsetzungen dar. Ebenso offensichtlich wurde, dass hinsichtlich Entscheidungen im übergreifenden Sinn viele Blockaden vorhanden waren. Auch wurde betont, dass getroffene Entscheidungen oder vorhandene Regeln nicht immer umgesetzt bzw. befolgt werden. Wir vermuteten, dass es für den Prozess entscheidend sein wird, klare Entscheidungsprozesse für Umsetzungen zu erarbeiten und zu unterstützen, dass getroffene Entscheidungen dann auch tatsächlich umgesetzt bzw. verabschiedete Regeln eingehalten werden. So würden sich im Kontext von Entscheidungsprozessen erste neue Gewohnheiten bilden, die auch für andere Arbeitsabläufe bahnend wirken können.
- *Changemanagementprozesse:* Diese Prozesse sind gleichbedeutend damit, zu planen, zu priorisieren, Ressourcen bereitzustellen, zu steuern, klare Organe zu bilden und zu gewährleisten, dass im System Verantwortung für den Veränderungsprozess und die Erreichung von dessen Zielen übernommen wird. Gerade in einer überreifen Pionierphase und bei der ausgeprägten selbstorganisierten Kultur der Klinik würde diese Prozessqualität entscheidend sein. Wenn es gelingt, eine Prozessgestalt gemeinsam mit dem System zu erarbeiten, die transparent, strukturiert und verbindlich ist, und Organe zu schaffen, die ihre Verantwortung übernehmen und Entscheidungen vorbereiten bzw. fällen, kann das System im Entwicklungsprozess erfahren, wie es sich auf eine ihm gemäße Art und Weise transformieren kann.

5.2.1.2 Paraphrasierungen

Wie mehrfach erwähnt, gehen wir in den Gesprächen mit Auftraggebenden nicht so vor, dass wir die oben aufgeführten Überlegungen als Hypothesen formulieren oder ihnen darlegen. Vielmehr hören wir im Geiste der vier Basiskonzepte der

Landkarte zu und paraphrasieren in fragender Haltung das Gehörte. Das Ziel ist, im Gegenüber Suchprozesse anzuregen und sicherzustellen, dass wir das Gesagte richtig verstehen. Folgende Paraphrasierungen haben wir beispielhaft in diesem Auftragsklärungsgespräch verwendet:

- Wenn wir Sie richtig verstehen, ist es Ihnen einerseits sehr wichtig, dass Ihre Gründungsidee einer ganzheitlich-salutogenetischen Medizin, die Selbstorganisation und die einmalige Kultur Ihrer Klinik bewahrt wird, und andererseits wünschen Sie sich mehr Struktur, Übersicht und Klarheit? (Syntax: Würdigung der Ambivalenz von bisheriger Identität mit vielen Ressourcen der Pionierphase und den gewünschten Qualitäten der Differenzierungsphase)
- Wir haben verstanden, dass Sie sich klarere Verantwortungen und Befugnisse, Entscheidungsprozesse und verbindliche Umsetzungen von Regeln und Entscheidungen wünschen? (Syntax: Strategie/Policy, Funktionen und Prozesse in den Qualitäten der Differenzierungsphase)
- Sie wünschen sich eine einfache, übersichtliche und der Realität angepasste Aufbaustruktur, die für Mitarbeitende, Klient:innen und Zuweisende deutlich macht, an wen sich wer wenden kann? (Syntax: Wesenselement Aufbaustruktur in den Qualitäten der Differenzierungsphase)
- Wir haben Sie so verstanden, dass Sie Ihre kompetenten und engagierten Mitarbeitenden sehr schätzen und auf die gelebte Dialogkultur stolz sind, während Sie sich gleichzeitig effizientere und sachorientiertere Auseinandersetzungs- und Entscheidungsorgane wünschen? (Syntax: Pacing des Bisherigen und Ambivalenz ansprechen zwischen der personenorientierten Zusammenarbeitskultur – Menschen/Gruppen/Klima in den Qualitäten der Pionierphase – und dem Wunsch nach mehr Qualitäten der Differenzierungsphase)
- Sie haben zum Ausdruck gebracht, dass Sie das Engagement der langjährigen Mitarbeitenden für die Selbstorganisation schätzen und dies auch würdigen wollen. Gleichzeitig besorgt es Sie, dass neue Mitarbeitende, die eher an der konkreten Arbeit mit den Klient:innen interessiert sind, sich manchmal nicht voll oder gleichwertig zugehörig fühlen? (Syntax: Ansprechen des Systemprinzips der vollständigen und gleichwertigen Zugehörigkeit)
- Wenn wir Ihnen zuhören, entsteht bei uns der Eindruck, dass es aus Ihrer Sicht für den Prozess wichtig wäre, dass alle Meinungen und Sichtweisen eingebracht und gehört werden können, um klare und verbindliche Zukunftsvorstellungen zu entwickeln, die für alle Mitarbeitenden gültig sind? (Syntax: Wichtigkeit der Qualitäten der Bewusstseinsbildungsprozesse nachfragen und mit Zukunftsgestaltungsprozessen im Sinne der Differenzierungsphase verbinden)
- Ihnen ist es wichtig, dass es im Prozess den Raum dafür gibt, dass sich alle beteiligen und Spannungen angesprochen werden können. Gleichzeitig wünschen Sie sich ein verbindliches und strukturiertes Vorgehen, das zu umsetzbaren Maßnahmen führt? (Syntax: Qualitäten der psychosozialen Prozesse

in Verbindung mit der Differenzierungsphase gemäß gestalteten Changemanagementprozessen und der Betonung der Umsetzungsprozesse)

Das tatsächliche Gespräch mit den sieben Geschäftsführenden hat fast vier Stunden gedauert, und wir haben Dutzende Paraphrasierungen angeboten, die wir hier nicht alle aufführen können. In der letzten Stunde haben wir dann die Ergebnis- und zumindest ansatzweise die Prozessziele aus den Paraphrasierungen als Vorschlag formuliert.

5.2.2 Ergebnis- und Prozessziele

Ergebnisziele

Folgende Ergebnisziele sollen durch den Prozess erreicht werden:

- Die Eigentümer:innen und Führungspersonen der Klinik haben ein gemeinsames Bild darüber entwickelt, wie der Zweck des Unternehmens langfristig erfüllt werden kann und was die tragenden Werte und Visionen der Klinik sind. (Wesenselemente Identität und Aufbaustruktur hinsichtlich der Frage von Beteiligungsmodellen am Eigentum)
- Nicht verhandelbare Prinzipien bzw. Grundsätze der medizinisch-therapeutischen Arbeit mit Klient:innen und der Zusammenarbeit in der Klinik sind erarbeitet und werden umgesetzt. Darin ist auch definiert, was unter Führung in der selbstorganisierten Klinik verstanden wird und wie selbstorganisierte Führung im Zusammenspiel der Menschen gelebt werden soll. (Wesenselemente Strategie/Policy und Menschen/Gruppen/Klima)
- Die Funktionen der Eigentümer:innen in Abgrenzung zur Funktion der Geschäftsführung ist geklärt. Ebenso ist geklärt, wer zur Geschäftsführung gehört und wie die Funktionen der Geschäftsführenden definiert sind. (Wesenselement Funktionen/Organe in den Qualitäten der Differenzierungsphase, Systemprinzip Zugehörigkeit bezogen auf die Geschäftsführung)
- Selbstorganisation ist weiterhin zentraler Pfeiler der Organisation und funktioniert klar, transparent und übersichtlich: Es gibt ein klares und umsetzbares Organigramm, definierte Gremien mit Verantwortungen und Befugnissen sowie transparente, effiziente und verbindliche Entscheidungsprozesse. (Wesenselemente Aufbaustruktur, Funktionen/Organe und Prozesse in den Qualitäten der Differenzierungsphase unter Würdigung des Wertes der Selbstorganisation)
- Das Zusammenspiel der Führungsfunktionen und der Funktionen der verschiedenen Teams im Sinne von Entscheidungsprozessen, Leistungsprozessen und Spielregeln ist definiert und geklärt. (Wesenselemente Strategie/Policy, Funktionen/Organe und Prozesse in Qualitäten der Differenzierungsphase)

- Es sind Organe mit klaren Verantwortlichkeiten definiert, die sich der Strategie- und Angebotsentwicklung, der Personalentwicklung und der Professionalisierung der Management- und Supportprozesse annehmen und diese mit den verschiedenen Anspruchsgruppen in der Klinik abstimmen. (Wesenselemente Strategie und Funktionen/Organe)

Prozessziele

Um diese Ergebnisziele zu erreichen, haben wir folgende Prozessziele vorgeschlagen:

- Die Eigentümer:innen haben ein gemeinsames Bild davon erarbeitet, in welchen Funktionen sie künftig in der Klinik tätig sein wollen. Sie haben sich darüber geeinigt, ob und, wenn ja, in welcher Form sie sich Beteiligungsmodelle vorstellen können. (Wesenselement Funktionen/Organe und Aufbaustruktur, Basisprozessqualität Zukunftsgestaltungsprozesse)
- Die Eigentümer:innen und die designierten Geschäftsführenden haben sich auf klare Funktionsdefinitionen innerhalb der Geschäftsführerschaft geeinigt. Das Gremium der Geschäftsführenden hat ebenfalls klare Verantwortungen, Befugnisse, Tätigkeiten und Spielregeln. Diese neu definierten Funktionen werden ab sofort umgesetzt, damit erste angestrebte Entwicklungsschritte stattfinden können. (Wesenselement Funktionen/Organe, Systemprinzipien Zugehörigkeit sowie Verantwortung/Einsatz, Basisprozessqualitäten Zukunftsgestaltungs- und Umsetzungsprozesse)
- Eigentümer:innen und die neuen Geschäftsführenden haben die Mitarbeitenden über ihren bisherigen Prozess, den Stand der Überlegungen zu Beteiligungsmodellen und den neu gestalteten Funktionen informiert und darüber, dass ein partizipativer Organisationsentwicklungsprozess stattfindet, um die Klinik und ihre Selbstorganisation weiterzuentwickeln. Die Mitarbeitenden kennen die Ziele, Rahmenbedingungen, ihre Mitwirkungsmöglichkeiten und die Vorgehensweisen im Prozess und konnten dazu Rückmeldung geben. (Basisprozessqualitäten Informationsprozesse, psychosoziale Prozesse, Changemanagementprozesse)
- Eine Lenkungsgruppe aus Geschäftsführenden, langjährigen und neueren Mitarbeitenden aus möglichst allen Disziplinen hat sich gebildet, um die Detailplanung des Organisationsentwicklungsprozesses gemeinsam mit der externen Beratung zu erarbeiten und dafür zu sorgen, dass der Prozess für die Organisationskultur der Klinik maßgeschneidert ist. (Basisprozessqualität Changemanagementprozesse; Systemprinzipien Zugehörigkeit, indirekte Zeitfolge und Verantwortung/Einsatz)
- In einem Workshop mit möglichst vielen Mitarbeitenden ist ein gemeinsames Bild entstanden von den Stärken und Entwicklungspotenzialen der Klinik. Im Workshop konnten alle schwierigen Themen offen angesprochen, Bisheriges konnte gewürdigt, und Spannungsfelder konnten benannt werden. Es sind

gemeinsam Handlungsfelder für den Organisationsentwicklungsprozess herausgearbeitet und dazu Richtungsaussagen (weg von – hin zu) formuliert worden. (Basisprozessqualität Bewusstseinsbildungsprozesse, psychosoziale Prozesse, Zukunftsgestaltungsprozesse; alle Wesenselemente; Systemprinzipien Zugehörigkeit, Zeitfolge, Verantwortung/Einsatz)

- Die Lenkungsgruppe und eine die Organisation gut abbildende Querschnittsgruppe hat aufgrund der Richtungsaussagen eine langfristig ausgerichtete Vision und unverhandelbare Grundsätze für die medizinisch-therapeutische Arbeit und das Funktionieren der Klinik als Entwurf erarbeitet. (Basisprozessqualität Zukunftsgestaltungsprozesse zu den Wesenselementen Identität und Strategie; Systemprinzip Zugehörigkeit)
- Diese Entwürfe der Vision und unverhandelbarer Grundsätze sind in allen Teams der Organisation vorgestellt und diskutiert worden. Die Teams konnten sich damit auseinandersetzen und Rückmeldungen an die Querschnittsgruppe geben. (Basisprozessqualitäten Informationsprozesse, Bewusstseinsbildungsprozesse, Zukunftsgestaltungsprozesse, psychosoziale Prozesse)
- Eigentümer:innen, Geschäftsführende und Querschnittsgruppen haben die Vision und die unverhandelbaren Grundsätze in einem gemeinsamen Workshop bereinigt und verabschiedet. (Basisprozessqualität Zukunftsgestaltungsprozesse)
- Vision und unverhandelbare Grundsätze wurden in einem monatlichen Plenarmeeting vorgestellt und in Kraft gesetzt. Sie dienen ab jetzt als Grundlage für den weiteren Organisationsentwicklungsprozess und die Zusammenarbeit. (Basisprozessqualitäten Informationsprozesse, Changemanagementprozesse)
- Eine repräsentativ zusammengesetzte Arbeitsgruppe »Weiterentwicklung der Selbstorganisation« hat auf der Grundlage von Vision und unverhandelbaren Grundsätzen ein neues Organisationsdesign, neue, verbindliche Prozesse für Entscheidungsfindung und -umsetzung sowie dazu notwendige Funktionen und Organe erarbeitet. (Basisprozessqualitäten Zukunftsgestaltungsprozesse zu den Wesenselementen Aufbaustruktur, Prozesse, Funktionen/Organe; Systemprinzipien Zugehörigkeit, Verantwortung/Einsatz)
- In allen Teams und in einer Großgruppenkonferenz sind die Ergebnisse der Arbeitsgruppe »Weiterentwicklung der Selbstorganisation« vorgestellt und diskutiert sowie rückgemeldet worden. Die Arbeitsgruppe hat aufgrund der Rückmeldungen das neue Organisationsmodell ggf. noch angepasst und bereinigt. (Basisprozessqualitäten Informationsprozesse, Bewusstseinsbildungsprozesse, Zukunftsgestaltungsprozesse)
- Eigentümer:innen und Geschäftsführende haben das neue Modell der Selbstorganisation in Kraft gesetzt und gemeinsam mit der Lenkungsgruppe die Einführung der neuen Aufbaustruktur, der neuen Funktionen und Prozesse sowie begleitende Lernprozesse geplant. (Basisprozessqualitäten Umsetzungsprozesse, Changemanagementprozesse, Lernprozesse)

- Begleitet von der Lenkungsgruppe (und ohne externe Begleitung) sind Arbeitsgruppen mit klaren Rahmenbedingungen (Ziele, Befugnisse, Budgets, Vorgehensplan) zur Weiterentwicklung von Strategie und Angeboten, Personalentwicklung und Professionalisierung der Management- und Supportprozesse eingesetzt worden. (Basisprozessqualität Changemanagementprozesse, Zukunftsgestaltungsprozesse)
- Die Wirkungen der neuen Form der Selbstorganisation sind nach sechs Monaten von der Lenkungsgruppe evaluiert – mögliche Anpassungsnotwendigkeiten sind thematisiert und werden umgesetzt. (Basisprozessqualitäten Bewusstseinsbildungsprozesse, Changemanagementprozesse, Umsetzungsprozesse)
- Die externe Begleitung des Organisationsentwicklungsprozesses ist mit Eigentümer:innen, Geschäftsführenden und Lenkungsgruppe evaluiert und abgeschlossen. (Basisprozessqualitäten Bewusstseinsbildungsprozesse und Changemanagementprozesse)

Aus diesen Ergebnis- und Prozesszielen bekommen wir nun wieder sehr präzise Hinweise für die ziel-weg-stimmige Gestaltung des Prozesses und seiner Organe.

5.2.3 Ziel-Weg-stimmige Prozessgestaltung

5.2.3.1 Prozessorgane

Auch wenn in den Prozesszielen viele Organe des Prozesses schon beschrieben worden sind, führen wir hier wieder aus, wie die Ergebnisziele gerade durch die Organbildung im Sinne der Ziel-Weg-Stimmigkeit unterstützt werden können. Im vorliegenden Fall war es uns wichtig, die Qualitäten der Differenzierungsphase durch eine transparente Prozessgestaltung mit verbindlichen und klar definierten Verantwortungen vorwegzunehmen und als übergreifenden Lernprozess für die Organisation zu verstehen.

Die folgenden Überlegungen haben wir unseren Auftraggebenden transparent dargelegt, mit ihnen vertieft besprochen und ihre Bedenken, Fragen und Wünsche darin selbstverständlich berücksichtigt. Genauso haben wir den im Folgenden dargestellten einzelnen Prozessorgane diese Überlegungen transparent gemacht und mit ihnen diskutiert. Es geht also keinesfalls darum, dass wir unsere Vorstellungen der Prozessgestaltung dem Klientensystem aufzwingen wollen. Vielmehr entsteht gerade in der Auseinandersetzung mit diesem eine zieldienliche Prozessgestalt.

Der gesamte Prozess ist so organisiert, dass möglichst viel von internen Ressourcen geleistet werden kann.

Auftraggeberschaft und Entscheidungsgremium

Im Auftragsklärungsgespräch meinten die Eigentümer:innen, dass die designierten Geschäftsführenden Auftraggebende für den Prozess sein sollen. Aufgrund der damals diffusen und vermischten Definition der verschiedenen Funktionen waren wir der Ansicht, dass es für das angestrebte Ergebnis zieldienlich wäre, wenn die Eigentümer:innen und die designierten Geschäftsführenden gemeinsam in die Verantwortung für den Auftrag gehen und auch die zentralen Entscheidungen gemeinsam treffen sollten. Durch diese Klarheit erhofften wir uns die *Stärkung der Zugehörigkeit* zum angestrebten Geschäftsführungsgremium sowie eine bessere Beachtung des *Systemprinzips Verantwortung und Einsatz*, das ja auch die Beachtung von Hierarchie beinhaltet; gerade die formal existente Hierarchie wurde bisher in der Organisation eher verschleiert (Beachtung des Metaprinzips der Nichtleugnung – hier von Verantwortung und Einsatz). Diese Überlegungen machten wir schon im Auftragsklärungsgespräch transparent, und die Eigentümer:innen und designierten Geschäftsführenden konnten dem zustimmen.

Lenkungsgruppe

Nicht nur im Kontext von selbstorganisierten Organisationen ist es uns wichtig, dass die Verantwortung für die Gestaltung des Prozesses nicht nur bei Auftraggebenden, Führungskräften und externen Beratenden liegt. Vielmehr sollen Menschen aus dem System heraus und stellvertretend für dieses die Verantwortung übernehmen, gemeinsam mit der externen Begleitung und im Sinne der Auftragsziele den Prozess co-kreativ zu gestalten. Nebst dem Effekt, dass dadurch die Verantwortung stärker im System liegt, finden wichtige Lernprozesse für die Lenkungsgruppe statt, die durch ihre intensive Arbeit viel über Organisationsentwicklung lernt.

Wir wollten, dass die drei designierten Geschäftsführenden Teil der Lenkungsgruppe sind, um diese in ihrer neuen Rolle zu stärken und für den noch längeren Entwicklungsprozess auch im Sinne des angesprochenen Lernens zu unterstützen. Nebst den dreien war es uns wichtig, zentrale langjährige Mitarbeitende dabei zu haben, die ihre Unzufriedenheit und ihre Ansprüche schon deutlich geäußert hatten und deren Perspektive unbedingt gewürdigt und als berechtigt einbezogen werden sollte. Auf diese Weise wollten wir das *Systemprinzip der direkten Zeitfolge* berücksichtigen. Gleichzeitig war es uns wichtig, neuere Mitarbeitende mit anderen Ansprüchen und Ideen in der Lenkungsgruppe zu haben, um die *gleichwertige Zugehörigkeit* aller Mitarbeitenden zur Organisation zu stärken und das *Systemprinzip der indirekten Zeitfolge zu berücksichtigen.* Insgesamt umfasste die Lenkungsgruppe in diesem Prozess elf Personen. Das ist mehr als üblich, erschien in diesem speziellen Fall jedoch als zieldienlich. Mit Ausnahme der Geschäftsführenden wurden die Mitglieder der Lenkungsgruppe vom Gesamtteam gewählt mit der Maßgabe, dass vier langjährige und drei noch neuere Mitarbeitende dem Gremium angehören sollten.

Schließlich verfolgten wir in diesem speziellen Fall mit der Lenkungsgruppe zusätzlich die Idee, »Führung« als Thema auf den Tisch zu bringen, da dies bisher eher ein Tabuthema darstellte und es uns wichtig schien, die Bedeutungsgebung dieses Wortes von Beginn an neu zu gestalten.

Querschnittsgruppe zur Erarbeitung der Vision und der unverhandelbaren Grundsätze

Eine rund 30-köpfige, repräsentativ zusammengesetzte Gruppe sollte auf der Grundlage des Großgruppenworkshops die Entwürfe von Vision und unverhandelbaren Grundsätzen erarbeiten. Die Gruppe wurde ebenfalls gewählt, indem die einzelnen Teams Delegierte in die Gruppe entsandten, allerdings unter der Voraussetzung, dass die Delegierten selbstständige Entscheidungen treffen dürfen, ohne für alle möglichen Überlegungen mit dem Team Rücksprache halten zu müssen. Auch hier war es uns wichtig, die bisherige Kultur zu würdigen und die Menschen in ihren bisherigen Gewohnheiten abzuholen, während gleichzeitig der *Differenzierungsphase* gemäße neue Formen der Delegation erprobt werden können, die Lernen ermöglichen.

Arbeitsgruppe zur Weiterentwicklung der Selbstorganisation

Die gleichen Überlegungen treffen auch auf die Arbeitsgruppe zu, die die neuen Formen der Selbstorganisation entwerfen sollte. Diese Gruppe jedoch sollte kleiner sein und maximal rund 20 Personen umfassen. Auch hier wurde die Gruppe nach einem bestimmten Schlüssel gewählt.

Großgruppen/Plenum sowie Teams

In der bisherigen Kultur spielten die monatlichen Plenarversammlungen eine zentrale Rolle, wenngleich sich die Unzufriedenheit über die Effizienz und Effektivität der dortigen Dialogrunden zunahm. Um die Perspektivenvielfalt der Mitarbeitenden zu versorgen und die bisherige Kultur gut zu pacen, war uns wichtig, das Plenum in verschiedenen Sequenzen und Workshops zu nutzen, gleichzeitig jedoch den kleineren Teams zur Diskussion und Auseinandersetzung über die Entwürfe von Vision, unverhandelbaren Grundsätzen und neuer Form der Selbstorganisa-

Wann / Form	Schritt
05/2016	Workshop Zukunftspläne und individuelle Ziele der Eigentümer:innen: • Die Eigentümer:innen wissen voneinander, wie sie ihre jeweiligen Zukünfte und Rollen in der Klinik sehen. • Sie haben sich miteinander auf erste Überlegungen verständigt, wie sie das langfristige Fortbestehen der Klinik sichern wollen und ob bzw. wie Beteiligungsmodelle für Mitarbeitende aussehen könnten. • Eine erste Grundlage für das Funktionsbild als Eigentümerschaft in Abgrenzung zur Funktion der Geschäftsführung ist erstellt. • Das weitere Vorgehen zur Klärung der Optionen für Beteiligungsmodelle und zur eigenen Rolle bzw. zu den eigenen Funktionen für die Zukunft ist festgelegt.
06/2016	Workshop Funktionsklärung der Eigentümerschaft und Absichtserklärung zum Beteiligungsmodell: • Funktionsbild der Eigentümerschaft ist erstellt. • Absichtserklärung zum Prozess der Evaluation von Beteiligungsmodellen inkl. Zeitplan steht. • Workshop mit designierten Geschäftsführenden ist vorbereitet.

tion mehr Gewicht zu geben. Auch damit wollten wir die Prinzipien der Delegation und Arbeitsteilung im Sinne der *Differenzierungsphase* stärken, abgesehen davon, dass es für einen funktionierenden Prozess notwendig war.

Externe Beratung
Die externe Beratung konzipiert in enger Abstimmung mit der Auftraggeberin den Prozess und moderiert Workshops und Sitzungen. Ebenso geben die externen Beratenden Inputs und stellen Modelle und Instrumente zur Verfügung, die den Prozess unterstützen. Sie dokumentieren die Workshops und Prozessergebnisse.

Der Prozess ist so organisiert, dass möglichst viel von internen Ressourcen geleistet werden kann.

5.2.3.2 Vorgehenskonzept

Das in Tabelle 17 dargestellte Vorgehenskonzept haben wir direkt aus den Ergebnis- und Prozesszielen abgeleitet. Es stellte zu Beginn des Prozesses im April 2016 den Plan dar. Selbstverständlich haben wir im zugehörigen Angebot betont, dass das Vorgehen zwar grundsätzlich so funktionieren könnte, dass jedoch jederzeit Prozessziele dazukommen bzw. Vorgehensideen gerade im Zusammenspiel mit der Lenkungsgruppe verändert und ergänzt werden können. Mit einem solchen Vorgehenskonzept für die Dauer von mehr als einem Jahr wollen wir dem Klientensystem (und uns) Planungssicherheit geben und die zentralen Schritte aufzeigen, sodass sie terminiert werden können, was gerade für das Klientensystem für seine Ressourcenplanung sehr entscheidend ist. Gleichzeitig betonen wir, dass das Konzept genügend Spielraum für Flexibilität und neue Notwendigkeiten beinhaltet.

Zum Zeitpunkt der Angebotslegung hatten wir 30–33 Beratungstage über 1,5 Jahre geplant.

	Wer	Beratungstage	Prozessziele nach Basis-prozessen
	Eigentümer:innen Externe Beratung	2	BBP, PSP ZGP, PSP ZGP CMP
	Eigentümer:innen Externe Beratung	2	ZGP ZGP, CMP CMP

Wann / Form	Schritt
07/2016	Workshop Eigentümerschaft und designierte Geschäftsführende zur Funktionsklärung: • Das Funktionsbild der Eigentümerschaft ist mit den designierten Geschäftsführenden besprochen und abgestimmt. • Das Funktionsbild des Geschäftsführungsgremiums ist erstellt. • Die Grundlagen der Funktionsbilder der einzelnen Mitglieder der Geschäftsführung sind erstellt. • Die designierten Geschäftsführenden gaben Rückmeldung zur Absichtserklärung und zum Prozess der Evaluation von Beteiligungsmodellen. • Die Information der Mitarbeitenden für den OE-Prozess ist vorbereitet.
09/2016	Informationsworkshop zu den Ergebnissen des bisherigen Prozesses und zum OE-Prozess: Die Mitarbeitenden • kennen die neu definierten Funktionen der Eigentümerschaft und der Geschäftsführung. • kennen die Absichtserklärung und den weiteren Prozess zur Evaluation von Beteiligungsmodellen. • kennen die Ziele des OE-Prozesses sowie Vorgehen und eigene Beteiligungsmöglichkeiten. • konnten sich dialogisch mit diesen Informationen auseinandersetzen und dazu Rückmeldung geben. • kennen das weitere Vorgehen.
09/2016	Wahl der Mitglieder der Lenkungsgruppe: • Die Mitarbeitenden kennen Verantwortung und Aufgaben der Lenkungsgruppe sowie die Kriterien für die Wahl der Mitglieder. • Die Lenkungsgruppenmitglieder sind gewählt.
10/2016	Kick-off-Workshop der Lenkungsgruppe: Die Lenkungsgruppe • kennt ihre Verantwortungen und Aufgaben. • hat sich intensiv mit dem OE-Prozess und ihrer Funktion darin auseinandergesetzt. • konnte Rückmeldung zu Vorgehen und konzeptionellem Rahmen geben. • hat das Workshopdesign für den Großgruppenworkshop im November besprochen, angepasst und die Moderationsrollen im Workshop vorbereitet.
11/2016	Großgruppenworkshop mit möglichst vielen Mitarbeitenden: Die Mitarbeitenden • haben die Stärken, Entwicklungspotenziale und Spannungsfelder der Klinik benannt, sich damit auseinandergesetzt und zentrale Themenfelder für die Entwicklung festgelegt. • kennen das Systemkonzept der sieben Wesenselemente und die Entwicklungsphasen als orientierungsgebende Modelle. • haben Richtungsaussagen formuliert, die als Grundlage für den weiteren Prozess und insbesondere für die Formulierung der Vision und der unverhandelbaren Grundsätze dienen. • kennen die nächsten Schritte im OE-Prozess und wissen, wo sie sich wie als Nächstes einbringen können.
11/2016	Besetzung Querschnittsgruppe zur Formulierung der Vision und der unverhandelbaren Grundsätze: • Die Querschnittsgruppe ist gewählt und kennt ihre Verantwortungen und Aufgaben.

Wer	Beratungstage	Prozessziele nach Basis-prozessen
Querschnittsgruppe Externe Beratung	4	BBP, PSP ZGP ZGP BBP, PSP CMP
Geschäftsleitung Mitarbeitende Externe Beratung	1	IP IP IP BBP, PSP IP, CMP
Geschäftsführende Mitarbeitende	–	IP CMP
Lenkungsgruppe Externe Beratung	2	IP BBP, IP, PSP LP, BBP CMP
Mitarbeitende Externe Beratung	2	BBP, PSP, ZGP LP ZGP IP, CMP
Lenkungsgruppe	–	CMP

Wann / Form	**Schritt**	
11/2016	Workshop Lenkungsgruppe zur Vorbereitung des Workshops mit der Querschnittsgruppe: Die Lenkungsgruppe hat • den Großgruppenworkshop reflektiert. • das Design für den Workshop mit der Querschnittsgruppe erarbeitet. • den Workshop mit der Querschnittsgruppe vorbereitet.	
12/2016	Workshop Querschnittsgruppe zur Erarbeitung der Vision und der unverhandelbaren Grundsätze: Die Querschnittsgruppe hat • das Material aus dem Großgruppenworkshop ausführlich besprochen und strukturiert. • einen Entwurf der Vision der Klinik erarbeitet. • darauf abgestützt einen Entwurf für unverhandelbare Grundsätze erarbeitet. • die Präsentationen der Entwürfe und die Rückmeldungsprozesse in den Teams vorbereitet.	
01/2017	Präsentationen und Rückmeldungen zu Vision und unverhandelbaren Grundsätzen in den Teams: Die Lenkungs- und Querschnittsgruppenmitglieder haben • ihren Entwurf in den Teams präsentiert. • den Dialog dazu moderiert. • die Rückmeldungen aus den Teams strukturiert gesammelt.	
02/2017	Workshop Querschnittsgruppe: • Die Rückmeldungen aus den Teams sind präsentiert und diskutiert. • Vision und unverhandelbare Grundsätze sind bereinigt. • Die grafische Aufbereitung von Vision und unverhandelbaren Grundsätzen ist aufgesetzt. • Die Information und offizielle Inkraftsetzung von Vision und unverhandelbaren Grundsätzen ist vorbereitet.	
03/2017	Information und Inkraftsetzung Vision und unverhandelbare Grundsätze anlässlich monatlichem Plenarmeeting: • Die Mitarbeitenden kennen die verabschiedete Vision und die unverhandelbaren Grundsätze. • Sie konnten sich anhand von praktischen Beispielen aus dem Alltag damit auseinandersetzen. • Sie kennen das weitere Vorgehen im OE-Prozess. • Sie konnten auf die Entwicklung dieser beiden Orientierung gebenden Grundlagen feierlich anstoßen.	
04/2017	Workshop Lenkungsgruppe zur Vorbereitung der AG »Weiterentwicklung Selbstorganisation«: Die Lenkungsgruppe • hat aufgrund der Vision und der unverhandelbaren Grundsätze zentrale Aspekte der Selbstorganisation benannt, die von der AG beachtet werden sollten. • hat das Design des Workshops mit der AG vorbereitet. • hat den Wahlprozess der Mitglieder der AG vorbereitet.	
04/2017	Wahl bzw. Besetzung der AG »Weiterentwicklung Selbstorganisation«: • Die AG ist besetzt und kennt ihre Verantwortungen und Aufgaben.	

Wer	Beratungstage	Prozessziele nach Basis-prozessen
Lenkungsgruppe Externe Beratung	1	BBP, PSP CMP CMP
Eigentümer:innen Lenkungsgruppe Querschnittsgruppe Externe Beratung	2	BBP, PSP ZGP ZGP CMP
Lenkungsgruppe Querschnittsgruppe Mitarbeitende Externe Beratung		IP PSP, BBP BBP, ZGP
Eigentümer:innen Lenkungsgruppe Querschnittsgruppe Externe Beratung	2	BBP BBP, ZGP UP CMP, IP
Eigentümer:innen Lenkungsgruppe Querschnittsgruppe Mitarbeitende		IP BBP, UP CMP PSP
Lenkungsgruppe Externe Beratung	2	BBP, ZGP, CMP CMP
Lenkungsgruppe		CMP

Wann / Form	Schritt
05/2017	Workshop AG »Weiterentwicklung Selbstorganisation«: Die AG • hat sich mit den Stärken und Herausforderungen der bisherigen Form von Selbstorganisation auseinandergesetzt. • hat anhand der Vision und der unverhandelbaren Grundsätze ein neues Organisationsdesign, neue Entscheidungsprozesse und dadurch notwendige neue Funktionen in Varianten entworfen. • hat die Varianten anhand von prototypischen Situationen im Tagesgeschäft der Klinik durchgespielt und reflektiert. • hat sich auf 1–2 Varianten für ein Organisationsdesign und für Entscheidungsprozesse festgelegt. • hat die Präsentation dieser Ergebnisse in den Teams vorbereitet.
05/2017	Präsentation und Rückmeldungen zur Weiterentwicklung der Selbstorganisation in den Teams: • Die Mitarbeitenden kennen die Vorschläge der AG zur Weiterentwicklung der Selbstorganisation. • Sie konnten die Vorschläge anhand praktischer Situation aus dem Arbeitsalltag besprechen. • Sie konnten Rückmeldungen zu den Vorschlägen einbringen. • Sie kennen das weiter Vorgehen.
05/2017	Workshop der AG Weiterentwicklung der Selbstorganisation: • Die Rückmeldungen aus den Teams sind besprochen und gewichtet. • Die Vorschläge zur Weiterentwicklung der Selbstorganisation sind angepasst und für Eigentümerschaft und Geschäftsführung aufbereitet.
05/2017	Workshop der Eigentümerschaft und der Geschäftsführung mit der Lenkungsgruppe: • Das neue Modell der Selbstorganisation ist verabschiedet. • Die Einführung des neuen Organisationsdesigns, Funktionen und Prozesse ist geplant, dafür unterstützende Lernräume sind exploriert. • Der Zeitplan und seine Kommunikation an die Mitarbeitenden sind definiert.
05/2017	Workshop der Lenkungsgruppe zur Wahl und Begleitung von AGs zur Weiterentwicklung von Strategie/Angebot, Personalentwicklung und Professionalisierung von Management- und Supportprozessen: • Ziele, Rahmenbedingungen und Vorgehenspläne für die AG sind definiert. • Methodische Ideen für die Moderation der Workshops durch die Lenkungsgruppenmitglieder sind exploriert. • Der Zeitplan für die nächsten drei Monate der AG steht.
07/2017	Start des neuen Organisationdesigns in gesamter Klinik, Start Pilotprojekte in drei Teams für neue Prozesse der Selbstorganisation.
08-10/2017	Weiterbildungsworkshops zur Unterstützung der neuen Form der Selbstorganisation.

Wer	Beratungstage	Prozessziele nach Basis-prozessen
Eigentümer:innen Lenkungsgruppe Arbeitsgruppe Externe Beratung nach Bedarf	4	BBP ZGP, LP BBP, UP ZGP CMP, IP
Lenkungsgruppe Arbeitsgruppe		IP BBP, PSP BBP, ZGP CMP
Lenkungsgruppe Arbeitsgruppe Externe Beratung	2	BBP, ZGP ZGP, UP, CMP
Eigentümer:innen Lenkungsgruppe Externe Beratung	2	UP CMP, LP CMP, IP
Lenkungsgruppe Externe Beratung	2	CMP CMP CMP
Lenkungsgruppe	–	CMP, UP
Noch offen	Noch offen	LP

Wann / Form	Schritt
02/2018	Workshop Eigentümerschaft und Lenkungsgruppe zur Evaluation der Wirkungen der neuen Form der Selbstorganisation: • Die Lenkungsgruppe hat vor dem Workshop über eine Umfrage in den Teams und in einem Plenum die bisherigen Wirkungen der neuen Form der Selbstorganisation erhoben. • Die bisherigen Wirkungen der Ergebnisse aus dem OE-Prozess – insbesondere der neuen Form der Selbstorganisation – sind ausführlich evaluiert und besprochen. • Mögliche notwendige Anpassungen sind herausgearbeitet – weitere Notwendigkeiten einer externen Begleitung sind besprochen. • Das weitere Vorgehen ist besprochen.
Vermutl. Sommer 2018	Abschlussworkshop – Evaluation des Prozesses

Tab. 17: Vorgehenskonzept mit Prozesszielen (Fallbeispiel »Weiterentwicklung der Selbstorganisation einer werteorientierten Reha-Klinik«)

Tatsächlich konnte die Schrittfolge insgesamt so ablaufen. Der Prozess konnte mit den angestrebten Ergebnissen im Laufe von 2018 evaluiert und für uns als externe Begleitung abgeschlossen werden. Dazwischen gab es jedoch einige Zusatzschlaufen, vor allem zu Beginn des Prozesses mit den Eigentümer:innen und nach dem ersten Großgruppenworkshop. In beiden Fällen mussten Konflikte bearbeitet und zusätzliche Workshoprunden absolviert werden, um die Menschen gut ins Boot zu holen. Danach konnte die Schrittfolge dem Plan entsprechend weitgehend eingehalten werden. Insbesondere die Lenkungsgruppe machte einen ganz hervorragenden Job und hat nach Abschluss des extern begleiteten Prozesses ihre Arbeit erfolgreich weitergeführt. Tatsächlich verrechneten wir über zwei Jahre hinweg rund 40 Beratungstage.

5.3 *Fallbeispiel 3:* Identitätsentwicklung im Kontext der Fusion dreier Gesellschaften einer Holding

Tabelle 18 zeigt den Steckbrief dieses Fallbeispiels.

Anlass	Zusammenschluss dreier bisher unabhängiger Unternehmen einer Holding
Branche	Technologiebranche
Anzahl Mitarbeitende	1300
Überlegungen aus der OE-Landkarte für Prozessdesign	Identitätsentwicklung im Kontext unterschiedlicher Entwicklungsphasen von Firmen

Tab. 18: Fallsteckbrief »Identitätsentwicklung im Kontext der Fusion dreier Gesellschaften einer Holding«)

Wer	Beratungstage	Prozessziele nach Basis-prozessen
Lenkungsgruppe Externe Beratung	2	BBP BBP, LP ZGP, CMP CMP
Eigentümer:innen Lenkungsgruppe Externe Beratung	1	BBP, CMP

Eine in den 1970er-Jahren von zwei Elektroingenieuren gegründete Technologiefirma hatte sich über die Jahrzehnte erfolgreich zu einer Problemlöserin für verschiedene Branchen entwickelt – es handelte sich um ein typisches Projektgeschäft mit rund 70 % Akademiker:innen aus verschiedenen Ingenieurwissenschaften.

Die beiden Gründer hatten sich schon länger aus dem Geschäft zurückgezogen und eine Familienholding gegründet, der nebst der ursprünglichen Stammgesellschaft zwei Immobiliengesellschaften gehören und die im Laufe der Zeit zwei weitere Unternehmen aus derselben Branche, jedoch aus anderen Regionen zugekauft hatte. In keinem der Unternehmen waren noch Mitglieder der Eigentümerfamilie operativ tätig. Nur die Holding und die Immobiliengesellschaft wurden von der Familie operativ geführt, während für die Firmen im Kerngeschäft angestellte Manager:innen tätig waren und die Mitglieder der Eigentümerfamilie nur in den Aufsichtsräten der jeweiligen Aktiengesellschaften saßen. Die drei operativ tätigen Gesellschaften trugen allesamt den Namen der beiden Gründungspersönlichkeiten, waren operativ jedoch nicht miteinander verbunden und standen über ein jährliches Treffen der jeweiligen Managements und in einzelnen Großprojekten nur lose in Verbindung.

- Das ursprüngliche Stammhaus (Firma A) war mittlerweile auf verschiedene Standorte in einer großen Stadt verteilt und zählte rund 800 Mitarbeitende. Es wurde von einem seit 25 Jahren in der Firma tätigen Ingenieur geführt und war finanziell sehr erfolgreich.
- Das 1999 dazugekaufte Unternehmen (Firma B) aus einem anderen Landesteil, ebenfalls in einer größeren Stadt ansässig, hatte rund 350 Mitarbeitende und wurde von einem Betriebsökonomen geführt, der vor zwei Jahren geholt worden war, weil das Unternehmen wirtschaftliche Schwierigkeiten hatte.
- Das dritte Unternehmen (Firma C) war 2008 gekauft worden und befand sich in eher ländlicher Umgebung. Es hatte rund 150 Mitarbeitende und wurde noch von den beiden Ingenieuren geführt, die das Unternehmen in den 1990er-Jahren gegründet und 2008 an die Familienholding verkauft hatten. Das Unternehmen war wirtschaftlich gesund und hatte regional einen sehr guten Ruf.

Wir wurden 2018 vom CEO des Stammhauses (Firma A) kontaktiert, der uns zu einem Kennenlerngespräch mit ihm und zwei Mitgliedern der Eigentümerfamilie einlud, die beide in allen drei Aufsichtsräten saßen und auf strategischer Ebene sehr aktiv waren.

Im Gespräch machten die drei deutlich, sowohl die Familie als auch die siebenköpfige Geschäftsleitung des Stammhauses hielten es strategisch für sinnvoll, wenn die bisher völlig voneinander unabhängig tätigen Gesellschaften fusionieren würden, um den Markt gemeinsam zu bearbeiten, durch lokal unterschiedliche Spezialitäten und Vernetzungen mehr Schlagkraft zu entwickeln und viele Synergien zu nutzen. Gleichzeitig äußerten alle drei die Befürchtung, die Geschäftsleitungen der anderen beiden Firmen und eventuell auch viele Mitarbeitende könnten eine solche Fusion ablehnen, weil sie Identitätsverlust befürchten und Angst hätten, vom Stammhaus dominiert zu werden. Natürlich, so meinten sie, könnte die Familie dies einfach beschließen, dies würde jedoch weder der sehr werteorientierten Charta der Familie entsprechen, noch wäre es sinnvoll, weil in einer Branche mit ausgeprägtem Fachkräftemangel ein Braindrain zu befürchten sei. Ebenfalls wiesen sie daraufhin, dass die *Unternehmenskulturen* der drei Gesellschaften nebst vieler Gemeinsamkeiten auch *deutliche Unterschiede* aufweisen würden:

- Das Stammhaus (Firma A) wurde uns so beschrieben, dass über die Jahre eine Kultur mit flachen Hierarchien, großem Handlungsspielraum für die Projektleitenden und -mitarbeitenden und einer sehr interdisziplinären und bereichsübergreifenden Zusammenarbeit entwickelt wurde. Es wurde uns berichtet, dass das Motto gelebt werde, jede:r im Unternehmen sei ein:e Unternehmer:in, und die Leute auch so behandelt würden. Die Projekte und Projektteams stünden im Mittelpunkt, und die Ausrichtung auf technisch hochwertige und partnerschaftliche Zusammenarbeit mit den Kund:innen sei ein Markenzeichen. Es gebe bereichsübergreifende Strategieteams, die regelmäßig neue Trends aufgreifen und neue Dienstleistungen evaluieren. Der Leistungsanspruch sei hoch, dafür würde viel investiert in Aus- und Weiterbildung, in attraktive und flexible Anstellungsbedingungen mit wenig Kontrollen, starkem Vertrauen und sehr vielen Möglichkeiten für Eigeninitiative. Das Unternehmen habe durchgängige klare und schlanke Leistungs- und Supportprozesse mit dem Credo, die Projektarbeit zu erleichtern. Die Zusammenarbeit sei geprägt von einer hierarchie- und abteilungsübergreifenden Kultur der offenen Türen. Fachliche Kollegialität stehe im Vordergrund.
- Die zweitgrößte Gesellschaft (Firma B) wurde uns (von einem CEO und vier Abteilungsleitern) als sehr straff geführtes Unternehmen mit klar getrennten Unternehmenseinheiten und bürokratischen Tendenzen beschrieben, in dem ein akribisches Projektcontrolling betrieben werde und das für eine Expertenorganisation relativ hierarchisch geführt werde. In den letzten zwei Jahren habe es eine relativ hohe Fluktuation gegeben, die Kosten seien zwar mittlerweile im Griff. Doch würde die unternehmerische Initiative vermisst, weil die Geschäftsleitung die Unternehmensstrategie als ihre Domäne verstehe und dabei eher im klassischen Sinne auf die Bereiche heruntergebrochen und sehr zahlenlastig. Es herrsche aus Sicht der drei Gesprächspartner tendenziell eine eher distanzierte und formalistische Kultur der Zusammenarbeit. Gleichzeitig gäbe es viele sehr kompetente Fachleute und erfolgreiche Referenzprojekte. Dabei wünsche man sich mehr Interdisziplinarität, da die einzelnen Funktionen sehr eng auf die eigene Fachexpertise ausgerichtet seien. Der Ruf des Unternehmens

bei Kund:innen und Kooperationspartner:innen sei positiv im Sinne einer hohen technischen Expertise, die auch die DNA des Unternehmens im Selbstbild ausmache. In der Familie sei man froh darüber, dass das Unternehmen nun wieder auf Kurs ist und scheue weitere Instabilitäten.

- Die kleinste Firma C wurde uns als familiär und sehr in ihrer Region verwurzelt mit langjährigen Mitarbeitenden beschrieben. Noch immer von den beiden Gründern geführt, funktioniere sie sehr unkompliziert und flexibel, die Wege seien kurz, und man sei ganz – und manchmal zu sehr – auf die Wünsche der Kund:innen ausgerichtet. Es gebe keine klare Strategie im Unternehmen, die Projekte seien eher von Opportunitäten geleitet. Das Haus sei grob in drei Bereiche gegliedert, die voneinander nicht klar abgegrenzt seien, da viele Mitarbeitende eher Allrounder seien, was manchmal bei komplexeren Kundenprojekten für Unklarheiten sorge. Das Unternehmen sei grundsätzlich finanziell erfolgreich, habe aber im Bereich von Management- und Supportprozessen deutlichen Nachholbedarf. Das zeige sich darin, dass manche Zahlen über Projekte und den Unternehmenserfolg kaum aussagekräftig seien. Auch sei die ganze Unternehmenskultur noch sehr auf die beiden Gründer fokussiert, was Veränderungswünsche seitens der Eigentümerfamilie nicht gerade erleichtere. Gleichzeitig habe das Unternehmen sehr stabile und langjährige Kundenbeziehungen und gelte als sehr familienfreundlich, auf die Bedürfnisse der Mitarbeitenden ausgerichtet und menschlich. Das sei in der Zusammenarbeit im Unternehmen spürbar und werde von den Mitarbeitenden sehr geschätzt. Die Mitarbeitenden schätzen zudem ihren Arbeitsort – ein auffälliges und architektonisch innovatives Bürogebäude – sehr.

Die drei Gesprächspartner erläuterten, aus ihrer Sicht sei zumindest mittelfristig eine Fusion unumgänglich. Die Familie habe dies eigentlich schon beschlossen und mit den Geschäftsleitungen der drei Unternehmen verschiedentlich angesprochen. Die Bitte an uns lautete, gemeinsam mit den Unternehmen nach Wegen zu suchen, die Fusion so zu gestalten, dass die Wahrscheinlichkeit eines kooperativen und erfolgreichen Zusammenschlusses erhöht und auf die gewachsenen Kulturen und Stärken der Unternehmen Rücksicht genommen wird.

5.3.1 Hinweise und Paraphrasierungen aus der Landkarte der Transformation für Organisationen

5.3.1.1 Hinweise aus den vier Basiskonzepten

Zum damaligen Zeitpunkt kannten wir nur die Perspektiven der drei Gesprächspartner. Es war für uns wie für diese klar, dass wir viele weitere Perspektiven würden einholen und in Austausch bringen müssen. Das initiierten wir als ersten Schritt, nachdem unser Angebot von den Vertreter:innen der Eigentümerfamilie angenommen wurde. Für die Erstellung des Angebots jedoch mussten wir mit den Informationen auskommen, die wir zu diesem Zeitpunkt hatten. Dafür lieferte die syntaktische, hypnosystemische und kurative Anwendung unserer Landkarte der Transformation schon genügend Material, wie wir mit den folgenden Ausführungen aufzeigen werden.

5.3.1.1.1 Systemkonzept

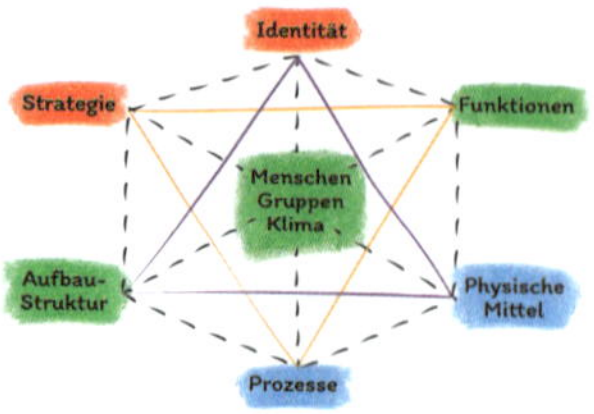

Bereits bei der Gegenüberstellung in Tabelle 19 wird deutlich, dass die drei Organisationen zumindest aus der Sicht unserer Gesprächspartner unterschiedlich funktionieren, was für die Planung einer auf Kooperation und die jeweiligen Stärken der Organisation ausgerichteten Fusion gut zu wissen ist.

Wesenselement	Firma A	Firma B	Firma C
Identität	• Projekt im Mittelpunkt • Unternehmer:in im Unternehmen als Motto • Technische Hochwertigkeit und Partnerschaftlichkeit mit Kund:innen	• Technische Expertise • Guter Ruf – erfolgreiche Referenzprojekte	• Familiär • In der Region verwurzelt • Kundenwünsche stehen im Fokus • Gründungspersönlichkeiten prägen noch stark • Flexibel und unkompliziert
Strategie, Policy	• Regelmäßige und partizipative Strategieüberprüfung • Aus- und Weiterbildungsstrategie • Attraktive und flexible Anstellungsbedingungen	• Strategie als Sache der GL und eher zahlengetrieben • Klassisches Herunterbrechen auf Bereiche	• Von Opportunitäten geleitet • Langjährige Kundenbeziehungen
Aufbaustruktur	• Flache Hierarchien • Klare Bereiche – bereichsübergreifende interdisziplinäre Zusammenarbeit	• Klar getrennte Unternehmenseinheiten • Relativ stark hierarchisiert	• Grob abgegrenzte und durchlässige Bereiche • Kurze Wege
Menschen, Gruppen, Klima	• Fachliche Kollegialität • Vertrauen • Offene Türen • Eigeninitiative • Leistungsanspruch	• Eher distanzierte und formale Zusammenarbeitskultur • Kompetente Fachleute • Relativ hohe Fluktuation	• Menschlicher und persönlicher Umgang • Auf Mitarbeitendenwünsche ausgerichtet
Funktionen, Organe	• Großer Handlungsspielraum	• Auf Fachexpertise ausgerichtete Funktionen	• Tendenziell Allrounderprofile
Prozesse, Abläufe	• Unkomplizierte, schlanke und durchgängige Prozesse	• Akribisches Projektcontrolling	• Management- und Supportprozesse eher rudimentär • Abläufe eher flexibel und individuell gestaltet
Physische Mittel	• Mehrere Standorte • Finanziell erfolgreich	• Finanzielle Lage mittlerweile wieder im Griff	• Finanziell erfolgreich • Architektonisch innovatives Bürogebäude

Tab. 19: Benannte Aspekte der sieben Wesenselemente (Fallbeispiel »Identitätsentwicklung im Kontext der Fusion dreier Gesellschaften einer Holding«)

5.3.1.1.2 Entwicklungsphasen

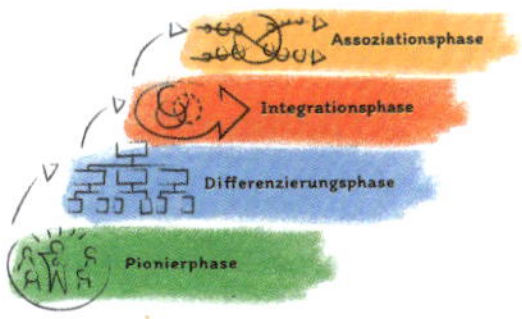

Wenn wir auf die drei Organisationen und ihre Wesenselemente blicken, wie sie uns geschildert wurden, ergibt sich unter der Perspektive der Entwicklungsphasen ein relativ klares Bild:

Firma A weist in allen Wesenselementen typische Qualitäten einer *blühenden Integrationsphase* auf:

- *Identität:* geprägt durch qualitative, nicht auf Gründungspersonen fokussierte Werte – Projekt im Mittelpunkt, Unternehmer:in im Unternehmen, technisch hochwertig und partnerschaftlich mit Kunden
- *Strategie/Policy:* partizipative und rollierende Strategiefindung, breites Verständnis von Policy
- *Aufbaustruktur:* klare Einheiten, die durchlässig gestaltet sind; flache Hierarchien
- *Menschen/Gruppen/Klima:* Fachlichkeit, Vertrauenskultur, Eigeninitiative ist gefordert
- *Funktionen/Organe:* Handlungsspielräume und Förderung von Interdisziplinarität
- *Prozesse/Abläufe*: unkompliziert, schlank und durchgängig – auf Projektnutzen ausgerichtet
- *Physische Mittel*: keine konkreten Aussagen, anhand derer die Entwicklungsphase erkannt werden könnte.

Firma B weist sowohl Qualitäten der *blühenden* als auch der *überreifen Differenzierungsphase* auf:

- *Identität:* technische Expertise als nicht auf Gründungspersonen ausgerichtete Aussage, wobei dies im Unterschied zu Firma A eher unpersönlich und unspezifisch wirkt – eher überreife Differenzierungsphase
- *Strategie/Policy:* eher als von einem Führungsgremium für sich beansprucht, wenig partizipatives, eher technokratisches Herunterbrechen und vor allem zahlengeleitet, thematisch eng gehalten – eher überreife Differenzierungsphase
- *Aufbaustruktur:* relativ hierarchisch, klar abgegrenzte Einheiten – möglicherweise blühende Differenzierungsphase
- *Menschen/Gruppen/Klima:* kompetente Fachleute, hohe Fluktuation, eher formaler Umgang – blühende bis überreife Differenzierungsphase
- *Funktionen/Organe:* auf Fachexpertise ausgerichtet – vermutlich blühende Differenzierungsphase
- *Prozesse/Abläufe:* akribisches Projektcontrolling – blühende oder überreife Differenzierungsphase
- *Physische Mittel:* keine Aussagen, die Hinweise auf Entwicklungsphasen bieten.

Firma C schließlich weist primär Merkmale der blühenden Pionierphase auf:

- *Identität:* familiär, Kundenwünsche im Fokus, Gründungspersönlichkeiten wirken noch stark, flexibel und unkompliziert
- *Strategie/Policy:* von Opportunitäten geleitet und Betonung der langjährigen Beziehungen zu Kunden vor Ort
- *Aufbaustruktur:* eher grobe Gliederung, durchlässig, jedoch manchmal unklar
- *Menschen/Gruppen/Klima:* menschlich, persönlich, auf Mitarbeitende und ihre individuellen Bedürfnisse zugeschnitten
- *Funktionen/Organe:* eher Allrounderprofile (muss nicht unbedingt Hinweis auf Pionierphase sein)
- *Prozesse/Abläufe:* rudimentäre und wenig transparente Management- und Supportprozesse, Abläufe eher auf Bedürfnisse der Mitarbeitenden ausgerichtet
- *Physische Mittel:* keine Aussagen, die konkret auf Entwicklungsphasen schließen lassen.

Auch hier gehen wir nicht davon aus, dass wir wissen, welche Organisation in welcher Entwicklungsphase ist. Vielmehr wird es in der Prozessgestaltung darum gehen, mit den Organisationen herauszuarbeiten, welche Organisation bisher durch welche Qualitäten geprägt ist und wie in einer gemeinsamen Organisation damit ein Umgang gefunden werden kann, der die Stärken der einzelnen Ursprungsorganisationen einbezieht und Voneinander-Lernen fördert.

Was die Ausgangslage für eine erfolgreiche Fusion angeht, ist es aus unserer Sicht entscheidend, dass die unterschiedlichen Paradigmen, nach denen die einzelnen Organisationen bisher funktioniert haben, gewürdigt und utilisiert werden und dass vor allem bewusst und nicht wertend mit den unterschiedlichen Entwicklungsphasen umgegangen wird. Denn wie in Kapitel 3.2 dargelegt, hat jede Entwicklungsphase ihre Stärken, solange die Komplexität im Kontext, in dem sich die Organisation bewegt, mit den Qualitäten der jeweiligen Phase bewältigt werden kann.

Gleichzeitig wird es nach unserer Erfahrung für einen erfolgreichen Fusionsprozess entscheidend sein, dass eine Auseinandersetzung mit den unterschiedlichen Paradigmen innerhalb und zwischen den Organisationen stattfindet und dass die unterschiedlichen Entwicklungsstände einerseits als Potenzial genutzt und andererseits über einen längeren Zeitraum hinweg ausgeglichen werden.

Dies verdeutlichen wir an einem kurzen Beispiel:

- In der Firma A sind sich die Menschen gewohnt, nach qualitativen Zielen und im Rahmen von klaren Leitplanken sehr selbstständig zu arbeiten und Entscheidungen zu treffen.
- In der Firma B sind die Vorgaben sehr eng und die Kontrollmechanismen feinmaschig, die Mitarbeitenden handeln in den Projekten streng nach fachlichen und betriebswirtschaftlichen Maßgaben.

- In der Firma C arbeiten die Mitarbeitenden sehr flexibel und initiativ und gehen stark auf Kundenbedürfnisse ein. Projektvorgaben und finanzielle Ziele sind zwar vorhanden, werden jedoch öfter situativen Notwendigkeiten angepasst. Im Zweifelsfall holen die Mitarbeitenden Entscheidungen bei einem der Firmengründer ab.

In einem gemeinsamen größeren Projekt mit Beteiligung von Mitarbeitenden aller drei Firmen kann dies im besten Fall zu einem Voneinander-Lernen führen, es kann aber auch zu Missverständnissen und Konflikten kommen.

Genauso kann es zu Schwierigkeiten bei der Einführung von übergreifenden Management- und Supportprozessen kommen, weil diese dann vielleicht für die einen zu ungenaue Vorgaben machen, während andere sich in ihrer Flexibilität behindert sehen.

Aus langjähriger Erfahrung mit Fusionen von Unternehmen, deren Schwerpunkt in unterschiedlichen Entwicklungsphasen liegt, führt eine ungenügende oder zu späte Beachtung der unterschiedlichen Paradigmen und Qualitäten, nach denen die Organisation gestaltet wird, meist zu größeren Schwierigkeiten und manchmal zum Scheitern oder Verfehlen der Ziele der Fusion.

5.3.1.1.3 Systemprinzipien

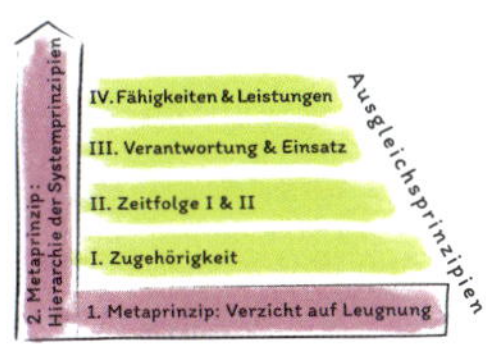

Was die Systemprinzipien angeht, haben wir folgende Hinweise erhalten:

Systemprinzip Zugehörigkeit:

- Direkt angesprochen wurde das Prinzip der Zugehörigkeit nur im Zusammenhang der Verwurzelung von Firma C und ihrer Mitarbeitender mit der Region. Indirekt hingegen entstand bei uns der Eindruck, das Gefühl der Firmenzugehörigkeit der Mitarbeitenden könnte sowohl in Firma A als auch in Firma B relativ stark sein, was bei unserem Nachfragen bestätigt wurde. Bei Firma B waren sich die Gesprächspartner nicht sicher, wie stark das Zugehörigkeitsgefühl der Mitarbeitenden ist; sie meinten aber, es gebe für die Führungskräfte und die langjährigen Projektleitenden eine starke Verbundenheit und Loyalität mit Firma B.
- Ganz grundsätzlich stellt sich bei Fusionen die Frage, wie das neue bzw. fusionierte System Zugehörigkeitsbedingungen und -angebote definieren kann, um als System eine Haut zu bilden und seine Existenz zu sichern. Dabei hängt vieles von der Frage ab, ob die bisherigen Systeme weiterhin als Teilsysteme eine eigene Zugehörigkeit bewahren dürfen oder ob diese aus Sicht der Eigentümerschaft aufgehoben werden soll.
  - Um diesen Aspekt stärker auszuleuchten, ist ein Blick auf die Wesenselemente nützlich. Wenn beispielsweise die Aufbaustruktur des fusionierten Systems die bisherigen Standorte als operative Einheiten vorsieht, stellen sich ganz andere Fragen, als wenn das Organigramm über die Standorte hin-

weggezogen wird und die Zugehörigkeit zu einem Standort im Gefühl der Mitarbeitenden mit der Zugehörigkeit zu einer Unternehmenseinheit konkurriert. Damit ist nicht gesagt, das eine sei besser als das andere. Vielmehr stellen sich bei der Gestaltung der Wesenselemente, z. B. von durchgängigen Kern-, Management- und Supportprozessen, von Lohnpolitik, Spielregeln oder Funktionsgestaltungen und Arbeitsinstrumenten, wichtige Fragen.

- Der Schlüssel für eine erfolgreiche Gestaltung neuer Zugehörigkeit spielt das Wesenselement Identität. Wenn es gelingt, bisherige Identitäten so miteinander zu verbinden, dass eine gemeinsame neue Identität wachsen kann, ist die Wahrscheinlichkeit am höchsten, dass eine starke übergeordnete Zugehörigkeit entsteht.
- Im vorliegenden Fall haben wir verstanden, dass aus Sicht unserer Gesprächspartner die Stärken der einzelnen Organisationen erhalten bleiben sollen, gleichzeitig jedoch eine klare übergeordnete Identität entwickelt werden soll.

Systemprinzip der direkten und indirekten Zeitfolge:

Wie wir in Kapitel 3.3.4 deutlich gemacht haben, spielt es bei Fusionen eine große Rolle, ob aus A, B und C ein neues System D werden soll oder ob beispielsweise B und C in A integriert werden sollen. Aufgrund der Größenverhältnisse und der Historie der Familienholding war es wahrscheinlich, dass die Fusion zumindest aus der Perspektive von B und C als Integration in A interpretiert werden könnte. Betrachtet man die Geschichte der Holding, ist es so, dass A vor B und B vor C Teil der Holding waren. So oder so wird es im Prozess der Fusion darum gehen, Klarheit darüber zu schaffen, ob es sich dabei um eine Integration oder um eine wirkliche Fusion zu einem neuen System D handeln soll. Und es wird sicherlich wichtig sein, das Bisherige der einzelnen Systeme so zu würdigen, damit das Sich-Einlassen auf das Neue bzw. das Raumgeben zu dem Zweck zusammenzukommen überhaupt gelingen kann.

Systemprinzip Einsatz und Verantwortung:

In allen drei bisherigen Firmen wurde über viele Jahre sehr viel Einsatz geleistet und Verantwortung übernommen. Die Überlegungen, die nun zur Fusion führen sollen, müssen dies in der Kommunikation und im Umgang mit den Führungskräften und Mitarbeitenden unbedingt berücksichtigen. Denn gerade bei Fusionsprozessen – z. B. bei der Besetzung von Führungsstellen – kann schnell der Eindruck entstehen, dass diese Beachtung von Verantwortung und Einsatz zu kurz kommt.

Systemprinzip Fähigkeiten und Leistungen:

Wir haben im Gespräch verstanden, dass es in allen drei Organisationen sehr fachkompetente Mitarbeitende gibt und dass in der Branche Fachkräftemangel herrscht. Außer von Firma A haben wir wenig über die gezielte Förderung von Fähigkeiten und Leistungen gehört, wenngleich in Firma C das Eingehen auf individuelle Bedürfnisse der Mitarbeitenden offenbar sehr geschätzt wird. Im Prozess der Fusion und danach wird es wichtig sein, Strategien zu entwickeln, um Leistungen und Fähigkeiten zu fördern und dazu beizutragen, dass Innovationskraft und Leistungsbereitschaft für ein neues großes Ganzes eingebracht wird.

5.3.1.1.4 Basisprozesse

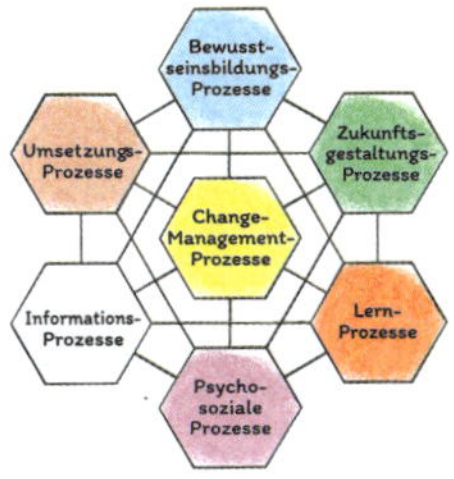

Zu den Basisprozessen haben wir folgende Hinweise bekommen:

- *Bewusstseinsbildungsprozesse:* Aufgrund der Schilderungen – wenn auch nur von drei Gesprächspartnern – war deutlich geworden, dass es zur Ausgangslage der einzelnen Firmen und erst recht übergreifend zum angestrebten neuen System wohl sehr unterschiedliche Perspektiven geben wird. Auch konnten wir davon ausgehen, dass es in den einzelnen Firmen hinsichtlich der Einschätzungen von Stärken und Problemen unterschiedliche Meinungen geben wird und erst recht bezogen auf ein Gesamtkonstrukt. Bezogen auf das Ziel einer erfolgreichen Gesamtunternehmung war es aus unserer Sicht wichtig, dass die einzelnen Firmen zu ihrer eigenen Situation eine besprechbare Übersicht erarbeiten können als Voraussetzung für ein gemeinsames Bild der Ausgangslagen.
- *Zukunftsgestaltungsprozesse:* Wir haben von den Gesprächspartnern den Wunsch gehört, dass die fusionierte Firma auf dem Markt die jeweiligen Expertisen und Stärken der Einzelfirmen einbringen und bündeln sowie Synergien nutzen können. Darüber hinaus gab es auch auf unser Nachfragen hin wenig konkrete Zukunftsvorstellungen. Um für die Fusion einen Lustsog erzeugen zu können, war es wichtig, ein attraktives Zukunftsbild zu erarbeiten, mit dem sich die Mitarbeitenden verbinden können.
- *Psychosoziale Prozesse:* Wir haben im Gespräch keine direkten Äußerungen zu Spannungen und Konflikten gehört. Auf unser Nachfragen haben wir erfahren, dass es zwischen den Geschäftsleitungen der drei Firmen durchaus Konkurrenzdenken gebe. Auch sei es in gemeinsamen Projekten vorgekommen, dass Mitarbeitende der einzelnen Firmen abwertende Bemerkungen über die jeweils anderen Firmen gemacht hätten. Dass die psychosozialen Prozesse in einer Fusion grundsätzlich wichtig sind und Raum brauchen, war uns und den Gesprächspartnern klar. Ängste und Befürchtungen vor Identitäts-, Status- oder schlicht vor Arbeitsplatzverlust durch Synergieeffekte müssen jedenfalls adressiert und einbezogen werden, genauso wie bisherige Muster des Gelingens der einzelnen Firmen gewürdigt werden sollen.
- *Lernprozesse:* Unsere Gesprächspartner betonten, Lernen habe für die künftige Organisation große Bedeutung. Dabei meinten sie auf unser Nachfragen hin

primär fachliches Lernen. Wir hatten den Eindruck, darüber hinaus müssten viele Lern- und Erfahrungsräume geschaffen werden, in denen die Mitarbeitenden nebst der fachlichen auch auf kultureller und menschlicher Ebene voneinander lernen können. Und wir hatten den Eindruck, dass die Vermittlung von Modellen wie den Entwicklungsphasen das gegenseitige Verständnis für unterschiedliche Haltungen und Stile der Führung und Zusammenarbeit fördert.

- *Informationsprozesse:* Auf unser Nachfragen hin wurde klar, dass es Informationen zur beabsichtigten Fusion außerhalb der Eigentümerfamilie und der drei Geschäftsleitungen bisher nicht gab. Allerdings konnte vermutet werden, dass diese Informationen zumindest teilweise schon weitergegeben und als Gerüchte im Umlauf waren. Wir hatten den Eindruck, dass eine baldige transparente und verlässliche Informationsprozessgestaltung zur Fusion und zum Fusionsprozess sehr entscheidend dafür ist, das Vertrauen in die Entscheidungsträger und deren Glaubwürdigkeit in der unsicheren Lage zu stärken.
- *Umsetzungsprozesse:* Da es unseren Gesprächspartnern wichtig war, die Fusion umsichtig und achtsam angehen, und es noch keine Pläne für künftige Führungsstrukturen gab, hatten wir den Eindruck, es könnte nach einer Information über die geplante Fusion wertvoll sein, schon vor der rechtlichen und operativen Umsetzung erste Kooperationsprojekte zwischen den Organisationen zu starten, um Erfahrungen zu sammeln und das Neue Schritt für Schritt entstehen zu lassen. So fragten wir schon im ersten Gespräch nach, ob es im Bereich von Management- und Supportprozessen auf Holdingebene Themen gibt, die von den drei Firmen ohnehin gemeinsam angegangen werden müssten. Benannt wurden drei Themenbereiche, die aus unserer Sicht gute Pilotprojektchancen darstellten.
- *Changemanagementprozesse:* Für einen Fusionsprozess braucht es eine sehr klare, verbindliche und transparente Prozessgestaltung. Soll darüber hinaus das von den Gesprächspartnern geäußerte Ziel verfolgt werden, die Stärken der einzelnen Organisationen zu erhalten und den Mitarbeitenden das Gefühl zu geben, mitgenommen zu werden, ist es umso wichtiger, Prozessorgane zu gestalten, in denen sich die Menschen wiederfinden, und einen nachvollziehbaren und transparenten Ablauf, der Orientierung gibt und überprüfbar ist. Im Austausch wurde für uns deutlich, dass es dafür noch vieler Gespräche mit der Eigentümerfamilie und den Geschäftsleitungen bedürfen würde. Denn die grundsätzliche Idee der Fusion war zwar in der Eigentümerfamilie schon beschlossen, die Art und Weise der Umsetzung würde jedoch ebenfalls deren Rückhalt brauchen.

5.3.1.2 Paraphrasierungen

Im Folgenden zeigen wir wieder beispielhaft auf, wie aufgrund der Landkarte der Transformation Paraphrasierungen angeboten werden können:

- Wenn wir Sie richtig verstanden haben, ist es Ihnen wichtig, dass sich die Führungskräfte und Mitarbeitenden für ihre bisherige Arbeit gewürdigt fühlen und auch in einer fusionierten Firma ihre Stärken und ihr Engagement weiterhin einbringen? (Syntax: Qualitäten der psychosozialen Prozesse und der Systemprinzipien Zeitfolge und Verantwortung/Einsatz)
- So, wie wir Sie gehört haben, schätzen Sie einerseits die Unterschiedlichkeit der einzelnen Firmen, während Sie sich andererseits mehr Gemeinsamkeit in Bezug auf Werte, Strategien und Vorgehensweisen, in der Zusammenarbeit über die Standorte hinweg und in übergreifenden Prozessen und Abläufen wünschen? (Syntax: Pacing der Ambivalenz zwischen Würdigung des Bisherigen und dem Wunsch, die Firmen zusammenzuführen, benannt nach den Wesenselementen Identität, Strategie, Menschen/Gruppen/Klima und Prozesse/Abläufe)
- Ihnen ist es wichtig, auf Ihrem gesamten Markt gegenüber den Kund:innen so aufzutreten, dass diese die Zugehörigkeit zu Ihrer Firma sofort erkennen, unabhängig davon, mit welchem Standort diese in Kontakt sind? (Syntax: Wesenselement Identität und Systemprinzip vollständige und gleichwertige Zugehörigkeit)
- Wenn wir Sie richtig verstehen, ist es der Eigentümerfamilie ein großes Anliegen, dass die Geschäftsleitungen und Führungskräfte aller drei Firmen den Fusionsprozess aktiv und verantwortlich mitgestalten, sich in ihren Perspektiven gehört fühlen und gemeinsam in Achtung der gegenseitigen Unterschiede die Zukunft des Unternehmens angehen? (Syntax: Basisprozessqualitäten Bewusstseinsbildungsprozesse, psychosoziale Prozesse, Zukunftsgestaltungsprozesse und Changemanagementprozesse)
- Für uns klingt es so, dass Sie sich letztlich wünschen, dass die fusionierte Firma im Laufe der Zeit ähnlich funktioniert wie heute die Firma A, dass jedoch nicht der Eindruck einer Übernahme durch A besteht, sondern eine Fusion auf Augenhöhe? Oder geht es gerade um eine Integration von B und C in A, nur dass diese möglichst sanft und rücksichtsvoll stattfinden soll? (Syntax: Metaprinzip Verzicht auf Leugnung, Systemprinzipien Zugehörigkeit und Zeitfolge (direkt und indirekt) – Exploration der Entwicklungsrichtung des Gesamtkonstrukts im Sinne der Integrationsphase)
- Haben wir Sie richtig verstanden, dass es Ihnen wichtiger ist, den Prozess sorgsam und nachhaltig zu gestalten, vielleicht mit ersten Kooperationsprojekten und Lernräumen, als dass es möglichst schnell gehen soll? Und dass es Ihnen wichtig ist, die Prozessorganisation zu vorzunehmen, dass für alle Mitarbeitenden möglichst viel Transparenz und Nachvollziehbarkeit entsteht?

(Syntax: Basisprozessqualitäten Changemanagementprozesse, Lernprozesse, Umsetzungsprozesse, Informationsprozesse)
- Wenn wir versuchen, uns in Sie bzw. die Eigentümerfamilie zu versetzen, sind wir einerseits fest davon überzeugt, dass es die Fusion braucht, während wir uns andererseits darum sorgen, dass gut funktionierende Firmen in eine Instabilität geraten und dadurch das Unternehmenswohl vielleicht gefährdet werden könnte. Wie geht es Ihnen diesbezüglich? (Syntax: Pacing verschiedener Seiten und Bedürfnisse der Gesprächspartner, Basisprozessqualitäten psychosoziale Prozesse und Bewusstseinsbildungsprozesse, um für die Auftragsgestaltung auch die Bedenken und Sorgen der Auftraggebenden auf dem Tisch zu haben)
- Sie haben uns geschildert, dass die einzelnen Firmen nach sehr unterschiedlichen Paradigmen funktionieren. Trifft es zu, wenn wir wie folgt verkürzen und zusammenfassen: Firma A ist geprägt von Subsidiarität und unternehmerischem Arbeiten zugunsten des großen Ganzen, Firma B arbeitet stark nach klaren, festgelegten und strukturierten Prozessen mit dem Fokus auf fachliche Expertise, und Firma C lebt vom flexiblen Eingehen auf Kundenwünsche und dem Fokus auf zwischenmenschliche Beziehungen nach innen und außen? (Syntax: Qualitäten der Integrations-, der Differenzierungs- und der Pionierphase als bisherige Muster des Gelingens und Ressourcen würdigen)

Im Laufe des 3-stündigen Gesprächs entwickelten wir gemeinsam mit den Gesprächspartnern die Idee, einen zwei bis drei Jahre dauernden gestaffelten Prozess zu planen. Einerseits bestand keine Notwendigkeit zur Eile, andererseits wurde im Gespräch deutlich, dass es für die Eigentümerfamilie und die Firmen wohl risikoärmer ist, sorgsam vorzugehen. Wir erläuterten schon in diesem Gespräch in wenigen Worten das Konzept der Entwicklungsphasen und machten deutlich, dass es für den Erfolg der Fusion entscheidend sein könnte, darauf entsprechend Rücksicht zu nehmen. Die Idee als Ergebnis des Gesprächs sah wie folgt aus und sollte in der Eigentümerfamilie besprochen werden:

- Beschluss der Fusion als langfristiger Prozess mit klarem Zeitplan über drei Jahre
- Pre-Merger-Phase: aktive Auseinandersetzung innerhalb und zwischen den drei Firmen mit der eigenen Identität und den eigenen Stärken und Entwicklungspotenzialen sowie erste verbindliche Kooperationsprojekte; Vorbereitung der Fusion und der damit verbundenen rechtlichen, strukturellen und prozessualen Fragen
- Merger am Ende des 2. Jahres
- Post-Merger-Phase mit Weiterentwicklung der neuen Organisation

Die Eigentümerfamilie stimmte diesem Vorgehen schließlich zu. Wir haben daraufhin ein Angebot für die rund 2-jährige Pre-Merger-Phase formuliert, das in den folgenden Abschnitten dargestellt und in Tabelle 20 zusammengefasst wird.

Im Mittelpunkt dieses Vorgehens steht der Identitätsentwicklungsprozess mit dem Format des Wesens- und Entwicklungsdreiecks (Andersch u. Martin 2013), der hier nicht näher ausgeführt und an anderer Stelle nachgelesen werden kann (Andersch 2018).

5.3.2 Ergebnis- und Prozessziele

5.3.2.1 Ergebnisziele

Folgende Ergebnisziele sollen bis zum Ende der Pre-Merger-Phase durch den Prozess erreicht werden:

- Die drei Firmen haben ein umfassendes Bild der jeweils eigenen und gemeinsamen Stärken und Entwicklungspotenziale im Hinblick auf die geplante Fusion entwickelt. (Alle Wesenselemente und Basisprozessqualität Bewusstseinsbildungsprozesse)
- Die wesentlichen Ist-Identitätsaspekte der drei Aktiengesellschaften A, B und C sowie die Soll-Entwicklungsrichtung für die Identität sind erhoben. Die Gemeinsamkeiten und Unterschiede innerhalb der Gruppe sind zu den wesentlichsten Ist-Aspekten verdichtet (Wesenselement Identität, Basisprozessqualität Bewusstseinsbildungsprozesse)
- Die gemeinsame Soll-Identität der künftigen fusionierten Firma ist definiert als Richtschnur für die weitere Entwicklung und als Zugehörigkeitsangebote, an denen sich die Mitarbeitenden orientieren können. (Wesenselement Identität; Basisprozessqualität Zukunftsgestaltungsprozesse, Systemprinzip Zugehörigkeit)
- Für die Erreichung der gemeinsamen Soll-Identität sind Handlungsfelder für weitere, gestaffelt mögliche Organisationsentwicklungsschritte definiert. (Alle Wesenselemente; Basisprozessqualität Changemanagementprozesse)
- Die Mitarbeitenden fühlen sich gut in den Prozess eingebunden, haben sich standortübergreifend besser kennengelernt und durch vermehrte gemeinsame Projekte Zusammenarbeits- und Lernerfahrungen gesammelt. (Wesenselement Menschen/Gruppen/Klima; Basisprozessqualitäten psychosoziale Prozesse und Lernprozesse)
- Erste gemeinsame und durchgängige Management- und Supportprozesse sowie die dafür notwendigen Funktionen sind für alle drei Firmen erarbeitet und umgesetzt. (Wesenselement Prozesse, Funktionen; Basisprozessqualitäten Zukunftsgestaltungsprozesse und Umsetzungsprozesse)
- Basierend auf der Soll-Identität ist eine Führungsstruktur und ein Organigramm für die fusionierte Organisation erarbeitet worden. (Wesenselement Aufbaustruktur; Basisprozessqualität Zukunftsgestaltungsprozesse)

Prozessziele

Um diese Ergebnisziele zu erreichen, haben wir folgende 15 Prozessziele vorgeschlagen:

- Die Eigentümerfamilie hat gemeinsam mit den GL der drei Firmen den Beschluss der Fusion und den gestaffelten Prozess besprochen und Gütekriterien als verbindliche Prämisse für die Fusion erarbeitet. Die GL fühlen sich gemeinsam für den anstehenden Prozess verantwortlich (Basisprozessqualitäten Changemanagementprozesse und Zukunftsgestaltungsprozesse; Systemprinzipien Zugehörigkeit und Verantwortung/Einsatz)
- Vertreter:innen der Eigentümerfamilie und die GL der drei Firmen haben die Mitarbeitenden über die Fusion, den Prozess und Prämissen für die Fusion informiert; die Mitarbeitenden konnten sich damit und mit ihren Mitwirkungsmöglichkeiten im Prozess auseinandersetzen, Rückmeldungen geben bzw. Sorgen und Fragen anbringen. (Basisprozessqualitäten Informationsprozesse, psychosoziale Prozesse, Changemanagementprozesse)
- Eine Steuergruppe für den Prozess aus GL-Mitgliedern, Führungskräften und Projektleitenden aus allen drei Firmen ist installiert und fühlt sich verantwortlich, gemeinsam mit der externen Beratung den Pre-Merger-Prozess zu planen und zu begleiten. (Basisprozessqualität Changemanagementprozesse; Systemprinzip Zugehörigkeit)
- Die Steuergruppe hat einen Fragebogen – den sog. Aspekteraster – entworfen, mit dessen Hilfe ein ganzheitliches Bild der Stärken und Entwicklungspotenziale aller drei Firmen entstehen soll. Die Befragung ist den Mitarbeitenden erläutert und von möglichst vielen Mitarbeitenden ausgefüllt worden. (Alle Wesenselemente; Basisprozessqualitäten Bewusstseinsbildungsprozesse und Changemanagementprozesse; Systemprinzip Zugehörigkeit; Hinweise aus der Befragung zu den Entwicklungsphasen)
- Aufgrund der Befragungsergebnisse des Aspekterasters haben die Vertreter:innen der Eigentümerfamilie, die drei GL und Führungskräfte der Organisation ein gemeinsames Verständnis davon erarbeitet, welche bisherigen Stärken der einzelnen Firmen für den weiteren Prozess berücksichtigt werden und in welche Richtung sich die einzelnen Firmen im Hinblick auf die gemeinsame Organisation weiterentwickeln sollen. Sie haben sich aufgrund dieser Ergebnisse mit den Entwicklungsphasen von Organisationen auseinandergesetzt und ein besseres gegenseitiges Verständnis des jeweiligen Funktionierens der bisherigen Firmen entwickelt. (Alle Wesenselemente; Basisprozessqualitäten Bewusstseinsbildungsprozesse, Lernprozesse, Zukunftsgestaltungsprozesse; Entwicklungsphasen)
- Die Mitarbeitenden kennen die Ergebnisse der Befragung und konnten sich damit in Hinblick auf ihre bisherige Firma und auf die künftige gemeinsame Firma auseinandersetzen. (Basisprozessqualität Informationsprozesse,

Bewusstseinsbildungsprozesse, psychosoziale Prozesse zu allen Wesenselementen; Systemprinzip Zugehörigkeit)

- In allen drei Firmen haben mit allen relevanten Stakeholdergruppen 2-stündige Identitätsworkshops, sog. Trüffelworkshops[36], stattgefunden, in denen die Mitarbeitenden die bisherigen Identitätsaspekte über metaphorische und kognitive Methoden benennen und Entwicklungsrichtungen einbringen konnten. (Wesenselement Identität, Basisprozessqualitäten Bewusstseinsbildungsprozesse, Zukunftsgestaltungsprozesse, Lernprozesse)
- Steuergruppe und externe Beratung haben die Ergebnisse aus den Trüffelworkshops verdichtet, sodass die Ist-Identitäten der bisherigen Firmen benannt werden können und als Basis für die Weiterarbeit an einer gemeinsamen künftigen Soll-Identität dienen. (Basisprozessqualität Bewusstseinsbildungsprozesse, Zukunftsgestaltungsprozesse, Changemanagementprozesse)
- Eigentümerfamilie und Geschäftsleitungen haben auf der Basis der bisherigen Erhebungen die Soll-Identität als Entwurf zur Weiterentwicklung mit den Mitarbeitenden erarbeitet und sich intensiv damit auseinandergesetzt, welche Auswirkungen die Umsetzung der Soll-Identität für sie selbst und für die Firmen hätte. (Wesenselement Identität im Zusammenspiel mit allen Wesenselementen; Basisprozessqualitäten Zukunftsgestaltungprozesse, psychosoziale Prozesse, Changemanagementprozesse; Systemprinzip Zugehörigkeit)
- Alle Mitarbeitenden konnten den Entwurf der Soll-Identität in »Open Rooms« diskutieren, in strukturierter Form Rückmeldung geben und sich mit den Identitätsaspekten eingehender verbinden. (Basisprozessqualitäten Bewusstseinsbildungsprozesse, Zukunftsgestaltungsprozesse, psychosoziale Prozesse)
- Die Soll-Identität ist von der Steuergruppe aufgrund der Rückmeldungen bereinigt und von der Eigentümerfamilie und den GL der drei Firmen als verbindliche Richtschnur der künftigen gemeinsamen Firma verabschiedet worden. Aufgrund der Soll-Identität und der Ergebnisse der Befragung sind Handlungsfelder für das kommende Jahr innerhalb der einzelnen Firmen und firmenübergreifende Pilotprojekte definiert und terminiert worden. (Basisprozessqualitäten Zukunftsgestaltungsprozesse, Umsetzungsprozesse, Changemanagementprozesse; Systemprinzip Zugehörigkeit)
- Projektgruppen für drei firmenübergreifende Themen aus dem Bereich Management- und Supportprozesse sind installiert, haben einen klaren Projektauftrag sowie jeweils einen GL-Sponsor und werden von Mitgliedern der

36 Dieser Begriff betont die Orientierung an Kompetenzen und bisherigen Mustern des Gelingens einer Organisation. Gleichzeitig nutzen wir die Metapher, die Julia Andersch 2007 das erste Mal in ihrer Zusammenarbeit mit Reiner Kriegler von der Deutschen Employer Branding Akademie (DEBA Berlin) kennengelernt hat, um auszudrücken, dass die »Schätze« der Organisation eine Schatzsuche brauchen, um in Worte zu fassen, welches die Identitätsaspekte der Organisation sind und wie die Organisation dadurch den Unterschied macht. Diese unterschiedsbildenden Identitätsaspekte lassen sich nicht offensichtlich aufschreiben oder durch einen Fragebogen abfragen, sondern brauchen ein Tiefergehen und Erkunden des Wesenskerns der Organisation bzw. der wesentlichen Aspekte einer Organisation.

Steuergruppe begleitet mit dem Ziel, innerhalb von max. sechs Monaten Resultate zuhanden der drei GL vorzulegen, welche dann möglichst schnell umgesetzt werden können. (Basisprozessqualitäten Umsetzungsprozesse, Changemanagementprozesse)

- Eine Großgruppenveranstaltung aus Führungskräften und Mitarbeitenden hat die Ergebnisse des Prozesses nach einem Jahr reflektiert und sich auf der Basis der Soll-Identität über Spielregeln für Führung und Zusammenarbeit auseinandergesetzt. Dabei haben die Vertreter:innen der einzelnen Firmen einander dargestellt, worauf sie stolz sind und was sie gern von den anderen lernen würden. Handlungsfelder für das 2. Jahr der Pre-Merger-Phase sind definiert. (Basisprozessqualitäten Bewusstseinsbildungsprozesse, psychosoziale Prozesse, Lernprozesse und Zukunftsgestaltungsprozesse und Changemanagementprozesse; Wesenselemente Strategie/Policy, Menschen/Gruppen/Klima und Identität; Systemprinzipien Zugehörigkeit und Zeitfolge)
- Eine Querschnittsgruppe aus Vertreter:innen der Eigentümerfamilie, der drei GL und von Führungskräften und Mitarbeitenden hat auf der Basis der Identitätsaspekte und der zentralen Leistungsprozesse Gütekriterien für eine neue Führungs- und Organisationsstruktur sowie mehrere Varianten dafür erarbeitet. (Basisprozessqualitäten Zukunftsgestaltungsprozesse zu Wesenselementen Aufbaustruktur und Prozesse/Abläufe sowie Funktionen/Organe)
- Die Eigentümerfamilie hat nach Konsultationen mit den GL die neue Führungs- und Organisationsstruktur verabschiedet, die drei GL, Führungskräfte und Mitarbeitende darüber informiert und das weitere Vorgehen für die Umsetzung der Fusion ab Termin X bekannt gegeben. (Wesenselement Aufbaustruktur, Basisprozessqualitäten Umsetzungsprozesse, Changemanagementprozesse)

Da wir an dieser Stelle nur unser Angebot zum Pre-Merger-Prozess darstellen, endet hier die Auflistung der Prozessziele.

Aus diesen Ergebnis- und Prozesszielen bekommen wir nun wieder sehr präzise Hinweise für die ziel-weg-stimmige Gestaltung des Prozesses und seiner Organe.

5.3.3 Ziel-Weg-stimmige Prozessgestaltung

5.3.3.1 Prozessorgane

Die schon in den Prozesszielen erwähnten Organe werden hier nochmals ausführlicher und im Hinblick auf deren Ziel-Weg-Stimmigkeit beschrieben.

Im Fall der Fusion bzw. des Pre-Merger-Prozesses war uns wichtig, dafür zu sorgen, dass die Eigentümerfamilie zu den zentralen Fragen tatsächlich die Verantwortung übernimmt und diese nicht unbewusst an die drei GL delegiert, wie wir aufgrund der Schilderungen über die bisherigen Konsultationen ein wenig befürchtet hatten (Systemprinzip Zugehörigkeit und Verantwortung/Einsatz). Genauso wollten wir die GL, die ja noch bis zur Fusion für die einzelnen Firmen operativ verantwortlich waren, in ihrer Verantwortung stärken und als ebenfalls operativ verantwortlich für den Fusionsprozess in die Pflicht nehmen. Dadurch sollte auf der GL-Ebene schon die Zugehörigkeit zum Gesamtsystem betont werden, die es ja innerhalb der Familienholding schon lange gab, die bisher jedoch nicht sonderlich fokussiert worden war.

Beide Überlegungen haben wir nicht nur den drei Gesprächspartnern im Auftragsklärungsgespräch transparent gemacht, sondern auch mit allen Beteiligten zu Beginn des Prozesses besprochen, durchaus auch kontrovers.

Insgesamt legten wir die Prozessgestalt so an, dass die Gemeinsamkeiten zwischen den drei Firmen betont und die Unterschiede besser verstanden und als Lernchance gesehen werden konnten. Zugleich wollten wir viele Gelegenheiten schaffen, durch das gemeinsame Tun und Erleben die Zugehörigkeit zum Gesamtsystem zu stärken.

Auch hier war es sehr hilfreich, im Sinne von Virginia Satirs Aussage (»Wir finden auf der Basis von Gemeinsamkeiten zusammen und wachsen auf der Basis von Unterschieden.«; Kap. 3.3.1.1) zu arbeiten, um die Gemeinsamkeiten herauszuarbeiten und gleichzeitig eine Haltung der Wertschätzung für Unterschiede bzw. eine bewusste Entscheidung für das Beibehalten von Unterschieden als Ausrichtung anbieten zu können.

Auftraggeberschaft und Entscheidungsgremien

Wir baten die Eigentümerfamilie, Auftraggeberin für den Gesamtprozess inklusive aller Rahmenbedingungen zu sein. Zwar hatten die Vertreter der Familie zuerst andere Pläne und wollten die drei GL diese Rolle übernehmen lassen. Wir konnten die Familienmitglieder jedoch überzeugen, dass es für den Prozess ganz wesentlich ist, die Zugehörigkeiten nicht zwischen beteiligten Teilsystemen zu vermischen. Dies war durch den starken Einbezug des CEO von Firma A bisher immer wieder der Fall gewesen, und erleichterte dessen Position dadurch nicht – auch nach seiner eigenen Meinung. Die Eigentümerfamilie sollte dazu stehen, als Eigentümerin die Entscheidungen zur Fusion und zum Prozess zu verantworten sowie die ganz zentralen Entscheidungen im Prozess selbst zu treffen – Soll-Identität, neue Führungs- und Organisationsstruktur und Besetzung der Führungspositionen der künftigen GL. (Systemprinzipien Zugehörigkeit und Verantwortung/Einsatz)

Für die im Prozess vorgesehenen operativen Auseinandersetzungen in den einzelnen Firmen und für erste übergreifende Prozesse sollten die drei GL sowohl in der Auftraggeber- als auch in der Entscheidungsverantwortung stehen. So wurde klar definiert, wo die Eigentümerfamilie einbezogen wird und wo die drei GL allein entscheiden konnten.

Steuergruppe

Wir haben an verschiedenen Stellen dieses Buches schon deutlich gemacht, dass wir unsere Aufgabe nicht so verstehen, dass wir ein System mit einem Prozess beglücken, sondern dass wir darauf hinarbeiten, die Detailplanung und Begleitung des Prozesses von einer Gruppe aus dem System verantworten zu lassen. Im Fall der Fusion der drei Firmen war uns das schon allein deshalb wichtig, weil eine firmenübergreifende Steuergruppe, in der auch Menschen außerhalb der drei GL aktiv waren, das Künftige ein erstes Mal vorwegnahm. Dies sollte nebst Kooperationserfahrungen auch die Zugehörigkeit zum Gesamtsystem fördern. Jede Firma entsandte ein GL-Mitglied sowie je zwei Führungskräfte und zwei Projektleitende mit gutem Standing in die Steuergruppe. Weiter gab es eine interne Projektleiterin aus Firma A, die über Organisationsentwicklungs- und Moderationswissen verfügte. So umfasste die Steuergruppe zehn Personen und war fast paritätisch zusammengesetzt. Dies war für die kleineren Firmen B und C ein hilfreiches Signal, dass die viel größere Firma A sie nicht zu sehr dominierte.

Die Steuergruppe hat mit uns im Prozess das detaillierte Vorgehen für jeden Workshop geplant, ebenso den Fragebogen und die Verdichtung der Identitätsaspekte aus den Trüffelworkshops. Einzelne Mitglieder der Steuergruppe übernahmen Co-Moderationsrollen bei größeren Workshops.

Trüffelworkshopgruppen

Für die Erhebung der Ist-Identität sollten insgesamt rund 30 2-stündige Workshops mit jeweils 20 Personen stattfinden, sodass rund die Hälfte der Mitarbeitenden der drei Firmen mitwirken konnte.

Die Workshops wurden bewusst je Firma und darüber hinaus nach Bereichen oder ähnlichen Funktionen durchgeführt, weil es darum geht, die Unterschiedlichkeit verschiedener Perspektiven gut abzubilden und zu würdigen. Auch haben wir darauf geachtet, dass Führungskräfte an eigenen Trüffelworkshops teilnahmen, sodass die Mitarbeitenden sich in ihren frei äußern konnten.

»Open Rooms«

Die »Open Rooms« fanden zur Validierung des Entwurfs der Soll-Identität bewusst firmenübergreifend in größeren Gruppen statt. (Es gab fünf Workshops mit jeweils 50–80 Teilnehmenden.) Die Aufgabe dieser Workshopgruppe war zu prüfen, ob sich die Mitarbeitenden in den Soll-Identitätsaspekten einerseits wiederfinden und es darin andererseits genügend attraktive Entwicklungsperspektiven gibt, damit sie sich damit weiter möglichst gut verbinden können.

Querschnittsgruppe zur Erarbeitung der neuen Führungs- und Organisationsstruktur

Diese Gruppe umfasste die drei GL, die Steuergruppe und zusätzlich rund 20 Personen, davon die Hälfte Führungskräfte. Wir baten darum, für diese Gruppe Menschen auszuwählen, die aufgrund ihrer Funktionen die wichtigsten Leistungs- und Supportprozesse in den einzelnen Firmen kennen und der Fusion gegenüber und für unkonventionelle Lösungen offen waren.

Arbeitsgruppen zur Erarbeitung übergreifender Prozesse
Diese drei Arbeitsgruppen wurden aufgrund der von den drei GL beschlossenen Handlungsfeldern inklusive Zielen, Rahmenbedingungen und Zeitplan durch die Steuerungsgruppe koordiniert und begleitet. Wir als externe Berater:innen waren hier nicht involviert.

Großgruppenveranstaltung
Um den Prozess nach rund einem Jahr ein erstes Mal gründlich zu evaluieren, Begegnungsmöglichkeiten und Lernräume zu schaffen und auf der Ebene der Zusammenarbeitskultur Spielregeln zu erarbeiten, fand eine 2-tägige Großgruppenveranstaltung mit rund 180 Mitarbeitenden aus allen drei Firmen statt. Die Auswahl der Teilnehmenden wurde in den einzelnen Firmen nach der Maßgabe organisiert, dass die einzelnen Organisationen in ihren Bereichen, Hierarchieebenen und Funktionen möglichst gut abgebildet werden. Zwar stellten die Mitarbeitenden von Firma A am meisten Teilnehmende (ca. 80), dennoch waren die Teilnehmenden von B (50) und C (35) ein wenig überrepräsentiert, um auch hier der immer wieder geäußerten Angst einer Dominanz von A entgegenzuwirken. (Die Differenz zu 180 füllen die zusätzlich anwesenden Mitglieder der drei GL und der Eigentümerfamilie.)

Externe Beratung
Die externe Beratung konzipiert in enger Abstimmung mit der Auftraggeberin den Prozess und moderiert Workshops und Sitzungen. Ebenso geben die externen Beratenden Inputs und stellen Modelle und Instrumente zur Verfügung, die den Prozess unterstützen. Sie dokumentieren Workshops und Prozessergebnisse.

Der Prozess ist so organisiert, dass möglichst viel interne Ressourcen genutzt werden können.

5.3.3.2 Vorgehenskonzept

Das in Tabelle 20 zusammengefasste Vorgehenskonzept haben wir direkt aus den Ergebnis- und Prozesszielen abgeleitet. Es stellte zu Beginn des Prozesses im März 2018 den Plan dar. Selbstverständlich haben wir im zugehörigen Angebot betont, dass das Vorgehen zwar grundsätzlich so funktionieren kann, jedoch jederzeit Prozessziele dazukommen bzw. Vorgehensideen gerade im Zusammenspiel mit der Lenkungsgruppe verändert und ergänzt werden können. Mit einem solchen Vorgehenskonzept über mehr als ein Jahr wollen wir dem Klientensystem (und uns selbst) eine bestimmte Planungssicherheit geben und die zentralen Schritte aufzeigen, sodass diese auch terminiert werden können, was gerade für die Ressourcenplanung des Klientensystems sehr entscheidend ist. Gleichzeitig betonen wir, dass das Konzept genügend Spielraum für Flexibilität und neue Notwendigkeiten beinhaltet.

In der Tabelle nicht separat aufgelistet sind halbtägige Meetings mit der Steuergruppe, die vor jedem größeren Workshop stattgefunden haben.

Wie oben schon erwähnt, stellen wir hier nur das Vorgehen bis zum Ende der Pre-Merger-Phase dar. Die eigentliche Fusion war vor allem ein rechtlich und betriebswirtschaftlich aufwendiger Akt, der von einem Wirtschaftsberatungsunter-

Wann / Form	**Schritt**	
03/2018	Workshop Eigentümerfamilie mit den drei Geschäftsleitungen: • Die Geschäftsleitungen haben sich intensiv mit dem Entscheid der Familie und dem Prozess auseinandergesetzt. • Potenzielle Widerstände, Befürchtungen und Fragen konnten gehört und ausführlich besprochen werden. • Eigentümerfamilie und Geschäftsleitungen verstehen ihre Rollen im Prozess. • Überprüfbare und für alle nachvollziehbare Prämissen für den Pre-Merger-Prozess sind vereinbart worden. • Die Information der Mitarbeitenden ist vorbereitet.	
04/2018	Informationsworkshops zum Fusionsprozess: Die Mitarbeitenden • kennen die Entscheidung der Eigentümerfamilie sowie die Prämissen zum Fusionsprozess und konnten sich damit auseinandersetzen und erste Reaktionen darauf geben. • kennen den Gesamtprozess und verstehen den Pre-Merger-Prozess und ihre Mitwirkungsmöglichkeiten.	
04/2018	Kick-off-Workshop der Steuergruppe: Die Steuergruppe • kennt ihre Verantwortungen und Aufgaben. • hat sich intensiv mit dem OE-Prozess und ihrer Funktion darin auseinandergesetzt. • konnte Rückmeldung zu Vorgehen und konzeptionellem Rahmen geben. • ist arbeitsfähig. • hat das Befragungsinstrument »Aspekteraster« erstellt und die Informationsprozesse zur Befragung vorbereitet.	
05/2018	Durchführung der Befragung mittels Aspekteraster	
06/2018	Workshop Auswertung Aspekteraster und Festlegung Entwicklungsfelder: Die Teilnehmenden des Workshops • haben sich mit den Ergebnissen der Befragung auseinandergesetzt und ein gemeinsames Bild der Stärken und Entwicklungspotenziale der einzelnen Firmen und der Gruppe erarbeitet. • haben sich mit den Entwicklungsphasen von Organisationen auseinandergesetzt und eine differenzierte Einschätzung der Entwicklungsphase der eigenen Firma vorgenommen. • verstehen Gemeinsamkeiten und Unterschiede der einzelnen Firmen besser und können die gegenseitigen Stärken wertschätzen. • haben erste Handlungsfelder für die Weiterentwicklung in den einzelnen Firmen festgelegt. • haben die Information der Mitarbeitenden zu Ergebnissen und deren Interpretation vorbereitet.	

nehmen begleitet wurde. In der Post-Merger-Phase wurden wir für einzelne Umsetzungsbegleitungen und später für Evaluationen wieder hinzugezogen. Vor allem begleiteten wir noch einige Zeit in losen Abständen die Steuergruppe. Diese begleitete und koordinierte in leicht veränderter Zusammensetzung diesen Prozess der Post-Merger-Integration weitgehend und sehr kompetent selbst.

Wer	Beratungstage	Prozessziele nach Basisprozessen
Vertretende der Eigentümerfamilie Geschäftsleitungen Externe Beratung	4	IP, PSP PSP, BBP CMP ZGP, CMP IP, CMP
Vertretende der Eigentümerfamilie Geschäftsleitungen Externe Beratung	2	IP, PSP, BBP IP, CMP
Steuergruppe Externe Beratung	2	CMP CMP BBP PSP BBP, ZPG, CMP, IP
Externe Beratung	5	BBP, CMP
Vertretende der Eigentümerfamilie Geschäftsleitungen Führungskräfte Externe Beratung	4	BBP, PSP, ZGP LP, BBP BBP, PSP ZGP, CMP IP, CMP

Wann / Form	Schritt	
07/2018	Bewusstseinsbildungsworkshops mit den Mitarbeitenden: • Die Mitarbeitenden kennen die Ergebnisse der Befragung und konnten sich dazu austauschen. • Sie haben sich mit den Überlegungen ihrer Geschäftsleitung auseinandergesetzt und dazu Rückmeldung gegeben. • Sie kennen die Ergebnisse der drei Firmen und die Handlungsfelder sowie Entwicklungsrichtungen für den Gesamtprozess.	
08–09/2018 30 Workshops à 2 h	Trüffelworkshops zu den Identitätsaspekten in den Firmen: Die Mitarbeitenden • haben auf metaphorische und kognitive Weise die erlebten Ist-Identitätsaspekte benannt. • haben Entwicklungsrichtungen zur Identität formuliert. • kennen das weitere Vorgehen.	
10/2018	Verdichtung der Ergebnisse der Trüffelworkshops durch externe Beratung: • Ergebnisse sind dokumentiert und nach Firma zu Wortwolken verdichtet. • Die Grundlage des Workshops mit der Steuergruppe ist erarbeitet	
10/2018	Workshop der Steuergruppe zur weiteren Verdichtung der Identitätsaspekte und für die Erstellung eines Entwurfs: Die Steuergruppe hat • die Ergebnisse gesichtet und sich mit den Verdichtungsentwürfen der externen Beratung auseinandergesetzt. • einen ersten Entwurf der Soll-Aspekte vorbereitet, der zur Weiterbearbeitung und Verabschiedung an die Eigentümerschaft und die Geschäftsleitungen weitergeleitet wird	
11/2018	Workshop Festlegung Soll-Identitätsaspekte: Eigentümerschaft und Geschäftsleitungen • haben sich intensiv mit den Ergebnissen der Erhebung der Identitätsaspekte auseinandergesetzt und dabei besonders die Unterschiede und Gemeinsamkeiten der drei Firmen gewürdigt. • sich auf einen Entwurf der Soll-Identitätsaspekte für »Open Rooms« geeinigt und sich mit damit auseinandersetzt, was die Umsetzung der Soll-Identität an möglichen Entwicklungsfeldern für sie selbst und die Firmen bedeuten würde.	
01/2019 5 × 2 h	»Open Rooms« zur Validierung der Identitätsaspekte in firmengemischten Gruppen: Die Mitarbeitenden • haben den Entwurf der Identitätsaspekte daraufhin bewertet, wie realistisch er ihnen bezogen auf die bisherige Kultur erscheint und wie sie sich mit den Entwicklungsrichtungen identifizieren können. • haben weitere Rückmeldungen zum Entwurf gegeben. • kennen das weitere Vorgehen.	
02/2019	Workshop Verabschiedung Identitätsaspekte: • Aufgrund der Rückmeldungen der Mitarbeitenden aus den »Open Rooms« sind die Soll-Identitätsaspekte angepasst und bereinigt. • Soll-Identitätsaspekte sind offiziell als Richtschnur für die weitere Entwicklung verabschiedet. • Aufgrund der Soll-Identität und der Ergebnisse aus der Befragung sind Handlungsfelder für das kommende Jahr innerhalb der einzelnen Firmen und firmenübergreifende Pilotprojekte definiert und terminiert. • Die Projektgruppen für die Pilotprojekte sind bestellt.	

Wer	Beratungstage	Prozessziele nach Basisprozessen
Geschäftsleitungen Mitarbeitende Externe Beratung	3	IP, BBP, PSP BBP, ZGP, PSP IP, BBP, ZGP
Mitarbeitende Externe Beratung	9	BBP, PSP ZGP CMP
Externe Beratung	4	BBP, ZGP CMP
Steuergruppe Externe Beratung	2	BBP, ZGP ZGP, CMP
Eigentümer:innen Geschäftsleitungen Steuergruppe Externe Beratung	2	BBP, PSP ZGP, PSP
Vertretende der Eigentümerfamilie Geschäftsleitungen Steuergruppe Externe Beratung		BBP BBP, ZGP IP
Vertretende der Eigentümerfamilie Geschäftsleitungen Steuergruppe Externe Beratung	2	BBP, ZGP UP UP, CMP CMP

Wann / Form	Schritt
03–09/2019	Projektgruppen für die Pilotprojekte arbeiten an ersten firmenübergreifenden Prozessen: • Begleitung durch Mitglieder der Steuergruppe und Koordination der Arbeiten in Steuergruppe
06/2019	Großgruppe zur Evaluation des bisherigen Prozesses, Erarbeitung von Spielregeln und gegenseitiges Lernen: Die Teilnehmenden haben • den bisherigen Prozess und seine Wirkungen evaluiert und ggf. Handlungsbedarfe für den weiteren Prozess definiert. • auf der Basis der Soll-Identität Grundsätze für Führung und Zusammenarbeit entwickelt. • je Firma gegenseitig dargestellt, worauf sie stolz sind, was sie in die gemeinsame Firma einbringen wollen und was sie von den anderen Firmen lernen wollen. • aufgrund dessen Handlungsfelder für das 2. Jahr der Pre-Merger-Phase gegenüber der Steuergruppe definiert
08/2019	Workshop Querschnittsgruppe zur Erarbeitung von Strukturvarianten: Die Querschnittsgruppe hat • aufgrund der Soll-Identität Gütekriterien der neuen Führungs- und Organisationsstruktur erarbeitet. • die zentralen künftigen Leistungs-, Management- und Supportprozesse in eine grobe Übersicht gebracht als Grundlage für die zukünftige Struktur. • aufgrund von Gütekriterien und Prozessübersicht zwei bis drei Varianten von Führungs- bzw. Organisationsstrukturen erarbeitet.
09/2019	Workshop Eigentümerfamilie zur Verabschiedung der neuen Führungs- und Organisationsstruktur: • Die Eigentümerfamilie hat nach Konsultationen mit den Geschäftsleitungen der drei Firmen und insbesondere mit den CEO aufgrund der Vorschläge der Querschnittsgruppe die künftige Führungs- und Organisationsstruktur per 01.01.2020 verabschiedet. • Führungspositionen sind personell festgelegt. • Vorbereitung und Begleitung der Einführung der neuen Struktur im Hinblick auf Weiterbildung und Coaching sowie Teamentwicklungsmaßnahmen sind besprochen und in Auftrag gegeben. • Information der Führungskräfte und Mitarbeitenden ist vorbereitet.
10/2019	Informationsveranstaltungen zur neuen Führungs- und Organisationsstruktur: • Die Führungskräfte sind auf einer separaten Veranstaltung über die neue Aufbaustruktur ausführlich informiert worden und konnten sich mit dieser und ihren künftigen Rollen erstmals auseinandersetzen und Rückmeldungen geben; sie kennen die Begleitmaßnahmen und den Zeitplan der Einführung. • Die Mitarbeitenden kennen die neue Aufbaustruktur und konnten sich erstmals mit dieser auseinandersetzen; sie wissen, an wen sie sich mit Fragen wenden können, und kennen den Zeitplan der Einführung der neuen Struktur und die Teamentwicklungsmaßnahmen.

Tab. 20: Vorgehenskonzept mit Prozesszielen (Fallbeispiel »Identitätsentwicklung im Kontext der Fusion dreier Gesellschaften einer Holding«)

Wer	Beratungstage	Prozessziele nach Basisprozessen
Steuergruppe Projektgruppen	–	BBP, ZGP, UP
Vertretende der Eigentümerfamilie Geschäftsleitungen Steuergruppe Mitarbeitende Externe Beratung	4	BBP, CMP ZGP BBP, LP, PSP CMP, UP
Geschäftsleitungen Steuergruppe Mitarbeitende Externe Beratung	4	ZGP BBP, ZGP ZGP
Eigentümerfamilie Externe Beratung	2	UP UP LP, CMP CMP, IP
Vertretende der Eigentümerfamilie Geschäftsleitungen Externe Beratung	3	IP, PSP, LP, CMP IP, PSP, LP, CMP

Zum Zeitpunkt der Angebotslegung haben wir mit 50–55 Beratungstagen über zwei Jahre gerechnet.

Der Pre-Merger-Prozess fand in der Realität mit wenigen Abweichungen diesem Plan gemäß statt. An einigen Stellen gab es zusätzliche Workshops mit den GL, da Konflikte zwischen GL-Mitgliedern der einzelnen Firmen aufgetreten waren, die besonderer Beachtung bedurften. Insbesondere die unterschiedlichen Verständnisse von Führung und Organisationsgestaltung aufgrund der verschiedenen Entwicklungsphasen führten immer wieder zu anspruchsvollen Diskussionen um den »richtigen« Weg der Entwicklung.

Die Fusion ist im geplanten Zeitraum erfolgt, und die Identitätsaspekte prägen immer noch die Entwicklung und Zusammenarbeit des nun fusionierten Unternehmens.

5.4 *Fallbeispiel 4:* Arbeit der Geschäftsleitung am gemeinsamen Führungsverständnis im Rahmen einer Jahresklausur

Tabelle 21 zeigt den Steckbrief dieses Fallbeispiels.

Anlass	Neuer CEO will langfristig die Führungskultur im Unternehmen entwickeln
Branche	Finanzbranche
Anzahl Mitarbeitende	3000
Überlegungen aus OE-Landkarte für Prozessdesign	Arbeit an ganzheitlichem Führungsverständnis im Sinne der sieben Wesenselemente und Funktionsgestaltung der Geschäftsleitung als Organ

Tab. 21: Fallsteckbrief »Arbeit der Geschäftsleitung am gemeinsamen Führungsverständnis im Rahmen einer Jahresklausur«

Eine in ihrer Region seit Jahrzehnten gut verankerte und erfolgreiche Bank hatte vor fast einem Jahr einen neuen CEO erhalten. Dieser stand einer Geschäftsleitung (GL) vor, die aus vier operativen Bereichsleitern sowie dem Leiter Finanzen und der HR-Leiterin besteht. Die Bank hatte in der Öffentlichkeit einen guten Ruf als zuverlässige Partnerin für mittelständische Betriebe und für Privatkunden aus der Region. Sie ist ebenfalls in der Vermögensverwaltung und der Beratung von institutionellen Anleger:innen tätig und hatte die umfassende Begleitung von Unternehmen in finanzieller und rechtlicher Hinsicht bei Gründungen, Generationswechseln oder Verkäufen als zusätzliches Standbein entwickelt.

Nach den ersten Monaten seiner neuen Tätigkeit hatte der CEO mit uns Kontakt aufgenommen, weil er einen Prozess der Kulturentwicklung in der Bank beginnen wollte.

Er meinte im telefonischen Erstkontaktgespräch, er wolle vorerst keinen groß angelegten Organisationsentwicklungsprozess. Gern würde er jedoch die geplante Jahresklausur der GL extern begleiten lassen, um mit den GL-Kolleg:innen in einen Führungsentwicklungsprozess einzusteigen. Wir baten ihn um ein Auftragsklärungsgespräch, an dem nebst ihm als Auftraggeber ein bis zwei weitere GL-Mitglieder teilnehmen sollten.

Wir wurden dann zu einem Auftragsklärungsgespräch mit dem CEO, der HR-Leiterin und dem Leiter Firmengeschäft eingeladen, die uns ihre Situation und Anliegen wie folgt schilderten:

- Die Bank hat eine lange Tradition und steht für Solidität, Verlässlichkeit und Vertrauensbeziehungen – es gab in der ganzen Geschichte kaum größere Krisen oder Skandale.
- Die Bindung der Mitarbeitenden an die Bank ist sehr stark. Dies hat dazu geführt, dass es viele Langzeit-Mitarbeitende gibt und das Durchschnittsalter der Belegschaft hoch ist. Obwohl die Bank viel in die Berufsausbildung investiert, verlassen die dann Ausgebildeten die Bank in der Regel. Jüngere Mitarbeitende zu finden ist in den letzten Jahren schwieriger geworden. Die Bank hat auf dem Arbeitsmarkt offenbar eher das Image einer konservativen und wenig dynamischen Arbeitgeberin.
- CEO und HR-Leiterin erleben das durchschnittliche Führungsverständnis als relativ hierarchisch und wenig partizipativ. Auch gebe es aus ihrer Sicht zu viele Hierarchiestufen, und die Zusammenarbeit zwischen den Bereichen sei wenig durchlässig. Der Leiter Firmengeschäft bestätigt dies, meint jedoch, dass dies bisher gut funktioniert habe. Er räumt aber ein, dass das Bereichsdenken manchmal zulasten von Geschäftsopportunitäten gehe, was natürlich schade sei.
- Die Führungsprozesse und -instrumente sind klar geregelt, einheitlich und zahlenbasiert. »Management by objectives« im Top-down-Verfahren ist das hauptsächliche strategische Führungsinstrument.
- Die Aufgaben und Befugnisse sind klar definiert und in Handbüchern und Reglements festgelegt. Es gibt viele interne Kontrollmechanismen, von denen die meisten gesetzlich vorgeschrieben sind. Für die einzelnen Mitarbeitenden besteht wenig Handlungsspielraum.
- Die Weiterbildungspolitik der Bank ist primär auf fachliche Themen ausgerichtet, Führungskräfte werden extern weiterqualifiziert und lernen systematisch das Führen von Mitarbeitendengesprächen und das Anwenden von Leistungskennzahlen (KPI).
- Im Bereich der Digitalisierung hat in den letzten Jahren ein Entwicklungsschub stattgefunden. Aus Sicht unserer Gesprächspartner:innen steht für die Bank hier noch die Lösung vieler Aufgaben an, um langfristig erfolgreich bleiben zu können.
- Die Zusammenarbeitskultur wird als kollegial und sachorientiert beschrieben. Konflikte gebe es wenige, zumindest offene. Es gebe einige Firmensportgruppen sowie mehrere informelle Veranstaltungen wie Ausflüge, Sommerfest und Weihnachtsessen.
- Die GL trifft sich wöchentlich zu einem 2-stündigen Meeting, das von Informationsthemen, Zahlen und Risikomanagementreports dominiert wird. Kontroverse Diskussionen sind offenbar eher selten. Aus Sicht des CEO kommen strategische und Entwicklungsthemen in der GL zu kurz. Er berichtet, dass die einzelnen GL-Mitglieder ihre Verantwortung als Bereichsleitende gut wahrnehmen, vermisst aber ein Gefühl gemeinsamer Verantwortung für die Bank als Ganzes. HR-Leiterin und der Leiter Fir-

mengeschäft stimmen seiner Einschätzung zu. Dies sei beiden jedoch erst bewusst geworden, nachdem der CEO es angesprochen habe.
- Bisherige Jahresklausuren dauerten jeweils einen Tag und dienten primär der Planung des Folgejahres bezüglich Budget, Jahreszielen der Bank und ihrer Bereiche sowie Investitionsplanung.
- Auf unsere Nachfrage hin erfahren wir, dass es ein Leitbild und einen Wertekanon mit Verhaltensnormen gibt, die vom Aufsichtsrat der Bank erarbeitet worden sind. Beides spiele im Bewusstsein der Führungskräfte und Mitarbeitenden keine große Rolle und werde vor allem für die Außendarstellung genutzt. Mitarbeitenden müssten bei ihrer Anstellung unterschreiben, dass sie sich an diese in den Papieren beschriebenen Werte und Verhaltensnormen halten, im Alltag werde dies jedoch kaum thematisiert.

Der CEO formulierte, er wünsche sich von der Jahresklausur, dass die GL ihr bisheriges Verständnis von Führung und Zusammenarbeit in der GL und darüber hinaus reflektiere, und dass das Wir-Gefühl in der GL gestärkt werde. Er zeigte sich überzeugt, dass die Bank in den nächsten Jahren agiler, weniger hierarchisch und moderner werden müsse, und wolle mit der GL vorangehen, weil er denkt, diese Veränderung müsse von oben angestoßen werden. Die HR-Leiterin freute sich über diese Sichtweisen des CEO und meinte, sie habe schon länger auf Entwicklungen in dieser Richtung hingewiesen, sei aber bisher nicht gehört worden. Der Leiter Firmengeschäft äußerte sich ambivalent: Einerseits könne Veränderung nie schaden, andererseits sei man eine Bank, da könne nicht jede:r über alles mitreden. Er zeigte sich aber offen dafür, dieses Thema bei der Klausur zum Schwerpunkt zu machen, wies jedoch darauf hin, solche Themen seien bisher noch nie ausführlich Thema gewesen und externe Begleitungen der GL etwas völlig Neues. Außerdem schätzte er es so ein, dass die GL sich Handfestes wünsche und weniger an schönen Worten und gruppendynamischen Übungen interessiert sei.

5.4.1 Hinweise und Paraphrasierungen aus der Landkarte der Transformation für Organisationen

5.4.1.1 Hinweise aus den vier Basiskonzepten

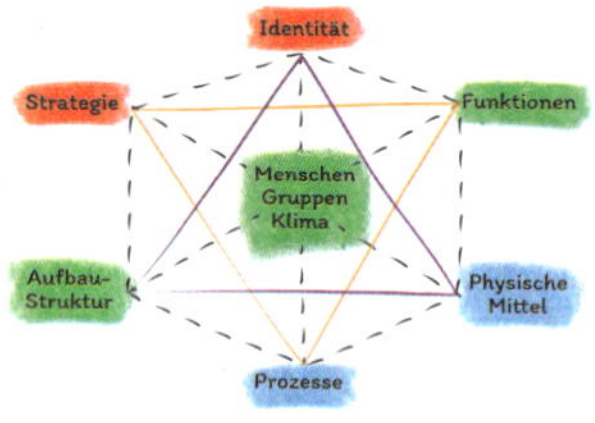

5.4.1.1.1 Systemkonzept

Wenn wir uns die dargestellte Situation aus den Perspektiven der drei Gesprächspartner:innen über die sieben Wesenselemente ansehen, erhalten wir das in Tabelle 22 zusammengefasste Bild.

Identität	• Image der Bank auf dem Markt steht für Tradition, Verlässlichkeit und Vertrauensbeziehungen. • Image der Bank auf dem Arbeitsmarkt wird als eher konservativ wahrgegeben. • Starke Bindung der langjährigen Mitarbeitenden an die Bank. • Leitbild, Wertekanon und Verhaltensnormen sind vor allem nach außen orientiert, werden von den Mitarbeitenden unterschrieben, spielen im Alltag jedoch keine große Rolle.
Strategie, Policy	• Klare Reglements, Regelungen und Bestimmungen • »Management by objectives« • Weiterbildungs-Policy stark auf fachliche Themen ausgerichtet • Viele Investitionen in die Berufsausbildung • Hierarchisches Führungsverständnis • Digitalisierungsstrategie hat noch Nachholbedarf. • In GL: Strategische Planung hat wenig Platz und ist stark zahlenorientiert.
Aufbaustruktur	• Klare Bereiche und Abteilungen • Relativ starke Hierarchisierung • Bereichsdenken zulasten übergreifender Zusammenarbeit (tendenziell auch in GL)
Menschen, Gruppen, Klima	• Kollegiale und sachliche Zusammenarbeitskultur • Relativ hohes Durchschnittsalter der Mitarbeitenden • Informelle Freizeitaktivitäten – Firmensport, Personalanlässe • Wenig offene Konflikte • In GL: Eher formalisierte Zusammenarbeit, wenig Diskurs
Funktionen, Organe	• Befugnisse und Aufgaben sind klar definiert und geregelt. • Wenig Handlungsspielraum für die Mitarbeitenden. • In GL: wenig gemeinsames Verantwortungsgefühl – starke Orientierung auf Bereichsverantwortungen.
Prozesse, Abläufe	• Führungsprozesse sind klar definiert. • Vielfältige Controllingmechanismen • In GL: Wöchentliche Meetings mit klaren Abläufen und operativen Themen
Physische Mittel	• Klare Führungsinstrumente • Finanziell erfolgreich

Tab. 22: Benannte Aspekte der sieben Wesenselemente (Fallbeispiel »Arbeit am gemeinsamen Führungsverständnis als Geschäftsleitung im Rahmen einer Jahresklausur«)

5.4.1.1.2 Entwicklungsphasen

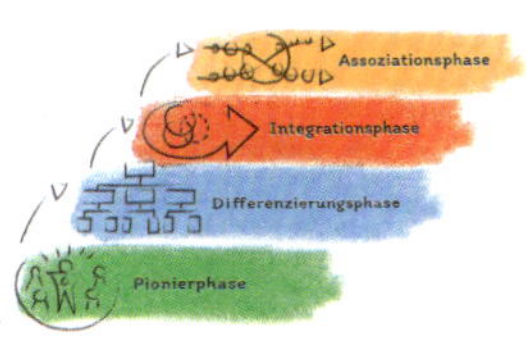

Wenn wir nun über die Entwicklungsphasen auf die Wesenselemente blicken, sind natürlich nicht alle Merkmale ein Hinweis auf die Entwicklungsphase. So können beispielsweise unter Identität die Werte Solidität, Verlässlichkeit und Vertrauensbeziehungen in jeder Entwicklungsphase passend sein. Auch kann ein Unternehmen in jeder Entwicklungsphase ein relativ hohes Durchschnittsalter der Mitarbeitenden oder einen Nachholbedarf in der Digitalisierungsstrategie aufweisen. Genauso sind z. B. vielfältige Kontrollmechanismen bei einer Bank kein Anzeichen einer überreifen Differenzierungsphase, sondern diese sind in der Branche Standard und auch in der Integrationsphase einer Bank vorhanden. Folgende Merkmale geben unserer Meinung nach spezifische Hinweise auf die Entwicklungsphase der Bank (Tab. 23).

Wesenselement als Entwicklungslinie	Äußerungen der GL-Mitglieder	Hinweise auf Qualitäten der Entwicklungsphasen
Identität	• Leitbild, Wertekanon und Verhaltensnormen sind definiert und werden von allen Mitarbeitenden unterschrieben, spielen im Alltag jedoch kaum eine Rolle	Eher überreife Differenzierungsphase
Strategie, Policy	• Klare Reglements, Regelungen und Bestimmungen • »Management by objectives« • Weiterbildungs-Policy stark auf fachliche Themen ausgerichtet • Hierarchisches Führungsverständnis • In GL: Strategische Planung hat wenig Platz und ist stark zahlenorientiert	Differenzierungsphase Eher überreife Differenzierungsphase
Aufbaustruktur	• Klare Bereiche und Abteilungen • Relativ starke Hierarchisierung • Bereichsdenken zulasten übergreifender Zusammenarbeit (tendenziell auch in GL)	Differenzierungsphase Eher überreife Differenzierungsphase
Menschen, Gruppen, Klima	• Kollegiale und sachliche Zusammenarbeitskultur • In GL: Eher formalisierte Zusammenarbeit, wenig Diskurs	Differenzierungsphase Eher überreife Differenzierungsphase
Funktionen, Organe	• Befugnisse und Aufgaben sind klar definiert und geregelt • Wenig Handlungsspielraum für die Mitarbeitenden • In GL: Wenig gemeinsames Verantwortungsgefühl – starke Orientierung an Bereichsverantwortungen	Differenzierungsphase Eher überreife Differenzierungsphase
Prozesse und Abläufe	• Führungsprozesse sind klar definiert • Vielfältige Controllingmechanismen • In GL: Wöchentliche Meetings mit klaren Abläufen und operativen Themen	Differenzierungsphase
Physische Mittel	• Klare Führungsinstrumente	Differenzierungsphase

Tab. 23: Hinweise auf Qualitäten von Entwicklungsphasen (Fallbeispiel »Arbeit am gemeinsamen Führungsverständnis als Geschäftsleitung im Rahmen einer Jahresklausur«)

Die Bank scheint aufgrund der bisherigen Äußerungen ihren Schwerpunkt in der Differenzierungsphase zu haben mit einzelnen Tendenzen zur überreifen Differenzierung. Dazu passen die Wünsche des CEO: mehr Agilität, mehr bereichsübergreifende Zusammenarbeit, weniger Hierarchie, kollektive Verantwortungsübernahme, partizipativerer Führungsstil und mehr qualitative und strategische Diskussionen. Dies sind typischerweise Hinweise auf die Entwicklungsrichtung der Integrationsphase. Diese Hinweise gilt es jedoch wie immer im Gespräch durch Paraphrasierungen und Fragen zu überprüfen, um die Entwicklungsrichtung für die Klausur im Sinne des Klientensystems zu formulieren.

Da wir in diesem Fall keinen Auftrag hatten, einen längeren Organisationsentwicklungsprozess anzubieten, und weil es aufgrund unseres Eindrucks im Auftragsklärungsgespräch in der GL noch unterschiedliche Sichtweisen zur Entwicklungsrichtung gab, paraphrasierten wir die Qualitäten der Entwicklungsphase weniger als bei längeren Prozessen und schlugen keine Entwicklungsphasenqualitäten in den Ergebniszielen vor (Kap. 5.4.2). Wir vermuteten, genau diese Auseinandersetzung über das Führungs- und Funktionsverständnis in der GL würde diese Fragen ohnehin auftauchen lassen, sodass während der Klausur die Entwicklungsphasen bzw. ihre Qualitäten stärker zum Thema werden könnten.

5.4.1.1.3 Systemprinzipien

Was die Systemprinzipien angeht, haben wir folgende Hinweise erhalten:

Systemprinzip Zugehörigkeit

Die Förderung des Wir-Gefühls in der GL wurde vom CEO als Anliegen klar benannt. Es würde für die Klausur wichtig sein, die Zugehörigkeit aller GL-Mitglieder zum Organ GL als Grundlage für die vom CEO intendierte Gesamtentwicklung der Bank zu fördern.

Systemprinzip der direkten und indirekten Zeitfolge

Ohne dass es direkt angesprochen wurde, liegt es nahe zu vermuten, dass der noch relativ neue CEO – will er erfolgreich sein – gut beraten wäre, die Dauer der Zugehörigkeit zur Bank der anderen GL-Mitglieder zu würdigen als Grundlage dafür, mit diesen gemeinsam das Neue zu gestalten.

Sicherlich ebenso wichtig ist der Hinweis auf viele langjährige und ältere Mitarbeitende im Hinblick auf die angestrebte Kulturentwicklung, wenngleich im Prozess der Entwicklung der Bank dem Neuen und jüngeren Mitarbeitenden genügend Fokus wird gegeben werden müssen.

Für die Gestaltung der Klausur gibt uns dieses Systemprinzip wertvolle Hinweise dafür, die Balancierung zwischen Würdigung des Bisherigen und Fokussieren des Neuen achtsam zu gestalten.

Systemprinzip Einsatz und Verantwortung

Wir haben keine direkten Hinweise darauf erhalten, dass Verantwortung und Einsatz zu wenig gewürdigt würden. Wenn es gelingt, die Zugehörigkeit zur GL als Organ nicht nur zu stärken, sondern auch mit einer klar definierten Verantwortung des Organs auszugestalten und gleichzeitig die bisherigen Verantwortungsübernahmen zu würdigen, sollte sich dies wohl als günstig für die weitere Entwicklung erweisen.

Systemprinzip Fähigkeiten und Leistungen

Wir haben den Hinweis erhalten, dass das Unternehmen Leistungen und Fähigkeiten durch Aus- und Weiterbildung fördert – wenn auch primär auf fachlicher

Ebene. Für den geplanten Entwicklungsprozess würde es wohl unterstützend sein, Fähigkeiten auch auf der Ebene der sozialen und methodischen Kompetenzen von Führungskräften und Mitarbeitenden zu fördern, was in der Klausur bereits initiiert werden könnte.

5.4.1.1.4 Basisprozesse

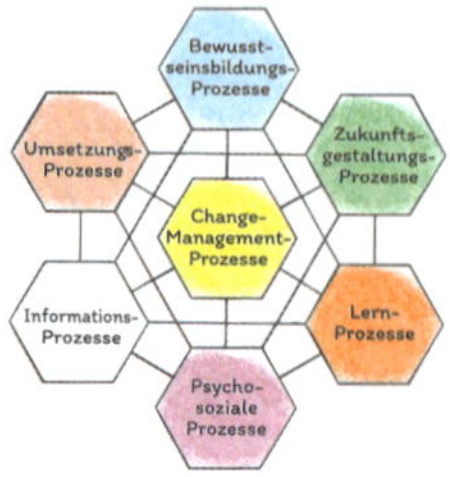

Zu den Basisprozessen haben wir folgende Hinweise bekommen:

- *Bewusstseinsbildungsprozesse:* Aufgrund des Gesprächsverlaufs hatten wir nicht den Eindruck, dass es in der GL schon ein gemeinsames Bild der Ausgangslage und der Entwicklungsbedarfe gibt. Wir haben auf Nachfrage erfahren, dass die GL-Mitglieder die Meinungen des CEO kennen, aber dazu in der GL noch kein Austausch stattgefunden hat. Es dürfte für den Erfolg der Klausur wichtig sein, diese Basisprozessqualität gut zu versorgen, auch damit das Bisherige und die Muster des Gelingens aus Vergangenheit und Gegenwart genügend gewürdigt werden können.
- *Zukunftsgestaltungsprozesse:* Vom CEO haben wir erfahren, dass er klare Ideen für die Weiterentwicklung der Kultur der Bank hat. Gleichzeitig wurde deutlich, dass dies bisher vor allem seine Ideen sind und dass es in der GL bisher grundsätzlich relativ wenig konkrete Auseinandersetzung über Zukunftsbilder gegeben hat. Für die Gestaltung der Klausur wird es notwendig sein, zumindest ein »big picture« zu erarbeiten, das für die GL Zugkraft entwickeln kann.
- *Psychosoziale Prozesse:* Die Auseinandersetzungskultur wurde uns als wenig kontrovers und eher formalisiert beschrieben. Von Konflikten oder Spannungen war nicht die Rede. Gleichzeitig gab uns der Leiter des Firmengeschäfts den Hinweis, dass eine Klausur zu kulturellen Themen bisher ungewohnt sei. Für einen erfolgreichen Verlauf der Klausur wird es wichtig sein, achtsam auf Befindlichkeiten, Bedürfnisse und die bisherige Kultur einzugehen und gleichzeitig Räume zu schaffen, die auch eine persönlichere Auseinandersetzung fördern.
- *Lernprozesse:* Um der fachlichen und wohl eher kognitiven Ausrichtung der Arbeit der GL entgegenzukommen, hatten wir den Eindruck, es könnte hilfreich sein, den Horizont bezüglich Themen wie Führung und Organisationsentwicklung durch kurze Impulsvorträge und deren Reflexion anhand der Erfahrungen der GL-Mitglieder zu erweitern. Dies könnte dabei helfen, neue Ideen zu entwickeln und das Bisherige innerhalb eines konzeptuellen Rahmens besprechbar zu machen.
- *Informationsprozesse:* Gerade weil eine Klausur in der nun geplanten Art und Weise noch ungewohnt ist, würde es das Vertrauen in die Klausur bei den

Mitgliedern fördern, wenn diese über Ziele, Ablauf und Rahmenbedingungen frühzeitig und gut informiert und vielleicht über eine Vorausaufgabe, einen Fragebogen oder Ähnliches schon im Vorfeld involviert werden.

- *Umsetzungsprozesse:* Um der Gefahr zu entgehen, dass bei der Klausur zwar viele Erkenntnisse gewonnen und gute Gespräche stattfinden, daraus jedoch wenig Konkretes umgesetzt werden würde, wäre es notwendig, nicht nur auf konzeptioneller Ebene Ergebnisse zu erzielen, sondern auf der ganz konkreten Arbeitsebene, sodass sofort erste Umsetzungsschritte im Alltag stattfinden könnten.
- *Changemanagementprozesse:* Im Gegensatz zu längeren Organisationsentwicklungsprozessen braucht es für eine Klausur keine komplexe Organbildung. Gleichwohl kann eine solche Klausur in unserem Verständnis nur erfolgreich sein, wenn es eine klare Auftraggeberschaft gibt und das Klientensystem – hier die GL – die Verantwortung für den Prozess übernimmt. Es würde deshalb auch im Kontext der Klausur darum gehen, nicht nur deren Ziele, sondern auch das Vorgehen in der Veranstaltung von einer Gruppe aus dem Klientensystem gemeinsam mit uns zu erarbeiten bzw. gründlich zu besprechen. Auch würde darauf zu achten sein, das weitere Vorgehen in der Klausur und die diesbezüglichen Verantwortlichkeiten genau zu definieren und festzuhalten.

5.4.1.2 Paraphrasierungen

Aufgrund des Gehörten haben wir beispielhaft folgende Paraphrasierungen angeboten:

- Wenn wir Sie richtig verstanden haben, schätzen Sie den Ruf der Bank als verlässliche und vertrauensvolle Partnerin und die Verbundenheit vieler langjähriger Mitarbeitender mit der Bank, während Sie gleichzeitig die Notwendigkeit einer Weiterentwicklung der Kultur und der Attraktivität der Bank für jüngere Mitarbeitende sehen? (Syntax: Ambivalenz berücksichtigen zwischen der Würdigung des Bisherigen und der Weiterentwicklung des Wesenselements Identität; Systemprinzip Zeitfolge)
- Wir haben gehört, dass Sie sich mehr Wir-Gefühl und mehr Raum für strategische Auseinandersetzungen wünschen, um aus der Führungsrolle heraus auch gegenüber den Mitarbeitenden ein bereichsübergreifendes Denken und Handeln zu fördern? (Syntax: Wesenselement Strategie/Policy in Hinblick auf Aufbaustruktur; Systemprinzip Zugehörigkeit)
- Wenn wir Sie richtig verstehen, gibt es in der GL die Sichtweise, dass die bisherige Art zu führen einer Bank gemäß und erfolgreich ist, während andere GL-Mitglieder sich ein partizipativeres und weniger hierarchisches Führungsverständnis wünschen? (Syntax: Pacen der Ambivalenz zwischen verschiedenen Sichtweisen zum Wesenselement Strategie)

- Sie würden eine erfolgreiche Klausur unter anderem daran erkennen, dass es in der GL ein gemeinsames Verständnis zur bisherigen Führungskultur und gemeinsame Ideen für deren Weiterentwicklung gäbe? (Syntax: Basisprozessqualitäten Bewusstseinsbildungsprozesse, psychosoziale Prozesse, Zukunftsgestaltungsprozesse)
- Ist es richtig, dass Sie uns für einen guten Prozess raten würden, hinsichtlich des Erwartungsmanagements und des Vorgehens die bisherige Art und Weise, wie Klausuren verliefen, zu berücksichtigen und gut zu erklären, wofür was in der Klausur getan wird? Und dass Ihnen konkrete und umsetzbare Ergebnisse wichtig sind? (Syntax: Basisprozessqualitäten psychosoziale, Informationsprozesse, Umsetzungsprozesse, Changemanagementprozesse, Würdigung bisheriger Muster des Gelingens)

Aufgrund der Schilderung der Ausgangslage hätten wir viel stärker die Entwicklung der Gesamtorganisation paraphrasieren und darauf Bezug nehmen können. Da der CEO im vorgängigen Telefonat deutlich gemacht hatte, dass es ihm momentan nur um die Klausur ging, haben wir an vielen Stellen nicht nachgefragt bzw. Angebote formuliert, sondern uns darauf fokussiert, mit den drei Gesprächspartner:innen in Richtung der Ziele der Klausur zu arbeiten.

5.4.2 Ergebnis- und Prozessziele

Ergebnisziele

Folgende vier Ergebnisziele für die Klausur haben wir gemeinsam mit den Gesprächspartner:innen im Auftragsklärungsgespräch erarbeitet:

Die Geschäftsleitung hat

- ein gemeinsames Verständnis ihrer Zusammenarbeit und Funktion als Gremium erarbeitet und das Wir-Gefühl als Organ gestärkt. (Wesenselemente Menschen/Gruppen/Klima, Funktionen/Organe; Systemprinzip Zugehörigkeit).
- sich mit ihrem Führungsverständnis auseinandergesetzt und Richtungsaussagen für die gemeinsame Entwicklung erarbeitet. (Wesenselement Strategie/Policy, Basisprozessqualitäten Bewusstseinsbildungsprozesse und Zukunftsgestaltungsprozesse)
- konkrete und schnell umsetzbare Maßnahmen erarbeitet, wie sie ihre weiterentwickelte Zusammenarbeit in neue Sitzungsabläufe und -formate bringen kann. (Wesenselement Prozesse/Abläufe; Basisprozessqualität Umsetzungsprozesse)
- sich auf ein Vorgehen geeinigt, wie die Führungs- und Kulturentwicklung mittel- und langfristig aufgesetzt werden kann (Wesenselement Strategie/Policy; Basisprozessqualität Changemanagementprozesse)

Prozessziele

Um diese Ergebnisziele zu erreichen, haben wir folgende neun Prozessziele vorgeschlagen:

- Die Mitglieder der GL kennen Ziele und Ablauf der Klausur und konnten sich über Vorbereitungsfragen mit dem eigenen Führungsverständnis und den bisherigen Stärken und Entwicklungspotenzialen ihrer Zusammenarbeit als GL auseinandersetzen. (Basisprozessqualitäten Informationsprozesse, Bewusstseinsbildungsprozesse, Wesenselemente Strategie/Policy, Menschen/Gruppen/Klima, Funktionen/Organe)
- Die Mitglieder der GL konnten ihre Erwartungen und Fragen zur Klausur einbringen, miteinander besprechen und Spielregeln für die Klausur vereinbaren. (Basisprozessqualitäten psychosoziale Prozesse, Bewusstseinsbildungsprozesse, Zukunftsgestaltungsprozesse; Systemprinzipien Zugehörigkeit und Zeitfolge)
- Die GL hat ein gemeinsames Bild der Stärken und Entwicklungspotenziale ihrer Zusammenarbeit als Führungsorgan der Bank erarbeitet und sich auf Themenfelder für die Weiterentwicklung geeinigt. (Basisprozessqualität Bewusstseinsbildungsprozesse, Wesenselemente Menschen/Gruppen/Klima und Funktionen/Organe, Würdigung bisheriger Muster des Gelingens)
- Die GL hat sich mit dem ganzheitlichen Systemkonzept der sieben Wesenselemente und den daraus resultierenden sieben Dimensionen ganzheitlicher Führung (Kap. 3.1.4.1) auseinandergesetzt und die eigenen Führungsschwerpunkte reflektiert und gewichtet. (Basisprozessqualitäten Lernprozesse, Bewusstseinsbildungsprozesse)
- Aufgrund dieser Reflexion und Gewichtung ihrer bisherigen Führungsarbeit hat die GL Richtungsaussagen zur Weiterentwicklung der Führungskultur erarbeitet, die als Grundlage für weitere Auseinandersetzungen auch mit den Führungskräften der nächsten Führungsebenen dienen. (Basisprozessqualität Zukunftsgestaltungsprozesse)
- Die GL hat sich mit den vier Dimensionen der ganzheitlichen Funktionsgestaltung (Verantwortung, Tätigkeiten, Befugnisse und Rollenverständnis) auseinandergesetzt und ihr bisheriges Verständnis als Organ reflektiert. (Basisprozessqualitäten Lernprozesse und Bewusstseinsbildungsprozesse)
- Die GL hat für sich als Organ klare Verantwortungsziele formuliert, daraus ihre künftigen Schwerpunkttätigkeiten abgeleitet und im Hinblick auf die bisherigen Regeln zu Befugnissen und Entscheidungen der GL Veränderungsbedarfe besprochen sowie Spielregeln für die Zusammenarbeit in der GL erarbeitet. (Basisprozessqualität Zukunftsgestaltungsprozesse, Bewusstseinsbildungsprozesse, Wesenselement Funktionen/Organe; Systemprinzipien Zugehörigkeit sowie Verantwortung/Einsatz)
- Die GL hat aufgrund ihres neu erarbeiteten Funktionsbilds die Struktur ihrer Meetings überarbeitet, neue Meetingformate vereinbart und eine Pilotphase für diese neuen Formen der Zusammenarbeit terminiert, nach der die Wirkun-

gen im Hinblick auf die Richtungsaussagen zur Führungskultur und zu den definierten Verantwortungszielen der GL evaluiert werden sollen. (Basisprozessqualitäten Zukunftsgestaltungsprozesse, Umsetzungsprozesse, Changemanagementprozesse; Wesenselement Prozesse/Abläufe)

- Aufgrund der Resultate der Klausur hat die GL besprochen, inwiefern und wie sie ihre Führungskräfte und ggf. Mitarbeitenden über die Ergebnisse der Klausur und der geplanten Entwicklung der (Führungs-)Kultur informieren will. Sie hat das konkrete Vorgehen dazu festgelegt und geplant. (Basisprozessqualitäten Informationsprozesse, Umsetzungsprozesse, Changemanagementprozesse)

Diese Prozessziele haben wir zusammen mit dem konkreten Vorgehensdesign in einem virtuellen Meeting mit den drei Gesprächspartner:innen ausführlich besprochen und dargestellt, wie sie die bereits vereinbarten Ergebnisziele unterstützen. Wir haben dann auch vereinbart, das Vorgehensdesign mit diesen Zielen allen Mitgliedern der GL zusammen mit den Vorbereitungsfragen zur Verfügung zu stellen.

5.4.3 Ziel-Weg-stimmige Prozessgestaltung

5.4.3.1 Prozessorgane

Wie schon oben unter den Hinweisen zu den Changemanagementprozessen erwähnt, gibt es üblicherweise für eine 2-tägige Klausur keine komplexe Organbildung. Jedenfalls braucht es eine klare Auftraggeberschaft, die die Ziele und Rahmenbedingungen verantwortet, und, wenn immer möglich, darüber hinaus ein bis zwei weitere Personen aus dem Klientensystem, die im Sinne einer informellen Steuer- oder Lenkungsgruppe die Ergebnis- und Prozessziele sowie das konkrete Vorgehen mit uns als externe Begleitende abstimmen und dafür Mitverantwortung übernehmen (*Systemprinzip Verantwortung und Einsatz*).

Auftraggeberschaft

Für diese Klausur war der CEO unser Auftraggeber, der diese Funktion in der Klausur auch deutlich einnehmen sollte, um sowohl den Zielen und Inhalten Gewicht zu verleihen als auch uns als externe Begleitende überhaupt die Legitimation zu geben, die Klausur zu gestalten und zu moderieren.

Vorbereitungsgruppe

Wie dargestellt bildeten für diese Klausur der CEO, die HR-Leiterin und der Leiter Firmengeschäft eine informelle Vorbereitungsgruppe, mit der wir das eigentliche Auftragsklärungsgespräch sowie eine kurze virtuelle Konferenz zum Design abhielten sowie das Debriefing-Gespräch nach dem Workshop führten.

5.4.3.2 Detaildesign der Klausur

Damit sich die GL-Mitglieder innerlich auf die Klausur vorbereiten konnten, erstellten wir leichtgewichtige Vorbereitungsfragen und baten sie, sich mit diesen sich ein paar Tage vor der Klausur auseinanderzusetzen und sich dazu Notizen zu machen:

Zusammenarbeit und Funktionieren der GL als Organ bisher:

- Welches sind unsere Stärken? Worauf sind wir stolz? Was soll unbedingt beibehalten werden?
- Welches sind Aspekte, mit denen ich weniger zufrieden bin, für die ich Entwicklungspotenziale sehe?
- Welche Ideen bzw. Wünsche für die Weiterentwicklung der Zusammenarbeit in der GL und dessen Funktionieren als Organ habe ich?

Eigenes Führungsverständnis:

- Welches sind meine zentralen Führungswerte?
- Wie würde ich die Schwerpunkte meiner Führungstätigkeit bezeichnen?
- Wie bewusst balanciere ich kulturelle (Werte, Ziele etc.), soziale (Zwischenmenschliches, Kommunikation etc.) und eher technisch-instrumentelle Aspekte (Prozessgestaltung, Zahlen, Controlling etc.) von Führung?

Diese Fragen sandten wir zusammen mit den Ergebnis- und Prozesszielen sowie einem groben Drehbuch (nicht in der hier dargestellten Ausführlichkeit) den GL-Mitgliedern als Information zur Klausur.

Das Detaildesign, das wir in Tabelle 24 zeigen, haben wir mit der Vorbereitungsgruppe im virtuellen Meeting ausführlich besprochen.

Wie immer gilt: Ein präzises Design hilft für die Vorbereitung und ist nicht als ein in Stein gemeißelter Plan zu verstehen. Vielmehr müssen aufgrund des Prozesses Anpassungen gemacht und iterative Schlaufen gezogen werden können.

Im vorliegenden Fall der Klausur konnten wir das »Drehbuch« weitgehend einhalten und die Ziele erreichen. Zwar brauchten wir am ersten Halbtag bei der Interpretation der SPOT-Analyse mehr Zeit als vorgesehen, dafür verlief das Formulieren der Richtungsaussagen am Nachmittag des 1. Tages deutlich schneller als gedacht. Der 2. Tag verlief so fließend, dass wir mit allen Programmpunkten durchkamen und dennoch eine halbe Stunde früher fertig waren.

Die Klausur erreichte die vereinbarten Ergebnisziele und war der Auftakt für einen längeren Entwicklungsprozess der Bank, bei dem wir punktuell immer wieder als Moderator:innen einbezogen wurden, der jedoch weitgehend von der GL und internen Stellen selbst verantwortet und durchgeführt wurde.

Zeit	Schritt
Tag 1	
09:00	Eröffnung der Klausur, Ziele, Ablauf: • Der CEO stellt seine Beweggründe und Ziele dar und würdigt die bisherige Zusammenarbeit. • Die externe Beratung ist kurz vorgestellt, übernimmt die Moderation und stellt den Ablauf der Klausur vor.
09:15	Vorstellungsrunde, Erwartungen, Spielregeln: • Die GL-Mitglieder haben sich in der Reihenfolge ihrer Zugehörigkeit zur Bank und zur GL vorgestellt und ihre Erwartungen und Fragen zur Klausur eingebracht. • Die Erwartungen sind geclustert und besprochen, die Fragen – soweit möglich – beantwortet. • Aufgrund der Erwartungen und Ziele der Klausur sind Spielregeln gemeinsam vereinbart worden.
10:00	Erarbeitung eines gemeinsamen Bildes der bisherigen Zusammenarbeit in der GL per SPOT-Analyse[37]: • Zwei Duos und ein Trio besprechen aufgrund ihrer Vorbereitungsfragen die Stärken und Probleme der Zusammenarbeit in der GL und halten jeweils fünf zentrale Stärken und Probleme auf Moderationskarten fest. • Die Duos und das Trio präsentieren ihre Ergebnisse: Erlaubt sind nur Verständnisfragen, keine Diskussion. Die Karten werden auf Pinnwand festgehalten und durch die Moderation geclustert. *Pause* • Die Duos und das Trio besprechen aufgrund des bisherigen Bildes, was sich unter Veränderung oder Utilisation der Problempunkte an Chancen für die Zukunft ergeben könnten bzw. welche Risiken bestehen, wenn alles so bleibt, wie es ist. • Präsentation der Ergebnisse, Verständnisfragen, Clusterung. • Besprechung des entstandenen Bildes und Festlegung von Entwicklungsfeldern.
12:45	*Mittagspause*
14:00	Systemische Bewegungsübung: • Durch eine einfache 10-minütige Bewegungsübung erfahren die GL-Mitglieder, wie über systemische Wechselwirkungen Muster entstehen = intuitive Vorbereitung der Auseinandersetzung mit dem ganzheitlichen Systemkonzept der sieben Wesenselemente. Anschließend Reflexion (Dauer 10').
14:20	Auseinandersetzung mit ganzheitlicher Führung • Kurzimpuls zum Systemkonzept der sieben Wesenselementen und zu den daraus abgeleiteten sieben Dimensionen von Führung (Kap. 3.1.4.1) • Fragen, Austausch

37 Die (in den 1960er-Jahren an der Harvard Business School entwickelte) SPOT- oder SWOT-Analyse dürfte als Methode allgemein bekannt sein. Im Gegensatz zu vielen uns bekannten Anwendungen davon gehen wir mit dem wertvollen Instrument so um, dass wir im 1. Schritt die Stärken und Entwicklungspotenziale bzw. Probleme multiperspektivisch in Kleingruppen erarbeiten und im Plenum präsentieren lassen. Darauf basierend fragen wir, wie sich für die angestrebte Entwicklungsrichtung die Stärken stärken und die Entwicklungspotenziale realisieren bzw. die Probleme utilisieren lassen, um Chancen zu kreieren, bzw. welche Risiken bestehen, wenn die bisherige Dynamik so weitergeht.

Dauer	Prozessziele nach Basisprozessen bzw. Systemprinzipien
10’	IP, PSP, Zeitfolge
5’	IP
20’	BBP, PSP, ZGP
15’	Zugehörigkeit & Zeitfolge, PSP, ZGP
10’	Verantwortung & Einsatz
25’	BBP, PSP
15’	BBP, PSP, LP
20’ 25’	ZGP
15’	ZGP
30’	ZGP
20’	PSP, LP
25’	LP
15’	LP

Zeit	Schritt	
15:00	Reflexion des eigenen Führungsverständnisses und -verhaltens anhand der sieben Dimensionen: • Reflexion des eigenen Führungsverständnisses in Duos und einem Trio *Pause* • Austausch der Erkenntnisse im Plenum • Erkenntnisse über das bisherige Führungsverständnis in Mottos formulieren und bewerten, inwiefern sie zukünftig noch leitend sein sollen • Zusätzliche neue Mottos für das Führungsverständnis der Zukunft formulieren	
17:00	Richtungsaussagen zur Weiterentwicklung der Zusammenarbeit in der GL und der Führungskultur: • Aufgrund der Ergebnisse der SPOT-Analyse vom Vormittag sowie der Auseinandersetzung und den Mottos des Nachmittags werden in zwei Gruppen Richtungsaussagen (weg von – hin zu) erarbeitet • Präsentation und Diskussion der Richtungsaussagen (»Rütteln« durch die Teilnehmenden und die externe Beratung, sodass anhand praktischer Alltagssituationen deutlich wird, was es bedeuten würde, diese wirklich umzusetzen) • Festlegung auf verbindliche Richtungsaussagen für den weiteren Prozess *Bemerkung:* Die Richtungsaussagen entsprachen beim »Weg von« ziemlich genau den Qualitäten der überreifen Differenzierungsphase und beim »Hin zu« jenen der Integrationsphase. Wir verzichteten an der Stelle jedoch darauf, die Entwicklungsphasen anzusprechen, und planten, der Vorbereitungsgruppe im Debriefing am Ende der Klausur Hinweise dazu zu geben.	
18:15	*Auswertung Tag 1:* Kurze Feedbackrunde zu bisherigen Ergebnissen im Hinblick auf Ziele, Erwartungen und Spielregeln	
19:30	Gemeinsames Abendessen	
Tag 2		
09:00	Nachlese zu Tag 1 und Ablauf Tag 2: • GL-Mitglieder besprechen über Nacht ggf. aufgetauchte Fragen oder Themen • Sie kennen Ablauf und Ziele von Tag 2	
09:15	Auseinandersetzung mit dem ganzheitlichen Funktionsverständnis: • Kurzimpuls zur ganzheitlichen Gestaltung von Funktionen • Fragen und Austausch	
10:00	Erarbeitung Verantwortungsziele der GL als Organ: • Zwei Gruppen erarbeiten Verantwortungsziele der GL *Pause* • Präsentationen, Diskussion, Festlegung der Verantwortungsziele	
11:50	Erarbeitung zentraler Tätigkeiten der GL als Organ zur Erreichung der Verantwortungsziele: Die Gruppen erarbeiten aufgrund der festgelegten Verantwortungsziele die zentralen Tätigkeiten, die die GL als Organ ausüben muss, um ihre Verantwortung wahrzunehmen	
12:30	*Mittagspause*	

Dauer	Prozessziele nach Basisprozessen bzw. Systemprinzipien
30' 20' 30' 15' 15'	BBP, PSP, LP BBP, PSP, LP, ZGP BBP, PSP, LP ZGP
25' 20' 30'	BBP, ZGP ZGP ZGP, PSP, UP
15'	BBP
	PSP
10' 5'	BBP, PSP IP
20' 20'	LP PSP, LP
30' 20' 60'	ZGP ZGP, UP
40'	ZGP

Zeit	Schritt
13:45	Fortsetzung Erarbeitung zentraler Tätigkeiten und Prüfung des Aspekts Befugnisse: • Die Gruppen präsentieren und diskutieren ihre Ergebnisse und gleichen sie mit bisherigen GL-Schwerpunkten ab • Aufgrund des Abgleichs werden die bisherigen GL-Meetings mit Tagesordnung, Rhythmus und daraus resultierenden Aktivitäten im Plenum evaluiert und ggf. neue Tagesordnungen, Rhythmen und Folgeaktivitäten festgelegt. Insbesondere betrachten sie, ob Veränderungen bei den Befugnissen der GL notwendig sind
15:15	*Pause*
15:30	Rollenverständnis und Spielregeln der GL aufgrund der bisherigen Arbeit am Funktionsbild: • Zwei Gruppen erarbeiten unter Berücksichtigung der Richtungsaussagen zum Führungsverständnis des 1. Klausurtags Formulierungen für das Rollenverständnis der GL, das diese mit den festgelegten Tätigkeitsschwerpunkten zur Erreichung ihrer Verantwortungsziele leiten soll • Präsentationen, Austausch, Festlegung auf Formulierungen
16:40	Weiteres Vorgehen für die Umsetzung der Resultate der Klausur: Die GL hat besprochen, • welche Klausurergebnisse an Führungskräfte und Mitarbeitende wie kommuniziert werden sollen. • wie und wann sie die Umsetzung der Ergebnisse überprüft. • wie der weitere Prozess der Führungs- und Kulturentwicklung angegangen werden soll.
17:10	*Auswertung der Klausur* anhand der Ziele, Erwartungen und Spielregeln
17:30	**Ende der Klausur**
17:45	*Debriefing:* Wie weiter oben angesprochen, stellten wir der Vorbereitungsgruppe an dieser Stelle das Konzept der Entwicklungsphasen kurz vor und zeigten auf, wie die inhaltlichen Ergebnisse der Klausur den Qualitäten der Integrationsphase entsprechen. Wir wurden daraufhin eingeladen, in drei Monaten einen Ein-Tages-Follow-up-Workshop mit der GL zu halten, bei dem die GL sich damit auseinandersetzen und Ableitungen für die Gestaltung des weiteren Entwicklungsprozesses vornehmen würde.

Tab. 24: Detaildesign der Tage 1 und 2 der Klausur (Fallbeispiel »Arbeit am gemeinsamen Führungsverständnis als Geschäftsleitung im Rahmen einer Jahresklausur«)

Dauer	Prozessziele nach Basisprozessen bzw. Systemprinzipien
30' 60'	BBP, ZGP ZGP, UP
20'	
30' 40'	ZGP ZGP, UP
30'	CMP, UP, IP CMP, UP CMP
20'	BBP
45'	BBP, CMP

6 Logische und archetypische Formate und Vorgehensmodelle

Wir haben den Fokus in diesem Buch auf die Landkarte der Transformation von Organisationen gelegt und die vier zentralen Modelle der Karte (Systemkonzept, Entwicklungsphasen, Systemprinzipien und Basisprozesse der Organisationsentwicklung) inzwischen ausführlich erläutert und in der praktischen Anwendung gezeigt.

Wie wir in Kapitel 2.4 deutlich gemacht haben, beinhaltet die Landkarte auf logischen und archetypischen Grundstrukturen beruhende zusätzliche Formate und Vorgehensmodelle für Transformationsprozesse (Abb. 33). Diese können bei allen selbst-bewussten Systemen und nicht nur im Kontext von Organisationsentwicklung eingesetzt werden, sondern auch in Mediation, Coaching, Supervision oder therapeutischen Settings hilfreiche Unterstützung bieten, um Themen nachhaltig zu bearbeiten.

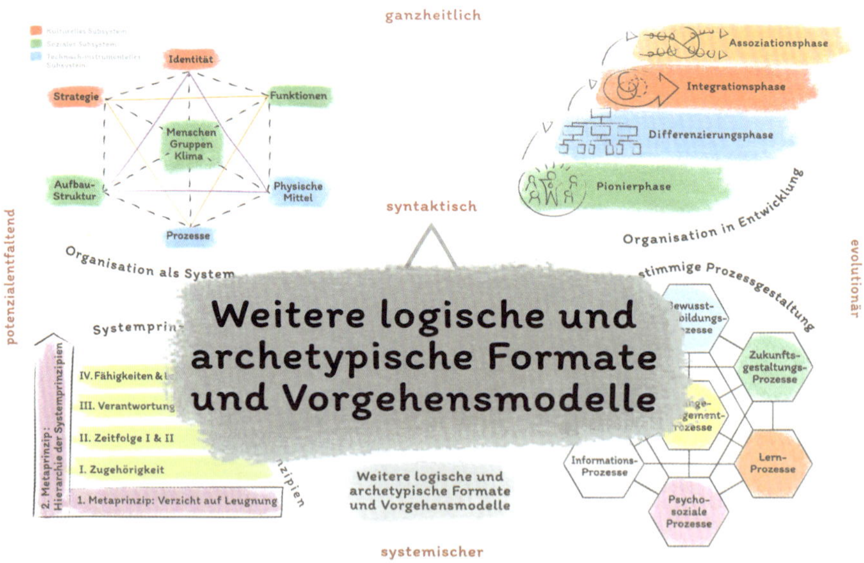

Abb. 33: Weitere logische und archetypische Formate und Vorgehensmodelle als zentraler Bestandteil der Landkarte der Transformation für Organisationen

Diese Formate und Vorgehensmodelle sind hervorragend geeignet, um syntaktisch, hypnosystemisch und kurativ verwendet zu werden. Dabei unterscheiden wir Formate und Vorgehensmodelle und definieren diese wie folgt:

- **Formate** haben ebenfalls den Charakter einer Landkarte und *ermöglichen viele unterschiedliche Choreografien.* Sie sind für jegliche selbst-bewusste Systeme anwendbar und *bilden die Struktur bestimmter Fragestellungen* ab.
- **Vorgehensmodelle** liefern eine *Grundstruktur für Schrittfolgen* bestimmter Prozessziele, sind ebenfalls bei allen selbst-bewussten Systemen anwendbar und in ihren Anwendungskontexten genauso vielfältig wie die logischen Formate.

Beide unterscheiden sich von Methoden bzw. Instrumenten insofern, als diese meist eingeschränktere Anwendungskontexte und in der Regel klare Schrittfolgen haben.

Aus konzeptionellen und aus Platzgründen stellen wir in diesem Buch nur ein solches Format – das Seitenmodell – ausführlich dar (Kap. 6.2). Dieses haben wir deshalb gewählt, weil wir es für jedes Gespräch und jede Workshopmoderation als wesentlich und hilfreich empfinden und weil es in der Anwendung jedes Formates bzw. Vorgehensmodell unterstützend wirkt.

Im folgenden Abschnitt listen wir einige Formate und Vorgehensmodelle auf, mit denen wir arbeiten, und geben Hinweise, für welche Anlässe bzw. Fragestellungen sich das jeweilige Format oder Modell besonders eignet und wo Literaturhinweise und Darstellungen der Anwendung in der Praxis dazu zu finden sind.

6.1 Unsere sieben meistverwendeten Formate und Vorgehensmodelle

6.1.1 Formate

Wir stellen hier folgende Formate kurz vor:

- Seitenmodell nach Gunther Schmidt
- Negiertes Tetralemma nach SySt
- Glaubenspolaritätenschema nach SySt
- Problemdekonstruktion nach SySt
- 15-Felder-Schema nach SySt
- Wertequadrat
- Interventionsprinzipien nach Glasl.

Seitenmodell nach Gunther Schmidt

Indikation: Pacing, Ambivalenzen abholen und begleiten, Gefühle und Bedürfnisse paraphrasieren, zieldienliche Lösungen daraus ableiten

Weitere Informationen bzw. Literaturhinweise:

Martin, O. (2020): Wirkungsbewusste Sprache in der Mediation. Perspektive Mediation 2020 (3): 144–151.

Schmidt, G. (2004): Liebesaffären zwischen Problem und Lösung. Hypnosystemisches Arbeiten in schwierigen Kontexten. Heidelberg (Carl-Auer), 10. Aufl. 2023.

Negiertes Tetralemma nach SySt

Indikation: Entscheidungsthemen, Dilemmata, Konflikte, Betrachtung von Entwicklungsfragen

Weitere Informationen bzw. Literaturhinweise:

Ferrari, E. (2011): Wege aus dem Dilemma. Das SySt-Tetralemma: Ein Beides finden. Aachen (SySt-Media).

Varga von Kibéd, M. u. I. Sparrer, I. (2009): Ganz im Gegenteil. Tetralemmaarbeit und andere Grundformen Systemischer Strukturaufstellungen – für Querdenker und solche, die es werden wollen. Heidelberg (Carl-Auer), 11. Aufl. 2020.

Glaubenspolaritätenschema nach SySt

Indikation: Wertearbeit, Ressourcenintegration und Kompetenzorientierung, Arbeit an Glaubenssätzen

Weitere Informationen bzw. Literaturhinweise:

Andersch, J. (2020): Das Glaubenspolaritäten-Schema nach SySt. In: J. Narbeshuber (Hrsg.) (2020): In Beziehung. Wirksam. Werden. Der systemisch-evolutionäre Coaching-Ansatz der Trigon Entwicklungsberatung. Stuttgart (Concadora).

Ferrari, E. (2011): Führung im Raum der Werte. Das GPA-Schema nach SySt. Aachen (SySt-Media).

Problemdekonstruktion nach SySt

Indikation: Jegliche als Problem definierte Fragestellung, Umfokussierung von Problemen auf Ziele, neue Aufgaben und Ressourcen sowie Utilisation von Hindernissen und dem Gewinn der Problemsituation

Weitere Informationen bzw. Literaturhinweise:

Andersch, J. u. O. Martin (2019): Probleme dekonstruieren und Lösungen entdecken. In: Röhrig, P. u. M. Scheinecker. (2019): Lösungsfokussiertes Konfliktmanagement in Organisationen. Bonn (Managerseminare).

Martin, O. (2020): Problemdekonstruktion nach SySt. In: J. Narbeshuber (Hrsg.) (2020): In Beziehung. Wirksam. Werden. Der systemisch-evolutionäre Coaching-Ansatz der Trigon Entwicklungsberatung. Stuttgart (Concadora).

15-Felder-Schema nach SySt

Indikation: Verbindung von Vergangenheit, Gegenwart und Zukunft sowie von innen und außen, Ziel- bzw. Visionsentwicklung, Würdigung von Gewordenem bzw. Verabschiedung von Vergangenem

Weitere Informationen bzw. Literaturhinweise:

Ferrari, E., I. Sparrer u. M. Varga von Kibéd (2018): 9-/12-Felder-Schema: Typische Anwendungen in Workshops- und Großgruppenveranstaltungen. In: E. Ferrari, I. Sparrer u. M. Varga von Kibéd (2018): Workshops gestalten mit SySt. Aachen (Ferrari Media).

Andersch, J. (2021): Veränderungsthemen systemischer sortieren mit dem 15-Felder-Schema. Vortrag anlässlich der Veranstaltung »Werte wirksam in die Welt bringen«, 25.10.2021, Luzern (Trigon Luzern). Verfügbar unter: https://static1.squarespace.com/static/5a95bf8a5b409bcee6965bb3/t/6183c788fbbf585cc5928975/1636026272192/Ver%C3%A4nderungsthemen_systemischer_sortieren_mit_dem_15-Felder-Schema.pdf [Zugriff: 15.08.2023].

Wertequadrat

Indikation: Wertekonflikte, aus Mängeln Kompetenzen reframen, Verständnis für unauflösbare Polaritäten und die Notwendigkeit von Balancierungen aufzeigen

Weitere Informationen bzw. Literaturhinweise:

Martin, O. (2021): Werte balancieren mit dem Werte- und Entwicklungsquadrat. Vortrag anlässlich der Veranstaltung »Werte wirksam in die Welt bringen«, 25.10.2021, Luzern (Trigon Luzern). Verfügbar unter: https://static1.squarespace.com/static/5a95bf8a5b409bcee6965bb3/t/617bf659259cbb4991a0130c/1635513946540/Werte_balancieren_mit_dem_dem_Werte-%26Entwicklungsquadrat.pdf [Zugriff: 15.08.2023].

Varga von Kibéd, M. (2015): Das SySt-Wertequadrat. *SyStemischer* 2006 (6): 12–32.

Interventionsprinzipien nach Glasl

Indikation: Reflexion grundsätzlich möglicher Arten von Interventionsqualitäten und deren ausreichender Versorgung bzw. Über- oder Unterversorgung

Weitere Informationen bzw. Literaturhinweise:

Glasl, F. (1980): Polarität und Rhythmus bei der Konfliktbehandlung in Konfliktmanagement. Ein Handbuch für Führungskräfte, Beraterinnen und Berater. Bern/Stuttgart (Haupt/Freies Geistesleben), 10. Aufl. 2011.

6.1.2 Vorgehensmodelle

Wir stellen hier folgende sieben Vorgehensmodelle kurz vor:

- qualitative Phasen des Wandels nach Glasl
- Theory U nach Scharmer
- U-Prozedur nach Glasl/Lemson
- mediatives U nach Ballreich/Glasl
- U des Entscheidens nach Ruf/Spieth
- Heldenreise nach Campbell
- sozialkünstlerische Vorgehensweisen nach Glasl, Schmidt, Bartussek und weiteren.

Qualitative Phasen des Wandels nach Glasl

Indikation: Struktur für schöpferische Prozessgestaltung

Weitere Informationen bzw. Literaturhinweise:

Glasl, F. (2020d): Der Schöpfungsmythos der Genesis als Urbild für Entwicklungsprozesse. In: F. Glasl, T. Kalcher u. H. Piber (Hrsg.): Professionelle Prozessberatung. Das Trigon Modell der OE-Basisprozesse. Bern/Stuttgart (Haupt/Freies Geistesleben), 4. Aufl. 2020, S. 463–468.

Theory U nach Scharmer

Indikation: Innovationsprozesse, Zukunftsgestaltungsprozesse, Potenzialfokussierung und -ansprache, Verbindung mit dem höchsten eigenen Potenzial, Antworten auf noch nie gestellte Fragen suchen

Weitere Informationen bzw. Literaturhinweise:

Martin, O. (2022): Die Theorie U im Kontext. BSO-Magazin 2022 (3): 4–8.

Scharmer, C. O. (2020): Theorie U. Von der Zukunft her führen. Heidelberg (Carl-Auer), 5., völlig überarb. u. erw. Aufl.

U-Prozedur nach Glasl/Lemson

Indikation: Ganzheitliche Prozessoptimierung und Kulturdiagnose, Konfliktbearbeitung

Weitere Informationen bzw. Literaturhinweise:

Ballreich, R. (2011a): Mediation als Organisationsentwicklung. In: Ballreich R. u. F. Glasl (Hrsg.) (2011): Konfliktmanagement und Mediation in Organisationen. Stuttgart (Concadora).

Glasl, F. (2020c): Diagnose-Prozesse. In: F. Glasl, T. Kalcher u. H. Piber (Hrsg.): Professionelle Prozessberatung. Das Trigon Modell der OE-Basisprozesse. Bern/Stuttgart (Haupt/Freies Geistesleben), 4. Aufl., S. 149–177.

Mediatives U nach Ballreich/Glasl

Indikation: Ganzheitliche Gestaltung von Mediationssequenzen und -prozessen

Weitere Informationen bzw. Literaturhinweise:

Ballreich, R. (2011b): Transformative Mediationsansätze. In: Ballreich, R. u. F. Glasl (Hrsg.): Konfliktmanagement und Mediation in Organisationen. Stuttgart (Concadora).

Ballreich, R. u. F. Glasl (2007): Mediation in Bewegung. Stuttgart (Concadora).

U des Entscheidens nach Ruf/Spieth

Indikation: Entscheidungsprozesse ganzheitlich gestalten

Weitere Informationen bzw. Literaturhinweise:

Ruf, S. u. A. Spieth (2022): Das U des Entscheidens. *Trigon Themen* 1: 3–5, verfügbar unter: https://www.trigon.at/artikel/souveraener-entscheiden-das-u-des-entscheidens/ [Zugriff: 20.12.2022].

Heldenreise nach Campbell

Indikation: Innovations- und Kreativitätsprozesse, Zukunftsgestaltungsprozesse, Verbindung von Vergangenheit, Gegenwart, Zukunft, Umdeutung und Integration von Traumata bzw. Problemen

Weitere Informationen bzw. Literaturhinweise:

Campbell, J. (1999): Der Heros in tausend Gestalten. Frankfurt a. M. (Suhrkamp).

Gilligan, S. u. R. Dilts (2013): Die Heldenreise. Auf dem Weg zur Selbstentdeckung. Paderborn (Junfermann).

Sozialkünstlerische Vorgehensweisen nach Glasl, Schmidt, Bartussek und weiteren

Indikation: Über Farbmethoden, szenische, pantomimische, körperliche bzw. metaphorische Vorgehensweisen Strukturen von sozialen bzw. Entwicklungs-Prozessen erspüren und bewusst machen sowie mit Lösungsideen verbinden

Weitere Informationen bzw. Literaturhinweise:

Andersch, J. u. O. Martin (2022): Sozialkünstlerisches Arbeiten – wie unwillkürliche Prozesse mit der Kognition verbunden werden können durch interaktive Farb-, Bewegungs- und metaphorische Methoden im Einzelsetting und mit Gruppen in verschiedenen Anwendungsfeldern. Vortrag anlässlich der 4. Tagung »Reden reicht nicht«, 28.10.2022, Würzburg (Trenkle Organisation). Verfügbar unter: https://static1.squarespace.com/static/5a95bf8a5b409bcee6965bb3/t/635fc30c0ea08d3898f445ea/1667220243054/SozialkuenstlerischArbeiten_Reden-reicht-nicht_Workshop-28.10.2022.pdf [Zugriff: 20.12.2022].

Glasl, F. im Gespräch mit Martin, O. (2021): Ganzheitlichkeit und Entwicklung – Interviewreihe mit Friedrich Glasl, Teil 3: Die Kraft des sozialkünstlerischen Arbeitens. Videoaufnahme. Verfügbar unter: https://www.transformicrcn.art/transfomagazin/2021/11/24/ganzheitlichkeit-und-entwicklung-interviewreihe-mit-friedrich-glasl-teil-3-die-kraft-des-sozialknstlerischen-arbeitens [Zugriff: 20.12.2022].

Glasl, F. u. M. Varga von Kibéd (2008): Die Interaktion des Familiensystems mit dem Unternehmenssystem in der Mediation [DVD]. Stuttgart (Concadora).

Wir planen zu den Landkarten der Transformation ein weiteres Buch, das wir diesen und weiteren Formaten bzw. Vorgehensmodellen und ihrer Anwendung in der Praxis der Organisationsentwicklung widmen wollen.

6.2 Seitenmodell: Gefühle, Bedürfnisse und Ambivalenzen pacen und utilisieren

Indikation und Anwendungsbereich: Moderation von Workshops, Führen anspruchsvoller Gespräche, Konfliktmoderation, Coachings, therapeutische Arbeit

Direkter Ansatzpunkt im Systemkonzept: Wesenselement Menschen/Gruppen/Klima

Basisprozessqualitäten: Psychosoziale Prozesse, Umsetzungsprozesse

Ziel/Nutzen: Ambivalenzen berücksichtigen und begleiten bzw. erzeugen, indem Gefühle und Bedürfnisse verschiedener Seiten von Menschen gewürdigt und für kooperative und zieldienliche Lösungen utilisiert werden. Dadurch werden einzelne und Gruppen darin unterstützt, in eine Metaperspektive zu kommen.

6.2.1 Seiten von Menschen als Ausdruck achtenswerter Bedürfnisse

Seit dem 19. Jahrhundert haben in Europa und den USA viele psychotherapeutische Schulen in der einen oder anderen Weise entsprechende Modelle gebildet und daraus Interventionen entwickelt, z. B. die freudsche Psychoanalyse (Freud 1923), das Psychodrama nach J. L. Moreno (1959), die Transaktionsanalyse nach Eric Berne (2006), die Gestalttherapie nach Fritz Perls (1976), Virginia Satirs »Parts Party« (Satir et al. 1995), die Ego-State-Therapie nach Watkins und Watkins (2003), das Seitenmodell nach Gunther Schmidt (1992b), Friedemann Schulz von Thuns »Inneres Team« (1998), Stephen Gilligans Psychotherapie der Selbstbeziehungen (»self relations therapy«; Gilligan 1999) – um nur einige zu nennen.

In den meisten Kulturen der Welt gibt es in irgendeiner Weise die Vorstellung, dass ein Individuum unterschiedliche seelische Anteile hat. Viele schamanische Heilungsrituale bedienen sich dieser Idee (z. B. Oliveira 2013), sei dies bei indigenen Völkern in Amerika, Asien, Afrika oder Australien. Auch in Europa gibt es zahlreiche Hinweise dafür, dass unsere Vorfahren ähnliche Überlegungen anstellten.[38] Deshalb verwundert es nicht, dass viele psychotherapeutische Ansätze die Existenz innerer Anteile postulieren. So gesehen, scheint die Idee, der Mensch habe verschiedene Seiten, einer archetypischen bzw. mythologischen Grundstruktur zu entsprechen.

Die aktuelle Hirnforschung liefert deutliche Hinweise dafür, dass die Metapher von »Seiten«, »Anteilen« oder »Ich-Zuständen« einer neurobiologischen Struktur entspricht (zit. aus Schmidt 2020, S. 137):

> »Die autopoietische Art der Erlebniserzeugung von Menschen entsteht dadurch, dass Netzwerke aus sinnlichen Elementen des Erlebens gebildet werden, die wechselseitig aufeinander einwirken, zum größten Teil auf unwillkürlicher, unbewusster Ebene. Die unwillkürlichen Prozesse sind dabei deutlich stärker und schneller als die bewusst-willentlichen« (Roth 1996, 2003).

Die Forschung zum autobiografischen Gedächtnis zeigt (Markowitsch u. Welzer 2005; Markowitsch 2009), dass im unbewussten Erlebnisrepertoire von Menschen jede erlebte Episode, wenn sie emotional »geladen« war, als spezifische Variante solcher Erlebnisnetzwerke gespeichert wird und reaktivierbar ist (implizites Gedächtnis, Episodengedächtnis). Eine Reaktivierung geschieht z. B. dadurch, dass einzelne oder mehrere Elemente dieses »Netzwerks« in der jeweiligen Gegenwart wiedererlebt werden – auch wenn dies nur unbewusst registriert wird. Dies beschreibt das Hebb-Gesetz (»Zellen, die miteinander feuern, vernetzen sich, und vernetzte Zellen feuern miteinander«; Hebb 2002; Spitzer 1996). So können Menschen als »multiple Persönlichkeiten« mit vielen »Ich-Anteilen« verstanden werden.

Wenn solche Netzwerke in der Gegenwart reaktiviert werden, erlebt die jeweilige Person dies ganzkörperlich: Gefühle, Empfindungen, Körperspannung, Blutdruck, Hormonausschüttungen, Gedanken, Assoziationen, innere Dialoge und Filme, Raumerleben, Größen- und Alterserleben verändern sich und wirken sich auf

38 Diese Hypothese können wir an dieser Stelle nicht ausführlich untermauern und verweisen dazu auf zahlreiche Beispiele aus Literatur und Kunst (z. B. Goethes Faust [Faust 1, Vers 1112 ff.; »Vor dem Tor«], häufige Motive Paul Gauguins [z. B. »Woher kommen wir? Was sind wir? Wohin gehen wir?«], auf den römischen Gott Janus oder auf altägyptische Schriften [z. B. Junge 2003]).

das Verhalten aus. Dies kann als positiv erlebt werden, wenn es den Erwartungen bzw. Zielen des Individuums entspricht:

An einem Konzert wird ein Song gespielt, der Netzwerke aktiviert, die mit dem Erleben von Jugendlichkeit, Euphorie, Lebensfreude und Freiheit vernetzt sind. Der 50-jährige Konzertbesucher fühlt sich in diesem Moment wieder jung und ausgelassen und gibt dem Erleben eine positive Bedeutung.

Genauso kann es sein, dass Netzwerke aktiviert werden, die mit Leid, Angst, Schmerz oder Hilflosigkeit vernetzt sind, was üblicherweise als unangenehm erlebt wird:

Ein Manager wird zu einem Vortrag eingeladen und merkt erst beim Betreten des Veranstaltungsgebäudes, dass dies der Ort ist, an dem er vor 20 Jahren eine massive Demütigung erlebt hat. Dadurch werden schon fast vergessene Netzwerke aktiviert, die mit Angst, Ohnmacht und Verzweiflung vernetzt sind, was den Manager verunsichert und nervös macht, obwohl er kognitiv weiß, dass das eine mit dem anderen nichts zu tun hat.

In beiden Fällen ist das unwillkürliche Erleben mit Empfindungen und Gefühlen Ausdruck achtenswerter Bedürfnisse, die im ersten Fall erfüllt und im zweiten unerfüllt bzw. infrage gestellt sind.

Wir stellen in der Folge das Seitenmodell nach Gunther Schmidt ausführlicher dar und gehen dann systematisch auf den Zusammenhang von Gefühlen, Bedürfnissen und Verhalten ein, bevor wir die praktische Anwendung in der Beratung erläutern.

6.2.1.1 Seitenmodell nach Gunther Schmidt

Die von Gunther Schmidt 1992 erstmals veröffentlichte Idee des Seitenmodells postuliert, dass äußere und innere Reize verschiedene Seiten eines Menschen einladen können, sich – wenn sie der Einladung folgen – vorübergehend in den Vordergrund zu drängen und das Verhalten eines Menschen zu beeinflussen. So sind aus hypnosystemischer Sicht an einem Gespräch nicht einfach zwei Personen beteiligt, sondern in der Regel viele verschiedene Seiten der beteiligten Personen, die nicht immer willentlich und bewusst agieren. Eine zentrale Idee der hypnosystemischen Arbeit besteht darin, mit den willentlichen und unwillkürlichen Seiten allparteilich zu arbeiten und diese in eine Kooperation zu bringen. So können aus Ambi- und Multivalenzen stimmige Metalösungen entstehen, ohne dass eine oder mehrere Seiten dominieren bzw. verdrängt werden.

Die Seitenmetapher kann sich z. B. auf unterschiedliche Lebensalter (oder Rollen und andere innere Anteile) beziehen: Jeder frühere Anteil eines Menschen ist immer noch Teil seiner Persönlichkeit. Was der Einzelne mit 1, 3, 20 oder 45 Jahren erlebt habt, ist in seinem Gehirn abgespeichert. Diese Seiten können willentlichbewusst oder unwillkürlich-unbewusst genutzt werden, wie die beiden folgenden Beispiele zeigen:

Willentliche Aktivierung

Ein Erwachsener spielt mit seinem 6-jährigen Kind mit Plastikfiguren Abenteuergeschichten und lässt sich bewusst darauf ein. Er reaktiviert quasi eine kindliche Seite in sich, die sich leidenschaftlich auf das Spiel einlässt und mit entsprechenden Gefühlen, Empfindungen und Körperreaktionen vernetzt ist. Gleichzeitig ist er mit seiner Metaposition als Erwachsener noch anwesend und kann beispielsweise während des Spieles immer noch auf mögliche Gefahren im Umfeld oder auch auf die Zeit achten.

Das heißt, es findet eine Kooperation des willentlichem Ich mit einer kindlich-spielerischen Seite statt.

Beispiel unwillkürliche Aktivierung

In einer Besprechung stellt eine Projektleiterin die aktuellen Fortschritte und Herausforderungen souverän und wie geplant dar, als plötzlich der CEO das Meeting betritt und nach zwei Minuten des Zuhörens beginnt, sie zu unterbrechen, kritische Fragen zu stellen und immer wieder mit Gestik und Mimik seine Ungeduld zum Ausdruck zu bringen. Eine Seite der Projektleiterin wird dadurch unwillkürlich getriggert, die mit Versagensängsten, Bloßgestelltwerden und Insuffizienzerleben vernetzt ist, und sie beginnt zu stottern, sich zu verheddern und schweigt schließlich erbleicht und in sich zusammengesunken.

Hier drängt sich die sich insuffizient und unsicher fühlende Seite in den Vordergrund, während das willentliche Ich vorerst noch gegen die unwillkürlichen Reaktionen ankämpft, sich dann aber zunehmend den Körperreaktionen ausgeliefert fühlt.

Nun ist es nicht so, dass die Projektleiterin nicht in der Lage wäre, auf kritische Fragen oder Unterbrechungen gelassen und sachlich zu reagieren. Aber in der gerade geschilderten Situation herrscht eben unwillkürliches Erleben vor, und auch wenn ihr willentliches Ich gelassen und sachlich reagieren will, haben andere Seiten in ihr mit Ohnmacht und Resignation auf die Situation geantwortet.

Im hypnosystemischen Verständnis des Seitenmodells ist es jedoch nicht so, dass diese unwillkürlich agierenden Seiten dumm oder schlecht wären. Menschliche Verhaltensweisen bzw. -muster werden hier als *Lösungsversuche* betrachtet, die

- zum Zeitpunkt ihres Entstehens kompetent waren, sich jedoch in einem späteren Kontext unter Umständen nicht mehr als Kompetenz auswirken
- und achtenswerte – allerdings oft unbewusste – Bedürfnisse ausdrücken.

Im vorliegenden Fall könnten die Bedürfnisse beispielsweise sein: Ernst-genommen-Werden, Sicherheit, Verbundenheit, Unterstützung. Und das unbewusste Lösungsmuster (Schweigen, Rückzug, Resignation), dessen Netzwerk aktiviert wurde, könnte sich in früheren Kontexten durchaus als kompetente – wenn auch sich unangenehm anfühlende – Reaktion ausgewirkt haben.

Diese Bedürfnisse konnten in der Beispielsituation aber weder bewusst erkannt noch adäquat zum Ausdruck gebracht werden.

In der hypnosystemischen Arbeit mit dem Seitenmodell ist es das Ziel, diese sich unwillkürlich äußernden Seiten in Kooperation mit dem willentlichen Ich zum Ausdruck zu bringen, z. B. indem die Projektleiterin in geeigneter Weise ihre Ambivalenzen kommunizieren würde:

> »Ich kann nachvollziehen, dass Sie viele Fragen und Anmerkungen haben, und freue mich über Ihr Interesse am Projekt. Gleichzeitig ist es mir wichtig, erst mal die wichtigsten Informationen und Hintergründe auszuführen, bevor ich gerne auf alle Fragen und kritischen Punkte eingehe. So vorzugehen, würde mich als Projektleiterin darin unterstützen, die knappe Zeit aller Teilnehmenden produktiv zu nutzen und das Meeting effektiv zu gestalten.«

Durch eine solche Reaktion hätte die Projektleiterin indirekt ihre Gefühle und Bedürfnisse auf umschreibende Art zum Ausdruck bringen können, während sie gleichzeitig professionell und gelassen auf den CEO eingegangen wäre. Darüber hinaus ist das Kommunizieren von Ambivalenzen eine Einladung für Gesprächspartner:innen, eigene Ambivalenzen zumindest wahrzunehmen und vielleicht ins Gespräch zu bringen.

Unwillkürliches, besonders wenn es sich um oft benutzte, besonders starke Netzwerke handelt, ist zunächst immer schneller als Willentliches (Schmidt 2016). Wenn ich damit verbundene unerwünschte Verhaltens- und Reaktionsmuster verändern will, ist es notwendig, die dahinterstehenden achtenswerten Bedürfnisse bzw. Kompetenzen zu erkennen und mit erwünschten Verhaltensweisen zu verbinden. Dies gelingt am besten durch den Einbezug des Körpers. Denn das bloße Erkennen der Bedürfnisse und das imaginative Explorieren der darauf basierenden erwünschten Verhaltensweisen bahnt neue Netzwerke nur schwach, sodass sich in der Praxis oft das bisherige Verhalten durchsetzt bzw. eine Blockade auftritt, weil das erwünschte mit dem bisherigen Verhalten ringt. Wenn jedoch im Sinne von systemischem Probehandeln die bisherigen Problemreize mit dem neuen Verhalten durch körperlich-multisensorisches Üben immer mehr vernetzt werden, steigt die Wahrscheinlichkeit, dass dies im »Ernstfall« in der Praxis gelingt, wenn die Problemreize wieder getriggert werden.

Gunther Schmidt hat sowohl für therapeutische und Coachingprozesse als auch für die Arbeit mit Teams und Organisationen vielfältige Methoden entwickelt, wie verschiedene Seiten mit ihren Bedürfnissen so ins Kooperationserleben gebracht werden, dass zieldienliche individuelle und kollektive Verhaltensmuster entstehen können.

Eine einfache und sehr wirkungsvolle Anwendung liegt schon darin, sich anzugewöhnen, beim inneren Dialog oder im Gespräch mit anderen nicht mehr zu sagen: »Ich bin ärgerlich« oder »Ich habe Angst«, sondern: »Eine Seite von mir ist ärgerlich« bzw. »Eine Seite von mir hat Angst«. Die Wirkung dieser Ausdrucksweise kann schnell erfahren werden: Die geäußerte Emotion wird in der Regel als weniger intensiv erlebt, man dissoziiert sich ein wenig von der jeweiligen Seite und hat leichteren Zugang zu einer Metaposition (die sich schon dadurch bildet, dass ein Beobachter eingeführt wird, der von seinen Seiten spricht).

Wir werden im übernächsten Abschnitt anhand eines Praxisfalls deutlich machen, wie im Rahmen von Entwicklungsprozessen in Organisationen in zieldienlicher Weise mit dem Seitenmodell syntaktisch-hypnosystemisch gearbeitet werden kann (Kap. 6.2.1.3).

Zunächst geben wir eine Übersicht, die – ebenfalls im Sinne einer Landkarte – dabei unterstützt, systematisch das Wechselspiel von Gefühlen/Empfindungen und Bedürfnissen mit dem Verhalten zu verstehen und für Interventionen zu nutzen.

6.2.1.2 Bedürfnisse als Grundlage menschlichen Fühlen und Handelns

In der psychologischen und anthropologischen Forschung gibt es zahlreiche und sehr differenzierte Theorien bzw. Modelle über menschliche Bedürfnisse. Wir verwenden hier den Bedürfnisbegriff im Sinne Marshall Rosenbergs gewaltfreier Kommunikation (GfK, »non-violent communication«, NVC; Rosenberg 2001) und definieren sie in eigenen Worten wie folgt:

- Bedürfnisse liegen dem menschlichen Fühlen und Handeln zugrunde.
- Bedürfnisse sind universell – alle Menschen haben ungeachtet ihrer biografischen, soziokulturellen oder anderweitigen Prägungen die gleichen Bedürfnisse; das bedeutet, sie bilden die Grundlage dafür, sich gegenseitig als Menschen verstehen zu können.
- Bedürfnisse sind nie Handlungen. Handlungen sind Lösungsversuche für die Befriedigung von Bedürfnissen.
- Bedürfnisse sind grundsätzlich positiv – es gibt keine negativen Bedürfnisse. Eine unerwünschte oder schädliche Wirkung entsteht niemals durch ein Bedürfnis. Allerdings können Handlungsstrategien und Verhaltensmuster zur Befriedigung von Bedürfnissen äußerst problematisch bzw. schädlich wirken.
- Außer bei den körperlichen Bedürfnissen Nahrung, Flüssigkeit, Sauerstoff und Schlaf gibt es immer viele Optionen, wie Bedürfnisse befriedigt werden können. Es ist deshalb grundsätzlich hilfreich, Bedürfnisse an den Ausgangspunkt von Überlegungen zu Handlungsstrategien zu stellen, weil dadurch auswirkungsbewusst und kontextbezogen Verhaltensoptionen gewählt werden können.

Abbildung 34 zeigt eine Auswahl universeller Bedürfnisse, die wir in physiologische, Sicherheits-, soziale und Ich-Bedürfnisse unterteilen:

Abb. 34: Übersicht universeller Bedürfnisse [verändert und erweitert nach einer Grafik von Ballreich, R. (2011c): Die Konfliktdynamik in und zwischen Menschen. In: Ballreich, R. u. F. Glasl (Hrsg.) (2011): Konfliktmanagement und Mediation in Organisationen. Stuttgart (Concadora), S. 107]

Dabei haben wir nicht den Anspruch einer vollständigen Aufzählung von Bedürfnissen und wollen auch nicht diskutieren, was genau Bedürfnisse sind und was nicht. Maßgeblich für unser Verständnis sind die oben aufgeführten Punkte und insbesondere die Unterscheidung von Bedürfnis und Verhalten. So betrachten wir in der Praxis auch Werte als bedürfnishaft, da z. B. Gerechtigkeit oder Freiheit ebenso grundsätzlich menschlich sind wie das Bedürfnis nach Zugehörigkeit oder Autonomie.

Entscheidend für die Arbeit mit dieser Idee ist ohnehin, mit Menschen herauszuarbeiten, woran diese konkret erkennen, dass sie Gerechtigkeit oder Zugehörigkeit erleben, weil dieses Erleben subjektiv und kontextabhängig ist.

Den Zusammenhang von Gefühlen und Empfindungen mit Bedürfnissen sehen wir – wiederum Rosenberg (2001) folgend – so, dass Gefühle und Empfindungen Signallampen unseres Organismus sind, die anzeigen, ob unsere Bedürfnisse befriedigt sind oder nicht (Abb. 35). *Empfindungen* sind gemäß unserer Definition körpernähere Sensationen wie z. B. Schmerz, Wärme, Kälte etc., während *Gefühle* stärker seelischer Natur sind, wie z. B. Freude, Angst, Ärger usw.
Vereinfacht ausgedrückt, könnte man sagen:

- Wenn ein Bedürfnis befriedigt ist, geht es uns gut, fühlen wir uns wohl, angenehm, zufrieden etc.
- Wenn ein Bedürfnis nicht befriedigt ist, empfinden wir Mangelerleben, Unzufriedenheit, Frustration, Angst etc.

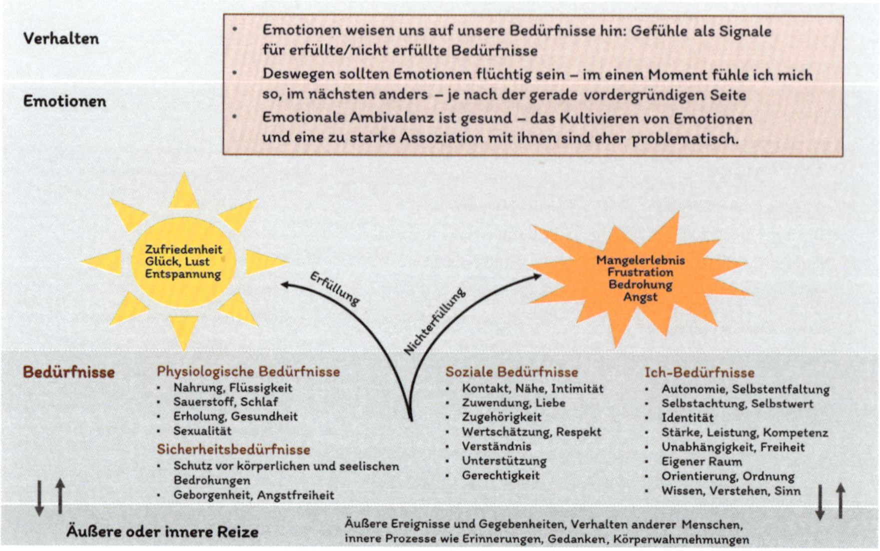

Abb. 35: *Gefühle und Empfindungen als Signale für Bedürfnisse [verändert und erweitert nach Ballreich, R. (2006): Bedürfnisorientierte Mediation; verändert und erweitert nach einer Grafik von Ballreich, R. (2011c): Die Konfliktdynamik in und zwischen Menschen. In: R. Ballreich u. F. Glasl (Hrsg.) (2011): Konfliktmanagement und Mediation in Organisationen. Stuttgart (Concadora), S. 109]*

Selbstverständlich und gerade mit dem Blickwinkel des Seitenmodells ist es jedoch praktisch nie so, dass wir nur ein Bedürfnis gleichzeitig haben, sondern meistens mehrere, sodass wir uns normalerweise ambivalent bzw. multivalent fühlen. Dass dies ein Kennzeichen seelischer Gesundheit ist, führen wir weiter unten aus.

Bleiben wir – für den Moment – im vereinfachten Schema, wird deutlich, dass ein Empfinden oder Gefühl nie die direkte Reaktion auf eine äußere Situation oder das Handeln eines anderen Menschen ist, sondern grundsätzlich daraus resultiert, ob ein Bedürfnis erfüllt ist oder nicht. Daraus geht hervor, dass unser Empfinden und unsere Gefühle grundsätzlich in unserer eigenen Verantwortung liegen und nicht in der Verantwortung anderer Menschen oder in äußeren Umständen begründet. Das soll jedoch umgekehrt keineswegs heißen, wir hätten keine Verantwortung dafür, wie wir uns anderen gegenüber verhalten und was wir dabei bewirken.

Der Abbildung 35 kann ebenfalls entnommen werden, dass wir über unsere emotionalen Signale Hinweise auf die Bedürfnisse bekommen, weshalb es wesentlich ist, Gefühle und Empfindungen ernst zu nehmen. Könnten wir keinen Schmerz empfinden, dann wüssten wir nicht, dass wir Schutz brauchen (bzw. Gesundheit, Unversehrtheit). Könnten wir keine Angst spüren, wüssten wir nicht, dass wir Sicherheit brauchen. Die oft im Businesskontext zu hörende Aussage »Gefühle haben hier keinen Platz« ist ein bedauerliches Missverständnis, weil Menschen grundsätzlich fühlende und empfindende Wesen sind. Und diese emotionalen Signale sind unwillkürliche und lebenswichtige Hinweise unseres Organismus darauf, was wir brauchen und wie wir gut für uns sorgen können.

Gleichzeitig warnen wir davor, Gefühle bzw. Empfindungen in den Mittelpunkt der Aufmerksamkeit zu setzen. Sie haben die Funktion, uns auf unsere Bedürfnisse hinzuweisen, nicht jedoch, sie permanent zu kultivieren und darin zu baden. Denn Emotionen können betrunken machen und sich gegenseitig verstärken (gerade in Kollektiven), ohne dass daraus etwas Konstruktives erfolgt.

Wir haben oben darauf hingewiesen, dass multivalente emotionale Zustände ein Zeichen seelischer Gesundheit sind. Damit meinen wir, dass Emotionen flüchtig sein müssen, um immer wieder von neuem Hinweise auf Bedürfnisse geben zu können. So fühlt man sich im einen Moment ärgerlich, weil eine Seite sich nicht wertgeschätzt fühlt, im nächsten Moment freut man sich, weil man beim Joggen seine Stärke und Freiheit spürt.

Konservierte emotionale Zustände wie beispielsweise Depressionen, massive Wut in chronifizierten Konflikten oder permanente Euphorie durch Drogen fokussieren nur eine oder wenige Seiten mit sich eher ungünstig auswirkenden Verhaltensstrategien und verhindern, andere Seiten mit deren Bedürfnissen wahrzunehmen und zu versorgen.

Reagieren wir auf ein emotionales Mangelerleben im Sinne eines Reiz-Reaktions-Verhaltens, werden unwillkürliche Netzwerke aktiviert, wie in Kapitel 6.2.1.1 beschrieben, was in Abbildung 36 dem Reaktionspfad oben rechts entspricht. Gelingt es uns jedoch, das emotionale Mangelerleben wahrzunehmen und nach dem Bedürfnis zu forschen, aktivieren wir in uns eine Steuer- bzw. Metaposition. Dies erhöht die Wahrscheinlichkeit, dass wir das Bedürfnis kontextgemäß aussprechen und für uns und andere verträglich erfüllen können (Abb. 36, Reaktionspfad oben links).

Sowohl für die psychische Gesundheit als auch für ein konstruktives Beziehungsleben (privat wie beruflich) ist die Fähigkeit zentral, die eigenen Bedürfnisse kontextbezogen und auswirkungsbewusst zu managen und auf die Bedürfnisse anderer Menschen einzugehen. Diese Fähigkeit immer mehr zu entwickeln ist ein lebenslanger Lernprozess.

Und es ist nicht ganz so leicht, weil – wie in Kapitel 6.2.1.1 aufgezeigt – unsere eingeübten Verhaltensmuster starke Netzwerke bilden, die unwillkürlich aktiviert werden und sich jedenfalls in früheren Kontexten sinnvoll ausgewirkt haben, um die damit zusammenhängenden Bedürfnisse zu befriedigen. Man könnte sagen, es gibt Seiten, die ein Verhalten in bestimmten Kontexten für das jeweilige Bedürfnis halten und sich (noch) nicht vorstellen können, wie die gleichen Bedürfnisse sich durch ein zieldienlicheres Verhalten mit weniger unerwünschten Nebenwirkungen befriedigen lassen.

Was es dafür jedenfalls braucht, ist eine Fokussierung der Aufmerksamkeit auf die jeweiligen Seiten mit ihren Bedürfnissen. Wir zeigen in der Anwendung nach-

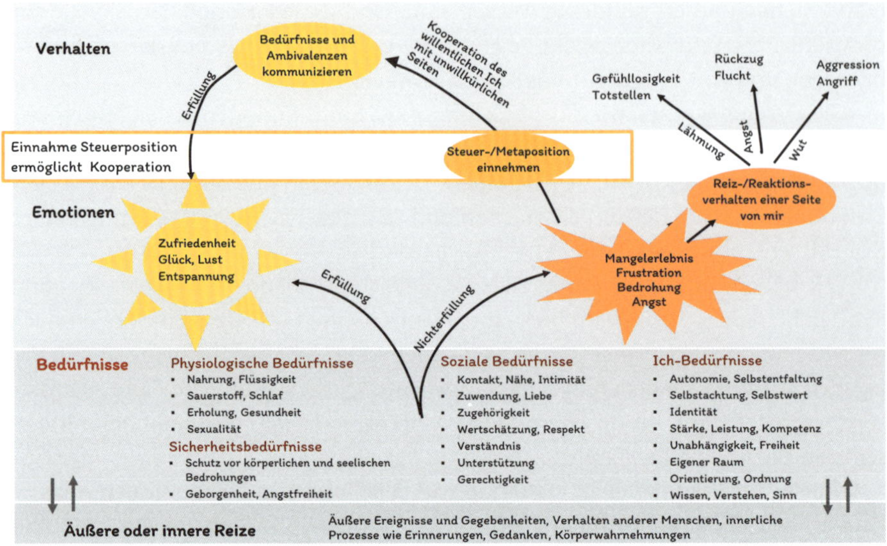

Abb. 36: *Kooperation von Kognition bzw. willentlichem Ich mit unwillkürlichen Seiten bzw. Emotionen [verändert und erweitert nach einer Grafik von Ballreich, R. (2011c): Die Konfliktdynamik in und zwischen Menschen. In Ballreich, R. u. F. Glasl (Hrsg.) (2011): Konfliktmanagement und Mediation in Organisationen. Stuttgart (Concadora), S. 116]*

her auf, wie es in Gesprächen und Workshops gelingen kann, auf Bedürfnisse und Kompetenzen zu fokussieren und diese für die Öffnung von Lösungsräumen zu utilisieren (Kap. 6.2.2).

6.2.1.3 Kurative, syntaktischere und hypnosystemische Verwendung der Landkarte von Seiten mit Gefühlen und Bedürfnissen

Rosenberg (2001) hat mit seiner gewaltfreien Kommunikation für eine empathische Kommunikation vier konkrete Schritte (1. Beobachten statt Bewerten, 2. Gefühle aussprechen, 3. Bedürfnisse benennen, 4. Bitten formulieren) entwickelt und schlägt vor, zwischen echten Gefühlen und solchen zu unterscheiden, die im Grunde gedankliche Bewertungen von Empfindungen und Gefühlen sind. Die gleiche Idee der Unterscheidung vertritt er bezüglich der Bedürfnisse und dazu, dass auf der Handlungsebene wirklich nur Bitten geäußert werden sollen und keine Forderungen.

Diese strenge Unterscheidung und die Schrittfolge sind aus unserer Sicht hilfreich, um Haltung und Prinzipien der GfK zu erlernen, in der Anwendungspraxis wirken sie jedoch oft zu schematisch. Wir haben die Erfahrung gemacht, dass es im Sinne eines guten Pacings zielführender ist, die Wortwahl von Klient:innen und deren Umschreibung von Gefühlen und Bedürfnissen in würdigender Weise aufzunehmen.

Wir verdanken Rosenbergs Arbeit und seinen Konzepten sehr viel, gerade auch seiner Idee des Empathiedialogs, der letztlich ein Paraphrasieren von Gefühlen und Bedürfnissen ist. Gleichzeitig halten wir es für notwendig, die Idee der Bedürfnisorientierung mit dem Seitenmodell zu verbinden, da sonst die Gefahr besteht, dass Klient:innen sich zu sehr mit den gerade im Vordergrund stehenden Seiten verwechseln, was aus unserer Sicht die Einnahme einer Meta- bzw. Steuerposition erschwert und zu wenig berücksichtigt, dass es kontextabhängig ist, welche Seiten mit welchen Bedürfnissen sich in welcher Situation zeigen.

Wir verwenden das Seitenmodell verbunden mit den dargestellten Wechselwirkungen von Bedürfnissen, Gefühlen und Verhalten als Landkarte für Moderationen und Gesprächsführung, wobei wir damit konsequent kurativ, möglichst syntaktisch und hypnosystemisch arbeiten.

Kurativ

Wir wissen nicht, ob bei einem Gegenüber gerade eine bestimmte Seite mit unerfüllten Bedürfnissen vorübergehend dominiert, und wir wissen auch nicht, um welche Bedürfnisse es sich handelt. Wir können jedoch inhaltliche Äußerungen in einer fragenden Haltung des Nichtwissens paraphrasieren und dem Gegenüber anbieten, um zu sehen, ob es für ihn oder sie einen relevanten Unterschied macht.

Eine kreativ-kunstfertige Vorgehensweise sehen wir insbesondere darin, dass wir durch das Paraphrasieren versuchen, im Gegenüber die Steuerungsposition zu aktivieren oder zu verstärken, da diese Metaposition ja erst in der Lage ist zu entscheiden, ob ein Angebot einer Paraphrasierung einen zieldienlichen Unterschied macht.

Syntaktisch

Erzählen Menschen von emotional geladenen Situationen, tun sie dies üblicherweise wortreich und beschreiben alle möglichen Details und Geschehnisse. Dadurch sind sie auf eine inhaltliche Problembeschreibung fokussiert, induzieren dadurch selbst eine Problemhypnose (Schmidt 1987b; Gilligan 1991) und suchen die Lösung des Problems in den Inhalten. Wir hören diesen Schilderungen jedoch syntaktischer zu, indem wir das Gesagte bezüglich verschiedener unwillkürlicher Seiten mit ihren Gefühlen und Bedürfnissen bzw. Kompetenzen paraphrasieren und dadurch den Fokus auf das Grundsätzliche richten. Diese Umfokussierung ist der eigentlich syntaktische und hypnosystemische Aspekt unseres Vorgehens, weil wir die Strukturen der Landkarte (Seiten mit Gefühlen und Bedürfnissen) nutzen, um Lösungsräume zu öffnen, die jenseits inhaltlicher Beschreibungen liegen. Deshalb ist es nicht entscheidend, die »richtigen« Seiten bzw. Gefühle und Bedürfnisse zu paraphrasieren, sondern dass vor allem ein Switch in der Aufmerksamkeitsfokussierung und dadurch in der Bedeutungsgebung des Gegenübers stattfindet. Für die Klient:innen ist es dann natürlich notwendig, ihre Bedürfnisse benennen und, von diesen ausgehend, Verhaltensoptionen explorieren zu können – also eine stärker inhaltliche Ebene zu betreten. Für uns als Beratende hingegen sind diese Inhalte zweitrangig.

Hypnosystemisch

Durch konsequente Umfokussierung der Aufmerksamkeit weg vom Problem und hin zu Bedürfnissen oder übersehenen Kompetenzen sowie durch das Bewusstmachen unterschiedlicher Seiten wird ein neues Erleben erzeugt und das Gegenüber zu neuen Bedeutungsgebungen angeregt. Das heißt, wir utilisieren die Problemschilderungen als Lösungsversuche für achtenswerte Bedürfnisse, um kontextadäquate neue Handlungsstrategien einzuladen. Darüber hinaus regen wir durch das Ansprechen verschiedener Seiten zur Einnahme einer Meta- bzw. Steuerposition an. Dazu ein Beispiel:

> Aussage Klient: »Die Zusammenarbeit im Projektteam ist total anstrengend und mühsam. Immer wieder werden Termine nicht eingehalten, was sehr nervig ist. Gerade letzte Woche wieder hat Herr Keller …« (erzählt fünf Minuten lang technisch-organisatorische Detailaspekte).
>
> »Ich bin frustriert und sauer über die Schlampigkeit einzelner Mitglieder und könnte manchmal aus der Haut fahren und herumschreien, was ich mit größter Anstrengung unterdrücke. Ich muss mich ständig zusammenreißen und gerate dadurch nur noch mehr unter Druck!«
>
> Paraphrase der Beraterin: »Verstehe ich Sie richtig, dass Sie einerseits (Einführung der Idee, dass es nur *eine* Seite und nicht die ganze Person ist) ärgerlich (Gefühle pacen) sind, weil Ihnen Verbindlichkeit und Zuverlässigkeit wichtig sind (Bedürfnisse paraphrasieren), während Sie andererseits (zweite Seite einführen und Ambivalenz anregen) bemüht sind, ruhig zu bleiben (Gefühle pacen), weil Ihnen gute Kooperation (Bedürfnisse paraphrasieren) wichtig ist?«

Die kurative Haltung im Paraphrasieren lässt offen, ob es für Klient:innen überhaupt so ist, wie es verstanden wurde, ob sie die Gefühle und Bedürfnisse in anderen Worten beschreiben würden und ob es für sie hilfreich ist zu entdecken, dass mehrere Seiten aktiv sind.

Auch spielen die genannten Inhalte dabei nicht die zentrale Rolle, da es um den Prozess der Umfokussierung auf Bedürfnisse und die Anregung einer Metaposition geht, von der sich wahrnehmen lässt, dass es verschiedene Seiten mit anerkennungswürdigen Bedürfnissen gibt, und aus der heraus zieldienlicheres Verhalten exploriert werden kann.

6.2.2 Anwendungsbeispiel in der Praxis

Die Landkarte des Seitenmodells mit Gefühlen und Bedürfnissen kann in unterschiedlichen Kontexten vielfältig genutzt werden. Wie erwähnt, gibt es zahlreiche hilfreiche Methoden von Gunther Schmidt (2004) dafür. Ebenso hat Stephen Gilligan aufgrund seiner Überlegungen zur Arbeit mit inneren Anteilen ganz hervorragende Interventionen entwickelt, die er in seiner Psychotherapie der Selbstbeziehungen (Gilligan 1999) beschreibt. Die systemischen Strukturaufstellungen nach SySt integrieren die Arbeit mit Seiten und Elemente der GfK ebenfalls systematisch.

Im Kontext dieses Buches fokussieren wir den Nutzen dieser Landkarte für die Bearbeitung von psychosozialen Prozessen in der Moderation von Workshops bzw. in Gesprächen.

Startworkshop mit Ärger, Frustration und Trauer

In einem 25-köpfigen Pflegeteam eines größeren Krankenhauses gab es laut der Beschreibung der Leiterin Pflegedienst seit Jahren Konflikte, viele Führungswechsel, hohe Krankenstände und große Unzufriedenheit seitens der Ärzt:innen und weiterer interner Stellen. Auch bezeichnete die Leiterin die Qualität der pflegerischen Arbeit und der Erfassung der Leistungen im internen Abrechnungssystem als mangelhaft und meinte, das Team müsse diese Mängel dringend beheben und der Organisationsentwicklungsprozess mit uns sei die letzte Chance, damit das Team nicht aufgelöst würde und diverse Entlassungen ausgesprochen werden müssten. Ihre Sichtweise war dem Team bekannt.

Wir schildern an dieser Stelle basierend auf der Beschreibung der Leiterin Pflegedienst nur eine Startsequenz aus dem Workshop mit dem Team. Selbstverständlich boten wir ihr mithilfe der Landkarte der Transformation für Organisationen schon im Auftragsklärungsgespräch zahlreiche Reframings und Paraphrasierungen an und explorierten mit ihr gemeinsam ganzheitlichere Bedeutungsgebungen und darauf basierende Prozessziele. Diese wurden auch dem Team vor dem Workshop kommuniziert, was aber verständlicherweise noch nicht dazu geführt hatte, dass die Stimmung im Team sich verbesserte.

So trafen wir zu Beginn des Halbtagesworkshops rund 25 Menschen an, die schweigend und auf uns eher skeptisch wirkend im Halbkreis saßen. Wir eröffneten den Workshop mit folgenden Worten:

»Aufgrund der Art, wie uns Ihr Team beschrieben wurde, und welche Konsequenzen Ihnen in Aussicht gestellt wurden, könnten wir uns vorstellen, dass Ihre Lust, mit uns zu arbeiten, sich in Grenzen hält. Vielleicht stellen Sie sich die Frage, ob so ein Organisationsentwicklungsprozess überhaupt einen Sinn hat, oder Sie befürchten vielleicht, dass wir das Selbstverständnis hätten zu wissen, was für Sie gut ist. Oder Sie denken vielleicht, es gäbe schon irgendwelche Entscheidungen, und es handle sich hierbei um eine Alibiübung. Das sind natürlich alles nur Fantasien unsererseits, wenn wir versuchen, uns in Sie und Ihre Lage hineinzuversetzen. Um von Ihnen zu erfahren, was Sie ganz konkret denken, und ob Sie denn bereit sind, mit uns an den kommunizierten Zielen zu arbeiten, bitten wir Sie, uns Ihre Sichtweisen dazu mitzuteilen.«

Nach einer »Schweigeminute« räusperte sich ein ca. 60-jähriger Pfleger und begann laut und immer intensiver seine Frustration zu äußern (wir zitieren den O-Ton):

»Wissen Sie, ich habe diesen Scheiß wirklich langsam satt! Seit Jahren werden wir mit immer mehr administrativen Prozessen in unserer Arbeit behindert, kriegen immer anspruchsvollere Patienten und müssen immer mehr leisten! Die Ärzte wechseln ständig und stellen nur Ansprüche, nehmen sich aber nie die Zeit, wirklich mit uns die Probleme anzuschauen. Und immer sind wir die Deppen, wenn etwas schiefläuft! Nie hört jemand auf unsere Probleme und Lösungsvorschläge. Ich mache diesen Job nun seit über 35 Jahren, und ich kann Ihnen nur sagen: Mir reicht's! Und jetzt droht man uns auch noch und schickt uns Sie als Beruhigungspille, weil die Führung hier nicht fähig ist, die Missstände selbst anzupacken. Ich habe einfach keine Lust mehr und bin stinksauer! So, jetzt ist es raus!«

Während er sprach, konnten wir davon Notiz nehmen, dass es viel Kopfnicken gab und plötzlich Energie im Raum vorhanden war. Wir antworteten auf die Schilderungen des Pflegers – in einem ähnlich intensiven Tonfall (Pacing):

»So wie wir Sie verstehen, sind Sie einerseits (erste Fokussierung auf verschiedene Seiten) stinksauer, frustriert und haben es satt, immer als Schuldige für Probleme dazustehen (Pacing von Gefühlen und Sichtweisen) und bräuchten dringend, dass mal Ihre Sichtweise ernst genommen würde (paraphrasieren von Bedürfnissen). Andererseits sehen Sie genau, dass es Probleme zu lösen gibt (bewusst machen einer Ambivalenz) und wünschen sich, dass Ihre Kompetenz als Pflegende für die Lösungsfindung (Bedürfnis paraphrasieren) wirklich genutzt würde, was aus Ihrer Sicht jedoch bisher nicht stattgefunden hat.«

Der Pfleger nickte während unserer Paraphrase und antwortete ein wenig ruhiger: »Ja, so könnte man es sagen, und immerhin scheinen Sie zu begreifen, was ich meine.«

Wir antworteten: »Dann lassen Sie uns kurz notieren, was Ihnen besonders wichtig ist, damit wir es nicht vergessen.« Auf die Flipchart schrieben wir den Titel »Zu berücksichtigende Anliegen für den Prozess« und notierten darunter:

- ernst genommen werden in unserer Sichtweise
- unsere Kompetenz anerkennen und für Lösungen nutzen.

Er stimmte unserer Notiz zu, und es folgten während rund 25 Minuten weitere emotionale Äußerungen von etwa zehn anderen Mitgliedern des Teams, die wir allesamt im gleichen Stil paraphrasierten wie beim ausgeführten Beispiel.

So entstand innerhalb von einer halben Stunde folgende Liste mit zu berücksichtigenden Anliegen für den Prozess:

- ernst genommen werden in unserer Sichtweise
- unsere Kompetenz anerkennen und nutzen für Lösungen
- Klarheit über Ziele unseres Teams – Orientierung
- Augenhöhe in der Kooperation mit dem ärztlichen Personal
- Sinn der Arbeit wieder mehr sehen
- Wertschätzung für das bisher Geleistete
- Raum für Austausch, Wir-Gefühl, Zusammengehörigkeit
- Gegenseitige Unterstützung
- Verlässlichkeit von Absprachen
- Sicherheit im Veränderungsprozess.

Bei all diesen Anliegen handelt es sich im Kern um achtenswerte Bedürfnisse, wobei wir in Workshops nie von Bedürfnissen sprechen, sondern von Anliegen oder Ähnlichem, um nicht den Eindruck zu erwecken, wir wollten psychologisieren.

Wir fragten dann das Team, ob es bereit sei, mit uns in den weiteren Prozess zu gehen unter der Maßgabe, dass die gerade gesammelten Anliegen im Prozess gleichermaßen berücksichtigt würden wie die Ziele der Pflegedienstleitung. Dazu war das Team bereit, und ab diesem Moment konnte konstruktiv und zukunftsorientiert gearbeitet werden.

Durch das kurative Paraphrasieren von Seiten mit Gefühlen und Bedürfnissen wurden aus unserer Sicht folgende Wirkungen erzielt:

- Die Mitglieder des Teams fühlten sich abgeholt und verstanden (Pacing).
- Die Emotionalität bekam Raum und durch die Fokussierung auf verschiedene Seiten gelang es, die einzelnen Mitglieder und die Gruppe als Ganzes zur Einnahme einer Meta- bzw. Steuerposition einzuladen.
- Die herausgearbeiteten Bedürfnisse konnten im weiteren Verlauf utilisiert werden (was wir unten kurz andeuten).
- Die vielen inhaltlichen Details konnten ausgesprochen werden, ohne dass sie den Blick auf die wesentlichen Themen verstellten.

Dabei liegt der syntaktische Aspekt in diesem Beispiel gerade darin, dass über die Fokussierung auf Bedürfnisse die Bedeutungsgebung des Teams insgesamt in Bewegung geriet, vorerst unabhängig von den einzelnen Bedürfnissen. Die Struktur des Vorgehens ermöglichte einen grundsätzlichen Switch, was einen gänzlich anderen Raum eröffnete.

Um von den Bedürfnissen mehr ins Handeln zu gelangen und vom Wesenselement Menschen/Gruppen/Klima aus alle Wesenselemente in den Blick zu bekommen, stellten wir dem Team folgende Fragen:

- Wie können Sie gemeinsam Ziele (Wesenselement Strategie, Policy) formulieren, die Ihnen Orientierung geben und Ihre Kompetenz als Pflegende sichtbarer machen?
- Wie können Sie Ihre internen Partner ansprechen, um die Kooperation zu verbessern (Wesenselement Menschen/Gruppen/Klima)?
- Wie können Sie Organe (Wesenselement Funktionen/Organe) gestalten, die den Austausch und Zusammengehörigkeit stärken?
- Wie können Sie miteinander Prozesse und Abläufe verändern, die zu mehr Klarheit führen?
- Wie können Sie Ihr Selbstverständnis (Wesenselement Identität) so definieren, dass es für Sie Sinn macht?
- Welche formalen und informalen Strukturen (Wesenselement Aufbaustruktur) brauchen Sie im Team, um sich gegenseitig besser unterstützen zu können?
- …

An diesen Fragen wurde schon im Startworkshop in Gruppen und im Plenum gearbeitet, sodass mehr und mehr die eigene Handlungsfähigkeit als Team in den Fokus rückte im Bewusstsein gegebener Restriktionen. Erste kleine Ideen für schnelle Verbesserungen wurden beschlossen und nach diesem ersten Workshop umgesetzt. Am Ende des Startworkshops wurde eine kleine Lenkungsgruppe gegründet, die gemeinsam mit uns und in Vernetzung mit der Leiterin Pflegedienst den weiteren Prozess plante.

Verzeichnis der Abbildungen

Verzeichnis der Tabellen

Verzeichnis der Praxisbeispiele

Literaturverzeichnis

Andersch, J. (2018): Identitätsbasierte Organisationsentwicklung in der modernen Arbeitswelt. In: O. Geramanis. u. S. Hutmacher (Hrsg.): Identität in der modernen Arbeitswelt. Neue Konzepte für Zugehörigkeit, Zusammenarbeit und Führung. Wiesbaden (Springer Gabler), S. 299–315.

Andersch, J. (2019): Syntaktischer Beraten und Führen. Wesentliches entfalten und wirkungsvoll gestalten. *Trigon-Themen* 3: 3–4.

Andersch, J. (2020): Das Glaubenspolaritäten-Schema nach SySt. In: J. Narbeshuber (Hrsg.): In Beziehung. Wirksam. Werden. Der systemisch-evolutionäre Coaching-Ansatz der Trigon Entwicklungsberatung. Stuttgart (Concadora), S. 177–186.

Andersch, J. (2021): Veränderungsthemen systemischer sortieren mit dem 15-Felder-Schema. Vortrag anlässlich der Veranstaltung »Werte wirksam in die Welt bringen«, 25.10.2021, Luzern (Trigon Luzern). Verfügbar unter: https://static1.squarespace.com/static/5a95bf8a5b409bcee6965bb3/t/6183c788fbbf585cc5928975/1636026272192/Ver%C3%A4nderungsthemen_systemischer_sortieren_mit_dem_15-Felder-Schema.pdf [Zugriff: 20.12.2022].

Andersch, J. u. O. Martin (2013): Das Wesens- und Entwicklungsdreieck. Trigon-Seminarskript, Graz.

Andersch, J. u. O. Martin (2019): Probleme dekonstruieren und Lösungen entdecken. In: P. Röhrig u. M. Scheinecker: Lösungsfokussiertes Konfliktmanagement in Organisationen. Bonn (Managerseminare), S. 224–236.

Andersch, J. u. O. Martin (2021): Emergenz fördern durch syntaktische Prozessgestaltung. *Trigon-Themen* 3: 10–11.

Andersch, J. u. O. Martin (2022): Sozialkünstlerisches Arbeiten – wie unwillkürliche Prozesse mit der Kognition verbunden werden können durch interaktive Farb-, Bewegungs- und metaphorische Methoden im Einzelsetting und mit Gruppen in verschiedenen Anwendungsfeldern. Vortrag anlässlich der 4. Tagung »Reden reicht nicht«, 28.10.2022, Würzburg (Trenkle Organisation). Verfügbar unter: https://static1.squarespace.com/static/5a95bf8a5b409bcee6965bb3/t/635fc30c0ea08d3898f445ea/1667220243054/SozialkuenstlerischArbeiten_Reden-reicht-nicht_Workshop-28.10.2022.pdf [Zugriff: 20.12.2022].

Ballreich, R. (2006): Bedürfnisorientierte Mediation. In: Hessisches Landesinstitut für Erziehung (Hrsg.): Mediation in der Schule. Wege zu einer neuen Erziehungskultur. Wiesbaden (Hess. Kultusministerium), S. 27–40.

Ballreich, R. (2011a): Mediation als Organisationsentwicklung. In: R. Ballreich u. F. Glasl (Hrsg.): Konfliktmanagement und Mediation in Organisationen. Stuttgart (Concadora), S. 309–341.

Ballreich, R. (2011b): Mediation zwischen einzelnen Personen. In: R. Ballreich u. F. Glasl (Hrsg.): Konfliktmanagement und Mediation in Organisationen. Stuttgart (Concadora), S. 245–273.

Ballreich, R. (2011c): Die Konfliktdynamik in und zwischen Menschen. In: R. Ballreich u. F. Glasl (Hrsg.): Konfliktmanagement und Mediation in Organisationen. Stuttgart (Concadora), S. 103–123.

Ballreich, R. u. F. Glasl (2007): Mediation in Bewegung. Stuttgart (Concadora).
Bateson, G. (1979): Geist und Natur. Frankfurt a. M. (Suhrkamp).
Bateson, G. (1981): Ökologie des Geistes. Anthropologische, psychologische, biologische und epistemologische Perspektiven. Frankfurt a. M. (Suhrkamp), 3. Aufl. 1990.
Beck, D. u. C. C. Cowan (2007): Spiral Dynamics. Leadership, Werte und Wandel. Bielefeld (Kamphausen).
Berne, E. (2006): Die Transaktions-Analyse in der Psychotherapie: Eine systematische Individual- und Sozialpsychiatrie. Paderborn (Junfermann).
Biehal, F. (1994): Basisprozesse der Selbstentwicklung. Seminarskript. Wien (Trigon Entwicklungsberatung).
Binder, T. (2016): Ich-Entwicklung für effektives Beraten. Göttingen (Vandenhoeck & Ruprecht).
Boulding, K. (1956): General systems theory: The skeleton of science. *Management Science* 2 (3): 197–208.
Campbell, J. (1999): Der Heros in tausend Gestalten. Frankfurt a. M. (Suhrkamp).
Campbell, J. u. B. Moyers (1988): Die Macht der Mythen [DVD]. Müllheim-Baden (Auditorium-Netzwerk).
Cook-Greuter, S. (2008): Selbst-Entwicklung – neun Stufen des zunehmenden Erfassens. Verfügbar unter: https://www.integralesforum.org/images/01_Medien/Aufbauwissen/9-Stufen-Selbstentwicklung.pdf [Zugriff: 07.10.2022].
Drucker, P. F. (1977): People and performance: The best of Peter Drucker on management. New York (Harper's College Press).
Erickson, M. H. (1954): Pseudo-orientation in time as a hypnotherapeutic procedure. In: E. L. Rossi (ed.): The collected papers of Milton H. Erickson on hypnosis, Vol. IV. New York (Irvington), pp. 397–423. [dt.: Erickson, M. H. (2015): Pseudoorientierung in der Zeit als hypnotherapeutische Vorgehensweise (Kap. 16). In: E. L. Rossi (Hrsg.): Gesammelte Schriften von Milton H. Erickson, Bd. 6: Innovative Hypnotherapie II. (Studienausgabe in 6 Bänden.) Heidelberg (Carl-Auer), S. 145–177]. Unter gleichem Titel erschienen in *Journal of Clinical and Experimental Hypnosis* (1954) 2: 261–283.
Erickson, M. H. u. E. L. Rossi (1981): Hypnotherapie. Aufbau – Beispiele – Forschungen. Stuttgart (Klett-Cotta), 10. Aufl. 2010.
Faschingbauer, M. (2017): Effectuation. Wie erfolgreiche Unternehmer denken, entscheiden und handeln. Stuttgart (Schäffer-Poeschel).
Ferrari, E. (2011a): Führung im Raum der Werte. Das GPA-Schema nach SySt. Aachen (Ferrari Media).
Ferrari, E. (2011b): Teamsyntax. Teamentwicklung und Teamführung nach SySt. Aachen (Ferrari Media).
Ferrari, E. (2011c): Wege aus dem Dilemma. Das SySt-Tetralemma: Ein Beides finden. Aachen (Ferrari Media).
Ferrari, E. u. J. Rühl (2017): Gemeinsam (ver)handeln: Verhandlungsregeln und Ausgleichsprinzipien. Aachen (Ferrari Media).
Ferrari, E., I. Sparrer u. M. Varga von Kibéd (2018): 9-/12-Felder-Schema: Typische Anwendungen in Workshops- und Grossgruppenveranstaltungen. In: E. Ferrari, I. Sparrer u. M. Varga von Kibéd (Hrsg.): Workshops gestalten mit SySt. Aachen (Ferrari Media), S. 368–373.
Foerster, H. von (1993): Wissen und Gewissen. Versuch einer Brücke. Frankfurt a. M. (Suhrkamp).
Frankl, V. (1985): Der Mensch vor der Frage nach dem Sinn. Eine Auswahl aus dem Gesamtwerk. München/Zürich (Piper).

Freud, S. (1923): Das Ich und das Es. Metapsychologische Schriften. Leipzig (Internationaler Psychoanalytischer Verlag).

Gilligan, S. (1991): Therapeutische Trance. Das Prinzip Kooperation in der Ericksonschen Hypnotherapie. Heidelberg (Carl-Auer), 5. Aufl. 2008, 6. Aufl. 2017.

Gilligan, S. (1999): Liebe dich selbst wie deinen nächsten. Die Psychotherapie der Selbstbeziehungen. Heidelberg (Carl-Auer), 2. Aufl. 2004.

Gilligan, S. (2011a): Das generative Selbst. Wie höhere Zustände des Bewusstseins Probleme in Lösungen transformieren können. Tagesworkshop anlässlich des 1. Hypno Kongresses »Geist-Körper-Gruppe«. Wien, 12.–15.05.2011 [Audio-CD]. Müllheim-Baden (Auditorium-Netzwerk).

Gilligan, S. (2011b): Eine Theorie der Utilisation. Vortrag anlässlich des 1. Hypno Kongresses »Geist-Körper-Gruppe«. Wien, 12.–15. 05.2011 [Audio-CD]. Müllheim-Baden (Auditorium-Netzwerk).

Gilligan, S. u. R. Dilts (2013): Die Heldenreise. Auf dem Weg zur Selbstentdeckung. Paderborn (Junfermann).

Glasl, F. (1980): Konfliktmanagement. Ein Handbuch für Führungskräfte, Beraterinnen und Berater. Bern/Stuttgart (Haupt/Freies Geistesleben), 10. Aufl. 2011.

Glasl, F. (2006): Metaphorische Diagnose der Wesenselemente, Trigon-Seminarskript, Graz.

Glasl, F. (2008): Konflikt, Krise, Katharsis und die Verwandlung des Doppelgängers. Stuttgart (Freies Geistesleben).

Glasl, F. (2019): Archetypen als Basis von Trigon-Modellen. *Trigon-Themen* 3: 5–7.

Glasl, F. (2020a): Wandel der Organisationsberatung zur Prozessberatung. In: F. Glasl, T. Kalcher u. H. Piber (Hrsg.): Professionelle Prozessberatung. Das Trigon Modell der OE-Basisprozesse. Bern/Stuttgart (Haupt/Freies Geistesleben), 4. Aufl., S. 39–56.

Glasl, F. (2020b): Die sieben Basisprozesse der Organisationsentwicklung. In: F. Glasl, T. Kalcher u. H. Piber (Hrsg.): Professionelle Prozessberatung. Das Trigon Modell der OE-Basisprozesse. Bern/Stuttgart (Haupt/Freies Geistesleben), 4. Aufl., S. 104–146.

Glasl, F. (2020c): Diagnose-Prozesse. In: F. Glasl, T. Kalcher u. H. Piber (Hrsg.): Professionelle Prozessberatung. Das Trigon Modell der OE-Basisprozesse. Bern/Stuttgart (Haupt/Freies Geistesleben), 4. Aufl., S. 149–177.

Glasl, F. (2020d): Strategien der Organisationsentwicklung: In: F. Glasl, T. Kalcher u. H. Piber (Hrsg.): Professionelle Prozessberatung. Das Trigon Modell der OE-Basisprozesse. Bern/Stuttgart (Haupt/Freies Geistesleben), 4. Aufl., S. 431–468.

Glasl, F. im Gespräch mit Martin, O. (2021): Ganzheitlichkeit und Entwicklung – Interviewreihe mit Friedrich Glasl, Teil 3: Die Kraft des sozialkünstlerischen Arbeitens. Videoaufnahme. Verfügbar unter: https://www.transformieren.art/transfomagazin/2021/11/24/ganzheitlichkeit-und-entwicklung-interviewreihe-mit-friedrich-glasl-teil-3-die-kraft-des-sozialknstlerischen-arbeitens [Zugriff: 20.12.2022].

Glasl, F. (2022a): Krisen, Konflikte, Sternstunden. Eine Einführung in die Entwicklungspsychologie anhand der Lebensläufe und Werke von Paul Gauguin und Gabriele Münter. Stuttgart (Freies Geistesleben).

Glasl, F. (2022b): Vortrag Entwicklungsprinzipien. Modul 3 OE-Werkstatt 2021/2022, 27.04.2022 (Seminarunterlage). Luzern.

Glasl, F. u. H. Jäckel (1996): Pretest Changemanagement. Einschätzung Veränderungsvorhaben. Trigon-Seminarskript. Graz.

Glasl, F. u. T. Kalcher u. H. Piber (Hrsg.) (2020a): Professionelle Prozessberatung. Das Trigon Modell der OE-Basisprozesse. Bern/Stuttgart (Haupt/Freies Geistesleben), 4. Aufl.

Glasl, F. u. T. Kalcher u. H. Piber (2020b): Einführung – Was ist Entwicklung? In: F. Glasl, T. Kalcher u. H. Piber (Hrsg.): Professionelle Prozessberatung. Das Trigon Modell der OE-Basisprozesse. Bern/Stuttgart (Haupt/Freies Geistesleben), 4. Aufl., S. 15–36.

Glasl, F. u. B. Lievegoed (1992): Dynamische Unternehmensentwicklung. Grundlagen für nachhaltiges Change Management. Bern/Stuttgart (Haupt/Freies Geistesleben), 6. Aufl. 2021.

Glasl, F. u. M. Varga von Kibéd (2008): Die Interaktion des Familiensystems mit dem Unternehmenssystem in der Mediation [DVD]. Stuttgart (Concadora).

Glasl, F. u. H. von Sassen (1983): Reformstrategien und Organisationsentwicklung. In F. Glasl (Hrsg.): Verwaltungsreform durch Organisationsentwicklung. Bern/Stuttgart (Haupt/Freies Geistesleben), S. 17–46.

Glasl, F. u. M. Weiss (2020): Zukunftsgestaltungs-Prozesse. In: F. Glasl, T. Kalcher u. H. Piber (Hrsg.): Professionelle Prozessberatung. Das Trigon Modell der OE-Basisprozesse. Bern/Stuttgart (Haupt/Freies Geistesleben), 4. Aufl., S. 181–218.

Graves, C. (1970): Levels of existence: An open system theory of values. *Journal of Humanistic Psychology* 10 (2): 131–155.

Hartmann, N. (1926): Ethik. Leipzig/Berlin (de Gruyter).

Hasper, W. J. J. u. F. Glasl (1988): Von kooperativer Marktstrategie zur Unternehmungsentwicklung. Bern/Stuttgart (Haupt/Freies Geistesleben).

Hebb, D. (2002): The organization of behavior. A neuropsychological theory. Mahwah, NJ (Erlbaum Books) (Nachdruck der Ausgabe New York 1949).

Jochims, I. (2010): NLP für Profis. Glaubenssätze & Sprachmodelle. Nordenstedt (Books on Demand GmbH).

Johannes von Salisbury (1991): *Metalogicon* 3,4, 46–50. In J. B. Hall (ed.): Ioannis Saresberiensis metalogicon. Turnhout (Brepols), S. 116.

Jung, C. G. (1948): Symbolik des Geistes. Zürich (Rascher).

Junge, F. (2003) Die Lehren Ptahhoteps und die Tugenden der ägyptischen Welt. Band 193 von Orbis biblicus et orientalis. Freiburg Schweiz (Universitätsverlag) / Göttingen (Vandenhoeck & Ruprecht).

Kalcher, T. (2005): Clusterbildung am Beispiel des Stärkefeldes Ökotechnik Steiermark. *Trigon-Themen* 2: 2–4.

Kalcher, T. (2012): Ganzheitliches Systemkonzept – eine Einführung in die 7 Wesenselemente. Trigon-Seminarmanuskript. Graz.

Kalcher, T. (2020): Informationsprozesse. In: F. Glasl, T. Kalcher u. H. Piber (Hrsg.): Professionelle Prozessberatung. Das Trigon Modell der OE-Basisprozesse. Bern/Stuttgart (Haupt/Freies Geistesleben), 4. Aufl., S. 319–347.

Kalcher, T. u. O. Martin (2010): Die Basisprozesse des Konfliktmanagements. In: R. Ballreich u. F. Glasl (Hrsg.): Konfliktmanagement und Mediation in Organisationen. Stuttgart (Concadora), S. 343–354.

Kim Berg, I. u. P. de Jong (2003): Lösungen (er-)finden. Das Werkstattbuch der lösungsorientierten Kurztherapie. Dortmund (Verlag Modernes Lernen).

Korzybski, A. (1950): Manhood and humanity. Fort Worth (Institute of General Semantics).

Korzybski, A. (1994): Science and sanity: An introduction to non-aristotelian systems and general semantics. New York (Institute of General Semantics).

Laloux, F. (2015): Reinventing organizations: Ein Leitfaden zur Gestaltung sinnstiftender Formen der Zusammenarbeit. München (Vahlen).

Leeb, W. A., B. Trenkle u. M. F. Weckenmann (Hrsg.) (2017): Der Realitätenkellner. Hypnosystemische Konzepte in Beratung, Coaching und Supervision. Heidelberg (Carl-Auer), 2. Aufl.

Lievegoed, B. (1974): Organisationen im Wandel. Bern/Stuttgart (Haupt/Freies Geistesleben).

Lievegoed, B. (2012): Der Mensch an der Schwelle. Biografische Krisen und Entwicklungsmöglichkeiten. Stuttgart (Freies Geistesleben).

Markowitsch, H. (2009): Das Gedächtnis. Entwicklung, Funktionen, Störungen. München (C. H. Beck).

Markowitsch, H. J. u. H. Welzer (2005): Das autobiographische Gedächtnis. Hirnorganische Grundlagen und biosoziale Entwicklung. Stuttgart (Klett-Cotta).

Martin, O. (2018): Entwicklungsphasen von Organisationen im Kontext individueller und organisationaler Entwicklungsstufen-Konzepte der integralen Schulen nach Wilber. Aufsatz und Seminarunterlage. Verfügbar unter: https://static1.squarespace.com/static/5a95bf8a5b409bcee6965bb3/t/5c80c575f4e1fcb0394b955f/1551943030193/Entwicklungsphasen_von_Organisastionen_im_Kontext_individueller_und_organisationaler_Entwicklungsstu13043%281%29%5B2%5D%5B2%5D.pdf [Zugriff: 07.10.2022].

Martin, O. (2019): Syntaktisch beraten. Vortrag im Rahmen der Trigon-Studientage, Graz, 04.03.2019. Verfügbar unter: https://www.transformieren.art/knowhowtogo [Zugriff: 07.10.2022].

Martin, O. (2020a): Wirkungsbewusste Sprache in der Mediation. *Perspektive Mediation* 3: 144–151.

Martin, O. (2020b): Problemdekonstruktion nach SySt. In: J. Narbeshuber (Hrsg.): In Beziehung. Wirksam. Werden. Der systemisch-evolutionäre Coaching-Ansatz der Trigon Entwicklungsberatung. Stuttgart (Concadora), S. 142–148.

Martin, O. (2021): Werte balancieren mit dem Werte- und Entwicklungsquadrat. Vortrag anlässlich der Veranstaltung »Werte wirksam in die Welt bringen«, 25.10.2021. Luzern (Trigon Luzern). Verfügbar unter: https://static1.squarespace.com/static/5a95bf8a5b409bcee6965bb3/t/617bf659259cbb4991a0130c/1635513946540/Werte_balancieren_mit_dem_dem_Werte-%26Entwicklungsquadrat.pdf [Zugriff: 20.12.2022].

Martin, O. (2022): Die Theorie U im Kontext. *BSO-Magazin* 3: 4–8.

McGuire, J. B. a. G. B. Rhodes (2009): Transforming your leadership culture. Greensboro, NC (Center for Creative Leadership).

Moreno, J. L. (1959): Gruppenpsychotherapie und Psychodrama. Stuttgart (Thieme).

Oesterreich, B. u. C. Schröder (2019): Agile Organisationsentwicklung. Handbuch zum Aufbau anpassungsfähiger Organisationen. München (Vahlen).

Oliveira, M. (2013): Fogo sagrado. Seminarskript. Abano Terme (Metaforum SommerCamp).

Passavant, C. von (1992): Teamberatung im Verständnis einer Systemikerin – oder wider den Team-Mythos. Aufsatz als Seminarunterlage. Aarau (Stellwerk).

Perls, F. (1976): Grundlagen der Gestalttherapie. Einführung und Sitzungsprotokolle. München (Pfeiffer).

Piber, H. (2006): Change-Management-Prozesse – Organbildung. Trigon-Seminarskript. Graz.

Piber, H. (2015): Polaritäten und die Entwicklung von Organisationen. Trigon- Seminarskript. Graz.

Piber, H. (2020): Organisationsmodelle und das Trigon-Konzept. In: F. Glasl, T. Kalcher u. H. Piber (Hrsg.): Professionelle Prozessberatung. Das Trigon Modell der OE-Basisprozesse. Bern/Stuttgart (Haupt/Freies Geistesleben), 4. Aufl., S. 59–100.

Riedl, R. (1975): Die Ordnung des Lebendigen. Systembedingungen der Evolution. Hamburg (Parey).

Rosenberg, M. B. (2001): Gewaltfreie Kommunikation. Eine Sprache des Lebens. Paderborn (Junfermann).

Rosnay, J. de (1979): Das Makroskop. Systemdenken als Werkzeug der Ökogesellschaft. Reinbek (Rowohlt).

Roth, G. (1996): Schnittstelle Gehirn. Zwischen Geist und Welt = Interface brain. Bern (Benteli).

Ruf, S. u. A. Spieth (2022): Das U des Entscheidens. *Trigon Themen* 1: 3–5. Verfügbar unter: https://www.trigon.at/artikel/souveraener-entscheiden-das-u-des-entscheidens/ [Zugriff: 20.12.2022].

Saint-Exupéry, A. de (1956). Die Stadt in der Wüste. Düsseldorf (Karl Rauch).

Salzmann, H. (2021): Emergenz in der Beratung. *Trigon-Themen* 3: 3–5.

Sassen, H. von u. M. Scheinecker (1997): Organisationstypen. Trigon-Basiskonzept, Graz.

Satir, V. M., J. Banmen, J. Gerber u. M. Gomori (1995): Das Satir-Modell. Familientherapie und ihre Erweiterung. Paderborn (Junfermann).

Scharmer, C. O. (2020): Theorie U. Von der Zukunft her führen. Heidelberg (Carl-Auer), 5., völlig überarb. u. erw. Aufl.

Schmidt, G. (1987b): Symptome als Trancephänomene. Manuskript für Seminarteilnehmende in Klinischer Hypnose. Heidelberg.

Schmidt, G. (1992a): Such-»Krankheit« und/oder Such(t)-Kompetenzen: Lösungsorientierte systemische Therapiekonzepte für gleichrangig-partnerschaftliche Umgestaltung von »Sucht« in Beziehungs- und Lebensressourcen. In: K. Richelshagen (Hrsg.): Süchte und Systeme. Freiburg (Lambertus), S. 27–71.

Schmidt, G. (1992b): Systemische und hypnotherapeutische Konzepte für die Arbeit mit psychotisch definierten Klienten. In: B. Peter u. G. Schmidt (Hrsg.): Erickson in Europa. Heidelberg (Carl-Auer).

Schmidt, G. (2004): Liebesaffären zwischen Problem und Lösung. Hypnosystemisches Arbeiten in schwierigen Kontexten. Heidelberg (Carl-Auer), 2. Aufl. 2007, 10. Aufl. 2023.

Schmidt, G. (2005): Einführung in die hypnosystemische Therapie und Beratung. Heidelberg (Carl-Auer), 10. Aufl. 2022.

Schmidt, G. (2010): Das Prinzip des polynesischen Segelns. Vortrag. Heidelberg [Audio-CD]. Müllheim-Baden (Auditorium-Netzwerk).

Schmidt, G. (2016): Hypnosystemik und Positive Psychologie – Was Trance und positive Interventionen gemeinsam haben. Vortrag anlässlich der Tagung »The cutting edge of positive psychology«, Hamburg, 02.07.2016. Verfügbar unter: https://www.ippm.at/wp-content/uploads/2017/01/Hypnosystemik-Positive-Psychologie.pdf [Zugriff: 16.08.2023].

Schmidt, G. (2017): Berater als »Realitätenkellner« und Beratung als koevolutionäres Konstruktionsritual für zieldienliche Netzwerkaktivierungen – Einige hypnosystemische Implikationen. In: W. A. Leeb, B. Trenkle u. M. F. Weckenmann (Hrsg.): Der Realitätenkellner. Hypnosystemische Konzepte in Beratung, Coaching und Supervision. Heidelberg (Carl-Auer), 2. Aufl., S. 18–36.

Schmidt, G. (2020): Hypnosystemische Konzepte für Konfliktberatung und Mediation. Innere und soziale Konflikte als Chance – Teil 1. *Perspektive Mediation* 3: 136–143.

Schmidt, G. (2022): Selbstorganisation und Verantwortungsübernahme in Unternehmen – Voraussetzungen, Chancen, Grenzen. Vortrag anlässlich des Metaforum Kongresses »Wirkungsvolle Formen finden für ein kreativ lebendiges Zusammenwirken. Selbstorganisation, Verantwortungseigentum, Demokratisierung in Organisationen und Gesellschaft«, Abano Terme, 30.07.2022.

Schulz von Thun, F. (1989): Miteinander reden 2: Stile, Werte und Persönlichkeitsentwicklung: Differentielle Psychologie der Kommunikation. Hamburg (Rowohlt), 32. Aufl. 2010.

Schulz von Thun, F. (1998): Miteinander reden 3: Das innere Team und situationsgerechte Kommunikation. Hamburg (Rowohlt).

Shazer, S. de (1990): Wege der erfolgreichen Kurztherapie. Stuttgart (Klett-Cotta).

Sparrer, I. (2004): Wunder, Lösung und System. Lösungsfokussierte Systemische Strukturaufstellungen für Therapie und Organisationsberatung. Heidelberg (Carl-Auer), 3. Aufl., 7. Aufl. 2021.

Sparrer, I. (2007): Einführung in Lösungsfokussierung und Systemische Strukturaufstellungen. Heidelberg (Carl-Auer), 3. Aufl. 2014, 5. Aufl. 2021.

Sparrer, I. u. M. Varga von Kibéd (2013). Hypnotherapeutische Elemente der SySt [DVD]. Aachen (syst-Media).

Spencer-Brown, G. (1994). Dieses Spiel geht nur zu zweit. Lübeck (Bohmeier).

Spitzer, M. (1996). Geist im Netz, Modelle für Lernen, Denken und Handeln. Heidelberg (Spektrum Akademischer Verlag).

Trenkle, B. (2016): Mündliche Mitteilung im Modul B6, Curriculum Klinische Hypnose. Heidelberg (Milton Erickson Institut).

Varga, C. (2022): Organisationsentwicklungskonzept und Dokumentation einer eigenen Anwendungserfahrung als Berater. Nicht veröffentlichte Zertifikatsarbeit, CAS Organisationsentwicklung Fachhochschule Nordwestschweiz, Olten.

Varga von Kibéd, M. (2005): Ein Metakommentar. In: G. Weber, G. Schmidt u. F. B. Simon (Hrsg.): Aufstellungsarbeit revisited … nach Hellinger? Heidelberg (Carl-Auer), S. 200–250.

Varga von Kibéd, M. (2010): Über Ordnung, Wissen, Vertrauen – das triadische System. Vortrag bei Change Essentials Heitger+ by KPMG. Wien. Verfügbar unter: https://youtu.be/jSFeO1lyadY [Zugriff: 07.10.2022].

Varga von Kibéd, M. (2012): »Systemisch« ist nicht systemisch – »Systemischer ist systemischer«. *SyStemischer* 1: 6–10.

Varga von Kibéd, M. (2014): Die SySt-Lernakkorde. *SyStemischer* 5: 42–51.

Varga von Kibéd, M. (2015): Das SySt-Wertequadrat. *SyStemischer* 6: 12–32.

Varga von Kibéd, M. (2016): Wunsch, Wille und positive Veränderung. Vortrag, Tagung »Angezogen von der Zukunft – Prospection and Positive Psychology«, 09.–10.07.2016, Wien [Audio-CD]. Müllheim/Baden (Auditorium-Netzwerk).

Varga von Kibéd, M. im Interview mit A. Spieth (2019): Der Charme des syntaktischeren Arbeitens. *Trigon-Themen* 3: 8–9.

Varga von Kibéd, M. (2022): Seminar »Systemisches Denken« im Rahmen des Moduls 4 des Lehrgangs OE-Werkstatt. Videoaufnahme. Weggis, Luzern (Trigon Luzern).

Varga von Kibéd u. I. Sparrer (2009): Ganz im Gegenteil. Tetralemmaarbeit und andere Grundformen Systemischer Strukturaufstellungen – für Querdenker und solche, die es werden wollen. Heidelberg (Carl-Auer), 11. Aufl. 2020.

Vorhemus, U. (2015): Systemisch-Konstruktivistisch-Phänomenologisch. Aachen (Ferrari Media).

Watkins, J. G. u. H. H. Watkins (2003): Ego-States – Theorie und Therapie. Heidelberg (Carl-Auer), 4. Aufl. 2019.

Weiss, M. (2021): Strategien – die neuen Spielregeln. *Trigon-Themen* 3: 6–7.

Wilber, K. (1996): Eros, Kosmos, Logos. Frankfurt a. M. (Fischer), 4. Aufl. 2006.

Wilber, K. (2007): Integrale Spiritualität. Spirituelle Intelligenz rettet die Welt. München (Kösel).

Über die Autorin und den Autor

© Sabine-Jakobs

Julia Andersch, M. A., Pädagogin, Wirtschafts- und Organisationspsychologin, Systemische Organisationsberaterin, Mediatorin, Coach und Trainerin (dvct); Dozentin der Fachhochschule Nordwestschweiz, Gastdozentin der Universität Tbilisi; Leiterin von Lehrgängen in Organisations- und Persönlichkeitsentwicklung, Coaching und Supervision an diversen Instituten. Geschäftsführende Gesellschafterin der Trigon Entwicklungsberatung Luzern.

Kontakt: www.trigon-schweiz.ch

© Sabine-Jakobs

Oliver Martin, Organisationsberater BSO, Mediator SDM, Senior Coach DBVC, Lehrtrainer DGfS, Master Trainer infosyon; Dozent der Fachhochschule Nordwestschweiz und der Hochschule Luzern, Gastdozent der Universität Tbilisi, Leiter von Lehrgängen in Organisationsentwicklung, Mediation, Persönlichkeitsentwicklung, Coaching und Supervision an diversen Instituten. Geschäftsführender Gesellschafter der Trigon Entwicklungsberatung Luzern.

Kontakt: www.trigon-schweiz.ch